工科研究生教材·数学系列

矩阵分析引论

（第五版）

罗家洪　方卫东　编著

华南理工大学出版社
SOUTH CHINA UNIVERSITY OF TECHNOLOGY PRESS
·广州·

内容简介

本书是工科硕士研究生教材，全书共分六章，线性空间与线性变换、内积空间、矩阵的标准形与若干分解形式、矩阵函数及其应用、特征值的估计与广义逆矩阵、非负矩阵。书中着重介绍了工科专业应用较多的矩阵分析基本理论和方法，注重理论和应用的结合，具有工科教材的特点。

本书也可供工科迷生、教师及工程技术人员阅读、参考。

图书在版编目（CIP）数据

矩阵分析引论/罗家洪，方卫东编著. —5版. —广州：华南理工大学出版社，2013.2（2022.10重印）

（工科研究生教材·数学系列）

ISBN 978-7-5623-3862-8

Ⅰ. ①矩…　Ⅱ. ①罗…　②方…　Ⅲ. ①矩阵分析-研究生-教材　Ⅳ. ①O151.21

中国版本图书馆CIP数据核字（2013）第015100号

矩阵分析引论

罗家洪　方卫东　编著

出 版 人：柯 宁

出版发行：华南理工大学出版社

（广州五山华南理工大学17号楼　邮编：510640）

http://hg.cb.scut.edu.cn　　E-mail: scutc13@scut.edu.cn

营销部电话：020-87113487　87111048（传真）

责任编辑：张　颖

印 刷 者：广州小明数码快印有限公司

开　　本：787mm×1092mm　1/16　**印张**：11.75　**字数**：312千

版　　次：2013年2月第5版　2022年10月第29次印刷

定　　价：35.00元

前　言

本书是根据工科研究生的教学要求编写的教材。多年来，我国许多院校开设了“矩阵分析”或“矩阵理论”这门研究生公共基础课，而且大多是安排50～60学时，讲授的基本内容大体上就是本书前五章的内容（带 * 号者除外），其余少量内容各校选择不一。本书选择了有重要应用价值的非负矩阵（第六章）来做扼要介绍。

“矩阵分析”或“矩阵理论”课程是比较抽象难学的。为了收到较好的教学效果，本书较多地介绍了矩阵理论在线性系统等方面的应用，这样学生学起来就不会感到那么枯燥了。学习抽象数学，如果知道定义、定理的来龙去脉，可能效果会好一些。这些应用性质的内容，并不一定要讲，或仅作简单介绍就可以了。

本书以简短的篇幅扼要地阐述了近代矩阵理论相当广泛而又很基本的内容。掌握了这些知识，学习后继专业课程，或进一步提高矩阵论的知识水平，就比较容易了。

本书自1992年出版以来，被国内许多院校选作教材，已修订了4次，重印了19次，发行于国内外。1993年6月曾获“中南地区大学出版社优秀教材二等奖”。从第2版起增加了习题答案。第5版对向量、矩阵、数集等数学符号作了规范，使用了国家标准，保持与现行大多数线性代数教材数学符号相一致；另外，根据我们在教学过程中的一些体会和读者的建议，增删了一些内容和例题，改正了错漏之处，对前两章基础理论部分补充选编了一些典型例题和详细解答，以便于学习。

感谢王进儒教授在审校本书第1版时的热情指导，感谢使用本教材的老师们的批评和鼓励，感谢本书的责任编辑在编印本书时的出色工作。

作　者

2013年1月于华南理工大学

目　录

1 线性空间与线性变换

本章扼要概述线性空间与线性变换的基本概念和基本理论，这是学习矩阵分析及其应用的入门知识．对于线性代数基础比较好的读者，有些部分粗看一下就可以了．

1.1 线性空间的概念

人们谈论问题，往往都是就一定“范围”来说的，脱离了这个“范围”，就难以讲清楚了，甚至只能在某个“范围”内才能提出或研究某种问题．明白了这一点，就较容易理解我们引入数域及线性空间的目的了．

我们知道，由所有有理数组成的集合具有这样的性质：这集合中任意两数的和、差、积、商（除数不为零）仍是该集合中的数，这个集合用$\mathbb{Q}$表示．类似地，由所有实数构成的集合$\mathbb{R}$，以及由所有复数构成的集合$\mathbb{C}$也都具有这一性质．这三个集合的包含关系为

$$\mathbb{Q}\subset\mathbb{R}\subset\mathbb{C}.$$

因此我们说“一个复数”时，自然包括这个数可能是有理数或实数这两个特殊情况在内．

在引入线性空间这一重要概念之前，首先要给出数域的概念．

如果复数的一个非空集合$\mathbb{P}$含有非零的数，且其中任意两数的和、差、积、商（除数不为零）仍属于该集合，则称数集$\mathbb{P}$为一个**数域**．于是上述集合$\mathbb{Q}$，$\mathbb{R}$，$\mathbb{C}$都是数域，分别称为**有理数域**、**实数数域**及**复数域**．又如集合

$$\mathbb{Q}(\sqrt{2}) = \{a + b\sqrt{2} \mid a, b \in \mathbb{Q}\}$$

也构成一数域，请读者加以验证．但是，由所有整数组成的集合$\mathbb{Z}$是不构成数域的．

数域有一个简单性质，即所有的数域都包含有理数域作为它的一部分．特别地，每个数域都包含整数0和1．现在我们可以给出线性空间的定义了．

定义1-1 设V是一个非空集合，$\mathbb{P}$是一数域．如果

(1) 在集合V上定义了一个二元运算（通常称为**加法**），即是说，V中任意两个元素$\boldsymbol{\alpha}$，$\boldsymbol{\beta}$经过这个运算后所得到的结果，仍是集合V中的唯一确定的元素，这元素称为$\boldsymbol{\alpha}$与$\boldsymbol{\beta}$的**和**，并记作$\boldsymbol{\alpha}+\boldsymbol{\beta}$；

(2) 在数域$\mathbb{P}$与集合V的元素之间还定义了一种运算，叫做**数量乘法**，即对于$\mathbb{P}$中任意数k与V中任意元素$\boldsymbol{\alpha}$，经这一运算后所得的结果仍为V中一个唯一确定的元素，称为k与$\boldsymbol{\alpha}$的**数量乘积**，记作$k\boldsymbol{\alpha}$；

(3) 上述两个运算满足下列八条规则：

(ⅰ) 对任意 $\boldsymbol{\alpha},\boldsymbol{\beta}\in V$，$\boldsymbol{\alpha}+\boldsymbol{\beta}=\boldsymbol{\beta}+\boldsymbol{\alpha}$；

(ⅱ) 对任意 $\boldsymbol{\alpha},\boldsymbol{\beta},\boldsymbol{\gamma}\in V$，$(\boldsymbol{\alpha}+\boldsymbol{\beta})+\boldsymbol{\gamma}=\boldsymbol{\alpha}+(\boldsymbol{\beta}+\boldsymbol{\gamma})$；

(ⅲ) V中存在一个零元素，记作$\mathbf{0}$，对任意$\boldsymbol{\alpha}\in V$，都有$\boldsymbol{\alpha}+\mathbf{0}=\boldsymbol{\alpha}$；

(ⅳ) 任一$\boldsymbol{\alpha}\in V$，都有$\boldsymbol{\beta}\in V$，使得$\boldsymbol{\alpha}+\boldsymbol{\beta}=\mathbf{0}$，元素$\boldsymbol{\beta}$称为$\boldsymbol{\alpha}$的负元素，记作$-\boldsymbol{\alpha}$；

(v) 对任一 $\boldsymbol{\alpha}\in V$,都有 $1\boldsymbol{\alpha}=\boldsymbol{\alpha}$;

(vi) 对任一 $\boldsymbol{\alpha}\in V,k,l\in\mathbb{P},k(l\boldsymbol{\alpha})=(kl)\boldsymbol{\alpha}$;

(vii) 对任一 $\boldsymbol{\alpha}\in V,k,l\in\mathbb{P},(k+l)\boldsymbol{\alpha}=k\boldsymbol{\alpha}+l\boldsymbol{\alpha}$;

(viii) 对任一 $k\in\mathbb{P},\boldsymbol{\alpha},\boldsymbol{\beta}\in V,k(\boldsymbol{\alpha}+\boldsymbol{\beta})=k\boldsymbol{\alpha}+k\boldsymbol{\beta}$,

则集合 V 称为**数域 $\mathbb{P}$ 上的线性空间或向量空间**. V 中的元素常称为向量. V 中的零元素称为零向量. 当$\mathbb{P}$是实数域时, V 叫实线性空间;当$\mathbb{P}$ 是复数域时, V 叫复线性空间. 数域$\mathbb{P}$上的线性空间有时简称为线性空间.

由定义可以证明:

线性空间 V 中的零向量是唯一的; V 中每个元素 $\boldsymbol{\alpha}$ 的负元素也是唯一的;并且有

$$0\boldsymbol{\alpha}=\mathbf{0},\quad k\,\mathbf{0}=\mathbf{0},\quad (-1)\boldsymbol{\alpha}=-\boldsymbol{\alpha},$$

这里 $k\in\mathbb{P},\boldsymbol{\alpha}\in V$. 又 V 中元素的减法可以定义为(对任何 $\boldsymbol{\alpha},\boldsymbol{\beta}\in V$)

$$\boldsymbol{\alpha}-\boldsymbol{\beta}=\boldsymbol{\alpha}+(-\boldsymbol{\beta}).$$

下面是一些常见的线性空间的例子.

例 1-1 若 $\mathbb{P}$ 是数域, V 是分量属于 $\mathbb{P}$ 的 n 元有序数组的集合

$$V=\{(x_1,x_2,\cdots,x_n)\mid\forall x_i\in\mathbb{P}\},$$

若对 V 中任两元素

$$\boldsymbol{X}=(x_1,x_2,\cdots,x_n),\quad \boldsymbol{Y}=(y_1,y_2,\cdots,y_n)$$

及每个 $k\in\mathbb{P}$(记作 $\forall k\in\mathbb{P}$),定义加法及数量乘法为

$$\boldsymbol{X}+\boldsymbol{Y}=(x_1+y_1,x_2+y_2,\cdots,x_n+y_n),\quad k\boldsymbol{X}=(kx_1,kx_2,\cdots,kx_n),$$

则容易验证,集合 V 构成数域 $\mathbb{P}$ 上的线性空间. 这个线性空间记为$\mathbb{P}^n$.

例 1-2 所有元素属于数域 $\mathbb{P}$ 的 $m\times n$ 矩阵组成的集合,按通常定义的矩阵加法及数与矩阵的数量乘法,也构成数域 $\mathbb{P}$ 上的一个线性空间,并把它记为$\mathbb{P}^{m\times n}$.

例 1-3 若 n 为正整数, $\mathbb{P}$ 是数域,则系数属于$\mathbb{P}$ 而未定元为 t 的所有次数小于n 的多项式的集合. 这个集合连同零多项式在内,按通常多项式的加法及数与多项式的乘法构成数域 $\mathbb{P}$ 上的线性空间. 我们用 $\mathbb{P}[t]_n$ 代表这个空间. 若把"次数小于 n 的"这一限制取消,则也得到一个线性空间,并记为 $\mathbb{P}[t]$.

例 1-4 所有定义在区间$[a,b](a\leqslant b)$上的实值连续函数构成的集合,按照函数的加法及数与函数的乘法,显然构成实数域上一个线性空间,记为 $\mathbb{R}[a,b]$.

在讨论线性空间的问题时,下面几个概念是必须熟知的.

定义 1-2 设 V 是数域 $\mathbb{P}$ 上的线性空间, $\boldsymbol{\alpha}_1,\boldsymbol{\alpha}_2,\cdots,\boldsymbol{\alpha}_n$ 是V 的一组向量,如果 $\mathbb{P}$ 中有一组不全为零的数 $k_1,k_2,\cdots,k_n$,使得

$$k_1\boldsymbol{\alpha}_1+k_2\boldsymbol{\alpha}_2+\cdots+k_n\boldsymbol{\alpha}_n=\mathbf{0},\tag{1-1}$$

则称向量 $\boldsymbol{\alpha}_1,\boldsymbol{\alpha}_2,\cdots,\boldsymbol{\alpha}_n$ **线性相关**;若等式(1-1)当且仅当 $k_1=k_2=\cdots=k_n=0$ 时才成立,则称这组向量是**线性无关**的.

由定义得知,如果向量 $\boldsymbol{\alpha}_1,\boldsymbol{\alpha}_2,\cdots,\boldsymbol{\alpha}_n$ 线性相关,则使得式(1-1)成立的数 $k_1,k_2,\cdots,k_n$ 中至少有一个不等于零,比如 $k_1\neq0$,则有

$$\boldsymbol{\alpha}_1=-\frac{k_2}{k_1}\boldsymbol{\alpha}_2-\cdots-\frac{k_n}{k_1}\boldsymbol{\alpha}_n,$$

这时，我们说向量 $\boldsymbol{\alpha}_1$ 是向量 $\boldsymbol{\alpha}_2,\boldsymbol{\alpha}_3,\cdots,\boldsymbol{\alpha}_n$ 的线性组合.或者说，向量 $\boldsymbol{\alpha}_1$ 可由 $\boldsymbol{\alpha}_2,\boldsymbol{\alpha}_3,\cdots,\boldsymbol{\alpha}_n$ **线性表示(表出)**.

一般地说，一组向量(含有限个向量)线性相关时，则其中至少有一个向量可由这组中其它向量线性表出；反过来，如果这组向量具有这一性质，则这组向量必定线性相关.但不难推知，线性无关的一组向量，其任一向量都不可能由这组中其余向量线性表出.

定义 1-3 设 V 是数域 $\mathbb{P}$ 上的线性空间，如果 V 中存在一组向量，满足

(1) 向量组线性无关；

(2) V 中任一向量可由向量组线性表示，

则称该组向量构成 V 的**一个基**.

若 V 的一个基中向量个数为 n，称 n 为 V 的**维数**，记为 $\dim V=n$；若基中向量个数不是有限数时，称 V 是无限维向量空间.本书主要讨论有限维线性空间.

在 n 维线性空间中，其任意的 n 个线性无关向量都构成它的一个基.由线性空间维数定义可知，在有限维线性空间中，基是存在的，但不是唯一的.因为，当维数是 n 时，空间里的任何 n 个线性无关的向量都可以作它的一个基.

定理 1-1 设 V 是数域 $\mathbb{P}$ 上的 n 维线性空间，$\boldsymbol{\alpha}_1,\boldsymbol{\alpha}_2,\cdots,\boldsymbol{\alpha}_n$ 是 V 的一个基，则 V 中任一向量 $\boldsymbol{\alpha}$ 都可以表示为这个基的线性组合，且表示式是唯一的.

证明 由定义 1-3 知

$$\boldsymbol{\alpha}=k_1\boldsymbol{\alpha}_1+k_2\boldsymbol{\alpha}_2+\cdots+k_n\boldsymbol{\alpha}_n, \tag{1-2}$$

如果 $\boldsymbol{\alpha}$ 还有另一表示

$$\boldsymbol{\alpha}=l_1\boldsymbol{\alpha}_1+l_2\boldsymbol{\alpha}_2+\cdots+l_n\boldsymbol{\alpha}_n, \tag{1-3}$$

则由式(1-2)、式(1-3)即得

$$(k_1-l_1)\boldsymbol{\alpha}_1+(k_2-l_2)\boldsymbol{\alpha}_2+\cdots+(k_n-l_n)\boldsymbol{\alpha}_n=\mathbf{0},$$

因基向量 $\boldsymbol{\alpha}_1,\boldsymbol{\alpha}_2,\cdots,\boldsymbol{\alpha}_n$ 线性无关，所以

$$k_1-l_1=k_2-l_2=\cdots=k_n-l_n=0,$$

从而有 $k_i=l_i(i=1,2,\cdots,n)$.这证明了表示式的唯一性.证毕.

表示式(1-2)中的数 $k_1,k_2,\cdots,k_n$ 称为向量 $\boldsymbol{\alpha}$ 在基 $\boldsymbol{\alpha}_1,\boldsymbol{\alpha}_2,\cdots,\boldsymbol{\alpha}_n$ 下的**坐标**.此定理说明，取定一个基后，每个向量 $\boldsymbol{\alpha}$ 在这个基下的坐标是唯一确定的.$\boldsymbol{\alpha}$ 的第 i 个坐标 $k_i(i=1,2,\cdots,n)$ 也称为 $\boldsymbol{\alpha}$ 的第 i 个分量.

我们再来看看前述几个例子中线性空间 $\mathbb{P}^n,\mathbb{P}^{m\times n},\mathbb{P}[t]_n$ 的维数.

首先，容易证明

$$\boldsymbol{\alpha}_1=(1,0,\cdots,0),\quad \boldsymbol{\alpha}_2=(0,1,\cdots,0),\quad \cdots,\quad \boldsymbol{\alpha}_n=(0,0,\cdots,1)$$

是线性空间 $\mathbb{P}^n$ 的 n 个线性无关向量，又显然 $\mathbb{P}^n$ 中任一向量

$$\boldsymbol{\alpha}=(k_1,k_2,\cdots,k_n)$$

都可由这 n 个线性无关向量线性表出，有

$$\boldsymbol{\alpha}=k_1\boldsymbol{\alpha}_1+k_2\boldsymbol{\alpha}_2+\cdots+k_n\boldsymbol{\alpha}_n,$$

从而得知 $\mathbb{P}^n$ 是 n 维线性空间.今后用得较多的是 $\mathbb{R}^n$ 及 $\mathbb{C}^n$.

再考察线性空间 $\mathbb{P}^{m\times n}$，若用 $\boldsymbol{E}_{ij}$ 表示第 i 行、第 j 列上的元素等于 1 而其它元素均等于零的 $m\times n$ 矩阵，则下列的 mn 个矩阵 $\boldsymbol{E}_{11},\boldsymbol{E}_{12},\cdots,\boldsymbol{E}_{ij},\cdots,\boldsymbol{E}_{mn}(i=1,2,\cdots,m;j=1,2,$

$\cdots,n$)构成$\mathbb{P}^{m\times n}$的一个基,故$\mathbb{P}^{m\times n}$是mn维线性空间.今后用得较多的是$\mathbb{R}^{m\times n}$及$\mathbb{C}^{m\times n}$,包括它们当$m=n$时的特殊情况.

最后,由于$1,t,t^2,\cdots,t^{n-1}$是$\mathbb{P}[t]_n$的一个基,故$\mathbb{P}[t]_n$是n维线性空间.

$\mathbb{P}[t]$和$\mathbb{R}[a,b]$则为无限维线性空间.

1.2 基变换与坐标变换

设V是数域$\mathbb{P}$上的n维线性空间,$\boldsymbol{\alpha}_1,\boldsymbol{\alpha}_2,\cdots,\boldsymbol{\alpha}_n$及$\boldsymbol{\beta}_1,\boldsymbol{\beta}_2,\cdots,\boldsymbol{\beta}_n$是$V$的两个基.假设这两个基的关系为

$$\begin{cases}\boldsymbol{\beta}_1 = a_{11}\boldsymbol{\alpha}_1 + a_{21}\boldsymbol{\alpha}_2 + \cdots + a_{n1}\boldsymbol{\alpha}_n \\ \boldsymbol{\beta}_2 = a_{12}\boldsymbol{\alpha}_1 + a_{22}\boldsymbol{\alpha}_2 + \cdots + a_{n2}\boldsymbol{\alpha}_n \\ \qquad\vdots \\ \boldsymbol{\beta}_n = a_{1n}\boldsymbol{\alpha}_1 + a_{2n}\boldsymbol{\alpha}_2 + \cdots + a_{nn}\boldsymbol{\alpha}_n\end{cases} \tag{1-4}$$

写成矩阵形式记为

$$(\boldsymbol{\beta}_1,\boldsymbol{\beta}_2,\cdots,\boldsymbol{\beta}_n) = (\boldsymbol{\alpha}_1,\boldsymbol{\alpha}_2,\cdots,\boldsymbol{\alpha}_n)\boldsymbol{A}. \tag{1-5}$$

那么,矩阵

$$\boldsymbol{A} = \begin{pmatrix} a_{11} & a_{12} & \cdots & a_{1n} \\ a_{21} & a_{22} & \cdots & a_{2n} \\ \vdots & \vdots & & \vdots \\ a_{n1} & a_{n2} & \cdots & a_{nn} \end{pmatrix}$$

称为从基$\boldsymbol{\alpha}_1,\boldsymbol{\alpha}_2,\cdots,\boldsymbol{\alpha}_n$到基$\boldsymbol{\beta}_1,\boldsymbol{\beta}_2,\cdots,\boldsymbol{\beta}_n$的**过渡矩阵**.

关于形式矩阵乘法容易验证有以下性质:

$$\begin{cases}(\boldsymbol{\alpha}_1,\boldsymbol{\alpha}_2,\cdots,\boldsymbol{\alpha}_n)(\boldsymbol{A}+\boldsymbol{B}) = (\boldsymbol{\alpha}_1,\boldsymbol{\alpha}_2,\cdots,\boldsymbol{\alpha}_n)\boldsymbol{A} + (\boldsymbol{\alpha}_1,\boldsymbol{\alpha}_2,\cdots,\boldsymbol{\alpha}_n)\boldsymbol{B} \\ (\boldsymbol{\alpha}_1,\boldsymbol{\alpha}_2,\cdots,\boldsymbol{\alpha}_n)(\boldsymbol{AB}) = [(\boldsymbol{\alpha}_1,\boldsymbol{\alpha}_2,\cdots,\boldsymbol{\alpha}_n)\boldsymbol{A}]\boldsymbol{B}\end{cases},$$

亦即形式矩阵也满足矩阵的运算性质,只不过数与向量的“乘积”是数乘.后面的内积空间也会用到形式矩阵的记号及运算.

现设$\boldsymbol{\alpha}_1,\boldsymbol{\alpha}_2,\cdots,\boldsymbol{\alpha}_n$及$\boldsymbol{\beta}_1,\boldsymbol{\beta}_2,\cdots,\boldsymbol{\beta}_n$是$V$的两个基,$\boldsymbol{\alpha}$为$V$中任一向量,且设$\boldsymbol{\alpha}$在上述两个基下的表示式分别为

$$\boldsymbol{\alpha} = k_1\boldsymbol{\alpha}_1 + k_2\boldsymbol{\alpha}_2 + \cdots + k_n\boldsymbol{\alpha}_n = (\boldsymbol{\alpha}_1,\boldsymbol{\alpha}_2,\cdots,\boldsymbol{\alpha}_n)\begin{pmatrix} k_1 \\ k_2 \\ \vdots \\ k_n \end{pmatrix}, \tag{1-6}$$

$$\boldsymbol{\alpha} = l_1\boldsymbol{\beta}_1 + l_2\boldsymbol{\beta}_2 + \cdots + l_n\boldsymbol{\beta}_n = (\boldsymbol{\beta}_1,\boldsymbol{\beta}_2,\cdots,\boldsymbol{\beta}_n)\begin{pmatrix} l_1 \\ l_2 \\ \vdots \\ l_n \end{pmatrix}. \tag{1-7}$$

下面研究向量$\boldsymbol{\alpha}$在基变换下,其坐标的变化规律.

由于基向量线性无关,并利用齐次线性方程只有零解的条件,便可证明过渡矩阵 $\boldsymbol{A}$ 是可逆的.由式(1-7)和式(1-5)可得

$$\boldsymbol{\alpha}=(\boldsymbol{\beta}_1,\boldsymbol{\beta}_2,\cdots,\boldsymbol{\beta}_n)\begin{pmatrix}l_1\\l_2\\\vdots\\l_n\end{pmatrix}=(\boldsymbol{\alpha}_1,\boldsymbol{\alpha}_2,\cdots,\boldsymbol{\alpha}_n)\boldsymbol{A}\begin{pmatrix}l_1\\l_2\\\vdots\\l_n\end{pmatrix}. \tag{1-8}$$

由于 $\boldsymbol{\alpha}_1,\boldsymbol{\alpha}_2,\cdots,\boldsymbol{\alpha}_n$ 线性无关,式(1-6)和式(1-8)右边 $\boldsymbol{\alpha}_i$ 的系数应相等,亦即

$$\begin{pmatrix}k_1\\k_2\\\vdots\\k_n\end{pmatrix}=\boldsymbol{A}\begin{pmatrix}l_1\\l_2\\\vdots\\l_n\end{pmatrix}, \tag{1-9}$$

从而又有

$$\begin{pmatrix}l_1\\l_2\\\vdots\\l_n\end{pmatrix}=\boldsymbol{A}^{-1}\begin{pmatrix}k_1\\k_2\\\vdots\\k_n\end{pmatrix}. \tag{1-10}$$

式(1-9)和式(1-10)给出了基变换例1-5下,向量 $\boldsymbol{\alpha}$ 的坐标变换公式.

例 1-5　设线性空间 $\mathbb{R}^3$ 中有向量:$\boldsymbol{\alpha}_1=(1,0,0)$,$\boldsymbol{\alpha}_2=(1,1,0)$,$\boldsymbol{\alpha}_3=(1,1,1)$,$\boldsymbol{\beta}_1=(1,2,3)$,$\boldsymbol{\beta}_2=(2,3,1)$,$\boldsymbol{\beta}_3=(3,1,2)$.

(1)求 $\boldsymbol{\alpha}=(a,b,c)$在基 $\boldsymbol{\alpha}_1,\boldsymbol{\alpha}_2,\boldsymbol{\alpha}_3$ 下的坐标;

(2)求从基 $\boldsymbol{\alpha}_1,\boldsymbol{\alpha}_2,\boldsymbol{\alpha}_3$ 到基 $\boldsymbol{\beta}_1,\boldsymbol{\beta}_2,\boldsymbol{\beta}_3$ 的过渡矩阵.

解　(1)由线性代数可知,$\boldsymbol{\alpha}$ 在基 $\boldsymbol{\alpha}_1,\boldsymbol{\alpha}_2,\boldsymbol{\alpha}_3$ 下坐标即为线性方程组$(\boldsymbol{\alpha}_1^{\mathrm{T}},\boldsymbol{\alpha}_2^{\mathrm{T}},\boldsymbol{\alpha}_3^{\mathrm{T}}\mid\boldsymbol{\alpha}^{\mathrm{T}})$的解.因为$(\boldsymbol{\alpha}_1^{\mathrm{T}},\boldsymbol{\alpha}_2^{\mathrm{T}},\boldsymbol{\alpha}_3^{\mathrm{T}}\mid\boldsymbol{\alpha}^{\mathrm{T}})=\left(\begin{array}{ccc|c}1&1&1&a\\0&1&1&b\\0&0&1&c\end{array}\right)\xrightarrow{\text{行变换}}\left(\begin{array}{ccc|c}1&0&0&a-b\\0&1&0&b-c\\0&0&1&c\end{array}\right)$,故 $\boldsymbol{\alpha}$ 在基$\boldsymbol{\alpha}_1,\boldsymbol{\alpha}_2,\boldsymbol{\alpha}_3$ 下的坐标为$(a-b,b-c,c)$;

(2)由过渡矩阵定义知,过渡矩阵的第 j 列元素为$\boldsymbol{\beta}_j$ 在基$\boldsymbol{\alpha}_1,\boldsymbol{\alpha}_2,\cdots,\boldsymbol{\alpha}_n$ 下的坐标.

因$(\boldsymbol{\alpha}_1^{\mathrm{T}},\boldsymbol{\alpha}_2^{\mathrm{T}},\boldsymbol{\alpha}_3^{\mathrm{T}}\mid\boldsymbol{\beta}_1^{\mathrm{T}},\boldsymbol{\beta}_2^{\mathrm{T}},\boldsymbol{\beta}_3^{\mathrm{T}})=\left(\begin{array}{ccc|ccc}1&1&1&1&2&3\\0&1&1&2&3&1\\0&0&1&3&1&2\end{array}\right)\longrightarrow\left(\begin{array}{ccc|ccc}1&0&0&-1&-1&2\\0&1&0&-1&2&-1\\0&0&1&3&1&2\end{array}\right)$

三个线性方程组系数矩阵相同,可同时用初等行变换求解,第4列为第一个方程组的解,第5列为第二个方程组的解,第6列为第三个方程组的解.

所以从基 $\boldsymbol{\alpha}_1,\boldsymbol{\alpha}_2,\boldsymbol{\alpha}_3$ 到基 $\boldsymbol{\beta}_1,\boldsymbol{\beta}_2,\boldsymbol{\beta}_3$ 的过渡矩阵为

$$\begin{pmatrix}-1&-1&2\\-1&2&-1\\3&1&2\end{pmatrix}$$

注 很多人利用过渡矩阵定义$(\boldsymbol{\beta}_1,\boldsymbol{\beta}_2,\cdots,\boldsymbol{\beta}_n)=(\boldsymbol{\alpha}_1,\boldsymbol{\alpha}_2,\cdots,\boldsymbol{\alpha}_n)\boldsymbol{A}$求$\boldsymbol{A}$时,利用$\boldsymbol{A}=(\boldsymbol{\alpha}_1,\boldsymbol{\alpha}_2,\cdots,\boldsymbol{\alpha}_n)^{-1}(\boldsymbol{\beta}_1,\boldsymbol{\beta}_2,\cdots,\boldsymbol{\beta}_n)$来计算.这种方法只有当$\boldsymbol{\alpha}_i,\boldsymbol{\beta}_j$为$n$维数组向量时结果才成立;当$\boldsymbol{\alpha}_i,\boldsymbol{\beta}_j$不是$n$维数组向量时,上述的逆矩阵都不存在,无法计算.即使可用公式计算的时候,运算量也相当大,例1-5中的算法是最简单的.请读者细心体会.

1.3 子空间与维数定理

线性空间有些性质需用子空间的性质来表达,所以研究线性空间的子空间是必要的.

定义1-4 设V是数域$\mathbb{P}$上的线性空间,W是V的一个非空子集.如果W对于线性空间V所定义的加法运算及数量乘法运算也构成数域$\mathbb{P}$上的线性空间,则称W为V的**线性子空间**,简称**子空间**.

从线性空间的定义很容易找到上述非空子集为V的子空间的充要条件,就是下述定理.

定理1-2 设W是数域$\mathbb{P}$上线性空间V的非空子集,则W是V的线性子空间的充要条件是

(1) 若$\boldsymbol{\alpha},\boldsymbol{\beta}\in W$,则$\boldsymbol{\alpha}+\boldsymbol{\beta}\in W$;

(2) 若$\boldsymbol{\alpha}\in W,k\in\mathbb{P}$,则$k\boldsymbol{\alpha}\in W$.

换言之,线性空间V的非空子集W是子空间的充要条件是:W关于V中定义的两个运算是"封闭"的.

证明 条件的必要性是显然的,因为当W为V的子空间时,由定义1-4即知条件(1)与(2)自然是满足的.反过来,若定理1-2的两个条件已满足,则可推出零向量$\mathbf{0}\in W$(取$k=0$并利用条件(2));又当$\boldsymbol{\alpha}\in W$时,取$k=-1$便可以从条件(2)推出$-\boldsymbol{\alpha}\in W$.至于线性空间定义中的其它运算"规则",由于对$V$中所有元素都成立,当然对子集$W$中的元素也能成立,所以定理中的条件也是充分的.证毕.

在线性空间V中,由单个零向量组成的子集$\{\mathbf{0}\}$是V的一个子空间,称为**零子空间**,而线性空间V本身也是V的一个子空间.这两个子空间称为**平凡子空间**.零空间的维数定义为零.

例1-6 在n维线性空间$\mathbb{P}^n$中,子集

$$W=\{X\mid \boldsymbol{AX}=0,\ \boldsymbol{X}\in\mathbb{P}^n\}$$

构成$\mathbb{P}^n$的一个$n-r$维子空间,r是$\boldsymbol{A}\in\mathbb{P}^{m\times n}$的秩.子集$M=\{X\mid \boldsymbol{AX}=\boldsymbol{B}\neq 0,\boldsymbol{X}\in\mathbb{P}^n\}$则不能构成子空间.

例1-7 设$\boldsymbol{\alpha}_1,\boldsymbol{\alpha}_2,\cdots,\boldsymbol{\alpha}_m$是数域$\mathbb{P}$上线性空间$V$的$m$个向量,则这组向量的所有形如

$$k_1\boldsymbol{\alpha}_1+k_2\boldsymbol{\alpha}_2+\cdots+k_m\boldsymbol{\alpha}_m \quad (k_i\in\mathbb{P})$$

的线性组合构成的集合非空,且对V中的加法及数量乘法皆封闭,故形成V的一个子空间,称为由这组向量生成的子空间,并记为$L(\boldsymbol{\alpha}_1,\boldsymbol{\alpha}_2,\cdots,\boldsymbol{\alpha}_m)$.

例1-7提供了构作已知线性空间的子空间的一种方法.下面两个定理也给出了获得新的子空间的方法.

定理1-3 设V_1,V_2是数域$\mathbb{P}$上线性空间V的两个子空间,则它们的交$W=V_1\cap V_2$

也是 V 的子空间.

证明 由于每个子空间都包含零向量,所以零向量必定属于这两个子空间的交,即 W 不会是空集.

现任取 $\boldsymbol{\alpha},\boldsymbol{\beta}\in W$,则 $\boldsymbol{\alpha},\boldsymbol{\beta}\in V_i$,而 V_i 是子空间,所以 $\boldsymbol{\alpha}+\boldsymbol{\beta}\in V_i(i=1,2)$,从而

$$\boldsymbol{\alpha}+\boldsymbol{\beta}\in W.$$

又对任一 $k\in\mathbb{P}$ 及任一 $\boldsymbol{\alpha}\in W$,又有

$$k\boldsymbol{\alpha}\in V_i\quad(i=1,2)$$

从而 $k\boldsymbol{\alpha}\in W$.证毕.

定理 1-4 设 V_1,V_2 是数域 $\mathbb{P}$ 上线性空间 V 的两个子空间,则它们的和

$$V_1+V_2=\{\boldsymbol{\alpha}+\boldsymbol{\beta}\mid\boldsymbol{\alpha}\in V_1,\ \boldsymbol{\beta}\in V_2\}$$

也是 V 的子空间.

证明 首先,V_1+V_2 不是空集,因为零向量属于 V_1 及 V_2,且 $\mathbf{0}=\mathbf{0}+\mathbf{0}\in V_1+V_2$.其次,如果 $\boldsymbol{\alpha},\boldsymbol{\beta}$ 是 V_1+V_2 中任两向量,且设

$$\boldsymbol{\alpha}=\boldsymbol{\alpha}_1+\boldsymbol{\beta}_1,\quad\boldsymbol{\beta}=\boldsymbol{\alpha}_2+\boldsymbol{\beta}_2.$$

这里 $\boldsymbol{\alpha}_1,\boldsymbol{\alpha}_2\in V_1,\boldsymbol{\beta}_1,\boldsymbol{\beta}_2\in V_2$.由于 V_1,V_2 是子空间,故

$$\boldsymbol{\alpha}_1+\boldsymbol{\alpha}_2\in V_1,\quad\boldsymbol{\beta}_1+\boldsymbol{\beta}_2\in V_2,$$

从而

$$\boldsymbol{\alpha}+\boldsymbol{\beta}=(\boldsymbol{\alpha}_1+\boldsymbol{\alpha}_2)+(\boldsymbol{\beta}_1+\boldsymbol{\beta}_2)\in V_1+V_2.$$

同样地,对任一 $k\in\mathbb{P}$,则有

$$k\boldsymbol{\alpha}=k\boldsymbol{\alpha}_1+k\boldsymbol{\beta}_1\in V_1+V_2,$$

即 V_1+V_2 是 V 的子空间.证毕.

关于子空间的交与和的求法可参考附录 2 例六和例七.

由于子空间的交与和都满足交换律及结合律,所以还可以定义有限个子空间的交与和,并把上述两个定理推广到有限多个子空间的情形,兹不赘述.

例 1-8 $L(\boldsymbol{\alpha}_1,\boldsymbol{\alpha}_2,\cdots,\boldsymbol{\alpha}_s)+L(\boldsymbol{\beta}_1,\boldsymbol{\beta}_2,\cdots,\boldsymbol{\beta}_t)=L(\boldsymbol{\alpha}_1,\boldsymbol{\alpha}_2,\cdots,\boldsymbol{\alpha}_s,\boldsymbol{\beta}_1,\boldsymbol{\beta}_2,\cdots,\boldsymbol{\beta}_t)$.

下面讨论子空间的交与和的维数.

定理 1-5(维数公式) 设 V 是数域 $\mathbb{P}$上的 n 维线性空间,V_1,V_2 是它的两个子空间,则有维数公式

$$\dim V_1+\dim V_2=\dim(V_1+V_2)+\dim(V_1\cap V_2).$$

或写作

$$\dim(V_1+V_2)=\dim V_1+\dim V_2-\dim(V_1\cap V_2).$$

证明 假设 $\dim V_1=r,\quad\dim V_2=s,\quad\dim(V_1+V_2)=k,\quad\dim(V_1\cap V_2)=t$.

在 $V_1\cap V_2$ 中选取一个基 $\boldsymbol{\alpha}_1,\boldsymbol{\alpha}_2,\cdots,\boldsymbol{\alpha}_t$,并扩充它,使 r 个线性无关向量

$$\boldsymbol{\alpha}_1,\boldsymbol{\alpha}_2,\cdots,\boldsymbol{\alpha}_t,\boldsymbol{\alpha}_{t+1},\cdots,\boldsymbol{\alpha}_r$$

成为 V_1 的一个基;同样地,使 s 个线性无关向量

$$\boldsymbol{\alpha}_1,\boldsymbol{\alpha}_2,\cdots,\boldsymbol{\alpha}_t,\boldsymbol{\beta}_{t+1},\cdots,\boldsymbol{\beta}_s$$

成为 V_2 的一个基.

如能证明

$$\boldsymbol{\alpha}_1,\boldsymbol{\alpha}_2,\cdots,\boldsymbol{\alpha}_t,\boldsymbol{\alpha}_{t+1},\cdots,\boldsymbol{\alpha}_r,\boldsymbol{\beta}_{t+1},\cdots,\boldsymbol{\beta}_s \tag{1-11}$$

为 V_1+V_2 的一个基,那就有

$$\dim(V_1+V_2)=r+s-t,$$

从而定理得证.

要证明式(1-11)为 V_1+V_2 的一个基,只要说明两点:一是 V_1+V_2 中任一向量可由式(1-11)线性表出;二是向量组(1-11)线性无关.第一点比较容易,请读者自己证明,下面证明向量组(1-11)线性无关.

事实上,如果有

$$k_1\boldsymbol{\alpha}_1+k_2\boldsymbol{\alpha}_2+\cdots+k_t\boldsymbol{\alpha}_t+k_{t+1}\boldsymbol{\alpha}_{t+1}+\cdots+k_r\boldsymbol{\alpha}_r+l_{t+1}\boldsymbol{\beta}_{t+1}+\cdots+l_s\boldsymbol{\beta}_s=\mathbf{0},$$

则可得

$$k_1\boldsymbol{\alpha}_1+k_2\boldsymbol{\alpha}_2+\cdots+k_t\boldsymbol{\alpha}_t+k_{t+1}\boldsymbol{\alpha}_{t+1}+\cdots+k_r\boldsymbol{\alpha}_r=-l_{t+1}\boldsymbol{\beta}_{t+1}-\cdots-l_s\boldsymbol{\beta}_s \tag{1-12}$$

此等式左边确定了一个属于 V_1 的向量 $\boldsymbol{\alpha}$,而由右边又可见 $\boldsymbol{\alpha}$ 亦属于 V_2,从而 $\boldsymbol{\alpha}\in V_1\cap V_2$,故 $\boldsymbol{\alpha}$ 可由 $V_1\cap V_2$ 的基 $\boldsymbol{\alpha}_1,\boldsymbol{\alpha}_2,\cdots,\boldsymbol{\alpha}_t$ 线性表出,即

$$\boldsymbol{\alpha}=l_1\boldsymbol{\alpha}_1+l_2\boldsymbol{\alpha}_2+\cdots+l_t\boldsymbol{\alpha}_t. \tag{1-13}$$

由式(1-12)和式(1-13)得

$$l_1\boldsymbol{\alpha}_1+l_2\boldsymbol{\alpha}_2+\cdots+l_t\boldsymbol{\alpha}_t+l_{t+1}\boldsymbol{\beta}_{t+1}+\cdots+l_s\boldsymbol{\beta}_s=\mathbf{0},$$

由 $\boldsymbol{\alpha}_1,\boldsymbol{\alpha}_2,\cdots,\boldsymbol{\alpha}_t,\boldsymbol{\beta}_{t+1},\cdots,\boldsymbol{\beta}_s$ 是 V_2 的基得

$$l_1=l_2=\cdots=l_t=l_{t+1}=\cdots=l_s=0,$$

代入式(1-13)即得 $\boldsymbol{\alpha}=\mathbf{0}$.再应用式(1-12),且因基向量线性无关,于是又得

$$k_1=k_2=\cdots=k_t=k_{t+1}=\cdots=k_r=0.$$

这就证明了向量组(1-11)线性无关,于是定理得证.

推论 若 n 维线性空间 V 的两个子空间的维数之和大于 n,则 $V_1\cap V_2$ 必含非零向量.

证明 由所设条件,有 $\dim V_1+\dim V_2>n$,又 $\dim(V_1+V_2)\leqslant n$ 显然成立,故由维数公式即得

$$\dim(V_1\cap V_2)=\dim V_1+\dim V_2-\dim(V_1+V_2)>0,$$

所以 $V_1\cap V_2$ 含有非零向量.证毕.

若 $V_1\cap V_2=\{\mathbf{0}\}$,则维数公式便成为

$$\dim(V_1+V_2)=\dim V_1+\dim V_2,$$

即和的维数等于维数的和.

定理 1-4 给出了两个子空间的和 V_1+V_2 的定义.在子空间的和中,有一个情形特别重要,这就是下面定义的子空间的直和.

定义 1-5 设 V_1,V_2 是线性空间 V 的两个子空间,如果这两个子空间的和 $W=V_1+V_2$具有性质:对每个 $\boldsymbol{\alpha}\in W$,分解式

$$\boldsymbol{\alpha}=\boldsymbol{\alpha}_1+\boldsymbol{\alpha}_2\quad(\text{其中 }\boldsymbol{\alpha}_1\in V_1,\ \boldsymbol{\alpha}_2\in V_2)$$

是唯一的,则称子空间 V_1 与 V_2 的和 $W=V_1+V_2$ 为**直和**,并记为 $W=V_1\oplus V_2$.

例 1-9 设有四维线性空间 $\mathbb{R}^4$ 的三个子空间：

$$V_1 = \{(a, b, 0, 0) \mid a, b \in \mathbb{R}\},$$
$$V_2 = \{(0, 0, c, 0) \mid c \in \mathbb{R}\},$$
$$V_3 = \{(0, d, e, 0) \mid d, e \in \mathbb{R}\},$$

则 $T = V_1 + V_3$ 不是直和，因为 T 中有向量(1,1,1,0)，分解式不唯一：

$$(1, 1, 1, 0) = (1, 2, 0, 0) + (0, -1, 1, 0),$$
$$(1, 1, 1, 0) = (1, 0, 0, 0) + (0, 1, 1, 0).$$

但 $S = V_1 + V_2$ 则是直和，因为当 $\boldsymbol{\alpha} \in S$，则有

$$\boldsymbol{\alpha} = (a, b, 0, 0) + (0, 0, c, 0) = (a, b, c, 0).$$

若 $\boldsymbol{\alpha}$ 还有另一表示

$$\boldsymbol{\alpha} = (a_1, b_1, 0, 0) = (0, 0, c_1, 0) = (a_1, b_1, c_1, 0),$$

显然，$a_1 = a, b_1 = b, c_1 = c$. 故 S 中每个向量的分解式唯一，从而 S 是直和.

关于子空间的直和，有下述主要定理：

定理 1-6 关于子空间的直和，下列命题是等价的：

(1) $V_1 + V_2$ 中任一向量 $\boldsymbol{\alpha}$ 的分解式是唯一的；

(2) $V_1 + V_2$ 中的 $\mathbf{0}$ 向量的分解式是唯一的；

(3) $V_1 \cap V_2 = \{\mathbf{0}\}$.

证明 (1)⇒(2)，取 $\boldsymbol{\alpha} = \mathbf{0}$，显然.

(2)⇒(3)，若 $V_1 \cap V_2$ 含有非零向量 $\boldsymbol{\alpha}$，则有

$$\boldsymbol{\alpha} + (-\boldsymbol{\alpha}) = \mathbf{0} = \mathbf{0} + \mathbf{0}.$$

推知零向量 $\mathbf{0}$ 有两种不同的分解式，所以 $V_1 \cap V_2 = \{\mathbf{0}\}$.

(3)⇒(1)，我们来证其中任一向量 $\boldsymbol{\alpha}$ 的分解式是唯一的.

对 $V_1 + V_2$ 中任一向量 $\boldsymbol{\alpha}$，设有分解式

$$\left.\begin{aligned} \boldsymbol{\alpha} &= \boldsymbol{\alpha}_1 + \boldsymbol{\alpha}_2 \quad (\boldsymbol{\alpha}_1 \in V_1, \boldsymbol{\alpha}_2 \in V_2) \\ \boldsymbol{\alpha} &= \boldsymbol{\beta}_1 + \boldsymbol{\beta}_2 \quad (\boldsymbol{\beta}_1 \in V_1, \boldsymbol{\beta}_2 \in V_2) \end{aligned}\right\},$$

则由上两式相减即得

$$\boldsymbol{\alpha}_1 - \boldsymbol{\beta}_1 + (\boldsymbol{\alpha}_2 - \boldsymbol{\beta}_2) = \mathbf{0},$$

即

$$\boldsymbol{\alpha}_1 - \boldsymbol{\beta}_1 = -(\boldsymbol{\alpha}_2 - \boldsymbol{\beta}_2);$$

但是

$$\boldsymbol{\alpha}_1 - \boldsymbol{\beta}_1 \in V_1, \quad \boldsymbol{\alpha}_2 - \boldsymbol{\beta}_2 \in V_2, \quad -(\boldsymbol{\alpha}_2 - \boldsymbol{\beta}_2) \in V_2,$$

所以

$$(\boldsymbol{\alpha}_1 - \boldsymbol{\beta}_1) = -(\boldsymbol{\alpha}_2 - \boldsymbol{\beta}_2) \in V_1 \cap V_2.$$

即

$$\boldsymbol{\alpha}_1 = \boldsymbol{\beta}_1, \quad \boldsymbol{\alpha}_2 = \boldsymbol{\beta}_2.$$

亦即 $V_1 + V_2$ 中任一向量 $\boldsymbol{\alpha}$ 的分解式是唯一的.

定理 1-7 若 V_1 与 V_2 是 n 维线性空间 V 的两个子空间,又 V_1+V_2 是直和,则

$$\dim(V_1+V_2)=\dim V_1+\dim V_2,$$

这是显然的.此等式亦可写成

$$\dim(V_1\oplus V_2)=\dim V_1+\dim V_2.$$

子空间直和的概念可以推广到有限多个子空间的情形.而定理 1-7 的结果可以推广为

$$\dim(V_1\oplus V_2\oplus\cdots\oplus V_s)=\dim V_1+\dim V_2+\cdots+\dim V_s.$$

其证明从略.

1.4 线性空间的同构

我们会遇到一些看起来不太相同的线性空间,比如 $\mathbb{P}^n$ 及 $\mathbb{P}[t]_n$,前者的一般元素为 n 元数组

$$\boldsymbol{X}=(x_1,x_2,\cdots,x_n)\quad(x_i\in\mathbb{P}).$$

后者的一般元素为多项式

$$p(t)=a_0+a_1t+a_2t^2+\cdots+a_{n-1}t^{n-1}\quad(a_i\in\mathbb{P}).$$

那么这两个线性空间有无"本质"的区别呢?

在线性空间的定义里,决定集合 V 能否构成数域 $\mathbb{P}$ 上的一个线性空间,主要是看它是否定义了"加法"运算及"数量乘法"运算,以及这两个运算是否满足 8 条"规则".而这两个运算的具体定义及集合 V 的元素是什么,在我们的讨论中是可以不考虑的.代数是关于运算规则的科学,具有相同运算规则的系统,在某种意义上就认为是相同的,可以不加区别的.确切地说,我们有下述定义.

定义 1-6 数域 $\mathbb{P}$ 上的两个线性空间 V 与 V' 称为是**同构的**,如果 V 与 V' 之间有一个一一对应 σ,使得对任何 $\boldsymbol{\alpha},\boldsymbol{\beta}\in V$ 及 $k\in\mathbb{P}$ 均满足

(1) $\sigma(\boldsymbol{\alpha}+\boldsymbol{\beta})=\sigma(\boldsymbol{\alpha})+\sigma(\boldsymbol{\beta})$;

(2) $\sigma(k\boldsymbol{\alpha})=k\sigma(\boldsymbol{\alpha})$,

σ 就称为从 V 到 V' 的**同构映射**.

我们也可以这样说,线性空间 V 与 V' 称为是同构的,如果两者之间能建立起元素(向量)间的一一对应,并且这个对应保持 V 中的加法运算及数量乘法运算,即在这个对应下,V 中向量 $\boldsymbol{\alpha},\boldsymbol{\beta}$ 的和 $\boldsymbol{\alpha}+\boldsymbol{\beta}$ 对应着 V' 中的 $\boldsymbol{\alpha}',\boldsymbol{\beta}'$ 的和 $\boldsymbol{\alpha}'+\boldsymbol{\beta}'$;而且 V 中的数量乘积 $k\boldsymbol{\alpha}$ 对应于 V' 中的数量乘积 $k\boldsymbol{\alpha}'$(在这里我们设 V 中的 $\boldsymbol{\alpha},\boldsymbol{\beta}$ 对应于 V' 中的 $\boldsymbol{\alpha}',\boldsymbol{\beta}'$),亦即,若 $\boldsymbol{\alpha}\to\boldsymbol{\alpha}'$,$\boldsymbol{\beta}\to\boldsymbol{\beta}'$,则 $\boldsymbol{\alpha}+\boldsymbol{\beta}\to\boldsymbol{\alpha}'+\boldsymbol{\beta}'$,$k\boldsymbol{\alpha}\to k\boldsymbol{\alpha}'$.

现在来讨论数域 $\mathbb{P}$ 上 n 维线性空间 V 与线性空间 $\mathbb{P}^n$ 的关系.在 V 中取定一个基 $\boldsymbol{\alpha}_1,\boldsymbol{\alpha}_2,\cdots,\boldsymbol{\alpha}_n$,又 $\boldsymbol{\alpha},\boldsymbol{\beta}$ 为 V 中任两向量,k 为 $\mathbb{P}$ 中任意数,则有

$$\boldsymbol{\alpha}=k_1\boldsymbol{\alpha}_1+k_2\boldsymbol{\alpha}_2+\cdots+k_n\boldsymbol{\alpha}_n,\quad\boldsymbol{\beta}=l_1\boldsymbol{\alpha}_1+l_2\boldsymbol{\alpha}_2+\cdots+l_n\boldsymbol{\alpha}_n,$$

$$k\boldsymbol{\alpha}=(kk_1)\boldsymbol{\alpha}_1+(kk_2)\boldsymbol{\alpha}_2+\cdots+(kk_n)\boldsymbol{\alpha}_n.$$

设 σ 为 V 到 $\mathbb{P}^n$ 的一个映射,它使任何 $\boldsymbol{\alpha},\boldsymbol{\beta}\in V$ 按下面方式同 $\mathbb{P}^n$ 中的元素对应起来:

$$\boldsymbol{\alpha}\to(k_1,k_2,\cdots,k_n),\quad\boldsymbol{\beta}\to(l_1,l_2,\cdots,l_n),$$

则容易证明这个对应是 V 到 $\mathbb{P}^n$ 的一一对应,并且有

$$\boldsymbol{\alpha}+\boldsymbol{\beta}\to(k_1+l_1,k_2+l_2,\cdots,k_n+l_n),$$
$$k\boldsymbol{\alpha}\to(kk_1,kk_2,\cdots,kk_n).$$

因此,σ 是同构映射.于是,我们得到下述结论:

数域 $\mathbb{P}$ 上每个 n 维线性空间 V,取定一个基后,V 与 $\mathbb{P}^n$ 之间存在同构映射.

由定义 1-6 看出,同构映射 $\sigma:V\to V'$ 具有下列基本性质:

(1)$\sigma(\mathbf{0})=0$, $\sigma(-\boldsymbol{\alpha})=-\sigma(\boldsymbol{\alpha})$;

(2) $\sigma\left(\sum\limits_{i=1}^{m}k_i\boldsymbol{\alpha}_i\right)=\sum\limits_{i=1}^{m}k_i\sigma(\boldsymbol{\alpha}_i)$;

(3)若 $\boldsymbol{\alpha}_1,\boldsymbol{\alpha}_2,\cdots,\boldsymbol{\alpha}_m$ 为 V 中线性无关向量组,则 $\sigma(\boldsymbol{\alpha}_1),\sigma(\boldsymbol{\alpha}_2),\cdots,\sigma(\boldsymbol{\alpha}_m)$在 V' 中线性无关;反之亦成立.即在同构对应下,线性无关向量组对应线性无关向量组.

证明 设有
$$\sum_{i=1}^{m}k_i\sigma(\boldsymbol{\alpha}_i)=\mathbf{0},$$
则得
$$\sigma\left(\sum_{i=1}^{m}k_i\boldsymbol{\alpha}_i\right)=\mathbf{0},$$
但由(1)已知 $\sigma(\mathbf{0})=\mathbf{0}$,而 σ 是个一一对应,故只能有
$$\sum_{i=1}^{m}k_i\boldsymbol{\alpha}_i=\mathbf{0},$$
因为但 $\boldsymbol{\alpha}_1,\boldsymbol{\alpha}_2,\cdots,\boldsymbol{\alpha}_m$ 线性无关,所以得知
$$k_1=k_2=\cdots=k_m=0.$$

这就证明了向量组 $\sigma(\boldsymbol{\alpha}_1),\sigma(\boldsymbol{\alpha}_2),\cdots,\sigma(\boldsymbol{\alpha}_m)$线性无关.反之,若 $\boldsymbol{\alpha}_1,\boldsymbol{\alpha}_2,\cdots,\boldsymbol{\alpha}_m$ 是 V 中任意 m 个向量,但如果 $\sigma(\boldsymbol{\alpha}_1),\sigma(\boldsymbol{\alpha}_2),\cdots,\sigma(\boldsymbol{\alpha}_m)$是 V' 中一线性无关向量组,则可以证明原来的 m 个向量 $\boldsymbol{\alpha}_1,\boldsymbol{\alpha}_2,\cdots,\boldsymbol{\alpha}_m$ 在 V 中也一定是线性无关的.事实上,设有
$$\sum_{i=1}^{m}k_i\boldsymbol{\alpha}_i=\mathbf{0},\tag{1-14}$$
则由 $\sigma(\mathbf{0})=\mathbf{0}$,及(2)便可推知
$$\sigma\left(\sum_{i=1}^{m}k_i\boldsymbol{\alpha}_i\right)=\mathbf{0}.$$
但由假设,$\sigma(\boldsymbol{\alpha}_1),\sigma(\boldsymbol{\alpha}_2),\cdots,\sigma(\boldsymbol{\alpha}_m)$线性无关,故由此式即得 $k_1=k_2=\cdots=k_m=0$,联系到式(1-14)便知 $\boldsymbol{\alpha}_1,\boldsymbol{\alpha}_2,\cdots,\boldsymbol{\alpha}_m$ 线性无关.

(4)同构的有限维线性空间,其维数相同.

证明 有限维线性空间的维数就是它的最大线性无关组所含向量的个数.设 V 与 V' 是两个同构的有限维线性空间,V 到 V'的同构映射为 σ.又设 V 是 n 维的,$\boldsymbol{\alpha}_1,\boldsymbol{\alpha}_2,\cdots,\boldsymbol{\alpha}_n$ 是 V 的一个最大线性无关组,由性质(3)知 $\sigma(\boldsymbol{\alpha}_1),\sigma(\boldsymbol{\alpha}_2),\cdots,\sigma(\boldsymbol{\alpha}_n)$是 V'的 n 个线性无关向量.假如它还不是 V'的最大线性无关组,则把它扩充成最大线性无关组
$$\sigma(\boldsymbol{\alpha}_1),\sigma(\boldsymbol{\alpha}_2),\cdots,\sigma(\boldsymbol{\alpha}_n),\sigma(\boldsymbol{\alpha}_{n+1}),\cdots,\sigma(\boldsymbol{\alpha}_{n+k}).$$
(因为 σ 是 V 到 V'的映射,故 V'中的任一向量 $\boldsymbol{\alpha}'$在 V 中都有原象 $\boldsymbol{\alpha}$,使得 $\boldsymbol{\alpha}'=\sigma(\boldsymbol{\alpha})$.)而由性质(3)推出向量组
$$\boldsymbol{\alpha}_1,\boldsymbol{\alpha}_2,\cdots,\boldsymbol{\alpha}_n,\boldsymbol{\alpha}_{n+1},\cdots,\boldsymbol{\alpha}_{n+k}$$

线性无关.这是一个矛盾,因此

$$\sigma(\boldsymbol{\alpha}_1),\sigma(\boldsymbol{\alpha}_2),\cdots,\sigma(\boldsymbol{\alpha}_n)$$

是 V'的最大线性无关组,故 V'的维数是 n.

关于线性空间之间的同构还具有自反性(线性空间 V 与自身同构)、对称性(若 V_1 与 V_2 同构,则 V_2 与 V_1 同构)和传递性(若 V_1 与 V_2 同构,V_2 与 V_3 同构,则 V_1 与 V_3 同构).

定理 1-8 数域 $\mathbb{P}$ 上的任意两个 n 维线性空间 V 与 V'都是同构的.

证明 在 V 中选取一个基 $\boldsymbol{\alpha}_1,\boldsymbol{\alpha}_2,\cdots,\boldsymbol{\alpha}_n$,则 V 中任一向量 $\boldsymbol{\alpha}$ 可表示为

$$\boldsymbol{\alpha} = k_1\boldsymbol{\alpha}_1 + k_2\boldsymbol{\alpha}_2 + \cdots + k_n\boldsymbol{\alpha}_n.$$

又设 $\boldsymbol{\beta}_1,\boldsymbol{\beta}_2,\cdots,\boldsymbol{\beta}_n$ 为 V'的一个基,现做向量 $\boldsymbol{\alpha}'$如下

$$\boldsymbol{\alpha}' = k_1\boldsymbol{\beta}_1 + k_2\boldsymbol{\beta}_2 + \cdots + k_n\boldsymbol{\beta}_n,$$

则显然 $\boldsymbol{\alpha}'\in V'$.因此,$V$ 中任一向量 $\boldsymbol{\alpha}$ 都对应着 V'中的一个确定向量 $\boldsymbol{\alpha}'$,且 $\boldsymbol{\alpha}'$由 $\boldsymbol{\alpha}$ 唯一确定.又由于两个空间在构成上完全平等,所以每个 $\boldsymbol{\alpha}'\in V'$,也能对应着 V 中一个唯一确定的向量 $\boldsymbol{\alpha}$.

由上面建立的对应法则易知,若 $\boldsymbol{\alpha}\to\boldsymbol{\alpha}'$,且 $\boldsymbol{\beta}\to\boldsymbol{\beta}'$,则

$$\boldsymbol{\alpha}+\boldsymbol{\beta}\to\boldsymbol{\alpha}'+\boldsymbol{\beta}';\quad k\boldsymbol{\alpha}\to k\boldsymbol{\alpha}'.$$

因此,V 与 V'是同构的.

推论 数域 $\mathbb{P}$ 上两个有限维线性空间同构的充要条件是维数相同.

我们小结一下这一节.由前面的说明及以上关于同构的讨论,可以知道,同构的线性空间有相同的代数性质(指那些仅与线性空间定义中两个运算有关的性质,而同构映射是保持这两个运算的),因此,同构的线性空间是可以不加区别的,即认为是相同的.其次,由于一切 n 维线性空间(相同数域 $\mathbb{P}$ 上的)都与 $\mathbb{P}^n$ 同构,这就可以用较具体的 $\mathbb{P}^n$ 来认识比较抽象的 n 维线性空间,并且 $\mathbb{P}^n$ 中许多性质照样可以搬到一般 n 维线性空间里来.

1.5 线性变换的概念

设 V 是数域 $\mathbb{P}$ 上的线性空间.这里把从 V 到 V 的映射称为 V 的**变换**,线性变换是其中最简单、最基本的一种变换,它与矩阵、线性空间等都有密切联系,是矩阵理论的主要研究对象之一.

如无特别指出,以下几节提到的线性空间,都是指数域 $\mathbb{P}$ 上的线性空间.

定义 1-7 数域 $\mathbb{P}$ 上的线性空间 V 的一个变换 T 称为**线性变换**,如果对任意 $\boldsymbol{\alpha},\boldsymbol{\beta}\in V$ 及 $k\in\mathbb{P}$,都有

$$T(\boldsymbol{\alpha}+\boldsymbol{\beta}) = T(\boldsymbol{\alpha})+T(\boldsymbol{\beta}),\quad T(k\boldsymbol{\alpha}) = kT(\boldsymbol{\beta}).$$

由此定义可见,线性变换 T 是 $V\to V$ 的"保持向量加法"及"数量乘法"的变换.线性变换 T 的定义也可以叙述为:

若 T 是 V 到 V 的映射,如果在 T 的作用下,$\boldsymbol{\alpha}\to\boldsymbol{\alpha}'$,$\boldsymbol{\beta}\to\boldsymbol{\beta}'$,则有

$$\boldsymbol{\alpha}+\boldsymbol{\beta}\to\boldsymbol{\alpha}'+\boldsymbol{\beta}';\quad k\boldsymbol{\alpha}\to k\boldsymbol{\alpha}'.$$

这里 $\boldsymbol{\alpha},\boldsymbol{\beta}$ 为 V 中任意元素,k 为 $\mathbb{P}$ 中任意数,则 T 便称为线性空间 V 的一个线性变换.

把上述的 $T(\boldsymbol{\alpha})$或 $\boldsymbol{\alpha}'$称为向量 $\boldsymbol{\alpha}\in V$ 在线性变换 T 下的象,而 $\boldsymbol{\alpha}$ 叫 $T(\boldsymbol{\alpha})$或 $\boldsymbol{\alpha}'$的原

象.我们约定,V 的两个线性变换 T 与 S 认为是相等的,当且只当对任何 $\boldsymbol{\alpha}\in V$,均有

$$T(\boldsymbol{\alpha})=S(\boldsymbol{\alpha}).$$

例 1-10 设 $\boldsymbol{B},\boldsymbol{C}$ 是 $\mathbb{R}^{n\times n}$的两个给定的矩阵,如果对任一 $\boldsymbol{X}\in\mathbb{R}^{n\times n}$,定义 T 为

$$T(\boldsymbol{X}) = \boldsymbol{BXC},$$

则 T 是线性空间 $\mathbb{R}^{n\times n}$的线性变换.

例 1-11 在实多项式空间 $\mathbb{R}[t]$中,由

$$T(p(t)) = \frac{\mathrm{d}}{\mathrm{d}t}p(t), \quad (p(t)\in\mathbb{R}[t])$$

定义的变换(求导运算)T 是线性变换.

例 1-12 在由闭区间$[a,b]$上全体连续函数构成的实线性空间 $\mathbb{R}[a,b]$中,由

$$T(f(t)) = \int_a^b f(u)\mathrm{d}u \quad (a < t \leqslant b)$$

定义的变换也是线性变换.

例 1-13 把线性空间 V 的每个向量都映射到零向量的变换叫做**零变换**;把 V 中每个向量都映射到自身的变换叫做**单位变换**.易知这两个变换都是线性变换.

线性变换有下列简单性质:

(1) 若 T 是线性变换,则

$$T(\boldsymbol{0}) = \boldsymbol{0}; \quad T(-\boldsymbol{\alpha}) = -T(\boldsymbol{\alpha}).$$

这是因为

$$T(\boldsymbol{0}) = T(0\boldsymbol{\alpha}) = 0T(\boldsymbol{\alpha}) = \boldsymbol{0};$$
$$T(-\boldsymbol{\alpha}) = T[(-1)\boldsymbol{\alpha}] = (-1)T(\boldsymbol{\alpha}) = -T(\boldsymbol{\alpha}).$$

(2) 线性变换 T 保持向量的线性组合与线性关系式,即

$$\boldsymbol{\beta} = \sum_{i=1}^{m}k_i\boldsymbol{\alpha}_i \Rightarrow T(\boldsymbol{\beta}) = \sum_{i=1}^{m}k_iT(\boldsymbol{\alpha}_i); \quad \sum_{i=1}^{m}k_i\boldsymbol{\alpha}_i = \boldsymbol{0} \Rightarrow \sum_{i=1}^{m}k_iT(\boldsymbol{\alpha}_i) = \boldsymbol{0}.$$

(3) 线性变换把线性相关向量组变成线性相关向量组.

这两个性质的证明是容易的,留给读者作为练习.注意,由(3)不能认为线性变换都能把线性无关向量组变为线性无关向量组.一个简单例子是零变换,它把任何线性无关向量组变成线性相关向量组.

读者可能发现同构映射与线性变换的定义有点类似,数学上像这种相近、相似的概念很多,应加以区分.读者试比较这两个概念的相同点和不同点.

现在来讨论线性变换的运算.设 V 是数域 $\mathbb{P}$ 上的线性空间,T_1,T_2,T_3 是 V 的三个线性变换,定义下列三种运算:

(1) 线性变换的和

对每个 $\boldsymbol{\alpha}\in V$,满足

$$T(\boldsymbol{\alpha}) = T_1(\boldsymbol{\alpha}) + T_2(\boldsymbol{\alpha})$$

的变换 T 称为线性变换 T_1 与 T_2 的和,并记作 $T=T_1+T_2$.

易证 T_1+T_2 也是 V 的线性变换.

(2) 线性变换的乘积

对每个 $\boldsymbol{\alpha}\in V$,满足

$$T(\boldsymbol{\alpha}) = T_1(T_2(\boldsymbol{\alpha}))$$

的变换 T 称为线性变换 T_1 与 T_2 的乘积,记作 $T = T_1T_2$,则 T 也是线性变换(事实上,大家可以发现乘积就是函数复合运算的一个推广).

证明　对任何 $\boldsymbol{\alpha},\boldsymbol{\beta}\in V$ 及 $k\in\mathbb{P}$,有

$$\begin{aligned}(T_1T_2)(\boldsymbol{\alpha}+\boldsymbol{\beta}) &= T_1(T_2(\boldsymbol{\alpha}+\boldsymbol{\beta})) = T_1(T_2(\boldsymbol{\alpha})+T_2(\boldsymbol{\beta}))\\ &= T_1(T_2(\boldsymbol{\alpha}))+T_1(T_2(\boldsymbol{\beta})) = (T_1T_2)(\boldsymbol{\alpha})+(T_1T_2)(\boldsymbol{\beta}),\\ T_1T_2(k\boldsymbol{\alpha}) &= T_1(T_2(k\boldsymbol{\alpha})) = T_1(kT_2(\boldsymbol{\alpha}))\\ &= (kT_1)(T_2(\boldsymbol{\alpha})) = (kT_1T_2)(\boldsymbol{\alpha}).\end{aligned}$$

(3) 线性变换的数量乘法

对每个 $\boldsymbol{\alpha}\in V, k\in\mathbb{P}$,满足

$$T(\boldsymbol{\alpha}) = k(T_1(\boldsymbol{\alpha}))$$

的变换 T 称为数 k 与线性变换 T_1 的数量乘积(法),记为 $T = kT_1$.易证 kT_1 也是线性变换.$(-1)T_1$ 简记为 $-T_1$.

上述三种运算是线性变换的基本运算,这些运算具有下列性质:

(ⅰ) 对线性空间 V 的任意三个线性变换 T_1,T_2,T_3,结合律成立,即有

$$T_1(T_2T_3) = (T_1T_2)T_3.$$

(ⅱ) V 中线性变换的加法满足交换律及结合律.

(ⅲ) V 中线性变换的乘法对加法的分配律成立.

(ⅳ) V 的零变换 0 及 V 的任一线性变换 T,满足关系式

$$T + 0 = T,\quad T + (-T) = 0.$$

(ⅴ) 数量乘法满足以下关系式

$$(kl)T = k(lT),\quad (k+l)T = kT + lT,$$
$$k(T_1+T_2) = kT_1 + kT_2,\quad 1T = T.$$

这里,$k,l\in\mathbb{P}$,T_1,T_2 及 T 为 V 的任意线性变换.

由于零变换及单位变换都是线性变换,所以线性空间 V 的所有线性变换组成的集合不会是空集,因而由以上的讨论得知:数域 $\mathbb{P}$ 上的线性空间 V 的全体线性变换组成的集合,对于线性变换的加法及数量乘法,也构成数域 $\mathbb{P}$ 上的一个线性空间,并用 $L(V)$来表示.

我们来研究线性变换的逆变换的问题.

定义 1-8　设 I 为线性空间 V 的单位线性变换,T 为 V 的线性变换.如果存在 V 的一个线性变换 S,使得

$$TS = ST = I,$$

则称线性变换 T 是可逆的,而 S 称为 T 的逆变换,记为 T^{-1}.

读者可以证明:当线性变换 T 可逆时,其逆变换 T^{-1} 也是线性变换.当然,正如矩阵那样,并非每个线性变换都是可逆的.

例 1-14　设 T 是线性空间 V 的线性变换,则

$$T(V) = \{T\boldsymbol{\alpha} \mid \boldsymbol{\alpha}\in V\}$$

是 V 的子空间,称为象子空间.证明留给读者.$T(V)$的维数叫做线性变换 T 的秩.

例 1-15　设 T 是线性空间 V 的线性变换,则集合

$$K = \{\boldsymbol{\alpha} \in V \mid T\boldsymbol{\alpha} = \mathbf{0}\}$$

是 V 的子空间.证明留给读者.这个子空间称为线性变换 T 的核(kernel),并记为 $\ker(T)$ 或 $T^{-1}(\mathbf{0})$(这只是代表$\mathbf{0}$的原象组成的集合,而不表示 T 可逆).

对于例 1-11 的线性变换 T,可知 $T(\mathbb{R}[t])=\mathbb{R}[t]$,$T^{-1}(0)=\mathbb{R}$.

由例 1-14 及例 1-15 可以进一步推得下述定理.

定理 1-9 设 T 是 n 维线性空间 V 的线性变换,则有维数关系

$$\dim T(V) + \dim T^{-1}(\mathbf{0}) = n.$$

证明 设 $\dim T^{-1}(\mathbf{0})=s$,$\boldsymbol{\alpha}_1,\boldsymbol{\alpha}_2,\cdots,\boldsymbol{\alpha}_s$ 是核 $T^{-1}(\mathbf{0})$的一个基.我们将它扩充,使

$$\boldsymbol{\alpha}_1,\boldsymbol{\alpha}_2,\cdots,\boldsymbol{\alpha}_s,\quad \boldsymbol{\beta}_1,\boldsymbol{\beta}_2,\cdots,\boldsymbol{\beta}_t$$

成为 V 的一个基,显然 $s+t=n$.如能证明

$$\dim T(V) = t,$$

则定理便得证.现设 $\boldsymbol{\alpha}$ 是 V 的任一向量,则有

$$\boldsymbol{\alpha} = \sum_{i=1}^{s} k_i\boldsymbol{\alpha}_i + \sum_{j=1}^{t} l_j\boldsymbol{\beta}_j.$$

由于 $T(\boldsymbol{\alpha}_i)=\mathbf{0}$ $(i=1,2,\cdots,s)$,所以

$$T(\boldsymbol{\alpha}) = \sum_{j=1}^{t} l_jT(\boldsymbol{\beta}_j).$$

当然,$T(\boldsymbol{\alpha})\in T(V)$,所以上式表示 $T(V)$中的任一向量都是向量组

$$T(\boldsymbol{\beta}_1),T(\boldsymbol{\beta}_2),\cdots,T(\boldsymbol{\beta}_t) \tag{1-15}$$

的线性组合.现证向量组(1-15)线性无关.设有

$$\sum_{i=1}^{t} c_iT(\boldsymbol{\beta}_i) = \mathbf{0}. \tag{1-16}$$

则有

$$T\left(\sum_{i=1}^{t} c_i\boldsymbol{\beta}_i\right) = \mathbf{0}.$$

所以

$$\boldsymbol{\beta} = \sum_{i=1}^{t} c_i\boldsymbol{\beta}_i \in T^{-1}(\mathbf{0}).$$

从而 $\boldsymbol{\beta}$ 可由 $T^{-1}(\mathbf{0})$的基 $\boldsymbol{\alpha}_1,\boldsymbol{\alpha}_2,\cdots,\boldsymbol{\alpha}_s$ 线性表出,即

$$\boldsymbol{\beta} = \sum_{j=1}^{s} d_j\boldsymbol{\alpha}_j,$$

因此得

$$\sum_{i=1}^{t} c_i\boldsymbol{\beta}_i - \sum_{j=1}^{s} d_j\boldsymbol{\alpha}_j = \mathbf{0}. \tag{1-17}$$

但已知 $\boldsymbol{\alpha}_1,\boldsymbol{\alpha}_2,\cdots,\boldsymbol{\alpha}_s$ 与$\boldsymbol{\beta}_1,\boldsymbol{\beta}_2,\cdots,\boldsymbol{\beta}_t$ 是V 的一个基,故式(1-17)中一切 $c_i=0$,一切 $d_j=0$ $(i=1,2,\cdots,t;\ j=1,2,\cdots,s)$.因此,从式(1-16)导出了 $c_1=c_2=\cdots=c_t=0$,这证明了向量组(1-15)是线性无关的.

这样,就证明了

$$T(\boldsymbol{\beta}_1),\ T(\boldsymbol{\beta}_2),\ \cdots,\ T(\boldsymbol{\beta}_t)$$

是 $T(V)$的一组基,从而 $T(V)$的维数等于 t.定理得证.

1.6 线性变换的矩阵

在上节已经得知:线性空间的所有线性变换组成的集合,对于线性变换的加法及数量乘法,也构成一个线性空间 $L(V)$.若 V 是数域 $\mathbb{P}$ 上的 n 维线性空间,那么 $L(V)$的维数是多少? 它与线性空间 $\mathbb{P}^{n\times n}$ 有什么关系? 这就是本节要讨论的问题.

下面着手研究线性变换与矩阵的关系,亦即本节开头提出的主要问题.为简单起见,以后用 $T\boldsymbol{\alpha}$ 代替 $T(\boldsymbol{\alpha})$.

设 V 是数域 $\mathbb{P}$ 上的 n 维线性空间,T 是 V 的一个线性变换,现取定 V 的一个基 $\boldsymbol{\alpha}_1,\boldsymbol{\alpha}_2,\cdots,\boldsymbol{\alpha}_n$,则每个 $T\boldsymbol{\alpha}_i$ 都是 V 中向量($i=1,2,\cdots,n$),故可设

$$\begin{cases} T\boldsymbol{\alpha}_1 = a_{11}\boldsymbol{\alpha}_1 + a_{21}\boldsymbol{\alpha}_2 + \cdots + a_{n1}\boldsymbol{\alpha}_n \\ T\boldsymbol{\alpha}_2 = a_{12}\boldsymbol{\alpha}_1 + a_{22}\boldsymbol{\alpha}_2 + \cdots + a_{n2}\boldsymbol{\alpha}_n \\ \qquad\vdots \\ T\boldsymbol{\alpha}_n = a_{1n}\boldsymbol{\alpha}_1 + a_{2n}\boldsymbol{\alpha}_2 + \cdots + a_{nn}\boldsymbol{\alpha}_n \end{cases}, \tag{1-18}$$

或写成形式矩阵

$$(T\boldsymbol{\alpha}_1,T\boldsymbol{\alpha}_2,\cdots,T\boldsymbol{\alpha}_n) = (\boldsymbol{\alpha}_1,\boldsymbol{\alpha}_2,\cdots,\boldsymbol{\alpha}_n)\boldsymbol{A}.$$

把矩阵

$$\boldsymbol{A} = \begin{pmatrix} a_{11} & a_{12} & \cdots & a_{1n} \\ a_{21} & a_{22} & \cdots & a_{2n} \\ \vdots & \vdots & & \vdots \\ a_{n1} & a_{n2} & \cdots & a_{nn} \end{pmatrix}$$

称为**线性变换 T 在基 $\boldsymbol{\alpha}_1,\boldsymbol{\alpha}_2,\cdots,\boldsymbol{\alpha}_n$ 下的矩阵**.

例 1-16 求 $\mathbb{P}[t]_n$ 的线性变换 $T:T(p(t))=\frac{\mathrm{d}}{\mathrm{d}t}p(t)$在基 $1,t,t^2,\cdots,t^{n-1}$下的矩阵.

解 $T(1)=0$,

$T(t)=1$,

$T(t^2)=2t$,

$\vdots$

$T(t^{n-1})=(n-1)t^{n-2}$

所以 T 在基 $1,t,t^2,\cdots,t^{n-1}$下的矩阵为

$$\begin{pmatrix} 0 & 1 & 0 & \cdots & 0 & 0 \\ 0 & 0 & 2 & \cdots & 0 & 0 \\ 0 & 0 & 0 & \cdots & 0 & 0 \\ \vdots & \vdots & \vdots & & \vdots & \vdots \\ 0 & 0 & 0 & \cdots & 0 & n-1 \\ 0 & 0 & 0 & \cdots & 0 & 0 \end{pmatrix}.$$

更多的例子可参考附录 2 例九、例十.

由此可见,在线性空间 V 取定一个基后,V 的每一个线性变换 $T(\in L(V))$对应着一

个矩阵 $\boldsymbol{A}(\in\mathbb{P}^{n\times n})$,其对应方式由式(1-18)反映出来.现把这个对应关系写为 $T\to\boldsymbol{A}$,可推知这个对应是一一对应.并且,如果 $T_1\to\boldsymbol{A}_1$,$T_2\to\boldsymbol{A}_2$,则有

$$T_1+T_2\to\boldsymbol{A}_1+\boldsymbol{A}_2,\ kT_1\to k\boldsymbol{A}_1.$$

这由式(1-18)是很易推得的.这里 $k\in\mathbb{P}$ 是任意数.这样已建立了下述定理.

定理 1-10 数域 $\mathbb{P}$ 上 n 维线性空间 V 的所有线性变换构成的线性空间 $L(V)$,在取定 V 的一个基之下,它与数域 $\mathbb{P}$ 上一切 $n\times n$ 的矩阵构成的线性空间 $\mathbb{P}^{n\times n}$ 是同构的.

推论 $\dim L(V)=\dim\mathbb{P}^{n\times n}=n^2$.

前面已经讲过,同构的线性空间有相同的代数性质,因而同构的线性空间可以看做是一样的,于是 $\mathbb{P}^{n\times n}$ 的许多性质对于 $L(V)$ 也是成立的.不仅如此,应用线性变换与矩阵的对应关系,还可以证明下述性质.

定理 1-11 设 $\boldsymbol{\alpha}_1,\boldsymbol{\alpha}_2,\cdots,\boldsymbol{\alpha}_n$ 是数域 $\mathbb{P}$ 上 n 维线性空间 V 的一个基,在这个基下,按照式(1-18)建立的线性变换与矩阵的对应关系,则有

(1) 线性变换的乘积对应矩阵的乘积;

(2) 可逆线性变换对应的矩阵也可逆,且逆变换对应于逆矩阵.

证明 (1) 设 T,S 是线性空间 V 的两个线性变换,在所取定的基下,它们对应的矩阵分别是 $\boldsymbol{A},\boldsymbol{B}$.即是说,对于 $i=1,2,\cdots,n$,有

$$(T\boldsymbol{\alpha}_1,T\boldsymbol{\alpha}_2,\cdots,T\boldsymbol{\alpha}_n)=(\boldsymbol{\alpha}_1,\boldsymbol{\alpha}_2,\cdots,\boldsymbol{\alpha}_n)\boldsymbol{A},$$
$$(S\boldsymbol{\alpha}_1,S\boldsymbol{\alpha}_2,\cdots,S\boldsymbol{\alpha}_n)=(\boldsymbol{\alpha}_1,\boldsymbol{\alpha}_2,\cdots,\boldsymbol{\alpha}_n)\boldsymbol{B},$$

由此得

$$\begin{aligned}(TS\boldsymbol{\alpha}_1,TS\boldsymbol{\alpha}_2,\cdots,TS\boldsymbol{\alpha}_n)&=T(S\boldsymbol{\alpha}_1,S\boldsymbol{\alpha}_2,\cdots,S\boldsymbol{\alpha}_n)\\&=T(\boldsymbol{\alpha}_1,\boldsymbol{\alpha}_2,\cdots,\boldsymbol{\alpha}_n)\boldsymbol{B}=(\boldsymbol{\alpha}_1,\boldsymbol{\alpha}_2,\cdots,\boldsymbol{\alpha}_n)\boldsymbol{AB}.\end{aligned}$$

因此,线性变换的乘积 TS 在所取基下的矩阵是 $\boldsymbol{AB}$.换言之,当 $T\to\boldsymbol{A}$ 及 $S\to\boldsymbol{B}$ 时,则有

$$TS\to\boldsymbol{AB}.$$

(2) 又,显然单位线性变换 I 在基 $\boldsymbol{\alpha}_1,\boldsymbol{\alpha}_2,\cdots,\boldsymbol{\alpha}_n$ 下的矩阵是单位矩阵 $\boldsymbol{E}$,即变换 I 对应于矩阵 $\boldsymbol{E}$.所以,当有 $ST=TS=I$ 时,便有 $\boldsymbol{BA}=\boldsymbol{AB}=\boldsymbol{E}$.定理证毕.

最后,研究当基改变时线性变换的矩阵的变化规律.

定理 1-12 设 V 是数域 $\mathbb{P}$ 上的一个 n 维线性空间,$\boldsymbol{\alpha}_1,\boldsymbol{\alpha}_2,\cdots,\boldsymbol{\alpha}_n$ 及 $\boldsymbol{\beta}_1,\boldsymbol{\beta}_2,\cdots,\boldsymbol{\beta}_n$ 是 V 的两个基,从前一个基到后一个基的过渡矩阵是 $\boldsymbol{C}$.又设 T 是 V 的一个线性变换,它在前后两个基下的矩阵分别是 $\boldsymbol{A}$ 与 $\boldsymbol{B}$,则有 $\boldsymbol{B}=\boldsymbol{C}^{-1}\boldsymbol{AC}$.

证明 由假设有

$$(\boldsymbol{\beta}_1,\boldsymbol{\beta}_2,\cdots,\boldsymbol{\beta}_n)=(\boldsymbol{\alpha}_1,\boldsymbol{\alpha}_2,\cdots,\boldsymbol{\alpha}_n)\boldsymbol{C},$$

以及

$$(T\boldsymbol{\beta}_1,T\boldsymbol{\beta}_2,\cdots,T\boldsymbol{\beta}_n)=(\boldsymbol{\beta}_1,\boldsymbol{\beta}_2,\cdots,\boldsymbol{\beta}_n)\boldsymbol{B},$$
$$(T\boldsymbol{\alpha}_1,T\boldsymbol{\alpha}_2,\cdots,T\boldsymbol{\alpha}_n)=(\boldsymbol{\alpha}_1,\boldsymbol{\alpha}_2,\cdots,\boldsymbol{\alpha}_n)\boldsymbol{A},$$

则有

$$\begin{aligned}(T\boldsymbol{\beta}_1,T\boldsymbol{\beta}_2,\cdots,T\boldsymbol{\beta}_n)&=T(\boldsymbol{\beta}_1,\boldsymbol{\beta}_2,\cdots,\boldsymbol{\beta}_n)=T(\boldsymbol{\alpha}_1,\boldsymbol{\alpha}_2,\cdots,\boldsymbol{\alpha}_n)\boldsymbol{C}\\&=(\boldsymbol{\alpha}_1,\boldsymbol{\alpha}_2,\cdots,\boldsymbol{\alpha}_n)\boldsymbol{AC}=(\boldsymbol{\beta}_1,\boldsymbol{\beta}_2,\cdots,\boldsymbol{\beta}_n)\boldsymbol{C}^{-1}\boldsymbol{AC}.\end{aligned}$$

证毕.

定义 1-9 若 $\boldsymbol{A},\boldsymbol{B}\in\mathbb{P}^{n\times n}$,如果存在可逆矩阵 $\boldsymbol{C}\in\mathbb{P}^{n\times n}$,使得

$$\boldsymbol{B}=\boldsymbol{C}^{-1}\boldsymbol{A}\boldsymbol{C},$$

则称矩阵 $\boldsymbol{A}$ 相似于矩阵 $\boldsymbol{B}$,并记作 $\boldsymbol{A}\sim\boldsymbol{B}$. 这时也简单地说 $\boldsymbol{A}$ 与 $\boldsymbol{B}$ 相似.

由定义易知,矩阵的相似是等价关系,即相似具有下述三个性质:

(1) 自反性 $\boldsymbol{A}\sim\boldsymbol{B}$;

(2) 对称性 若 $\boldsymbol{A}\sim\boldsymbol{B}$,则 $\boldsymbol{B}\sim\boldsymbol{A}$;

(3) 传递性 若 $\boldsymbol{A}\sim\boldsymbol{B}$ 且 $\boldsymbol{B}\sim\boldsymbol{C}$,则 $\boldsymbol{A}\sim\boldsymbol{C}$.

$\boldsymbol{A},\boldsymbol{B},\boldsymbol{C}\in\mathbb{P}^{n\times n}$. 读者可自证之.

定理 1-12 表明一个重要事实:一个线性变换在不同基下的矩阵是相似的. 反过来也可以证明,两个相似矩阵总可以看成某一线性变换在两个不同基下的矩阵.

相似矩阵的概念及一些简单性质,读者已经熟知,兹不赘述.

线性变换和矩阵的上述相互关系是很重要的. 线性空间、线性变换及矩阵三者之间都有着密切联系,熟悉这种联系,对深入研究矩阵理论是很有益处的.

1.7 不变子空间*

定义 1-10 设 T 是线性空间 V 的一个线性变换,又 W 是 V 的一个子空间. 若对任一 $\boldsymbol{\alpha}\in W$,都有 $T\boldsymbol{\alpha}\in W$,亦即

$$T(W)\subseteq W, \tag{1-19}$$

则称 W 是线性变换 T 的**不变子空间**,也就是说子空间 W 对线性变换 T 是不变的.

由定义可知,零空间及 V 本身都是 T 的不变子空间.

现设 V_1,V_2 是 n 维线性空间 V 的两个子空间,且都是线性变换 T 的不变子空间. 如果

$$V=V_1\oplus V_2,$$

且 $\boldsymbol{\alpha}_1,\boldsymbol{\alpha}_2,\cdots,\boldsymbol{\alpha}_m$ 与 $\boldsymbol{\alpha}_{m+1},\cdots,\boldsymbol{\alpha}_n$ 分别是 V_1 与 V_2 的一个基,则向量组

$$\boldsymbol{\alpha}_1,\boldsymbol{\alpha}_2,\cdots,\boldsymbol{\alpha}_m,\quad \boldsymbol{\alpha}_{m+1},\cdots,\boldsymbol{\alpha}_n \tag{1-20}$$

便构成 V 的一个基. 由于 V_1,V_2 对 T 不变,所以有

$$\begin{cases} T\boldsymbol{\alpha}_1=a_{11}\boldsymbol{\alpha}_1+a_{21}\boldsymbol{\alpha}_2+\cdots+a_{m1}\boldsymbol{\alpha}_m\\ \qquad\vdots\\ T\boldsymbol{\alpha}_m=a_{1m}\boldsymbol{\alpha}_1+a_{2m}\boldsymbol{\alpha}_2+\cdots+a_{mm}\boldsymbol{\alpha}_m\\ T\boldsymbol{\alpha}_{m+1}=a_{m+1,m+1}\boldsymbol{\alpha}_{m+1}+\cdots+a_{n,m+1}\boldsymbol{\alpha}_n\\ \qquad\vdots\\ T\boldsymbol{\alpha}_n=a_{m+1,n}\boldsymbol{\alpha}_{m+1}+\cdots+a_{nn}\boldsymbol{\alpha}_n \end{cases},$$

因此,线性变换 T 在基(1-20)下的矩阵为分块对角矩阵

$$\boldsymbol{A}=\begin{pmatrix}\boldsymbol{A}_1 & \\ & \boldsymbol{A}_2\end{pmatrix}.$$

这里

$$A_1=\begin{pmatrix}a_{11} & \cdots & a_{1m}\\ \vdots & & \vdots\\ a_{m1} & \cdots & a_{mm}\end{pmatrix},\quad A_2=\begin{pmatrix}a_{m+1,m+1} & \cdots & a_{m+1,n}\\ \vdots & & \vdots\\ a_{n,m+1} & \cdots & a_{nn}\end{pmatrix}.$$

易知,若 $V=V_1\oplus V_2\oplus\cdots\oplus V_k$,又 T 为 V 的线性变换,且每个 V_i 都是 T 的不变子空间,则适当选择基,线性变换 T 在此基下的矩阵便为分块对角形

$$A=\begin{pmatrix}A_1 & & & \\ & A_2 & & \\ & & \ddots & \\ & & & A_k\end{pmatrix}. \tag{1-21}$$

还可以证明,若 V 可分解为 k 个子空间 $V_i(i=1,2,\cdots,k)$ 的直和,则存在 V 的一个线性变换 T,使得每个 V_i 都是 T 的不变子空间,从而 T 在某组基下的矩阵具有分块对角形 (1-21) 的形式.

显然,若 n 维线性空间 V 可分解为线性变换 T 的 n 个一维不变子空间的直和,则 T 对应的矩阵可以具有对角形矩阵的形状.对角线上的元素就是线性变换 T 所对应的矩阵 $\boldsymbol{A}$ 的特征值,亦称线性变换 T 的特征值.

本节的讨论说明线性空间分解为直和、线性变换以及分块对角形矩阵的关系,再一次说明线性空间、线性变换及矩阵三者是息息相关的.

习 题 一

1. 在 n 维线性空间 $\mathbb{P}^n$ 中,下列 n 维向量的集合 V,是否构成 $\mathbb{P}$ 上的线性空间:

(1) $V=\{(a,b,a,b,\cdots,a,b)\mid a,b\in\mathbb{P}\}$;

(2) $V=\left\{(a_1,a_2,\cdots,a_n)\,\middle|\,\sum_{i=1}^{n}a_i=1\right\}$;

(3) $V=\{X=(x_1,x_2,\cdots,x_n)^{\mathrm{T}}\mid AX=\mathbf{0},A\in\mathbb{P}^{n\times n}\}$.

2. 按通常矩阵的加法及数与矩阵的乘法,下列的数域 $\mathbb{P}$ 上方阵集合是否构成 $\mathbb{P}$ 上的线性空间:

(1) 全体形如 $\begin{pmatrix}0 & a\\ -a & b\end{pmatrix}$ 的二阶方阵的集合;

(2) 全体 n 阶对称(或反对称,上三角)矩阵的集合;

(3) $V=\{\boldsymbol{X}\mid \boldsymbol{AX}=0,\boldsymbol{X}\in\mathbb{P}^{n\times n}\}$　($\boldsymbol{A}$ 为给定的 n 阶方阵,$\boldsymbol{A}\in\mathbb{P}^{n\times n}$).

3. 证明:若线性空间 V 中的每个向量都可由 V 中 n 个向量 $\boldsymbol{\alpha}_1,\boldsymbol{\alpha}_2,\cdots,\boldsymbol{\alpha}_n$ 线性表出,且有一个向量表示法唯一,则 V 必是 n 维空间,且这组向量是它的一个基。

4. 在三维线性空间 $\mathbb{P}^3$ 中,分别求下面的向量 $\boldsymbol{\alpha}$ 在基 $\boldsymbol{\varepsilon}_1,\boldsymbol{\varepsilon}_2,\boldsymbol{\varepsilon}_3$ 下的坐标;

(1) $\boldsymbol{\alpha}=(1,2,1)$;　$\boldsymbol{\varepsilon}_1=(1,1,1)$,　$\boldsymbol{\varepsilon}_2=(1,1,-1)$,　$\boldsymbol{\varepsilon}_3=(1,-1,-1)$.

(2) $\boldsymbol{\alpha}=(3,7,1)$;　$\boldsymbol{\varepsilon}_1=(1,3,5)$,　$\boldsymbol{\varepsilon}_2=(6,3,2)$,　$\boldsymbol{\varepsilon}_3=(3,1,0)$.

5. 在 $\mathbb{R}^4$ 中有两个基:

(1) $\boldsymbol{\alpha}_1=(1,0,0,0),\boldsymbol{\alpha}_2=(0,1,0,0),\boldsymbol{\alpha}_3=(0,0,1,0),\boldsymbol{\alpha}_4=(0,0,0,1)$;

(2) $\boldsymbol{\beta}_1=(2,1,-1,1),\boldsymbol{\beta}_2=(0,3,1,0),\boldsymbol{\beta}_3=(5,3,2,1),\boldsymbol{\beta}_4=(6,6,1,3)$.

试求:① 从第(1)个基到第(2)个基的过渡矩阵;

② 向量 $\boldsymbol{\alpha}$ 对第(2)个基的坐标 (x_1,x_2,x_3,x_4);

③ 对两个基有相同坐标的非零向量.

6. 在 $\mathbb{R}^n$ 中,分量满足下列条件的全体向量能否构成 $\mathbb{R}^n$ 的子空间:

(1) $x_1+x_2+\cdots+x_n=0$;

(2) $x_1+x_2+\cdots+x_n=2$.

7. 试证:在 $\mathbb{R}^4$ 中,由$(1,1,0,0)$,$(1,0,1,1)$生成的子空间与由$(2,-1,3,3)$,$(0,1,-1,-1)$生成的子空间相同.

8. 设 V_1,V_2 都是线性空间 V 的子空间,且 $V_1\subseteq V_2$,证明:如果 $\dim V_1=\dim V_2$,则 $V_1=V_2$.

9. 求 $\mathbb{R}^4$ 的子空间

$$V=\{(a_1,a_2,a_3,a_4)\mid a_1-a_2+a_3-a_4=0\},$$
$$W=\{(a_1,a_2,a_3,a_4)\mid a_1+a_2+a_3+a_4=0\}$$

的交 $V\cap W$ 的一个基.

10. 设向量组

$$\boldsymbol{\alpha}_1=(1,0,2,1),\quad \boldsymbol{\alpha}_2=(2,0,1,-1),\quad \boldsymbol{\alpha}_3=(3,0,3,0),$$
$$\boldsymbol{\beta}_1=(1,1,0,1),\quad \boldsymbol{\beta}_2=(4,1,3,1).$$

若 $V_1=L(\boldsymbol{\alpha}_1,\boldsymbol{\alpha}_2,\boldsymbol{\alpha}_3)$,$V_2=L(\boldsymbol{\beta}_1,\boldsymbol{\beta}_2)$,求 V_1+V_2 的维数及一个基。

11. 设 $\boldsymbol{\alpha}_1,\boldsymbol{\alpha}_2,\cdots,\boldsymbol{\alpha}_n$ 及 $\boldsymbol{\varepsilon}_1,\boldsymbol{\varepsilon}_2,\cdots,\boldsymbol{\varepsilon}_n$ 是 n 维线性空间 V 的两个基,证明:

(1) 在两个基上坐标完全相同的全体向量的集合 V_1 是 V 的子空间;

(2) 若空间 V 的每个向量在这两个基上的坐标完全相同,则 $\boldsymbol{\alpha}_i=\boldsymbol{\varepsilon}_i$,$i=1,2,\cdots,n$.

12. 设 V_1,V_2 分别是齐次线性方程组 $x_1+x_2+\cdots+x_n=0$ 与 $x_1=x_2=\cdots=x_n$ 的解空间,试证明

$$\mathbb{P}^n=V_1\oplus V_2.$$

13. 设 $\boldsymbol{A}$ 是任一 $m\times n$ 矩阵,将 $\boldsymbol{A}$ 任意分块成

$$\boldsymbol{A}=\begin{pmatrix}\boldsymbol{A}_1\\ \boldsymbol{A}_2\\ \vdots\\ \boldsymbol{A}_n\end{pmatrix},$$

证明:n 元齐次线性方程组 $\boldsymbol{AX}=\boldsymbol{0}$ 的解空间 V 是齐次线性方程组 $\boldsymbol{A}_i\boldsymbol{X}=\boldsymbol{0}$ 的解空间 $V_i\quad(i=1,2,\cdots,s)$的交

$$V=V_1\cap V_2\cap\cdots\cap V_s.$$

14. 证明:每个 n 维线性空间都可以表示成 n 个一维子空间的直和.

15. 证明:$T_1(x_1,x_2)=(x_2,-x_1)$,$T_2(x_1,x_2)=(x_1,-x_2)$是 $\mathbb{R}^2$ 的两个线性变换,并求 T_1+T_2,T_1T_2 及 T_2T_1.

16. 对任一 $\boldsymbol{A}\in\mathbb{P}^{n\times n}$,又给定 $\boldsymbol{C}\in\mathbb{P}^{n\times n}$,定义变换 T 如下:

$$T(\boldsymbol{A})=\boldsymbol{CA}-\boldsymbol{AC},$$

证明:(1) T 是 $\mathbb{P}^{n\times n}$ 的线性变换;(2) 对任意 $\boldsymbol{A},\boldsymbol{B}\in\mathbb{P}^{n\times n}$ 有

$$T(\boldsymbol{AB})=T(\boldsymbol{A})\cdot\boldsymbol{B}+\boldsymbol{A}\cdot T(\boldsymbol{B}).$$

17. 设 T,S 是 $\mathbb{R}^3$ 的两个线性变换,它们定义为:

$$T(x,y,z)=(x+y+z,0,0),\quad S(x,y,z)=(y,z,x).$$

试证:$T+S$ 的象集是 $\mathbb{R}^3$,即$(T+S)(\mathbb{R}^3)=\mathbb{R}^3$.

18. 设 T 是 $\mathbb{R}^3$ 的线性变换,它定义为

$$T(x,y,z)=(0,x,y),$$

求 T^2 的象集及核。

19. 在 $\mathbb{R}^3$ 中，求下列各线性变换 T 在所指定基下的矩阵：

(1) $T(x_1,x_2,x_3)=(2x_1-x_2,x_2+x_3,x_1)$在基 $\boldsymbol{\varepsilon}_1=(1,0,0)$，$\boldsymbol{\varepsilon}_2=(0,1,0)$，$\boldsymbol{\varepsilon}_3=(0,0,1)$下的矩阵；

(2) 已知线性变换 T 在基 $\boldsymbol{\eta}_1=(-1,1,1)$，$\boldsymbol{\eta}_2=(1,0,-1)$，$\boldsymbol{\eta}_3=(0,1,1)$下的矩阵为

$$\begin{pmatrix} 1 & 0 & 1 \\ 1 & 1 & 0 \\ -1 & 2 & 1 \end{pmatrix},$$

求 T 在基 $\boldsymbol{\varepsilon}_1=(1,0,0)$，$\boldsymbol{\varepsilon}_2=(0,1,0)$，$\boldsymbol{\varepsilon}_3=(0,0,1)$下的矩阵.

20. 给定线性空间 $\mathbb{R}^3$ 的两个基：

$$\boldsymbol{\varepsilon}_1=(1,0,1),\quad \boldsymbol{\varepsilon}_2=(2,1,0),\quad \boldsymbol{\varepsilon}_3=(1,1,1),$$
$$\boldsymbol{\eta}_1=(1,2,-1),\quad \boldsymbol{\eta}_2=(2,2,-1),\quad \boldsymbol{\eta}_3=(2,-1,-1).$$

又设 T 是 $\mathbb{R}^3$ 的线性变换，且 $T\boldsymbol{\varepsilon}_i=\boldsymbol{\eta}_i(i=1,2,3)$. 试求：

(1) 从基$\{\boldsymbol{\varepsilon}_i\}$到基$\{\boldsymbol{\eta}_i\}$(三元集)的过渡矩阵；

(2) T 在基$\{\boldsymbol{\varepsilon}_i\}$下的矩阵；

(3) T 在基$\{\boldsymbol{\eta}_i\}$下的矩阵.

21. 若矩阵 $\boldsymbol{A}$ 可逆，证明 $\boldsymbol{AB}$ 与 $\boldsymbol{BA}$ 相似.

22. 若 $\boldsymbol{A}\sim\boldsymbol{B},\boldsymbol{C}\sim\boldsymbol{D}$，试证

$$\begin{pmatrix} \boldsymbol{A} & \\ & \boldsymbol{C} \end{pmatrix} \sim \begin{pmatrix} \boldsymbol{B} & \\ & \boldsymbol{D} \end{pmatrix}.$$

23. (1) 证明 $T(x_1,x_2,\cdots,x_n)=(0,x_1,\cdots,x_{n-1})$是线性空间 $\mathbb{P}^n$ 的线性变换，且 $T^n=\boldsymbol{0}$(零变换).

(2) 求 T 的核 $T^{-1}(\boldsymbol{0})$的维数及象集 $T(V)$的维数.

2 内积空间

第 1 章所讲的线性空间，其基本运算是向量的加法及向量与数域中的数的数量乘法，并没有考虑向量的长度、向量之间的夹角等度量性质.由于各种需要，有必要在线性空间中引入内积概念，使得在这样的空间里可以处理这些度量性质的问题，深化对线性空间、线性变换的研究.

2.1 内积空间的概念

定义 2－1 设 V 是实数域 $\mathbb{R}$ 上的线性空间.如果对 V 中任意两个向量 $\boldsymbol{\alpha},\boldsymbol{\beta}$ 都有一个实数(记为 $(\boldsymbol{\alpha},\boldsymbol{\beta})$)与它们相对应，并且满足下列各个条件，则实数 $(\boldsymbol{\alpha},\boldsymbol{\beta})$ 称为向量 $\boldsymbol{\alpha},\boldsymbol{\beta}$ 的内积：

(1) $(\boldsymbol{\alpha},\boldsymbol{\beta})=(\boldsymbol{\beta},\boldsymbol{\alpha})$；

(2) $(k\boldsymbol{\alpha},\boldsymbol{\beta})=k(\boldsymbol{\alpha},\boldsymbol{\beta}),\quad (k\in\mathbb{R})$；

(3) $(\boldsymbol{\alpha}+\boldsymbol{\beta},\boldsymbol{\gamma})=(\boldsymbol{\alpha},\boldsymbol{\gamma})+(\boldsymbol{\beta},\boldsymbol{\gamma}),\quad (\boldsymbol{\gamma}\in V)$；

(4) $(\boldsymbol{\alpha},\boldsymbol{\alpha})\geqslant 0$，当且仅当 $\boldsymbol{\alpha}=\boldsymbol{0}$，等号成立，

而线性空间 V 则称为**实内积空间**，简称**内积空间**.

几何空间向量的内积(亦称为数量积)显然适合定义 2－1 中列举的所有性质，故几何空间向量的全体关于向量加法及数与向量的乘法，就构成一个内积空间.

例 2－1 若对 n 维线性空间 $\mathbb{R}^n$ 中的任两向量

$$\boldsymbol{X}=(x_1,\ x_2,\ \cdots,\ x_n),\quad \boldsymbol{Y}=(y_1,\ y_2,\ \cdots,\ y_n),$$

定义内积为

$$(\boldsymbol{X},\boldsymbol{Y})=\sum_{i=1}^{n}x_iy_i,$$

则容易验证它满足内积定义的条件，从而 $\mathbb{R}^n$ 成为一个内积空间，我们仍用 $\mathbb{R}^n$ 来表示它.

内积空间 $\mathbb{R}^n$ 称为欧几里得(Euclid)空间，简称为欧氏空间.稍后就知道，所有 n 维(实)内积空间都与 $\mathbb{R}^n$ 同构，因此把有限维(实)内积空间都称为欧氏空间.本书所讲的空间主要是指有限维空间，虽然无论在线性空间的定义中，或在实内积空间的定义中，都没有规定空间的维数是有限的，甚至在讨论一些简单性质时也无此规定，但是在本书或一般的线性代数及矩阵论的书中，主要的、绝大部分的内容都是对有限维空间来说的.

例 2－2 考虑 n^2 维线性空间 $\mathbb{R}^{n\times n}$.如果对任何 $\boldsymbol{A},\boldsymbol{B}\in\mathbb{R}^{n\times n}$，定义

$$(\boldsymbol{A},\boldsymbol{B})=\sum_{i,j=1}^{n}a_{ij}b_{ij},$$

则容易验证 $(\boldsymbol{A},\boldsymbol{B})$ 满足内积定义的各个条件，从而 $\mathbb{R}^{n\times n}$ 构成一内积空间.

例 2-3　$\mathbb{R}[a,b]$ 定义 $(f(x),g(x))=\int_a^b f(x)g(x)\mathrm{d}x$，则可以验证 $(f(x),g(x))$ 满足内积的条件，从而 $\mathbb{R}[a,b]$ 构成内积空间.

由定义可推得内积 $(\boldsymbol{\alpha},\boldsymbol{\beta})$ 具有下列基本性质：

(1) $(\boldsymbol{\alpha},k\boldsymbol{\beta})=k(\boldsymbol{\alpha},\boldsymbol{\beta})$，　$(k\in\mathbb{R})$；

(2) $(\boldsymbol{\alpha},\boldsymbol{\beta}+\boldsymbol{\gamma})=(\boldsymbol{\alpha},\boldsymbol{\beta})+(\boldsymbol{\alpha},\boldsymbol{\gamma})$；

(3) $(\boldsymbol{\alpha},\boldsymbol{0})=(\boldsymbol{0},\boldsymbol{\beta})=0$.

其中(3)的证明如下：

$$(\boldsymbol{\alpha},\boldsymbol{0})=(\boldsymbol{\alpha},0\boldsymbol{\beta})=0(\boldsymbol{\alpha},\boldsymbol{\beta})=0.$$

有了内积概念，就可以在内积空间中引入向量的长度及向量之间的夹角等概念，下面先来证明关于内积的一个重要不等式.

定理 2-1　设 V 是内积空间，$\boldsymbol{\alpha},\boldsymbol{\beta}$ 是 V 中任两向量，则有

$$(\boldsymbol{\alpha},\boldsymbol{\beta})^2\leqslant(\boldsymbol{\alpha},\boldsymbol{\alpha})(\boldsymbol{\beta},\boldsymbol{\beta}),$$

等号当且仅当 $\boldsymbol{\alpha},\boldsymbol{\beta}$ 线性相关时成立.

证明　设 t 为一任意实数，则由内积定义的条件(4)，得知内积

$$(\boldsymbol{\alpha}-t\boldsymbol{\beta},\boldsymbol{\alpha}-t\boldsymbol{\beta})\geqslant0.$$

也就是说，对任意实数 t，有

$$(\boldsymbol{\beta},\boldsymbol{\beta})t^2-2(\boldsymbol{\alpha},\boldsymbol{\beta})t+(\boldsymbol{\alpha},\boldsymbol{\alpha})\geqslant0.$$

此不等式左边是个关于 t 的二次三项式，对任意实数 t，它都取非负值，故其判别式

$$\Delta=[-2(\boldsymbol{\alpha},\boldsymbol{\beta})]^2-4(\boldsymbol{\beta},\boldsymbol{\beta})(\boldsymbol{\alpha},\boldsymbol{\alpha})\leqslant0.$$

由此便得

$$(\boldsymbol{\alpha},\boldsymbol{\beta})^2\leqslant(\boldsymbol{\alpha},\boldsymbol{\alpha})(\boldsymbol{\beta},\boldsymbol{\beta}).$$

如果 $\boldsymbol{\alpha},\boldsymbol{\beta}$ 线性相关，不妨设 $\boldsymbol{\beta}=k\boldsymbol{\alpha}$（$k$ 是实数）. 此时，有

$$(\boldsymbol{\alpha},\boldsymbol{\beta})^2=(\boldsymbol{\alpha},k\boldsymbol{\alpha})^2=[k(\boldsymbol{\alpha},\boldsymbol{\alpha})]^2=(\boldsymbol{\alpha},\boldsymbol{\alpha})(k\boldsymbol{\alpha},k\boldsymbol{\alpha})=(\boldsymbol{\alpha},\boldsymbol{\alpha})(\boldsymbol{\beta},\boldsymbol{\beta}).$$

同样地，若 $\boldsymbol{\alpha}=l\boldsymbol{\beta}$，也可以证明

$$(\boldsymbol{\alpha},\boldsymbol{\beta})^2=(\boldsymbol{\alpha},\boldsymbol{\alpha})(\boldsymbol{\beta},\boldsymbol{\beta}).$$

因此，当 $\boldsymbol{\alpha},\boldsymbol{\beta}$ 线性相关时，定理中的不等式成为等式. 反过来，如果等式

$$(\boldsymbol{\alpha},\boldsymbol{\beta})^2=(\boldsymbol{\alpha},\boldsymbol{\alpha})(\boldsymbol{\beta},\boldsymbol{\beta})$$

成立，则 $\boldsymbol{\alpha},\boldsymbol{\beta}$ 必定线性相关. 事实上，若 $\boldsymbol{\alpha},\boldsymbol{\beta}$ 线性无关，则对任何实数 t，都有 $\boldsymbol{\alpha}-t\boldsymbol{\beta}\neq0$，从而就有

$$(\boldsymbol{\alpha}-t\boldsymbol{\beta},\boldsymbol{\alpha}-t\boldsymbol{\beta})>0.$$

由定理前半部分的证明中可以看到，此时，前面提到的判别式 $\Delta<0$，从而导致

$$(\boldsymbol{\alpha},\boldsymbol{\beta})^2<(\boldsymbol{\alpha},\boldsymbol{\alpha})(\boldsymbol{\beta},\boldsymbol{\beta}).$$

这与 $(\boldsymbol{\alpha},\boldsymbol{\beta})^2=(\boldsymbol{\alpha},\boldsymbol{\alpha})(\boldsymbol{\beta},\boldsymbol{\beta})$ 矛盾，因而定理得证.

定理 2-1 中的不等式，常称为柯西—许瓦兹(Cauchy-Schwarz)不等式. 下面用到它时，简单地称之为(C. -S.)不等式.

现在来定义向量的长度.

定义 2-2　设 $\boldsymbol{\alpha}$ 是内积空间 V 的任一向量，则非负实数 $\sqrt{(\boldsymbol{\alpha},\boldsymbol{\alpha})}$ 称为向量 $\boldsymbol{\alpha}$ 的长度，并记为 $|\boldsymbol{\alpha}|$，亦即定义向量 $\boldsymbol{\alpha}$ 的长度为

$$|\boldsymbol{\alpha}| = \sqrt{(\boldsymbol{\alpha},\boldsymbol{\alpha})}.$$

若$|\boldsymbol{\alpha}|=1$,则称 $\boldsymbol{\alpha}$ 为单位向量.对于任一非零向量 $\boldsymbol{\alpha}$,取 $\boldsymbol{\beta}=\frac{\boldsymbol{\alpha}}{|\boldsymbol{\alpha}|}$,则 $\boldsymbol{\beta}$ 是与 $\boldsymbol{\alpha}$ 线性相关的单位向量.这种做法称为向量的单位化.

由于向量的内积$(\boldsymbol{\alpha},\boldsymbol{\beta})$是个实数,因此利用长度概念,(C. - S.)不等式又可以表示为:

$$|(\boldsymbol{\alpha},\boldsymbol{\beta})| \leqslant |\boldsymbol{\alpha}|\cdot|\boldsymbol{\beta}|.$$

当 $\boldsymbol{\alpha},\boldsymbol{\beta}$ 都不是零向量时,由此不等式可得

$$\frac{|(\boldsymbol{\alpha},\boldsymbol{\beta})|}{|\boldsymbol{\alpha}|\cdot|\boldsymbol{\beta}|} \leqslant 1,$$

亦即

$$-1 \leqslant \frac{(\boldsymbol{\alpha},\boldsymbol{\beta})}{|\boldsymbol{\alpha}|\cdot|\boldsymbol{\beta}|} \leqslant 1.$$

因此,可以用等式

$$\cos\varphi = \frac{(\boldsymbol{\alpha},\boldsymbol{\beta})}{|\boldsymbol{\alpha}|\cdot|\boldsymbol{\beta}|}$$

来定义两个非零向量 $\boldsymbol{\alpha},\boldsymbol{\beta}$ 的夹角 φ,且限制 φ 的取值范围为 $0\leqslant\varphi\leqslant\pi$.当$(\boldsymbol{\alpha},\boldsymbol{\beta})=0$ 时,则称 $\boldsymbol{\alpha},\boldsymbol{\beta}$ 是**正交的**,记为 $\boldsymbol{\alpha}\perp\boldsymbol{\beta}$.由于$(\boldsymbol{\alpha},\boldsymbol{0})=0$,所以认为零向量与任何向量正交.

例 2-4 若 $\boldsymbol{\alpha},\boldsymbol{\beta}$ 是两个正交向量,则有

$$|\boldsymbol{\alpha}+\boldsymbol{\beta}|^2 = |\boldsymbol{\alpha}|^2 + |\boldsymbol{\beta}|^2.$$

一般地,如果 $\boldsymbol{\alpha}_1,\boldsymbol{\alpha}_2,\cdots,\boldsymbol{\alpha}_k$ 是k 个两两正交的向量,则有

$$|\boldsymbol{\alpha}_1+\boldsymbol{\alpha}_2+\cdots+\boldsymbol{\alpha}_k|^2 = |\boldsymbol{\alpha}_1|^2+|\boldsymbol{\alpha}_2|^2+\cdots+|\boldsymbol{\alpha}_k|^2.$$

这利用内积性质及正交条件是不难证明的,故留给读者作为练习.

从定理 2-1 可以推出如下简单推论.

推论 对内积空间 V 的任两向量$\boldsymbol{\alpha},\boldsymbol{\beta}$ 都有

(1)$|\boldsymbol{\alpha}+\boldsymbol{\beta}|\leqslant|\boldsymbol{\alpha}|+|\boldsymbol{\beta}|$; (2)$|\boldsymbol{\alpha}-\boldsymbol{\beta}|\geqslant|\boldsymbol{\alpha}|-|\boldsymbol{\beta}|$.

证明 因为

$$\begin{aligned}|\boldsymbol{\alpha}+\boldsymbol{\beta}|^2 &= (\boldsymbol{\alpha}+\boldsymbol{\beta},\boldsymbol{\alpha}+\boldsymbol{\beta}) = (\boldsymbol{\alpha},\boldsymbol{\alpha})+2(\boldsymbol{\alpha},\boldsymbol{\beta})+(\boldsymbol{\beta},\boldsymbol{\beta})\\ &\leqslant (\boldsymbol{\alpha},\boldsymbol{\alpha})+2|\boldsymbol{\alpha}|\cdot|\boldsymbol{\beta}|+(\boldsymbol{\beta},\boldsymbol{\beta}) = |\boldsymbol{\alpha}|^2+2|\boldsymbol{\alpha}|\cdot|\boldsymbol{\beta}|+|\boldsymbol{\beta}|^2\\ &= (|\boldsymbol{\alpha}|+|\boldsymbol{\beta}|)^2,\end{aligned}$$

由此即得$|\boldsymbol{\alpha}+\boldsymbol{\beta}|\leqslant|\boldsymbol{\alpha}|+|\boldsymbol{\beta}|$.又应用这一结果得到等式 $\boldsymbol{\alpha}=(\boldsymbol{\alpha}-\boldsymbol{\beta})+\boldsymbol{\beta}$,即得

$$|\boldsymbol{\alpha}| = |(\boldsymbol{\alpha}-\boldsymbol{\beta})+\boldsymbol{\beta}| \leqslant |\boldsymbol{\alpha}-\boldsymbol{\beta}|+|\boldsymbol{\beta}|.$$

因此得$|\boldsymbol{\alpha}|-|\boldsymbol{\beta}|\leqslant|\boldsymbol{\alpha}-\boldsymbol{\beta}|$.这就是(2)式.

把定理 2-1 应用到欧氏空间 $\mathbb{R}^n$ 和例 2-3 中 $\mathbb{R}[a,b]$得不等式

$$\left|\sum_{i=1}^{n} x_i y_i\right| \leqslant \sqrt{\sum_{i=1}^{n} x_i^2}\cdot\sqrt{\sum_{i=1}^{n} y_i^2},$$

$$\left(\int_a^b f(x)g(x)\mathrm{d}x\right)^2 \leqslant \int_a^b f^2(x)\mathrm{d}x\cdot\int_a^b g^2(x)\mathrm{d}x.$$

这是历史上两个著名的不等式.

2.2 正交基及子空间的正交关系

由于在内积空间中有向量夹角的概念，因而在各种基中，可以选择一种特殊的、使用起来很方便的基，称为正交基. 这种情况在普通的线性空间里是没有的. “正交”概念的引入，使得在内积空间中增加了不少在一般线性空间中所没有的、很有意义的性质.

内积空间中两两正交的一组非零向量，称为**正交组**. 正交组是线性无关的. 事实上，若 $\boldsymbol{\alpha}_1,\boldsymbol{\alpha}_2,\cdots,\boldsymbol{\alpha}_m$ 为一正交组，如果有

$$k_1\boldsymbol{\alpha}_1+k_2\boldsymbol{\alpha}_2+\cdots+k_m\boldsymbol{\alpha}_m=\mathbf{0},$$

则用 $\boldsymbol{\alpha}_i$ 与此向量等式两边作内积，注意到当 $i\neq j$ 时均有 $(\boldsymbol{\alpha}_i,\boldsymbol{\alpha}_j)=0$，便可得到

$$k_i(\boldsymbol{\alpha}_i,\boldsymbol{\alpha}_i)=(\boldsymbol{\alpha}_i,\mathbf{0})=0.$$

因 $\boldsymbol{\alpha}_i\neq\mathbf{0}$，故 $(\boldsymbol{\alpha}_i,\boldsymbol{\alpha}_i)>0$，因此有 $k_i=0(i=1,2,\cdots,m)$，即 $\boldsymbol{\alpha}_1,\boldsymbol{\alpha}_2,\cdots,\boldsymbol{\alpha}_m$ 线性无关.

定义 2-3 在 n 维欧氏空间中，由正交组构成的基称为**正交基**；如果正交基中每个向量的长度都等于单位长度，则此正交基便称为**标准正交基**(或称**单位正交基**).

简单地说，若 $\boldsymbol{\alpha}_1,\boldsymbol{\alpha}_2,\cdots,\boldsymbol{\alpha}_n$ 是 n 维欧氏空间 V 的一组非零向量，且满足条件

$$(\boldsymbol{\alpha}_i,\boldsymbol{\alpha}_j)=\begin{cases}1 & \text{当 } i=j\\ 0 & \text{当 } i\neq j\end{cases}\quad(i,j=1,2,\cdots,n),$$

则 $\boldsymbol{\alpha}_1,\boldsymbol{\alpha}_2,\cdots,\boldsymbol{\alpha}_n$ 即为一标准正交基.

定理 2-2 任一 n 维欧氏空间 V 都存在正交基.

证明 设 $\boldsymbol{\alpha}_1,\boldsymbol{\alpha}_2,\cdots,\boldsymbol{\alpha}_n$ 为 V 的一个基，从这个基出发，去构作 V 的一个正交基，下面是具体做法.

首先可以取 $\boldsymbol{\beta}_1=\boldsymbol{\alpha}_1$，接着作向量

$$\boldsymbol{\beta}_2=\boldsymbol{\alpha}_2+k_1\boldsymbol{\alpha}_1,$$

其中，系数 k_1 可由正交条件 $(\boldsymbol{\beta}_2,\boldsymbol{\beta}_1)=0$ 来确定，由于

$$(\boldsymbol{\beta}_2,\boldsymbol{\beta}_1)=(\boldsymbol{\alpha}_2+k_1\boldsymbol{\beta}_1,\boldsymbol{\beta}_1)=(\boldsymbol{\alpha}_2,\boldsymbol{\beta}_1)+k_1(\boldsymbol{\beta}_1,\boldsymbol{\beta}_1)=0,$$

因此可得

$$k_1=-\frac{(\boldsymbol{\alpha}_2,\boldsymbol{\beta}_1)}{(\boldsymbol{\beta}_1,\boldsymbol{\beta}_1)}.$$

因 $\boldsymbol{\beta}_1=\boldsymbol{\alpha}_1$ 与 $\boldsymbol{\alpha}_2$ 线性无关，所以 $\boldsymbol{\beta}_2\neq\mathbf{0}$，且以上求得的 $\boldsymbol{\beta}_1,\boldsymbol{\beta}_2$ 是正交的. 类似地，令

$$\boldsymbol{\beta}_3=\boldsymbol{\alpha}_3+k_2\boldsymbol{\beta}_1+k_3\boldsymbol{\beta}_2,$$

则 $\boldsymbol{\beta}_3$ 必不为零向量. 再由正交条件(要求)

$$(\boldsymbol{\beta}_3,\boldsymbol{\beta}_1)=0,\quad(\boldsymbol{\beta}_3,\boldsymbol{\beta}_2)=0,$$

便可求得系数 k_2,k_3 为

$$k_2=-\frac{(\boldsymbol{\alpha}_3,\boldsymbol{\beta}_1)}{(\boldsymbol{\beta}_1,\boldsymbol{\beta}_1)},\quad k_3=-\frac{(\boldsymbol{\alpha}_3,\boldsymbol{\beta}_2)}{(\boldsymbol{\beta}_2,\boldsymbol{\beta}_2)},$$

因而 $\boldsymbol{\beta}_3$ 便可确定，于是又得到正交组 $\boldsymbol{\beta}_1,\boldsymbol{\beta}_2,\boldsymbol{\beta}_3$. 按此方法做下去，若已作出正交组

$$\boldsymbol{\beta}_1,\boldsymbol{\beta}_2,\cdots,\boldsymbol{\beta}_{n-1},$$

则令

$$\boldsymbol{\beta}_n = \boldsymbol{\alpha}_n + l_1\boldsymbol{\beta}_1 + l_2\boldsymbol{\beta}_2 + \cdots + l_{n-1}\boldsymbol{\beta}_{n-1}.$$

显然 $\boldsymbol{\beta}_n \neq \mathbf{0}$. 再由正交条件

$$(\boldsymbol{\beta}_n,\boldsymbol{\beta}_1) = 0,\quad (\boldsymbol{\beta}_n,\boldsymbol{\beta}_2) = 0,\quad \cdots,\quad (\boldsymbol{\beta}_n,\boldsymbol{\beta}_{n-1}) = 0,$$

便可定出

$$l_i = -\frac{(\boldsymbol{\alpha}_n,\boldsymbol{\beta}_i)}{(\boldsymbol{\beta}_i,\boldsymbol{\beta}_i)}\quad (i = 1,2,\cdots,n-1).$$

因此,便得到正交基 $\boldsymbol{\beta}_1,\boldsymbol{\beta}_2,\cdots,\boldsymbol{\beta}_n$. 定理证毕.

注意,如果将上面求得的正交基的每个基向量都化为单位向量,即令

$$\boldsymbol{\gamma}_i = \frac{\boldsymbol{\beta}_i}{|\boldsymbol{\beta}_i|}\quad (i = 1,2,\cdots,n),$$

则得到标准正交基:$\boldsymbol{\gamma}_1,\boldsymbol{\gamma}_2,\cdots,\boldsymbol{\gamma}_n$. 因此,从定理 2-2 又可得知,每个有限维内积空间都存在标准正交基. 定理 2-2 及上述做法,不仅解决了正交基的存在性问题,而且还提供了一个实际做法,这个做法叫做施密特(Schmidt)正交化过程.

例 2-5 在 $\mathbb{R}[x]_3$ 中定义内积 $(f,g) = \int_0^1 f(x)g(x)\mathrm{d}x$. 求 $\mathbb{R}[x]_3$ 的一个正交基.

解 $1,x,x^2$ 为 $\mathbb{R}[x]_3$ 的一个基.

令 $\boldsymbol{\beta}_1 = 1,$

$$\boldsymbol{\beta}_2 = \boldsymbol{\alpha}_2 - \frac{(\boldsymbol{\alpha}_2,\boldsymbol{\beta}_1)}{(\boldsymbol{\beta}_1,\boldsymbol{\beta}_1)}\cdot\boldsymbol{\beta}_1 = x - \frac{\frac{1}{2}}{1}\cdot 1 = x - \frac{1}{2},$$

$$\boldsymbol{\beta}_3 = \boldsymbol{\alpha}_3 - \frac{(\boldsymbol{\alpha}_3,\boldsymbol{\beta}_1)}{(\boldsymbol{\beta}_1,\boldsymbol{\beta}_1)}\boldsymbol{\beta}_1 - \frac{(\boldsymbol{\alpha}_3,\boldsymbol{\beta}_2)}{(\boldsymbol{\beta}_2,\boldsymbol{\beta}_2)}\boldsymbol{\beta}_2 = x^2 - \frac{1}{3} - \left(x - \frac{1}{2}\right) = x^2 - x + \frac{1}{6},$$

从而 $\boldsymbol{\beta}_1,\boldsymbol{\beta}_2,\boldsymbol{\beta}_3$ 为 $\mathbb{R}[x]_3$ 的一个正交基. 继续对 $\boldsymbol{\beta}_1,\boldsymbol{\beta}_2,\boldsymbol{\beta}_3$ 进行单位化,即可得到 $\mathbb{R}[x]_3$ 的一个标准正交基.

更多例子可参考附录 2 例十六、例十七.

假设 V 是个 n 维欧氏空间,不妨设 $\boldsymbol{\alpha}_1,\boldsymbol{\alpha}_2,\cdots,\boldsymbol{\alpha}_n$ 是它的一个标准正交基. 现考察 V 中任两向量 $\boldsymbol{\alpha},\boldsymbol{\beta}$ 在这个基下内积的表达式. 为此,可设

$$\boldsymbol{\alpha} = x_1\boldsymbol{\alpha}_1 + x_2\boldsymbol{\alpha}_2 + \cdots + x_n\boldsymbol{\alpha}_n,\quad \boldsymbol{\beta} = y_1\boldsymbol{\alpha}_1 + y_2\boldsymbol{\alpha}_2 + \cdots + y_n\boldsymbol{\alpha}_n,$$

于是,利用内积性质(稍作推广)及标准正交基的定义,可得:

$$(\boldsymbol{\alpha},\boldsymbol{\beta}) = (x_1\boldsymbol{\alpha}_1 + \cdots + x_n\boldsymbol{\alpha}_n, y_1\boldsymbol{\alpha}_1 + \cdots + y_n\boldsymbol{\alpha}_n) = x_1y_1 + x_2y_2 + \cdots + x_ny_n.$$

由此可见,在标准正交基下,欧氏空间(有限维实内积空间)向量内积可由坐标的一个简单表达式来描述. *

下面讨论从一个标准正交基到另一个标准正交基的过渡矩阵有何特性.

设 $\boldsymbol{\varepsilon}_1,\boldsymbol{\varepsilon}_2,\cdots,\boldsymbol{\varepsilon}_n$ 及 $\boldsymbol{\eta}_1,\boldsymbol{\eta}_2,\cdots,\boldsymbol{\eta}_n$ 是 n 维欧氏空间 V 的两个标准正交基,从前一个基到后一个基的过渡矩阵为 $\boldsymbol{A}$. 即

$$(\boldsymbol{\eta}_1,\boldsymbol{\eta}_2,\cdots,\boldsymbol{\eta}_n) = (\boldsymbol{\varepsilon}_1,\boldsymbol{\varepsilon}_2,\cdots,\boldsymbol{\varepsilon}_n)\boldsymbol{A}. \tag{2-1}$$

由式(2-1)转置得

* 如 $\boldsymbol{\alpha},\boldsymbol{\beta}$ 为列向量,则有 $(\boldsymbol{\alpha},\boldsymbol{\beta}) = \boldsymbol{\alpha}^{\mathrm{T}}\boldsymbol{\beta}$.

$$\begin{pmatrix}\boldsymbol{\eta}_1\\ \vdots \\ \boldsymbol{\eta}_n\end{pmatrix} = \boldsymbol{A}^{\mathrm{T}}\begin{pmatrix}\boldsymbol{\varepsilon}_1\\ \vdots \\ \boldsymbol{\varepsilon}_n\end{pmatrix}. \tag{2-2}$$

利用形式矩阵乘法将式(2-2)两边分别左乘式(2-1),得

$$\begin{pmatrix}(\boldsymbol{\eta}_1,\ \boldsymbol{\eta}_1) & (\boldsymbol{\eta}_1,\ \boldsymbol{\eta}_2) & \cdots & (\boldsymbol{\eta}_1,\ \boldsymbol{\eta}_n)\\ (\boldsymbol{\eta}_2,\ \boldsymbol{\eta}_1) & (\boldsymbol{\eta}_2,\ \boldsymbol{\eta}_2) & \cdots & (\boldsymbol{\eta}_2,\ \boldsymbol{\eta}_2)\\ \vdots & \vdots & & \vdots\\ (\boldsymbol{\eta}_n,\ \boldsymbol{\eta}_1) & (\boldsymbol{\eta}_n,\ \boldsymbol{\eta}_2) & \cdots & (\boldsymbol{\eta}_n,\ \boldsymbol{\eta}_n)\end{pmatrix} = \boldsymbol{A}^{\mathrm{T}}\begin{pmatrix}(\boldsymbol{\varepsilon}_1,\ \boldsymbol{\varepsilon}_1) & (\boldsymbol{\varepsilon}_1,\ \boldsymbol{\varepsilon}_2) & \cdots & (\boldsymbol{\varepsilon}_1,\ \boldsymbol{\varepsilon}_n)\\ (\boldsymbol{\varepsilon}_2,\ \boldsymbol{\varepsilon}_1) & (\boldsymbol{\varepsilon}_2,\ \boldsymbol{\varepsilon}_2) & \cdots & (\boldsymbol{\varepsilon}_2,\ \boldsymbol{\varepsilon}_2)\\ \vdots & \vdots & & \vdots\\ (\boldsymbol{\varepsilon}_n,\ \boldsymbol{\varepsilon}_1) & (\boldsymbol{\varepsilon}_n,\ \boldsymbol{\varepsilon}_2) & \cdots & (\boldsymbol{\varepsilon}_n,\ \boldsymbol{\varepsilon}_n)\end{pmatrix}\boldsymbol{A}. \tag{2-3}$$

由于

$$(\boldsymbol{\eta}_i,\ \boldsymbol{\eta}_j) = \begin{cases}1 & \text{当 } i = j\\ 0 & \text{当 } i \neq j\end{cases},$$

$$(\boldsymbol{\varepsilon}_i,\ \boldsymbol{\varepsilon}_j) = \begin{cases}1 & \text{当 } i = j\\ 0 & \text{当 } i \neq j\end{cases},$$

所以式(2-3)化简为

$$\boldsymbol{A}^{\mathrm{T}}\boldsymbol{A} = E. \tag{2-4}$$

其中 $\boldsymbol{A}^{\mathrm{T}}$ 是 $\boldsymbol{A}$ 的转置矩阵.读者已经知道,满足式(2-4)的 n 阶实矩阵 $\boldsymbol{A}$ 称为正交矩阵.因而,在 n 维欧氏空间中,从一个标准正交基到另一个标准正交基的过渡矩阵是正交矩阵.

在这里复述一下正交矩阵 $\boldsymbol{A}$ 的基本性质.由式(2-4)两边取行列式可得 $|\boldsymbol{A}| = \pm 1$,故正交矩阵 $\boldsymbol{A}$ 是可逆的,且 $\boldsymbol{A}^{-1} = \boldsymbol{A}^{\mathrm{T}}$.又易证 $\boldsymbol{A}^{-1}$ 也是正交矩阵,而且两个 n 阶正交矩阵的乘积还是正交矩阵.由正交矩阵 $\boldsymbol{A}$ 的定义又可以看到:$\boldsymbol{A}$ 的每个列(行)向量(看作欧氏空间 $\mathbb{R}^n$ 中的向量,下同)都是单位向量,且不同的两个列(行)向量是正交的.从而构成欧氏空间 $\mathbb{R}^n$ 的标准正交基.反之,$\mathbb{R}^n$ 的任一标准正交基按列(行)构成的方阵亦为正交矩阵.

注意,由于内积空间是线性空间,因而上章中关于子空间的有关结论,自然在这里能成立.下面只讨论与度量性质有关的子空间性质.

定义 2-4 设 V_1, V_2 是内积空间 V 的两个子空间.如果对任意的 $\boldsymbol{\alpha} \in V_1, \boldsymbol{\beta} \in V_2$ 都有

$$(\boldsymbol{\alpha},\ \boldsymbol{\beta}) = 0.$$

则称 V_1 与 V_2 是**正交的**,并记为 $V_1 \perp V_2$.

特别地,如果 V 中某个向量 $\boldsymbol{\alpha}$,与子空间 V_1 中的每个向量都正交,则称 $\boldsymbol{\alpha}$ 与 V_1 正交,记为 $\boldsymbol{\alpha} \perp V_1$.

定理 2-3 内积空间 V 的两个子空间 V_1 与 V_2 如果是正交的,则它们的和 $V_1 + V_2$ 是直和.

证明 这只需证明 $V_1 + V_2$ 的零向量 $\mathbf{0}$ 表示方式唯一.由于 $\mathbf{0} + \mathbf{0} = \mathbf{0}$ 是一种表示,假如还有 $\boldsymbol{\alpha} \in V_1, \boldsymbol{\beta} \in V_2$,使得 $\boldsymbol{\alpha} + \boldsymbol{\beta} = \mathbf{0}$,则有

$$0 = (\mathbf{0},\ \boldsymbol{\alpha}) = (\boldsymbol{\alpha} + \boldsymbol{\beta},\ \boldsymbol{\alpha}) = (\boldsymbol{\alpha},\ \boldsymbol{\alpha}) + (\boldsymbol{\beta},\ \boldsymbol{\alpha}) = (\boldsymbol{\alpha},\ \boldsymbol{\alpha}),\quad (\text{因}(\boldsymbol{\beta},\ \boldsymbol{\alpha}) = 0).$$

于是有 $\boldsymbol{\alpha} = \mathbf{0}$.同理可证 $\boldsymbol{\beta} = \mathbf{0}$.故零向量的表示方式唯一.证毕.

对有限多个子空间的情形,也有类似的结果.

定义 2-5 设 V_1, V_2 是内积空间 V 的两个子空间，且满足条件

$$V_1 \perp V_2, \quad V_1 + V_2 = V,$$

则称 V_2 是 V_1 的**正交补空间**，简称**正交补**.

由定义易知，当 V_2 是 V_1 的正交补时，则 V_1 也是 V_2 的正交补.

定理 2-4 n 维欧氏空间 V 的任一子空间 V_1 都有唯一的正交补.

证明 若 $V_1=\{0\}$，则 V 就是 V_1 的正交补，并且唯一. 现假设 $V_1 \neq \{\mathbf{0}\}$，因 V_1 在 V 的内积定义下也是个欧氏空间，故在 V_1 中可选取一个正交基 $\boldsymbol{\varepsilon}_1, \boldsymbol{\varepsilon}_2, \cdots, \boldsymbol{\varepsilon}_m$. 这里 m 是 V_1 的维数. 再从 V 中选取 $n-m$ 个向量添加进去，使

$$\boldsymbol{\varepsilon}_1, \boldsymbol{\varepsilon}_2, \cdots, \boldsymbol{\varepsilon}_m, \boldsymbol{\varepsilon}_{m+1}, \cdots, \boldsymbol{\varepsilon}_n$$

成为 V 的一个正交基.

不难证明，$L(\boldsymbol{\varepsilon}_{m+1}, \boldsymbol{\varepsilon}_{m+2}, \cdots, \boldsymbol{\varepsilon}_n)$ 就是 V_1 的正交补，将其记为 V_2.

再证唯一性. 设除 V_2 外，还有 V_3 也是 V_1 的正交补. 由正交补的定义且应用定理 2-3，即得

$$V = V_1 \oplus V_2, \quad V = V_1 \oplus V_3.$$

令 $\boldsymbol{\alpha} \in V_2$，则 $\boldsymbol{\alpha} \in V$，故由上面第二式有

$$\boldsymbol{\alpha} = \boldsymbol{\alpha}_1 + \boldsymbol{\alpha}_3.$$

这里 $\boldsymbol{\alpha}_1 \in V_1, \boldsymbol{\alpha}_3 \in V_3$. 又因 $\boldsymbol{\alpha} \perp \boldsymbol{\alpha}_1$，所以

$$0 = (\boldsymbol{\alpha}, \boldsymbol{\alpha}_1) = (\boldsymbol{\alpha}_1 + \boldsymbol{\alpha}_3, \boldsymbol{\alpha}_1) = (\boldsymbol{\alpha}_1, \boldsymbol{\alpha}_1) + (\boldsymbol{\alpha}_3, \boldsymbol{\alpha}_1).$$

但 $\boldsymbol{\alpha}_3 \perp \boldsymbol{\alpha}_1$，故 $(\boldsymbol{\alpha}_3, \boldsymbol{\alpha}_1)=0$，从而有 $(\boldsymbol{\alpha}_1, \boldsymbol{\alpha}_1)=0$，于是 $\boldsymbol{\alpha}_1=\mathbf{0}$. 由此得知 $\boldsymbol{\alpha}=\boldsymbol{\alpha}_3 \in V_3$，即有 $V_2 \subseteq V_3$.

同理可证 $V_3 \subseteq V_2$. 因此，有 $V_3 = V_2$，故唯一性得证. 证毕.

V_1 的正交补记为 $V_1^{\perp}$，于是由定理 2-4 有

$$\dim V_1 + \dim V_1^{\perp} = n,$$

且 $V_1^{\perp}$ 恰由 V 中所有与 V_1 正交的向量所组成.

2.3 内积空间的同构

与线性空间的同构类似，以下要讨论内积空间的同构问题. 由于内积空间是定义了内积的线性空间，故下述定义是很自然的.

定义 2-6 两个内积空间 V 与 V' 称为是同构的，如果两者之间存在一个一一对应 σ，并且对任何 $\boldsymbol{\alpha}, \boldsymbol{\beta} \in V, k \in \mathbb{R}$，下列条件都满足：

(1) $\sigma(\boldsymbol{\alpha}+\boldsymbol{\beta}) = \sigma(\boldsymbol{\alpha}) + \sigma(\boldsymbol{\beta})$;

(2) $\sigma(k\boldsymbol{\alpha}) = k\sigma(\boldsymbol{\alpha})$;

(3) $(\sigma(\boldsymbol{\alpha}), \sigma(\boldsymbol{\beta})) = (\boldsymbol{\alpha}, \boldsymbol{\beta})$.

这就是说，两个内积空间是同构的，首先作为线性空间它们是同构的，其次，在这个同构之下，向量内积是保持不变的.

由定义可知，**同构的两个欧氏空间有相同的维数**.

定理 2-5 所有 n 维欧氏空间都同构.

证明 设 V 是 n 维内积空间,又 $\boldsymbol{\varepsilon}_1,\boldsymbol{\varepsilon}_2,\cdots,\boldsymbol{\varepsilon}_n$ 是它的一个标准正交基,则任一 $\boldsymbol{\alpha}\in V$ 可表示为

$$\boldsymbol{\alpha}=k_1\boldsymbol{\varepsilon}_1+k_2\boldsymbol{\varepsilon}_2+\cdots+k_n\boldsymbol{\varepsilon}_n.$$

现由

$$\sigma(\boldsymbol{\alpha})=(k_1,k_2,\cdots,k_n)\in\mathbb{R}^n$$

定义一个 V 到 $\mathbb{R}^n$ 的映射 σ,则易知 σ 是个一一对应,且可以验证定义 2-6 中的条件(1)及(2)都是满足的,下面来证明条件(3)亦满足.

再任取 V 中另一向量 $\boldsymbol{\beta}=l_1\boldsymbol{\varepsilon}_1+l_2\boldsymbol{\varepsilon}_2+\cdots+l_n\boldsymbol{\varepsilon}_n$,则由 σ 的定义又有

$$\sigma(\boldsymbol{\beta})=(l_1,l_2,\cdots,l_n)\in\mathbb{R}^n.$$

由 $\mathbb{R}^n$ 中向量内积定义,则有

$$(\sigma(\boldsymbol{\alpha}),\sigma(\boldsymbol{\beta}))=k_1l_1+k_2l_2+\cdots+k_nl_n,$$

而 V 中向量 $\boldsymbol{\alpha},\boldsymbol{\beta}$ 的内积 $(\boldsymbol{\alpha},\boldsymbol{\beta})$ 在一个标准正交基下的表示式为

$$(\boldsymbol{\alpha},\boldsymbol{\beta})=k_1l_1+k_2l_2+\cdots+k_nl_n.$$

因此,有

$$(\sigma(\boldsymbol{\alpha}),\sigma(\boldsymbol{\beta}))=(\boldsymbol{\alpha},\boldsymbol{\beta}).$$

综上所述,即知 V 与 $\mathbb{R}^n$ 同构.又不难证明内积空间的同构是等价关系,即具有自反性、对称性和传递性.因此所有 n 维内积空间都同构.证毕.

从这个定理可见,最基本、最简单的 n 维殴氏空间就是 $\mathbb{R}^n$.

2.4 正交变换

在内积空间中有一种特别的线性变换(正交变换),在许多场合都很有用,这种变换在欧氏空间(有限维实内积空间)中常可叙述为几个相互等价的提法.这些提法的每一种都刻画了正交变换的基本性质.

定义 2-7 设 T 是内积空间 V 的线性变换,若 T 能保持 V 中向量内积不变,即对任何 $\boldsymbol{\alpha},\boldsymbol{\beta}\in V$,都有

$$(T\boldsymbol{\alpha},T\boldsymbol{\beta})=(\boldsymbol{\alpha},\boldsymbol{\beta}),$$

则线性变换 T 称为 V 的一个**正交变换**.

定理 2-6 设 T 是 n 维欧氏空间 V 的一个线性变换,则下列各个命题彼此等价:

(1) T 是正交变换;

(2) T 保持向量的长度不变,即对任一 $\boldsymbol{\alpha}\in V$,都有 $|T\boldsymbol{\alpha}|=|\boldsymbol{\alpha}|$;

(3) 若 $\boldsymbol{\varepsilon}_1,\boldsymbol{\varepsilon}_2,\cdots,\boldsymbol{\varepsilon}_n$ 是 V 的一个标准正交基,则 $T\boldsymbol{\varepsilon}_1,T\boldsymbol{\varepsilon}_2,\cdots,T\boldsymbol{\varepsilon}_n$ 也是 V 的一个标准正交基;

(4) T 在 V 的任一标准正交基下的矩阵是正交矩阵.

证明 (1)⇒(2) 取 $\boldsymbol{\alpha}=\boldsymbol{\beta}$,立即可得.

(2)⇒(3) 取 $\boldsymbol{\alpha}=\boldsymbol{\varepsilon}_i+\boldsymbol{\varepsilon}_j,i,j=1,2,\cdots,n$.由 $\forall\boldsymbol{\alpha}:|T\boldsymbol{\alpha}|=|\boldsymbol{\alpha}|$ 可得

$$(T(\boldsymbol{\varepsilon}_i+\boldsymbol{\varepsilon}_j),T(\boldsymbol{\varepsilon}_i+\boldsymbol{\varepsilon}_j))=(\boldsymbol{\varepsilon}_i+\boldsymbol{\varepsilon}_j,\boldsymbol{\varepsilon}_i+\boldsymbol{\varepsilon}_j),$$

化简得

$$(T\boldsymbol{\varepsilon}_i, T\boldsymbol{\varepsilon}_i)+2(T\boldsymbol{\varepsilon}_i, T\boldsymbol{\varepsilon}_j)+(T\boldsymbol{\varepsilon}_j, T\boldsymbol{\varepsilon}_j)=(\boldsymbol{\varepsilon}_i,\boldsymbol{\varepsilon}_i)+2(\boldsymbol{\varepsilon}_i,\boldsymbol{\varepsilon}_j)+(\boldsymbol{\varepsilon}_j,\boldsymbol{\varepsilon}_j). \quad (2-5)$$

又

$$(T\boldsymbol{\varepsilon}_i, T\boldsymbol{\varepsilon}_i)=(\boldsymbol{\varepsilon}_i,\boldsymbol{\varepsilon}_i)=1,$$

代入式(2-5)即得

$$(T\boldsymbol{\varepsilon}_i, T\boldsymbol{\varepsilon}_j)=(\boldsymbol{\varepsilon}_i,\boldsymbol{\varepsilon}_j)=0 \quad (i\neq j; i,j=1,2,\cdots,n),$$

即 $T\boldsymbol{\varepsilon}_1, T\boldsymbol{\varepsilon}_2,\cdots, T\boldsymbol{\varepsilon}_n$ 是标准正交基.

(3)⇒(4) 设 $\boldsymbol{\varepsilon}_1,\boldsymbol{\varepsilon}_2,\cdots,\boldsymbol{\varepsilon}_n$ 是 V 的标准正交基,由(3),$T\boldsymbol{\varepsilon}_1, T\boldsymbol{\varepsilon}_2,\cdots, T\boldsymbol{\varepsilon}_n$ 也是标准正交基.标准正交基间的过渡矩阵为正交矩阵,命题得证.

(4)⇒(1) 取定 V 的标准正交基 $\boldsymbol{\varepsilon}_1,\boldsymbol{\varepsilon}_2,\cdots,\boldsymbol{\varepsilon}_n$,则

$$(T\boldsymbol{\varepsilon}_1, T\boldsymbol{\varepsilon}_2,\cdots, T\boldsymbol{\varepsilon}_n)=(\boldsymbol{\varepsilon}_1,\boldsymbol{\varepsilon}_2,\cdots,\boldsymbol{\varepsilon}_n)\boldsymbol{A},$$

$\boldsymbol{A}$ 正交,即 $\boldsymbol{A}^{\mathrm{T}}\boldsymbol{A}=\boldsymbol{E}$.

任取

$$\boldsymbol{\alpha}=x_1\boldsymbol{\varepsilon}_1+x_2\boldsymbol{\varepsilon}_2+\cdots+x_n\boldsymbol{\varepsilon}_n, \quad \boldsymbol{\beta}=y_1\boldsymbol{\varepsilon}_1+y_2\boldsymbol{\varepsilon}_2+\cdots+y_n\boldsymbol{\varepsilon}_n.$$

则

$$T\boldsymbol{\alpha}=T(x_1\boldsymbol{\varepsilon}_1+x_2\boldsymbol{\varepsilon}_2+\cdots+x_n\boldsymbol{\varepsilon}_n)=(\boldsymbol{\varepsilon}_1,\boldsymbol{\varepsilon}_2,\cdots,\boldsymbol{\varepsilon}_n)\boldsymbol{AX},$$

$$T\boldsymbol{\beta}=T(y_1\boldsymbol{\varepsilon}_1+y_2\boldsymbol{\varepsilon}_2+\cdots+y_n\boldsymbol{\varepsilon}_n)=(\boldsymbol{\varepsilon}_1,\boldsymbol{\varepsilon}_2,\cdots,\boldsymbol{\varepsilon}_n)\boldsymbol{AY},$$

其中

$$\boldsymbol{X}=(x_1,x_2,\cdots,x_n)^{\mathrm{T}}, \quad \boldsymbol{Y}=(y_1,y_2,\cdots,y_n)^{\mathrm{T}}.$$

所以(见26页页下注和式(2-3))

$$(T\boldsymbol{\alpha}, T\boldsymbol{\beta})=(\boldsymbol{AX})^{\mathrm{T}}(\boldsymbol{AY})=\boldsymbol{X}^{\mathrm{T}}\boldsymbol{A}^{\mathrm{T}}\boldsymbol{AY}=\boldsymbol{X}^{\mathrm{T}}\boldsymbol{Y}=(\boldsymbol{\alpha},\boldsymbol{\beta}).$$

证毕.

例 2-6 设 T 是欧氏空间 $\mathbb{R}^3$ 的线性变换,

$$T(x_1,x_2,x_3)=(x_2,x_3,x_1),$$

对任一$(x_1,x_2,x_3)\in\mathbb{R}^3$ 成立,试证明 T 是正交变换.

证明 设 $\boldsymbol{\alpha}=(x_1,x_2,x_3)\in\mathbb{R}^3$,由定理2-6,只需证明$|T\boldsymbol{\alpha}|=|\boldsymbol{\alpha}|$.由于

$$(T\boldsymbol{\alpha}, T\boldsymbol{\alpha})=((x_2,x_3,x_1),(x_2,x_3,x_1))=x_2^2+x_3^2+x_1^2=(\boldsymbol{\alpha},\boldsymbol{\alpha}).$$

由此即得

$$|T\boldsymbol{\alpha}|=|\boldsymbol{\alpha}|.$$

例 2-7 (1) 设 T 是内积空间 V 的一个线性变换.证明:T 是正交变换的充要条件是:T 保持任意两向量 $\boldsymbol{\alpha},\boldsymbol{\beta}$ 的距离不变,即

$$|T\boldsymbol{\alpha}-T\boldsymbol{\beta}|=|\boldsymbol{\alpha}-\boldsymbol{\beta}|.$$

(2) 内积空间的保持距离不变的变换是否一定是线性变换?

证明 (1) 设 T 是正交变换,则 T 保持向量的长度不变,从而

$$|T\boldsymbol{\alpha}-T\boldsymbol{\beta}|=|T(\boldsymbol{\alpha}-\boldsymbol{\beta})|=|\boldsymbol{\alpha}-\boldsymbol{\beta}|.$$

反之,设对任意向量 $\boldsymbol{\alpha},\boldsymbol{\beta}$ 有

$$|T\boldsymbol{\alpha}-T\boldsymbol{\beta}|=|\boldsymbol{\alpha}-\boldsymbol{\beta}|,$$

则取 $\boldsymbol{\beta}=\mathbf{0}$ 便有$|T\boldsymbol{\alpha}|=|\boldsymbol{\alpha}|$,即 T 保持向量长度不变,故 T 为正交变换.

(2) 不一定. 设 $\boldsymbol{\alpha}_0$ 为 V 中某一固定非零向量,又令

$$T\boldsymbol{\alpha} = \boldsymbol{\alpha} + \boldsymbol{\alpha}_0 \quad (\text{对任意 } \boldsymbol{\alpha} \in V),$$

则 T 是 V 的一个变换,并保持任两向量的距离不变

$$|T\boldsymbol{\alpha} - T\boldsymbol{\beta}| = |(\boldsymbol{\alpha} + \boldsymbol{\alpha}_0) - (\boldsymbol{\beta} + \boldsymbol{\alpha}_0)| = |\boldsymbol{\alpha} - \boldsymbol{\beta}|.$$

但是,T 显然不是线性变换(为什么?)(从而也不是正交变换).

例 2-8 设 T 是内积空间 V 的一个变换. 证明如果 T 保持向量的内积不变,即

$$(T\boldsymbol{\alpha}, T\boldsymbol{\beta}) = (\boldsymbol{\alpha}, \boldsymbol{\beta}), \forall\, \boldsymbol{\alpha}, \boldsymbol{\beta} \in V,$$

则 T 一定是线性变换,因而是正交变换.

证明 先证 $T(\boldsymbol{\alpha}+\boldsymbol{\beta}) = T\boldsymbol{\alpha} + T\boldsymbol{\beta}$. 由于

$$\begin{aligned}
&(T(\boldsymbol{\alpha} + \boldsymbol{\beta}) - T\boldsymbol{\alpha} - T\boldsymbol{\beta}, T(\boldsymbol{\alpha} + \boldsymbol{\beta}) - T\boldsymbol{\alpha} - T\boldsymbol{\beta}) \\
&= (T(\boldsymbol{\alpha} + \boldsymbol{\beta}), T(\boldsymbol{\alpha} + \boldsymbol{\beta})) - 2(T(\boldsymbol{\alpha} + \boldsymbol{\beta}), T\boldsymbol{\alpha}) - 2(T(\boldsymbol{\alpha} + \boldsymbol{\beta}), T\boldsymbol{\beta}) + \\
&\quad (T\boldsymbol{\alpha}, T\boldsymbol{\alpha}) + (T\boldsymbol{\beta}, T\boldsymbol{\beta}) + 2(T\boldsymbol{\alpha}, T\boldsymbol{\beta}) \\
&= (\boldsymbol{\alpha} + \boldsymbol{\beta}, \boldsymbol{\alpha} + \boldsymbol{\beta}) - 2(\boldsymbol{\alpha} + \boldsymbol{\beta}, \boldsymbol{\alpha}) - 2(\boldsymbol{\alpha} + \boldsymbol{\beta}, \boldsymbol{\beta}) + (\boldsymbol{\alpha}, \boldsymbol{\alpha}) + (\boldsymbol{\beta}, \boldsymbol{\beta}) + 2(\boldsymbol{\alpha}, \boldsymbol{\beta}) \\
&= \boldsymbol{0},
\end{aligned}$$

因此

$$T(\boldsymbol{\alpha} + \boldsymbol{\beta}) - T\boldsymbol{\alpha} - T\boldsymbol{\beta} = \boldsymbol{0}.$$

从而有

$$T(\boldsymbol{\alpha} + \boldsymbol{\beta}) = T\boldsymbol{\alpha} + T\boldsymbol{\beta}.$$

再证 $T(k\boldsymbol{\alpha}) = kT\boldsymbol{\alpha}$ (k 为实数).

同上述方法类似,读者可验证等式

$$(T(k\boldsymbol{\alpha}) - kT\boldsymbol{\alpha}, T(k\boldsymbol{\alpha}) - kT\boldsymbol{\alpha}) = 0.$$

从而有

$$T(k\boldsymbol{\alpha}) - kT\boldsymbol{\alpha} = 0,$$

此即

$$T(k\boldsymbol{\alpha}) = kT\boldsymbol{\alpha}.$$

故 T 为线性变换.

2.5 点到子空间的距离与最小二乘法

定义 2-8 设 V 是欧氏空间,又 $\boldsymbol{\alpha}, \boldsymbol{\beta} \in V$,则向量 $\boldsymbol{\alpha} - \boldsymbol{\beta}$ 的长度 $|\boldsymbol{\alpha} - \boldsymbol{\beta}|$ 称为向量 $\boldsymbol{\alpha}$ 与 $\boldsymbol{\beta}$ 的**距离**,并记为 $d(\boldsymbol{\alpha}, \boldsymbol{\beta})$.

不难验证向量距离的三个基本性质(对任何 $\boldsymbol{\alpha}, \boldsymbol{\beta}, \boldsymbol{\gamma} \in V$):

(1) $d(\boldsymbol{\alpha}, \boldsymbol{\beta}) = d(\boldsymbol{\beta}, \boldsymbol{\alpha})$;

(2) $d(\boldsymbol{\alpha}, \boldsymbol{\gamma}) \leqslant d(\boldsymbol{\alpha}, \boldsymbol{\beta}) + d(\boldsymbol{\beta}, \boldsymbol{\gamma})$;

(3) $d(\boldsymbol{\alpha}, \boldsymbol{\beta}) \geqslant 0$,仅当 $\boldsymbol{\alpha} = \boldsymbol{\beta}$ 时等号成立.

在初等几何里,点到直线(或平面)上所有点的距离以垂线最短. 现在证明:欧氏空间 V 的一个指定向量和一个子空间 W 的各个向量距离也以"垂线最短".

设 $W = L(\boldsymbol{\alpha}_1, \boldsymbol{\alpha}_2, \cdots, \boldsymbol{\alpha}_s)$,又 $\boldsymbol{\alpha} \in V$ 为一指定向量. 首先易知

$$\boldsymbol{\alpha} \perp W \Longleftrightarrow \boldsymbol{\alpha} \perp \boldsymbol{\alpha}_i \quad (i = 1, 2, \cdots, s).$$

设 $\boldsymbol{\beta}\in W$ 且满足条件$(\boldsymbol{\alpha}-\boldsymbol{\beta})\perp W$,则对任一 $\boldsymbol{\gamma}\in W$,都有

$$|\boldsymbol{\alpha}-\boldsymbol{\beta}|\leqslant|\boldsymbol{\alpha}-\boldsymbol{\gamma}|,$$

即是说,向量 $\boldsymbol{\alpha}$ 到 W 的各个向量间的距离以"垂线"$|\boldsymbol{\alpha}-\boldsymbol{\beta}|$最短.下面来证明此不等式.

因 $\boldsymbol{\alpha}-\boldsymbol{\gamma}=(\boldsymbol{\alpha}-\boldsymbol{\beta})+(\boldsymbol{\beta}-\boldsymbol{\gamma})$,又$(\boldsymbol{\beta}-\boldsymbol{\gamma})\in W$,故$(\boldsymbol{\alpha}-\boldsymbol{\beta})\perp(\boldsymbol{\beta}-\boldsymbol{\gamma})$.因此有(见例 2-4)

$$|\boldsymbol{\alpha}-\boldsymbol{\gamma}|^2=|\boldsymbol{\alpha}-\boldsymbol{\beta}|^2+|\boldsymbol{\beta}-\boldsymbol{\gamma}|^2.$$

所以有

$$|\boldsymbol{\alpha}-\boldsymbol{\beta}|\leqslant|\boldsymbol{\alpha}-\boldsymbol{\gamma}|.$$

这个简单的几何事实可用来解决一些实际问题,其中的一个应用是解决最小二乘法问题.最小二乘法在系统理论中处理最小优化问题时有重要的应用.下面只是用欧氏空间的概念来表达最小二乘法,并给出最小二乘解所满足的代数条件.

设已给不相容实系数线性方程组(即无解的线性方程组)

$$\boldsymbol{A}\boldsymbol{X}=\boldsymbol{B}.$$

这里 $\boldsymbol{A}=(a_{ij})_{s\times n}$,$\boldsymbol{B}=(b_1,b_2,\cdots,b_s)^{\mathrm{T}}$,$\boldsymbol{X}=(x_1,x_2,\cdots,x_n)^{\mathrm{T}}$(每一个 x_i 都是实变数).因为这方程组无解,设法找出一组数 $x_1^0,x_2^0,\cdots,x_n^0$,使平方偏差

$$\delta=\sum_{i=1}^{s}(a_{i1}x_1+a_{i2}x_2+\cdots+a_{in}x_n-b_i)^2$$

最小.这组数称为此方程组的**最小二乘解**,这一方法叫做**最小二乘法**.

令 $\boldsymbol{Y}=\boldsymbol{A}\boldsymbol{X}$,则 $\boldsymbol{Y}$ 当然是个 s 维列向量.上述平方偏差 δ 也就是$|\boldsymbol{Y}-\boldsymbol{B}|^2$,而最小二乘法就是要找一组数 $x_1^0,x_2^0,\cdots,x_n^0$,使得 $\boldsymbol{Y}$ 与 $\boldsymbol{B}$ 的距离最小.

设 $\boldsymbol{A}=(\boldsymbol{\alpha}_1,\boldsymbol{\alpha}_2,\cdots,\boldsymbol{\alpha}_n)$,$\boldsymbol{\alpha}_i$ 表示 $\boldsymbol{A}$ 的第 i 列,则有

$$\boldsymbol{Y}=k_1\boldsymbol{\alpha}_1+k_2\boldsymbol{\alpha}_2+\cdots+k_n\boldsymbol{\alpha}_n,\tag{2-6}$$

显然,$\boldsymbol{Y}\in L(\boldsymbol{\alpha}_1,\boldsymbol{\alpha}_2,\cdots,\boldsymbol{\alpha}_n)$,故最小二乘法可叙述为:

求 $\boldsymbol{X}$ 使$|\boldsymbol{Y}-\boldsymbol{B}|^2$最小,即在 $L(\boldsymbol{\alpha}_1,\boldsymbol{\alpha}_2,\cdots,\boldsymbol{\alpha}_n)$中找一向量 $\boldsymbol{Y}$,使得向量 $\boldsymbol{B}$ 到它的距离比到子空间 $L(\boldsymbol{\alpha}_1,\boldsymbol{\alpha}_2,\cdots,\boldsymbol{\alpha}_n)$中其它向量的距离都短.

由本节开头所讲的结论,若式(2-6)的 $\boldsymbol{Y}$ 为所求的向量,则向量

$$\boldsymbol{B}-\boldsymbol{Y}=\boldsymbol{B}-\boldsymbol{A}\boldsymbol{X}\quad(\text{记为 }C)$$

必须垂直于子空间 $L(\boldsymbol{\alpha}_1,\boldsymbol{\alpha}_2,\cdots,\boldsymbol{\alpha}_n)$,为此必须而且只需

$$(C,\boldsymbol{\alpha}_1)=(C,\boldsymbol{\alpha}_2)=\cdots=(C,\boldsymbol{\alpha}_n)=0.$$

这条件相当于

$$\boldsymbol{\alpha}_1^{\mathrm{T}}C=\boldsymbol{\alpha}_2^{\mathrm{T}}C=\cdots=\boldsymbol{\alpha}_n^{\mathrm{T}}C=0,$$

这组等式相当于

$$\boldsymbol{A}^{\mathrm{T}}(\boldsymbol{B}-\boldsymbol{A}\boldsymbol{X})=0,$$

亦即

$$\boldsymbol{A}^{\mathrm{T}}\boldsymbol{A}\boldsymbol{X}=\boldsymbol{A}^{\mathrm{T}}\boldsymbol{B}.$$

这就是最小二乘解所满足的代数方程,它是一个线性方程组,系数矩阵为 $\boldsymbol{A}^{\mathrm{T}}\boldsymbol{A}$,常数项为 $\boldsymbol{A}^{\mathrm{T}}\boldsymbol{B}$.

例 2-9 用最小二乘法解方程组 $\begin{cases}x_1+x_2=1\\x_1+x_3=2\\x_1+x_2+x_3=0\\x_1+2x_2-x_3=-1\end{cases}$

解 由于

$$A=\begin{pmatrix}1&1&0\\1&0&1\\1&1&1\\1&2&-1\end{pmatrix},\quad A^{\mathrm T}=\begin{pmatrix}1&1&1&1\\1&0&1&2\\0&1&1&-1\end{pmatrix},\quad B=\begin{pmatrix}1\\2\\0\\-1\end{pmatrix},$$

所以

$$A^{\mathrm T}AX=\begin{pmatrix}4&4&1\\4&6&-1\\1&-1&3\end{pmatrix}\begin{pmatrix}x_1\\x_2\\x_3\end{pmatrix}=\begin{pmatrix}2\\-1\\3\end{pmatrix}=A^{\mathrm T}B.$$

于是求得最小二乘解为

$$x_1=\frac{17}{6},\quad x_2=-\frac{13}{6},\quad x_3=-\frac{4}{6}.$$

2.6 复内积空间(酉空间)

以上几节所讲的内积定义在实数域的线性空间上,当它是有限维向量空间时,也把它叫做欧氏空间.虽然实内积空间的理论已在许多问题上扮演着重要角色,但是这还不足以解决所有的问题,复内积空间的引入才能弥补这一不足.在矩阵分析的应用中,复内积空间的用途是很广的.

复内积空间是实内积空间的推广,许多概念、结论及证明方法都与以上所讲的相类似,因而在这一节不作详细的讨论.

定义 2-9 设 V 是复域 $\mathbb{C}$ 上的线性空间,如果对 V 中任意两个向量 $\boldsymbol{\alpha},\boldsymbol{\beta}$ 都有一个复数(记作$(\boldsymbol{\alpha},\boldsymbol{\beta})$)与它们对应,且满足下列各个条件,则复数$(\boldsymbol{\alpha},\boldsymbol{\beta})$称为 $\boldsymbol{\alpha},\boldsymbol{\beta}$ 的内积:

(1) $(\boldsymbol{\alpha},\boldsymbol{\beta})=\overline{(\boldsymbol{\beta},\boldsymbol{\alpha})}$;

(2) $(k\boldsymbol{\alpha},\boldsymbol{\beta})=k(\boldsymbol{\alpha},\boldsymbol{\beta})$;

(3) $(\boldsymbol{\alpha}+\boldsymbol{\beta},\boldsymbol{\gamma})=(\boldsymbol{\alpha},\boldsymbol{\gamma})+(\boldsymbol{\beta},\boldsymbol{\gamma})$;

(4) $(\boldsymbol{\alpha},\boldsymbol{\alpha})\geqslant 0$,仅当 $\boldsymbol{\alpha}=\mathbf{0}$ 时等号成立.

而 V 就称为**复内积空间**,或**酉空间**.这里的 $\boldsymbol{\alpha},\boldsymbol{\beta},\boldsymbol{\gamma}$ 是 V 中任意向量,k 是任意复数,$\overline{(\boldsymbol{\beta},\boldsymbol{\alpha})}$表示$(\boldsymbol{\beta},\boldsymbol{\alpha})$的共轭复数.

注意,内积空间中的条件(1)保证$(\boldsymbol{\alpha},\boldsymbol{\alpha})$是实数.又若条件(1)不作这样的规定,而仍旧用实内积空间定义中的条件(1)的规定,就可能会出现 $\boldsymbol{\alpha}\neq\mathbf{0}$但$(\boldsymbol{\alpha},\boldsymbol{\alpha})=0$ 的情形,比如在下面的例子中,取 $\boldsymbol{\alpha}=(3,4,5i)$,又定义$(\boldsymbol{\alpha},\boldsymbol{\alpha})=x_1y_1+x_2y_2+\cdots+x_ny_n$,就会发生这种情况.

例 2-10 在 n 维线性空间 $\mathbb{C}^n$ 中,如果对 $\mathbb{C}^n$ 中任两向量

$$\boldsymbol{X}=(x_1,x_2,\cdots,x_n),\ \boldsymbol{Y}=(y_1,y_2,\cdots,y_n),$$

定义

$$(\boldsymbol{X},\boldsymbol{Y})=x_1\overline{y_1}+x_2\overline{y_2}+\cdots+x_n\overline{y_n},$$

则容易验证$(\boldsymbol{X},\boldsymbol{Y})$满足内积定义各条件,从而 $\mathbb{C}^n$ 构成一酉空间.

注意酉空间 $\mathbb{C}^n$ 的上述内积定义又可简写为

$$(\boldsymbol{X},\boldsymbol{Y})=\boldsymbol{X}\boldsymbol{Y}^{\mathrm H}.$$

这里 $\boldsymbol{X},\boldsymbol{Y}$ 均为行向量，$\boldsymbol{Y}^{\mathrm{H}}$ 表示 $\boldsymbol{Y}$ 的共轭转置. 又当 $\boldsymbol{X},\boldsymbol{Y}$ 为列向量时，则有

$$(\boldsymbol{X},\boldsymbol{Y})=\boldsymbol{Y}^{\mathrm{H}}\boldsymbol{X}.$$

这种写法以后是经常使用的.

在这个例子中，若定义 $(\boldsymbol{X},\boldsymbol{Y})=x_1y_1+x_2y_2+\cdots+x_ny_n$，则内积定义的条件(2)便不满足.

在酉空间中，内积具有下列基本性质：

(1) $(\boldsymbol{\alpha},k\boldsymbol{\beta})=\bar{k}(\boldsymbol{\alpha},\boldsymbol{\beta})$;

(2) $(\boldsymbol{\alpha},\boldsymbol{\beta}+\boldsymbol{\gamma})=(\boldsymbol{\alpha},\boldsymbol{\beta})+(\boldsymbol{\alpha},\boldsymbol{\gamma})$;

(3) $(\boldsymbol{\alpha},\boldsymbol{0})=(\boldsymbol{0},\boldsymbol{\beta})=0$.

这些性质与实内积空间的情形类似，证法也类似，故不重复.

在酉空间中，向量 $\boldsymbol{\alpha}$ 的长度也定义为

$$|\boldsymbol{\alpha}|=\sqrt{(\boldsymbol{\alpha},\boldsymbol{\alpha})}.$$

虽然，当 $(\boldsymbol{\alpha},\boldsymbol{\beta})=0$ 时也称向量 $\boldsymbol{\alpha},\boldsymbol{\beta}$ 为正交的，但在酉空间中不再定义向量间的夹角，因为向量的内积一般是复数. 又若 $\boldsymbol{X},\boldsymbol{Y}\in\mathbb{C}^n$（见例 2－10），则有

$$|\boldsymbol{X}|=\sqrt{|x_1|^2+\cdots+|x_n|^2},\ |\boldsymbol{Y}|=\sqrt{|y_1|^2+\cdots+|y_n|^2}.$$

在实内积空间中，曾得到(C. －S.)不等式 $|(\boldsymbol{\alpha},\boldsymbol{\beta})|\leqslant|\boldsymbol{\alpha}|\cdot|\boldsymbol{\beta}|$. 这个不等式在酉空间中仍然成立，而且等号也是当且只当 $\boldsymbol{\alpha},\boldsymbol{\beta}$ 线性相关时成立. 以下来证明这个事实. 设 $\boldsymbol{\alpha},\boldsymbol{\beta}$ 为酉空间 V 中任两向量，k 为复数，则

$$(\boldsymbol{\alpha}-k\boldsymbol{\beta},\boldsymbol{\alpha}-k\boldsymbol{\beta})\geqslant 0, \tag{2-7}$$

展开即为

$$(\boldsymbol{\alpha},\boldsymbol{\alpha})-\bar{k}(\boldsymbol{\alpha},\boldsymbol{\beta})-k\overline{(\boldsymbol{\alpha},\boldsymbol{\beta})}+k\bar{k}(\boldsymbol{\beta},\boldsymbol{\beta})\geqslant 0. \tag{2-8}$$

若 $\boldsymbol{\beta}=\boldsymbol{0}$，则想要建立的不等式

$$|(\boldsymbol{\alpha},\boldsymbol{\beta})|\leqslant|\boldsymbol{\alpha}|\cdot|\boldsymbol{\beta}|$$

显然适合，因为它的两边都是零. 故设 $\boldsymbol{\beta}\neq\boldsymbol{0}$. 现用数 $\dfrac{(\boldsymbol{\alpha},\boldsymbol{\beta})}{(\boldsymbol{\beta},\boldsymbol{\beta})}$ 来代替不等式(2－8)中的 k，且用正数 $(\boldsymbol{\beta},\boldsymbol{\beta})$ 来乘不等式的各项，便可得出

$$(\boldsymbol{\alpha},\boldsymbol{\alpha})(\boldsymbol{\beta},\boldsymbol{\beta})-\overline{(\boldsymbol{\alpha},\boldsymbol{\beta})}(\boldsymbol{\alpha},\boldsymbol{\beta})-(\boldsymbol{\alpha},\boldsymbol{\beta})\overline{(\boldsymbol{\alpha},\boldsymbol{\beta})}+(\boldsymbol{\alpha},\boldsymbol{\beta})\overline{(\boldsymbol{\alpha},\boldsymbol{\beta})}\geqslant 0,$$

或

$$(\boldsymbol{\alpha},\boldsymbol{\beta})\overline{(\boldsymbol{\alpha},\boldsymbol{\beta})}\leqslant(\boldsymbol{\alpha},\boldsymbol{\alpha})(\boldsymbol{\beta},\boldsymbol{\beta}),$$

即

$$|(\boldsymbol{\alpha},\boldsymbol{\beta})|\leqslant|\boldsymbol{\alpha}|\cdot|\boldsymbol{\beta}|. \tag{2-9}$$

这就是酉空间中的(C. －S.)不等式. 如果 $\boldsymbol{\alpha},\boldsymbol{\beta}$ 线性无关，则 $\boldsymbol{\alpha}-k\boldsymbol{\beta}\neq 0$，因而式(2－7)为严格不等式

$$(\boldsymbol{\alpha}-k\boldsymbol{\beta},\boldsymbol{\alpha}-k\boldsymbol{\beta})>0,$$

从而式(2－9)也是严格不等式

$$|(\boldsymbol{\alpha},\boldsymbol{\beta})|<|\boldsymbol{\alpha}|\cdot|\boldsymbol{\beta}|.$$

如果 $\boldsymbol{\alpha},\boldsymbol{\beta}$ 线性相关，例如，$\boldsymbol{\alpha}=k\boldsymbol{\beta}$，则

$$|(\boldsymbol{\alpha},\boldsymbol{\beta})|=|(k\boldsymbol{\beta},\boldsymbol{\beta})|=|k|(\boldsymbol{\beta},\boldsymbol{\beta})=|\boldsymbol{\alpha}|\cdot|\boldsymbol{\beta}|.$$

这就完成了证明.

对于例 2-10 的酉空间 $\mathbb{C}^n$ 的内积，则(C.-S.)不等式为

$$|x_1\overline{y_1}+\cdots+x_n\overline{y_n}|\leqslant\sqrt{|x_1|^2+\cdots+|x_n^2|}\cdot\sqrt{|y_1|^2+\cdots+|y_n|^2}.$$

应用上述(C.-S.)不等式，又可以证明：在酉空间中，不等式

$$|\boldsymbol{\alpha}+\boldsymbol{\beta}|\leqslant|\boldsymbol{\alpha}|+|\boldsymbol{\beta}|$$

也成立.

事实上，有

$$\begin{aligned}|\boldsymbol{\alpha}+\boldsymbol{\beta}|^2&=(\boldsymbol{\alpha}+\boldsymbol{\beta},\boldsymbol{\alpha}+\boldsymbol{\beta})=(\boldsymbol{\alpha},\boldsymbol{\alpha})+(\boldsymbol{\alpha},\boldsymbol{\beta})+\overline{(\boldsymbol{\alpha},\boldsymbol{\beta})}+(\boldsymbol{\beta},\boldsymbol{\beta})\\&=(\boldsymbol{\alpha},\boldsymbol{\alpha})+2\mathrm{Re}(\boldsymbol{\alpha},\boldsymbol{\beta})+(\boldsymbol{\beta},\boldsymbol{\beta}),\end{aligned}$$

其中，$\mathrm{Re}(\boldsymbol{\alpha},\boldsymbol{\beta})$为$(\boldsymbol{\alpha},\boldsymbol{\beta})$的实部，因

$$\mathrm{Re}(\boldsymbol{\alpha},\boldsymbol{\beta})\leqslant|(\boldsymbol{\alpha},\boldsymbol{\beta})|\leqslant|\boldsymbol{\alpha}|\cdot|\boldsymbol{\beta}|,$$

所以

$$|\boldsymbol{\alpha}+\boldsymbol{\beta}|^2\leqslant|\boldsymbol{\alpha}|^2+2|\boldsymbol{\alpha}|\cdot|\boldsymbol{\beta}|+|\boldsymbol{\beta}|^2=(|\boldsymbol{\alpha}|+|\boldsymbol{\beta}|)^2.$$

于是有

$$|\boldsymbol{\alpha}+\boldsymbol{\beta}|\leqslant|\boldsymbol{\alpha}|+|\boldsymbol{\beta}|.$$

在酉空间中也可以定义正交基和标准正交基，从正交组出发去构作 n 维酉空间的一个正交基的正交化过程，在酉空间中仍然成立.

容易证明，在 n 维酉空间 V 中，在标准正交基 $\boldsymbol{\varepsilon}_1,\boldsymbol{\varepsilon}_2,\cdots,\boldsymbol{\varepsilon}_n$ 下任两向量

$$\boldsymbol{\alpha}=k_1\boldsymbol{\varepsilon}_1+k_2\boldsymbol{\varepsilon}_2+\cdots+k_n\boldsymbol{\varepsilon}_n,\quad\boldsymbol{\beta}=l_1\boldsymbol{\varepsilon}_1+l_2\boldsymbol{\varepsilon}_2+\cdots+l_n\boldsymbol{\varepsilon}_n$$

的内积$(\boldsymbol{\alpha},\boldsymbol{\beta})$可表示成

$$(\boldsymbol{\alpha},\boldsymbol{\beta})=k_1\overline{l_1}+k_2\overline{l_2}+\cdots+k_n\overline{l_n}.$$

将正交变换的概念推广到酉空间，便有以下定义.

定义 2-10 若 T 是酉空间 V 的线性变换，且对任何 $\boldsymbol{\alpha},\boldsymbol{\beta}\in V$ 都有

$$(T\boldsymbol{\alpha},T\boldsymbol{\beta})=(\boldsymbol{\alpha},\boldsymbol{\beta}),$$

则称 T 为 V 的酉变换. 即酉空间的酉变换，是保持任两向量内积不变的线性变换.

与正交矩阵(实矩阵)相类似，对复数矩阵亦有相应的概念：

定义 2-11 若 $\boldsymbol{A}\in\mathbb{C}^{n\times n}$，且 $\boldsymbol{A}^{\mathrm{H}}\boldsymbol{A}=\boldsymbol{A}\boldsymbol{A}^{\mathrm{H}}=\boldsymbol{E}$，则 $\boldsymbol{A}$ 称为**酉矩阵**. 这里 $\boldsymbol{A}^{\mathrm{H}}$ 是 $\boldsymbol{A}$ 的共轭转置.

当 $\boldsymbol{A}$ 为实矩阵时，酉矩阵 $\boldsymbol{A}$ 也就是正交矩阵.

定理 2-7 设 T 是 n 维酉空间 V 的线性变换，则下列各命题互相等价：

(1) T 是酉变换；

(2) T 保持向量的长度不变，即 $\boldsymbol{\alpha}\in V$ 时，都有 $|T\boldsymbol{\alpha}|=|\boldsymbol{\alpha}|$；

(3) 若 $\boldsymbol{\varepsilon}_1,\boldsymbol{\varepsilon}_2,\cdots,\boldsymbol{\varepsilon}_n$ 是 V 的标准正交基，则 $T\boldsymbol{\varepsilon}_1,T\boldsymbol{\varepsilon}_2,\cdots,T\boldsymbol{\varepsilon}_n$ 也是 V 的标准正交基；

(4) T 在任一标准正交基下的矩阵是酉矩阵.

其证明与 2.4 节定理 2-6 相仿，兹不赘述.

酉矩阵 $\boldsymbol{A}$ 具有下列基本性质：

(1) $\boldsymbol{A}$ 的行列式的模等于 1；

(2) $\boldsymbol{A}^{-1}=\boldsymbol{A}^{\mathrm{H}}$, $(\boldsymbol{A}^{-1})^{\mathrm{H}}=(\boldsymbol{A}^{\mathrm{H}})^{-1}$；

(3) $\boldsymbol{A}^{-1}$也是酉矩阵，两个 n 阶酉矩阵的乘积也是酉矩阵；

(4) $\boldsymbol{A}$ 的每个列(行)向量(看作酉空间 $\mathbb{C}^n$ 的向量,下同)是单位向量;不同的两个列(行)向量是酉正交的(在 $\mathbb{C}^n$ 的内积定义下正交).

同实内积空间情况类似,复内积空间也有同构的概念,而且所有 n 维复内积空间都同构,它们皆同构于酉空间 $\mathbb{C}^n$. 因此,n 维线性空间 $\mathbb{R}^n$ 及 $\mathbb{C}^n$,当分别定义了实内积与复内积后,就成为 n 维欧氏空间与 n 维酉空间的典型代表. 两者在应用中都很重要. 今后在许多情况下提及 $\mathbb{R}^n$ 与 $\mathbb{C}^n$ 时,都指它们已经是赋予了内积的线性空间,即欧氏空间与酉空间.

2.7 正规矩阵

有一类矩阵 $\boldsymbol{A}$,如对角形矩阵、实对称矩阵($\boldsymbol{A}^{\mathrm{T}}=\boldsymbol{A}$)、实反对称矩阵($\boldsymbol{A}^{\mathrm{T}}=-\boldsymbol{A}$)、厄米特矩阵($\boldsymbol{A}^{\mathrm{H}}=\boldsymbol{A}$)、反厄米特矩阵($\boldsymbol{A}^{\mathrm{H}}=-A$)、正交矩阵($\boldsymbol{A}^{\mathrm{T}}\boldsymbol{A}=\boldsymbol{A}\boldsymbol{A}^{\mathrm{T}}=\boldsymbol{E}$)以及酉矩阵($\boldsymbol{A}^{\mathrm{H}}\boldsymbol{A}=\boldsymbol{A}\boldsymbol{A}^{\mathrm{H}}=\boldsymbol{E}$)等,都有一个共同的性质:$\boldsymbol{A}^{\mathrm{H}}\boldsymbol{A}=\boldsymbol{A}\boldsymbol{A}^{\mathrm{H}}$. 为了能够用统一的方法研究它们的相似标准形,需要引入正规矩阵的概念.

定义 2-12 设 $\boldsymbol{A}\in\mathbb{C}^{n\times n}$,且 $\boldsymbol{A}^{\mathrm{H}}\boldsymbol{A}=\boldsymbol{A}\boldsymbol{A}^{\mathrm{H}}$,则称 $\boldsymbol{A}$ 为**正规矩阵**.

容易验证上面提到的几种特殊的矩阵都是正规矩阵,当然,正规矩阵并非只是这些,例如

$$\boldsymbol{A}=\begin{pmatrix}1 & -1\\ 1 & 1\end{pmatrix}$$

是一个正规矩阵,它不属于上述矩阵的任何一种.

在证明下面的重要定理 2-8 之前,先证明一个引理.

引理 若 $\boldsymbol{\varepsilon}_1=(a_1,a_2,\cdots,a_n)^{\mathrm{T}}$ 是酉空间 $\mathbb{C}^n$ 的一个单位向量,则存在一个以 $\boldsymbol{\varepsilon}_1$ 为第一个列向量的酉矩阵 $\boldsymbol{Q}$.

证明 因 $\boldsymbol{\varepsilon}_1\neq\boldsymbol{0}$,故 a_i 不全为零. 设 $\boldsymbol{X}=(x_1,x_2,\cdots,x_n)^{\mathrm{T}}\in\mathbb{C}^n$,且$(\boldsymbol{X}^{\mathrm{T}},\boldsymbol{\varepsilon}_1^{\mathrm{T}})=0$. 由 $\mathbb{C}^n$ 内积定义,得

$$\bar{a}_1x_1+\bar{a}_2x_2+\cdots+\bar{a}_nx_n=0. \tag{2-10}$$

这里 $\bar{a}_i$ 必不全为零. 以 $x_1,x_2,\cdots,x_n$ 为未知数的线性方程(2-10)必有非零解,且解空间是 $n-1$ 维的,设 $\boldsymbol{\beta}_2,\boldsymbol{\beta}_3,\cdots,\boldsymbol{\beta}_n$ 是它的 $n-1$ 个线性无关的解向量(列向量),设施行正交化、单位化后得到标准正交组 $\boldsymbol{\varepsilon}_2,\boldsymbol{\varepsilon}_3,\cdots,\boldsymbol{\varepsilon}_n$,显然它们仍然是线性方程(2-10)的解向量,从而都与 $\boldsymbol{\varepsilon}_1$ 正交,所以

$$\boldsymbol{\varepsilon}_1,\boldsymbol{\varepsilon}_2,\boldsymbol{\varepsilon}_3,\cdots,\boldsymbol{\varepsilon}_n$$

是 $\mathbb{C}^n$ 的一个标准正交基,因此

$$\boldsymbol{Q}=(\boldsymbol{\varepsilon}_1,\boldsymbol{\varepsilon}_2,\boldsymbol{\varepsilon}_3,\cdots,\boldsymbol{\varepsilon}_n)$$

是酉矩阵. 证毕.

定理 2-8 矩阵 $\boldsymbol{A}\in\mathbb{C}^{n\times n}$ 为正规矩阵的充要条件是:存在酉矩阵 $\boldsymbol{Q}$,使得 $\boldsymbol{A}$ 酉相似于对角形矩阵,即

$$\boldsymbol{Q}^{\mathrm{H}}\boldsymbol{A}\boldsymbol{Q}=\boldsymbol{Q}^{-1}\boldsymbol{A}\boldsymbol{Q}=\begin{pmatrix}\lambda_1 & & & \\ & \lambda_2 & & \\ & & \ddots & \\ & & & \lambda_n\end{pmatrix}, \tag{2-11}$$

这里 $\lambda_1,\lambda_2,\cdots,\lambda_n$ 是 $\boldsymbol{A}$ 的特征值.

证明　充分性　设式(2-11)成立,则有

$$\boldsymbol{A}=\boldsymbol{Q}\begin{pmatrix}\lambda_1 & & & \\ & \lambda_2 & & \\ & & \ddots & \\ & & & \lambda_n\end{pmatrix}\boldsymbol{Q}^{-1},$$

$$\boldsymbol{A}^{\mathrm{H}}=\boldsymbol{Q}\begin{pmatrix}\overline{\lambda_1} & & & \\ & \overline{\lambda_2} & & \\ & & \ddots & \\ & & & \overline{\lambda_n}\end{pmatrix}\boldsymbol{Q}^{-1},$$

于是有

$$\boldsymbol{A}\boldsymbol{A}^{\mathrm{H}}=\boldsymbol{Q}\begin{pmatrix}\lambda_1\overline{\lambda_1} & & & \\ & \lambda_2\overline{\lambda_2} & & \\ & & \ddots & \\ & & & \lambda_n\overline{\lambda_n}\end{pmatrix}\boldsymbol{Q}^{-1}=\boldsymbol{A}^{\mathrm{H}}\boldsymbol{A},$$

所以,$\boldsymbol{A}$ 是正规矩阵.

必要性　对于一阶矩阵,定理成立.设定理对 $n-1$ 阶矩阵已成立,现在证明对于 n 阶正规矩阵 $\boldsymbol{A}$,定理的结论也能成立.

设 λ_1 是 $\boldsymbol{A}$ 的一个特征值,$\boldsymbol{\varepsilon}_1$ 是 $\boldsymbol{A}$ 的属于 λ_1 的单位特征向量,$\boldsymbol{A}\boldsymbol{\varepsilon}_1=\lambda_1\boldsymbol{\varepsilon}_1$,由上述引理,存在以 $\boldsymbol{\varepsilon}_1$ 为第一个列向量的酉矩阵 $\boldsymbol{Q}_1$,设

$$\boldsymbol{Q}_1=(\boldsymbol{\varepsilon}_1,\boldsymbol{\varepsilon}_2,\cdots,\boldsymbol{\varepsilon}_n),$$

由

$$\boldsymbol{E}=\boldsymbol{Q}_1^{-1}\boldsymbol{Q}_1=(\boldsymbol{Q}_1^{-1}\boldsymbol{\varepsilon}_1,\boldsymbol{Q}_1^{-1}\boldsymbol{\varepsilon}_2,\cdots,\boldsymbol{Q}_1^{-1}\boldsymbol{\varepsilon}_n),$$

可得

$$\boldsymbol{Q}_1^{-1}\boldsymbol{\varepsilon}_1=(1,0,\cdots,0)^{\mathrm{T}}.$$

又

$$\boldsymbol{Q}_1^{-1}\boldsymbol{A}\boldsymbol{Q}_1=\boldsymbol{Q}_1^{-1}(\boldsymbol{A}\boldsymbol{\varepsilon}_1,\boldsymbol{A}\boldsymbol{\varepsilon}_2,\cdots,\boldsymbol{A}\boldsymbol{\varepsilon}_n)=(\lambda_1\boldsymbol{Q}_1^{-1}\boldsymbol{\varepsilon}_1,\boldsymbol{Q}_1^{-1}\boldsymbol{A}\boldsymbol{\varepsilon}_2,\cdots,\boldsymbol{Q}_1^{-1}\boldsymbol{A}\boldsymbol{\varepsilon}_n)$$

$$=\begin{pmatrix}\lambda_1 & b_2 & \cdots & b_n\\ 0 & & & \\ \vdots & & \boldsymbol{B} & \\ 0 & & & \end{pmatrix}=\begin{pmatrix}\lambda_1 & \boldsymbol{\beta}\\ 0 & \boldsymbol{B}\end{pmatrix},$$

其中,$\boldsymbol{\beta}=(b_2,\cdots,b_n)$,$\boldsymbol{B}$ 是 $n-1$ 阶方阵.

设 $\boldsymbol{A}_1=\boldsymbol{Q}_1^{-1}\boldsymbol{A}\boldsymbol{Q}_1$,则有

$$\begin{aligned}\boldsymbol{A}_1^{\mathrm{H}}\boldsymbol{A}_1&=(\boldsymbol{Q}_1^{-1}\boldsymbol{A}\boldsymbol{Q}_1)^{\mathrm{H}}\cdot(\boldsymbol{Q}_1^{-1}\boldsymbol{A}\boldsymbol{Q}_1)=\boldsymbol{Q}_1^{\mathrm{H}}\boldsymbol{A}^{\mathrm{H}}(\boldsymbol{Q}_1^{-1})^{\mathrm{H}}\cdot\boldsymbol{Q}_1^{-1}\boldsymbol{A}\boldsymbol{Q}_1\\&=\boldsymbol{Q}_1^{\mathrm{H}}\boldsymbol{A}^{\mathrm{H}}\boldsymbol{A}\boldsymbol{Q}_1\qquad((\boldsymbol{Q}_1^{-1})^{\mathrm{H}}=\boldsymbol{Q}_1)\\&=\boldsymbol{Q}_1^{-1}\boldsymbol{A}\boldsymbol{A}^{\mathrm{H}}\boldsymbol{Q}_1\qquad(\boldsymbol{A}^{\mathrm{H}}\boldsymbol{A}=\boldsymbol{A}\boldsymbol{A}^{\mathrm{H}});\end{aligned}$$

同理,有 $\boldsymbol{A}_1\boldsymbol{A}_1^{\mathrm{H}}=\boldsymbol{Q}_1^{-1}\boldsymbol{A}\boldsymbol{A}^{\mathrm{H}}\boldsymbol{Q}_1$. 因此,$\boldsymbol{A}_1^{\mathrm{H}}\boldsymbol{A}_1=\boldsymbol{A}_1\boldsymbol{A}_1^{\mathrm{H}}$,亦即 $\boldsymbol{A}_1$ 是正规矩阵. 又因

$$\boldsymbol{A}_1^{\mathrm{H}}\boldsymbol{A}_1=\begin{pmatrix}\lambda_1 & \boldsymbol{\beta}\\ 0 & \boldsymbol{B}\end{pmatrix}^{\mathrm{H}}\begin{pmatrix}\lambda_1 & \boldsymbol{\beta}\\ 0 & \boldsymbol{B}\end{pmatrix}=\begin{pmatrix}\overline{\lambda_1} & 0\\ \boldsymbol{\beta}^{\mathrm{H}} & \boldsymbol{B}^{\mathrm{H}}\end{pmatrix}\begin{pmatrix}\lambda_1 & \boldsymbol{\beta}\\ 0 & \boldsymbol{B}\end{pmatrix}=\begin{pmatrix}\lambda_1\overline{\lambda_1} & \overline{\lambda_1}\boldsymbol{\beta}\\ \lambda_1\boldsymbol{\beta}^{\mathrm{H}} & \boldsymbol{\beta}^{\mathrm{H}}\boldsymbol{\beta}+\boldsymbol{B}^{\mathrm{H}}\boldsymbol{B}\end{pmatrix}, \quad (2-12)$$

同理,有

$$\boldsymbol{A}_1\boldsymbol{A}_1^{\mathrm{H}}=\begin{pmatrix}\lambda_1\overline{\lambda_1}+\boldsymbol{\beta}\boldsymbol{\beta}^{\mathrm{H}} & \boldsymbol{\beta}\boldsymbol{B}^{\mathrm{H}}\\ \boldsymbol{B}\boldsymbol{\beta}^{\mathrm{H}} & \boldsymbol{B}\boldsymbol{B}^{\mathrm{H}}\end{pmatrix}. \quad (2-13)$$

由于 $\boldsymbol{A}_1^{\mathrm{H}}\boldsymbol{A}_1=\boldsymbol{A}_1\boldsymbol{A}_1^{\mathrm{H}}$,故由式(2-12)、式(2-13)右边比较左上角元素便有

$$\overline{\lambda_1}\lambda_1=\lambda_1\overline{\lambda_1}+\boldsymbol{\beta}\boldsymbol{\beta}^{\mathrm{H}},$$

因此 $\boldsymbol{\beta}\boldsymbol{\beta}^{\mathrm{H}}=0$. 亦即

$$(b_2,\cdots,b_n)\begin{pmatrix}\overline{b_2}\\ \vdots\\ \overline{b_n}\end{pmatrix}=b_2\overline{b_2}+\cdots+b_n\overline{b_n}=0,$$

从而 $b_2=b_3=\cdots=b_n=0$,故 $\boldsymbol{\beta}=(0,0,\cdots,0)$,即 $\boldsymbol{\beta}$ 是零向量. 故由式(2-12)、式(2-13)又得

$$\boldsymbol{B}^{\mathrm{H}}\boldsymbol{B}=\boldsymbol{B}\boldsymbol{B}^{\mathrm{H}},$$

即 $\boldsymbol{B}$ 是 $n-1$ 阶正规矩阵. 由归纳法假设存在 $n-1$ 阶酉矩阵 $\boldsymbol{C}$,使得

$$\boldsymbol{C}^{\mathrm{H}}\boldsymbol{B}\boldsymbol{C}=\begin{pmatrix}\lambda_2 & & & \\ & \lambda_3 & & \\ & & \ddots & \\ & & & \lambda_n\end{pmatrix},$$

令

$$\boldsymbol{Q}_2=\begin{pmatrix}1 & 0\\ 0 & \boldsymbol{C}\end{pmatrix},$$

则 $\boldsymbol{Q}_2$ 是 n 阶酉矩阵,从而 $\boldsymbol{Q}=\boldsymbol{Q}_1\boldsymbol{Q}_2$ 也是酉矩阵,且

$$\begin{aligned}\boldsymbol{Q}^{\mathrm{H}}\boldsymbol{A}\boldsymbol{Q}&=\boldsymbol{Q}_2^{\mathrm{H}}(\boldsymbol{Q}_1^{\mathrm{H}}\boldsymbol{A}\boldsymbol{Q}_1)\boldsymbol{Q}_2\\ &=\begin{pmatrix}1 & 0\\ 0 & \boldsymbol{C}^{\mathrm{H}}\end{pmatrix}\begin{pmatrix}\lambda_1 & 0\\ 0 & \boldsymbol{B}\end{pmatrix}\begin{pmatrix}1 & 0\\ 0 & \boldsymbol{C}\end{pmatrix}=\begin{pmatrix}\lambda_1 & 0\\ 0 & \boldsymbol{C}^{\mathrm{H}}\boldsymbol{B}\boldsymbol{C}\end{pmatrix}\\ &=\begin{pmatrix}\lambda_1 & & & \\ & \lambda_1 & & \\ & & \ddots & \\ & & & \lambda_n\end{pmatrix}.\end{aligned}$$

又

$$|\lambda\boldsymbol{E}-\boldsymbol{Q}^{\mathrm{H}}\boldsymbol{A}\boldsymbol{Q}|=|\boldsymbol{Q}^{\mathrm{H}}(\lambda\boldsymbol{E}-\boldsymbol{A})\boldsymbol{Q}|=|\lambda\boldsymbol{E}-\boldsymbol{A}|\cdot|\boldsymbol{Q}^{\mathrm{H}}\boldsymbol{Q}|=|\lambda\boldsymbol{E}-\boldsymbol{A}|,$$

故 $\boldsymbol{Q}^{\mathrm{H}}\boldsymbol{A}\boldsymbol{Q}$ 的特征值 $\lambda_1,\lambda_2,\cdots,\lambda_n$ 也是 $\boldsymbol{A}$ 的特征值. 定理的必要性得证. 证毕.

推论 1 设 $\boldsymbol{A}$ 是 n 阶正规矩阵,其特征值为 $\lambda_1,\lambda_2,\cdots,\lambda_n$,则

(1) $\boldsymbol{A}$ 是厄米特(Hermite)矩阵的充要条件是:$\boldsymbol{A}$ 的特征值全为实数;

(2) $\boldsymbol{A}$ 是反厄米矩阵的充要条件是:$\boldsymbol{A}$ 的特征值为零或纯虚数;

(3) $\boldsymbol{A}$ 是酉矩阵的充要条件是:$\boldsymbol{A}$ 的每个特征值λ_i 的模$|\lambda_i|=1$.

证明 (1) 因 $\boldsymbol{A}$ 是正规矩阵,由定理2-8,存在酉矩阵 $\boldsymbol{Q}$,使得

$$\boldsymbol{Q}^{\mathrm{H}}\boldsymbol{A}\boldsymbol{Q}=\begin{pmatrix}\lambda_1 & & & \\ & \lambda_2 & & \\ & & \ddots & \\ & & & \lambda_n\end{pmatrix}, \tag{2-14}$$

对式(2-14)两边取共轭转置即得

$$\boldsymbol{Q}^{\mathrm{H}}\boldsymbol{A}^{\mathrm{H}}\boldsymbol{Q}=\begin{pmatrix}\overline{\lambda_1} & & & \\ & \overline{\lambda_2} & & \\ & & \ddots & \\ & & & \overline{\lambda_n}\end{pmatrix}. \tag{2-15}$$

若 $\boldsymbol{A}$ 为厄米特矩阵,即 $\boldsymbol{A}^{\mathrm{H}}=\boldsymbol{A}$,则式(2-15)成为

$$\boldsymbol{Q}^{\mathrm{H}}\boldsymbol{A}\boldsymbol{Q}=\begin{pmatrix}\overline{\lambda_1} & & & \\ & \overline{\lambda_2} & & \\ & & \ddots & \\ & & & \overline{\lambda_n}\end{pmatrix}. \tag{2-16}$$

比较式(2-14)与式(2-16),即得 $\lambda_i=\overline{\lambda_i}$ $(i=1,2,\cdots,n)$.因此,$\boldsymbol{A}$ 的特征值$\lambda_1,\lambda_2,\cdots,\lambda_n$全为实数.

反之,若正规矩阵 $\boldsymbol{A}$ 的特征值全为实数,则有 $\lambda_i=\overline{\lambda_i}$ $(i=1,2,\cdots,n)$,这时,由于式(2-14)与式(2-15)的右边相等,所以左边也相等

$$\boldsymbol{Q}^{\mathrm{H}}\boldsymbol{A}\boldsymbol{Q}=\boldsymbol{Q}^{\mathrm{H}}\boldsymbol{A}^{\mathrm{H}}\boldsymbol{Q}$$

由于酉矩阵 $\boldsymbol{Q}$ 是可逆的,且 $\boldsymbol{Q}^{\mathrm{H}}=\boldsymbol{Q}^{-1}$,故由上式易得 $\boldsymbol{A}=\boldsymbol{A}^{\mathrm{H}}$,即 $\boldsymbol{A}$ 为厄米特矩阵.

(2) 仿照(1)的证法便可证得.

(3) 因 $\boldsymbol{A}$ 是正规矩阵,故式(2-14)与式(2-15)成立,将式(2-15)右乘到式(2-14)即得

$$\boldsymbol{Q}^{\mathrm{H}}\boldsymbol{A}\boldsymbol{Q}\cdot\boldsymbol{Q}^{\mathrm{H}}\boldsymbol{A}^{\mathrm{H}}\boldsymbol{Q}=\begin{pmatrix}\lambda_1\overline{\lambda_1} & & & \\ & \lambda_2\overline{\lambda_2} & & \\ & & \ddots & \\ & & & \lambda_n\overline{\lambda_n}\end{pmatrix}.$$

因 $\boldsymbol{Q}\boldsymbol{Q}^{\mathrm{H}}=\boldsymbol{Q}^{\mathrm{H}}\boldsymbol{Q}=\boldsymbol{E}$,故

$$\boldsymbol{Q}^{\mathrm{H}}\boldsymbol{A}\boldsymbol{A}^{\mathrm{H}}\boldsymbol{Q}=\begin{pmatrix}\lambda_1\overline{\lambda_1} & & & \\ & \lambda_2\overline{\lambda_2} & & \\ & & \ddots & \\ & & & \lambda_n\overline{\lambda_n}\end{pmatrix}. \tag{2-17}$$

如果 $\boldsymbol{A}$ 为酉矩阵,则 $\boldsymbol{A}\boldsymbol{A}^{\mathrm{H}}=\boldsymbol{E}$,故式(2-17)变为

$$\boldsymbol{E}=\begin{pmatrix}\lambda_1\overline{\lambda_1} & & & \\ & \lambda_2\overline{\lambda_2} & & \\ & & \ddots & \\ & & & \lambda_n\overline{\lambda_n}\end{pmatrix},$$

于是,有 $\lambda_i\overline{\lambda_i}=|\lambda_i|^2=1$,即 $|\lambda_i|=1\ (i=1,2,\cdots,n)$.

反过来,若 $\boldsymbol{A}$ 的每个特征值的模 $|\lambda_i|=1$,则由式(2-17)便得

$$\boldsymbol{Q}^{\mathrm{H}}\boldsymbol{A}\boldsymbol{A}^{\mathrm{H}}\boldsymbol{Q}=\boldsymbol{E},$$

从而 $\boldsymbol{A}\boldsymbol{A}^{\mathrm{H}}=\boldsymbol{E}$,由此可得知 $\boldsymbol{A}$ 是酉矩阵.证毕.

注意 由于实对称矩阵是厄米特矩阵的特殊情形,故由推论 1 得知:实对称矩阵的特征值都是实数;同样地,由于正交矩阵是酉矩阵的特例,故正交矩阵的特征值的模均等于 1.

推论 2 厄米特矩阵 $\boldsymbol{A}\in\mathbb{C}^{n\times n}$ 的任两不同特征值 λ,μ,所对应的特征向量 $\boldsymbol{X},\boldsymbol{Y}\in\mathbb{C}^n$ 是正交的.

证明 因 $\boldsymbol{A}^{\mathrm{H}}=\boldsymbol{A}$,故由

$$\boldsymbol{A}\boldsymbol{X}=\lambda\boldsymbol{X},\quad \boldsymbol{A}\boldsymbol{Y}=\mu\boldsymbol{Y}\quad(\boldsymbol{X},\boldsymbol{Y}\neq\boldsymbol{0})$$

的后一式取共轭转置得

$$\boldsymbol{Y}^{\mathrm{H}}\boldsymbol{A}=\mu\boldsymbol{Y}^{\mathrm{H}}.$$

两边右乘以 $\boldsymbol{X}$,即得

$$\boldsymbol{Y}^{\mathrm{H}}\boldsymbol{A}\boldsymbol{X}=\mu\boldsymbol{Y}^{\mathrm{H}}\boldsymbol{X}.$$

但 $\boldsymbol{Y}^{\mathrm{H}}\boldsymbol{A}\boldsymbol{X}=\boldsymbol{Y}^{\mathrm{H}}(\lambda\boldsymbol{X})=\lambda\boldsymbol{Y}^{\mathrm{H}}\boldsymbol{X}$,故由上式有

$$(\lambda-\mu)\boldsymbol{Y}^{\mathrm{H}}\boldsymbol{X}=0.$$

但 $\lambda\neq\mu$,所以 $\boldsymbol{Y}^{\mathrm{H}}\boldsymbol{X}=0$,即 $(\boldsymbol{X},\boldsymbol{Y})=0$,因此 $\boldsymbol{X},\boldsymbol{Y}$ 正交.证毕.

注 对于实矩阵虽然也可以定义正规矩阵,其定义为:若 $\boldsymbol{A}\in\mathbb{R}^{n\times n}$,且 $\boldsymbol{A}^{\mathrm{T}}\boldsymbol{A}=\boldsymbol{A}\boldsymbol{A}^{\mathrm{T}}$,则称 $\boldsymbol{A}$ 为实正规矩阵.但此时一般不能断言 $\boldsymbol{A}$ 正交相似于对角形矩阵,即不要以为把定理 2-8的"酉"字改为"正交"两字就可把结论搬到实正规矩阵上来.这情况相当复杂,这里不作讨论.但是实正规矩阵的一些特殊情形(如反对称矩阵、正定矩阵)的某些结论,在研究陀螺系统的运动情况、弹性系统的振动(经有限元处理后)及一般保守力系下的小振动等问题上却是很有用的.

2.8 厄米特二次型*

我们已经知道,若 $\boldsymbol{A}\in\mathbb{C}^{n\times n}$,且 $\boldsymbol{A}^{\mathrm{H}}=\boldsymbol{A}$(即 $\bar{a}_{ji}=a_{ij}$ 对所有 $i,j=1,2,\cdots,n$ 成立),则 $\boldsymbol{A}$ 叫做厄米特矩阵.它是实对称矩阵的一种推广.由 $\bar{a}_{ii}=a_{ii}\ (i=1,2,\cdots,n)$,得知厄米特矩阵 $\boldsymbol{A}$ 的主对角线上的元素全是实数.

定义 2-13 若 $\boldsymbol{X}=(x_1,x_2,\cdots,x_n)^{\mathrm{T}}\in\mathbb{C}^n$,又 $\boldsymbol{A}=(a_{ij})\in\mathbb{C}^{n\times n}$ 为厄米特矩阵,则二次型

$$f(\boldsymbol{X})=\sum_{i,j=1}^{n}a_{ij}\bar{x}_i x_j,$$

即

$$f(\boldsymbol{X})=\boldsymbol{X}^{\mathrm{H}}\boldsymbol{A}\boldsymbol{X},$$

称为**厄米特二次型**,$\boldsymbol{A}$ 的秩称为这二次型的秩.

定理 2-9 厄米特二次型 $f(\boldsymbol{X})=\boldsymbol{X}^{\mathrm{H}}\boldsymbol{A}\boldsymbol{X}$ 经满秩线性变换 $\boldsymbol{X}=\boldsymbol{C}\boldsymbol{Y}$ ($\boldsymbol{C}\in\mathbb{C}^{n\times n}$, $|\boldsymbol{C}|\neq 0$),仍为厄米特二次型,且秩不变.

证明 因 $f(\boldsymbol{X})=\boldsymbol{X}^{\mathrm{H}}\boldsymbol{A}\boldsymbol{X}=(\boldsymbol{C}\boldsymbol{Y})^{\mathrm{H}}\boldsymbol{A}(\boldsymbol{C}\boldsymbol{Y})=\boldsymbol{Y}^{\mathrm{H}}(\boldsymbol{C}^{\mathrm{H}}\boldsymbol{A}\boldsymbol{C})\boldsymbol{Y}=\boldsymbol{Y}^{\mathrm{H}}\boldsymbol{B}\boldsymbol{Y}$.

这里 $\boldsymbol{B}=\boldsymbol{C}^{\mathrm{H}}\boldsymbol{A}\boldsymbol{C}$ 也是厄米特矩阵,因为

$$\boldsymbol{B}^{\mathrm{H}}=(\boldsymbol{C}^{\mathrm{H}}\boldsymbol{A}\boldsymbol{C})^{\mathrm{H}}=\boldsymbol{C}^{\mathrm{H}}\boldsymbol{A}^{\mathrm{H}}(\boldsymbol{C}^{\mathrm{H}})^{\mathrm{H}}=\boldsymbol{C}^{\mathrm{H}}\boldsymbol{A}\boldsymbol{C}=\boldsymbol{B},$$

又显然 $\boldsymbol{B}$ 的秩等于 $\boldsymbol{A}$ 的秩,故 $f_1(\boldsymbol{Y})=\boldsymbol{Y}^{\mathrm{H}}\boldsymbol{B}\boldsymbol{Y}$ 也是厄米特二次型,且秩与 $f(\boldsymbol{X})$相同.证毕.

因为每个厄米特二次型完全被它的系数矩阵——厄米特矩阵所确定,所以研究厄米特二次型同研究厄米特矩阵是相当的.厄米特二次型经过变量代换,系数矩阵的变化如定理 2-9证明中所给出的,称矩阵 $\boldsymbol{A}$ 与矩阵$\boldsymbol{B}=\boldsymbol{C}^{\mathrm{H}}\boldsymbol{A}\boldsymbol{C}$ 是厄米特相合的.所以,一个厄米特二次型经满秩线性变换 $\boldsymbol{X}=\boldsymbol{C}\boldsymbol{Y}$ 化为标准形的问题,就相当于矩阵 $\boldsymbol{A}$ 与对应的二次型

$$f_1(\boldsymbol{Y})=\sum_{i=1}^{n}b_i\bar{y}_iy_i$$

的矩阵

$$\boldsymbol{B}=\begin{pmatrix}b_1 & & & \\ & b_2 & & \\ & & \ddots & \\ & & & b_n\end{pmatrix}$$

厄米特相合的问题.

由定理 2-8 及推论 1,即知:

每个厄米特矩阵 $\boldsymbol{A}\in\mathbb{C}^{n\times n}$,都存在酉矩阵 $\boldsymbol{Q}\in\mathbb{C}^{n\times n}$,使得 $\boldsymbol{A}$ 酉相似于对角形矩阵

$$\boldsymbol{Q}^{\mathrm{H}}\boldsymbol{A}\boldsymbol{Q}=\boldsymbol{Q}^{-1}\boldsymbol{A}\boldsymbol{Q}=\begin{pmatrix}\lambda_1 & & & \\ & \lambda_2 & & \\ & & \ddots & \\ & & & \lambda_n\end{pmatrix},$$

也就是 $\boldsymbol{A}$ 厄米特相合于对角形矩阵,这里 $\lambda_i(i=1,2,\cdots,n)$都是实数,它们是 $\boldsymbol{A}$ 的全部特征值.

对上述酉矩阵 $\boldsymbol{Q}$,作酉空间 $\mathbb{C}^n$ 的线性变换

$$\boldsymbol{X}=\boldsymbol{Q}\boldsymbol{Y}\quad(\boldsymbol{Y}\text{ 为 }\mathbb{C}^n\text{ 中列向量}).$$

现证明这个线性变换是酉变换.设 $\boldsymbol{Y},\boldsymbol{Z}$ 为 $\mathbb{C}^n$ 中任两列向量,则由酉空间 $\mathbb{C}^n$ 内积定义及 $\boldsymbol{Q}^{\mathrm{H}}\boldsymbol{Q}=\boldsymbol{E}$ 可得

$$(\boldsymbol{Q}\boldsymbol{Y},\boldsymbol{Q}\boldsymbol{Z})=(\boldsymbol{Q}\boldsymbol{Z})^{\mathrm{H}}\boldsymbol{Q}\boldsymbol{Y}=\boldsymbol{Z}^{\mathrm{H}}\boldsymbol{Q}^{\mathrm{H}}\boldsymbol{Q}\boldsymbol{Y}=\boldsymbol{Z}^{H}\boldsymbol{Y}=(\boldsymbol{Y},\boldsymbol{Z}).$$

这就是所要证明的.

转换成二次型的语言,便有:

定理 2-10 每个厄米特二次型 $f(\boldsymbol{X})=\boldsymbol{X}^{\mathrm{H}}\boldsymbol{A}\boldsymbol{X}$,都存在酉变换 $\boldsymbol{X}=\boldsymbol{Q}\boldsymbol{Y}$($\boldsymbol{Q}$ 是酉矩阵),使其化为标准形

$$f = \lambda_1\bar{y}_1 y_1 + \lambda_2\bar{y}_2 y_2 + \cdots + \lambda_n \bar{y}_n y_n,$$

其中 $\lambda_1,\lambda_2,\cdots,\lambda_n$ 是 $\boldsymbol{A}$ 的特征值.

例 2-11 化厄米特二次型

$$f = \bar{x}_1 x_1 - \mathrm{i}\bar{x}_2 x_1 + \bar{x}_3 x_1 + \mathrm{i}\bar{x}_1 x_2 + 2\mathrm{i}\bar{x}_3 x_2 + \bar{x}_1 x_3 - 2\mathrm{i}\bar{x}_2 x_3$$

为标准形.

解 此二次型的矩阵为

$$\boldsymbol{A} = \begin{pmatrix} 1 & \mathrm{i} & 1 \\ -\mathrm{i} & 0 & -2\mathrm{i} \\ 1 & 2\mathrm{i} & 0 \end{pmatrix},$$

又 $|\lambda\boldsymbol{E}-\boldsymbol{A}| = \lambda^3-\lambda^2-6\lambda$,故 $\boldsymbol{A}$ 有相异特征值

$$\lambda_1 = 0, \quad \lambda_2 = 3, \quad \lambda_3 = -2.$$

相应的特征向量为

$$\boldsymbol{\alpha}_1 = (2,\mathrm{i},-1)^{\mathrm{T}}, \quad \boldsymbol{\alpha}_2 = (\mathrm{i},1,\mathrm{i})^{\mathrm{T}}, \quad \boldsymbol{\alpha}_3 = (0,1,-\mathrm{i})^{\mathrm{T}}.$$

因 $\boldsymbol{A}$ 是厄米特矩阵,由定理 2-8 的推论 2,这些特征向量是两两正交的.再将它们单位化得

$$\boldsymbol{\varepsilon}_1 = \frac{1}{\sqrt{6}}\boldsymbol{\alpha}_1, \quad \boldsymbol{\varepsilon}_2 = \frac{1}{\sqrt{3}}\boldsymbol{\alpha}_2, \quad \boldsymbol{\varepsilon}_3 = \frac{1}{\sqrt{2}}\boldsymbol{\alpha}_3.$$

这里计算向量的长度时,是把此向量视为酉空间 $\mathbb{C}^3$ 的向量并按 $\mathbb{C}^3$ 的内积来计算的,如

$$|\boldsymbol{\alpha}_1| = \sqrt{(\boldsymbol{\alpha}_1,\boldsymbol{\alpha}_1)} = \sqrt{2^2+\mathrm{i}\cdot(-\mathrm{i})+(-1)^2} = \sqrt{6}.$$

以 $\boldsymbol{\varepsilon}_1,\boldsymbol{\varepsilon}_2,\boldsymbol{\varepsilon}_3$ 作为列向量构成矩阵

$$\boldsymbol{Q} = \begin{pmatrix} \frac{2}{\sqrt{6}} & \frac{\mathrm{i}}{\sqrt{3}} & 0 \\ \frac{\mathrm{i}}{\sqrt{6}} & \frac{1}{\sqrt{3}} & \frac{1}{\sqrt{2}} \\ \frac{-1}{\sqrt{6}} & \frac{\mathrm{i}}{\sqrt{3}} & \frac{-\mathrm{i}}{\sqrt{2}} \end{pmatrix}$$

为酉矩阵.作酉变换 $\boldsymbol{X}=\boldsymbol{Q}\boldsymbol{Y}$ ($\boldsymbol{Y}=(y_1,y_2,y_3)^{\mathrm{T}}$),则有标准形

$$f = 3\bar{y}_2 y_2 - 2\bar{y}_3 y_3.$$

注意 由定理 2-10 可知,对每个厄米特二次型 $f(\boldsymbol{X})=\boldsymbol{X}^{\mathrm{H}}\boldsymbol{A}\boldsymbol{X}$,都存在满秩线性变换 $\boldsymbol{X}=\boldsymbol{Q}\boldsymbol{Y}$,使其化为标准形 $f = \sum\limits_{i=1}^{n}\lambda_i|y_i|^2$,且系数 λ_i 为 $\boldsymbol{A}$ 的特征值($i=1,2,\cdots,n$).

定义 2-14 若对任一 $\boldsymbol{X}\neq\boldsymbol{0}$,厄米特二次型 $f(\boldsymbol{X})=\boldsymbol{X}^{\mathrm{H}}\boldsymbol{A}\boldsymbol{X}$ 恒为正(负)数,则称它是**正(负)定的**,这时厄米特矩阵 $\boldsymbol{A}$ 也称为正(负)定的;若 f 不恒为负(正)数,则 f 叫做半正(负)定的,相应地 $\boldsymbol{A}$ 也叫做**半正(负)定的**.

定理 2-11 厄米特二次型 $f(\boldsymbol{X})=\boldsymbol{X}^{\mathrm{H}}\boldsymbol{A}\boldsymbol{X}$ 为正定的充要条件是 $\boldsymbol{A}$ 的特征值全为正数.

证明 **充分性** 由定理 2-10 经过满秩线性变换 $\boldsymbol{X}=\boldsymbol{Q}\boldsymbol{Y}$($\boldsymbol{Q}$ 是酉矩阵),$f(\boldsymbol{X})$化为标准形

$$f = \sum_{i=1}^{n}\lambda_i|y_i|^2,$$

$\lambda_1,\lambda_2,\cdots,\lambda_n$ 是 $\boldsymbol{A}$ 的特征值,当 $\boldsymbol{X}\neq\boldsymbol{0}$,则 $\boldsymbol{Y}\neq\boldsymbol{0}$,故当 $\boldsymbol{A}$ 的特征值全为正数时,便有 $f>0$.

必要性　设 f 为正定,假如在上面的标准形中,有一个 $\lambda_i \leqslant 0$,如果取非零向量

$$\boldsymbol{X} = \boldsymbol{Q}(0,\cdots,0,1,0,\cdots,0)^{\mathrm{T}} \quad (\text{仅第 } i \text{ 个分量为 } 1)$$

时,则有 $f = \lambda_i \leqslant 0$,这与 f 为正定相矛盾.证毕.

类似可以证明:厄米特二次型 $f(\boldsymbol{X}) = \boldsymbol{X}^{\mathrm{H}}\boldsymbol{AX}$ 为半正定的充要条件是 $\boldsymbol{A}$ 的特征值 $\lambda_i \geqslant 0$ $(i=1,2,\cdots,n)$.

不难证明如下定理:

定理 2-12　若 $\boldsymbol{A}$ 为厄米特矩阵,则下列两个条件中的任何一个都是正定矩阵的充要条件:

(1) 存在满秩矩阵 $\boldsymbol{C}$,使得 $\boldsymbol{C}^{\mathrm{H}}\boldsymbol{AC} = \boldsymbol{E}$;

(2) 存在满秩矩阵 $\boldsymbol{B}$,使得 $\boldsymbol{A} = \boldsymbol{B}^{\mathrm{H}}\boldsymbol{B}$.

此外,与实二次型的情形一样,用归纳法可以证明(证略)如下定理:

定理 2-13　厄米特二次型 $f(\boldsymbol{X}) = \boldsymbol{X}^{\mathrm{H}}\boldsymbol{AX}$ 为正定的充要条件是 $\boldsymbol{A}$ 的各阶顺序主子式大于零.

最后来证明一个关于把两个二次型同时化为标准形的定理,它在微振动理论中是有用的.

定理 2-14　设　$f(x_1,x_2,\cdots,x_n) = \boldsymbol{X}^{\mathrm{H}}\boldsymbol{AX}$,　$g(x_1,x_2,\cdots,x_n) = \boldsymbol{X}^{\mathrm{H}}\boldsymbol{BX}$ 是两个厄米特二次型,且 $g = \boldsymbol{X}^{\mathrm{H}}\boldsymbol{BX}$ 正定,则存在满秩线性变换 $\boldsymbol{X} = \boldsymbol{CY}$,使这两个二次型同时化为标准形

$$f = \sum_{k=1}^{n} \lambda_k |y_k|^2, \quad g = \sum_{k=1}^{n} |y_k|^2.$$

这里 $\lambda_1,\lambda_2,\cdots,\lambda_n$ 是方程 $|\lambda\boldsymbol{B} - \boldsymbol{A}| = 0$ 的根.

证明　因 $\boldsymbol{B}$ 为正定厄米特矩阵,故存在满秩矩阵 $\boldsymbol{C}_1$,使得 $\boldsymbol{C}_1^{\mathrm{H}}\boldsymbol{BC}_1 = \boldsymbol{E}$.

对于 $\boldsymbol{C}_1$,考察矩阵 $\boldsymbol{D} = \boldsymbol{C}_1^{\mathrm{H}}\boldsymbol{AC}_1$.由于 $\boldsymbol{A}^{\mathrm{H}} = \boldsymbol{A}$,所以

$$\boldsymbol{D}^{\mathrm{H}} = (\boldsymbol{C}_1^{\mathrm{H}}\boldsymbol{AC}_1)^{\mathrm{H}} = \boldsymbol{C}_1^{\mathrm{H}}\boldsymbol{A}^{\mathrm{H}}(\boldsymbol{C}_1^{\mathrm{H}})^{\mathrm{H}} = \boldsymbol{C}_1^{\mathrm{H}}\boldsymbol{AC}_1,$$

即 $\boldsymbol{D}$ 也是厄米特矩阵.故又有酉矩阵 $\boldsymbol{C}_2$,使得

$$\boldsymbol{C}_2^{\mathrm{H}}\boldsymbol{DC}_2 = \boldsymbol{C}_2^{\mathrm{H}}(\boldsymbol{C}_1^{\mathrm{H}}\boldsymbol{AC}_1)\boldsymbol{C}_2 = \begin{pmatrix} \lambda_1 & & & \\ & \lambda_2 & & \\ & & \ddots & \\ & & & \lambda_n \end{pmatrix}.$$

令 $\boldsymbol{C} = \boldsymbol{C}_1\boldsymbol{C}_2$,则

$$\begin{aligned} \boldsymbol{C}^{\mathrm{H}}\boldsymbol{BC} &= (\boldsymbol{C}_1\boldsymbol{C}_2)^{\mathrm{H}}\boldsymbol{B}(\boldsymbol{C}_1\boldsymbol{C}_2) = \boldsymbol{C}_2^{\mathrm{H}}(\boldsymbol{C}_1^{\mathrm{H}}\boldsymbol{BC}_1)\boldsymbol{C}_2 \\ &= \boldsymbol{C}_2^{\mathrm{H}}\boldsymbol{EC}_2 = \boldsymbol{C}_2^{\mathrm{H}}\boldsymbol{C}_2 = \boldsymbol{E} \quad (\boldsymbol{C}_2 \text{ 是酉矩阵}), \end{aligned}$$

$$\boldsymbol{C}^{\mathrm{H}}\boldsymbol{AC} = \boldsymbol{C}_2^{\mathrm{H}}(\boldsymbol{C}_1^{\mathrm{H}}\boldsymbol{AC}_1)\boldsymbol{C}_2 = \begin{pmatrix} \lambda_1 & & & \\ & \lambda_2 & & \\ & & \ddots & \\ & & & \lambda_n \end{pmatrix} = \mathrm{diag}(\lambda_1,\lambda_2,\cdots,\lambda_n),$$

故经满秩线性变换 $\boldsymbol{X} = \boldsymbol{CY}$,即有

$$f=\sum_{k=1}^{n}\lambda_k|y_k|^2,\quad g=\sum_{k=1}^{n}|y_k|^2.$$

又

$$|\boldsymbol{C}^{\mathrm{H}}(\lambda\boldsymbol{B}-\boldsymbol{A})\boldsymbol{C}|=|\lambda(\boldsymbol{C}^{\mathrm{H}}\boldsymbol{B}\boldsymbol{C})-\boldsymbol{C}^{\mathrm{H}}\boldsymbol{A}\boldsymbol{C}|=|\lambda\boldsymbol{E}-\mathrm{diag}(\lambda_1,\lambda_2,\cdots,\lambda_n)|,$$

即

$$\overline{|\boldsymbol{C}|}\cdot|\boldsymbol{C}|\cdot|\lambda\boldsymbol{B}-\boldsymbol{A}|=\begin{vmatrix}\lambda-\lambda_1 & & & \\ & \lambda-\lambda_2 & & \\ & & \ddots & \\ & & & \lambda-\lambda_n\end{vmatrix}.$$

由于$|\boldsymbol{C}|\neq0$,故常数

$$a=\overline{|\boldsymbol{C}|}\cdot|\boldsymbol{C}|\neq0.$$

因此

$$|\lambda\boldsymbol{B}-\boldsymbol{A}|=\frac{1}{a}(\lambda-\lambda_1)(\lambda-\lambda_2)\cdots(\lambda-\lambda_n)$$

即是说,前面出现的数 $\lambda_1,\lambda_2,\cdots,\lambda_n$ 是方程

$$|\lambda\boldsymbol{B}-\boldsymbol{A}|=0$$

的根.证毕.

定理2-14中的 $\lambda_1,\lambda_2,\cdots,\lambda_n$ 称为矩阵$\boldsymbol{A}$ 相对于矩阵$\boldsymbol{B}$ 的广义特征值,当 $\boldsymbol{B}=\boldsymbol{E}$ 时,也就是 $\boldsymbol{A}$ 的特征值.

作为特例,当定理2-14中的两个二次型都为实二次型,且至少有一个为正定,比如 g 为正定,则定理当然也是成立的.

2.9 力学系统的小振动*

现考察接近于它的平衡位置的,有 n 个自由度的不变力学系统的自由振动.这系统对平衡位置的偏差是用独立的广义坐标 $q_1,q_2,\cdots,q_n$ 来给出的,而且它的平衡位置对应于 $q_i=0\ (i=1,2,\cdots,n)$.这时,系统的动能可表示为广义速度 $\dot{q}_i(i=1,2,\cdots,n)$的二次型

$$T=\sum_{i,j=1}^{n}b_{ij}(q_1,q_2,\cdots,q_n)\dot{q}_i\dot{q}_j.$$

按照 $q_1,q_2,\cdots,q_n$ 的次数的次序来排列$b_{ij}(q_1,q_2,\cdots,q_n)$的系数为

$$b_{ij}(q_1,q_2,\cdots,q_n)=b_{ij}+\cdots,$$

由于 $q_1,q_2,\cdots,q_n$ 为很微小的偏差,只保留常数项 b_{ij},则有

$$T=\sum_{i,j=1}^{n}b_{ij}\dot{q}_i\dot{q}_j\quad(\forall\, b_{ij}=b_{ji})\tag{2-18}$$

由于动能常是正的,且只对于零速度 $\dot{q}_i=0\ (i=1,2,\cdots,n)$时始变为零,故二次型(2-18)是正定的.

又,位能是坐标的函数 $U=U(q_1,q_2,\cdots,q_n)$.不失一般性,取 $U_0=U(0,0,\cdots,0)=0$.同样地按 $q_1,q_2,\cdots,q_n$ 的次数的次序来裂分位能,得到

$$U = \sum_{i=1}^{n} a_i q_i + \sum_{i,j=1}^{n} a_{ij} q_i q_j + \cdots.$$

因为在平衡位置的位能常有固定的值,所以

$$a_i = \left(\frac{\partial U}{\partial q_i}\right)_0 = 0 \quad (i = 1,2,\cdots,n).$$

而只保留 $q_i(i=1,2,\cdots,n)$的二次型,于是有

$$U = \sum_{i,j=1}^{n} a_{ij} q_i q_j \quad (a_{ij} = a_{ji}). \tag{2-19}$$

因而,动能与位能给出了两个二次型(2-18)与(2-19),且第一个是正定的,故由上节定理2-14,存在满秩线性变换

$$\boldsymbol{Q} = \boldsymbol{CR} \quad (\text{这时 } \dot{\boldsymbol{Q}} = \boldsymbol{C}\dot{\boldsymbol{R}}, \text{见 4.6 节}).$$

同时化这两个二次型为标准形

$$T = \sum_{k=1}^{n} \dot{r}_k^2, \quad U = \sum_{k=1}^{n} \lambda_k r_k^2.$$

这里

$$\boldsymbol{Q} = (q_1, q_2, \cdots, q_n)^{\mathrm{T}}, \quad \boldsymbol{R} = (r_1, r_2, \cdots, r_n)^{\mathrm{T}}, \boldsymbol{C} = (c_{ij})_{n\times n}.$$

习 题 二

1. 设 $\boldsymbol{X}=(x_1,x_2)$, $\boldsymbol{Y}=(y_1,y_2)$是两维实线性空间 $\mathbb{R}^2$ 的任两向量,问 $\mathbb{R}^2$对以下定义的内积是否构成欧氏空间:

(1) $(\boldsymbol{X},\boldsymbol{Y})=x_1y_1+x_2y_2+1$;

(2) $(\boldsymbol{X},\boldsymbol{Y})=x_1y_1-x_2y_2$;

(3) $(\boldsymbol{X},\boldsymbol{Y})=3x_1y_1+5x_2y_2$.

2. 设 V 是实数域 $\mathbb{R}$ 上的 n 维线性空间,$\boldsymbol{\alpha}_1,\boldsymbol{\alpha}_2,\cdots,\boldsymbol{\alpha}_n$ 是 V 的一个基,对 V 中任两向量

$$\boldsymbol{\alpha} = \sum_{i=1}^{n} x_i \boldsymbol{\alpha}_i, \quad \boldsymbol{\beta} = \sum_{i=1}^{n} y_i \boldsymbol{\alpha}_i,$$

规定

$$(\boldsymbol{\alpha},\boldsymbol{\beta}) = \sum_{i=1}^{n} i x_i y_i,$$

证明$(\boldsymbol{\alpha},\boldsymbol{\beta})$是 V 中一种内积,从而 V 对此内积作成一欧氏空间.

3. 在欧氏空间 $\mathbb{R}^4$ 中,求一单位向量与下列三个向量正交:

$$(1,1,-1,1), \quad (1,-1,-1,1), \quad (2,1,1,3).$$

4. 设 $\boldsymbol{\alpha}_1,\boldsymbol{\alpha}_2,\cdots,\boldsymbol{\alpha}_n$ 是欧氏空间 V 的一组向量,证明这组向量线性无关的充要条件是行列式

$$\begin{vmatrix} (\boldsymbol{\alpha}_1,\boldsymbol{\alpha}_1) & (\boldsymbol{\alpha}_1,\boldsymbol{\alpha}_2) & \cdots & (\boldsymbol{\alpha}_1,\boldsymbol{\alpha}_m) \\ (\boldsymbol{\alpha}_2,\boldsymbol{\alpha}_1) & (\boldsymbol{\alpha}_2,\boldsymbol{\alpha}_2) & \cdots & (\boldsymbol{\alpha}_2,\boldsymbol{\alpha}_m) \\ \vdots & \vdots & & \vdots \\ (\boldsymbol{\alpha}_m,\boldsymbol{\alpha}_1) & (\boldsymbol{\alpha}_m,\boldsymbol{\alpha}_2) & \cdots & (\boldsymbol{\alpha}_m,\boldsymbol{\alpha}_m) \end{vmatrix} \neq 0.$$

5. 证明:对任意实数 $a_1,a_2,\cdots,a_n$,下列不等式成立

$$\sum_{i=1}^{n} |a_i| \leqslant \sqrt{n \sum_{i=1}^{n} a_i^2}.$$

6. 设 $\boldsymbol{\varepsilon}_1, \boldsymbol{\varepsilon}_2, \boldsymbol{\varepsilon}_3$ 是三维欧氏空间的一个标准正交基,证明:

$$\boldsymbol{\alpha}_1 = \frac{1}{3}(2\boldsymbol{\varepsilon}_1 + 2\boldsymbol{\varepsilon}_2 - \boldsymbol{\varepsilon}_3),$$

$$\boldsymbol{\alpha}_2 = \frac{1}{3}(2\boldsymbol{\varepsilon}_1 - \boldsymbol{\varepsilon}_2 + 2\boldsymbol{\varepsilon}_3),$$

$$\boldsymbol{\alpha}_3 = \frac{1}{3}(\boldsymbol{\varepsilon}_1 - 2\boldsymbol{\varepsilon}_2 - 2\boldsymbol{\varepsilon}_3)$$

也是一个标准正交基.

7. 求齐次线性方程组

$$\begin{cases} 2x_1 + x_2 - x_3 + x_4 - 3x_5 = 0 \\ x_1 + x_2 - x_3 + x_5 = 0 \end{cases}$$

的解空间(作为 $\mathbb{R}^5$ 的子空间)的一个标准正交基.

8. 设 V 是 n 维欧氏空间,$\boldsymbol{\alpha}$ 为 V 中一个取定的非零向量,证明:

(1) $V_1 = \{\boldsymbol{\beta} \mid (\boldsymbol{\beta}, \boldsymbol{\alpha}) = 0, \boldsymbol{\beta} \in V\}$ 是 V 的子空间;

(2) $\dim V_1 = n - 1$.

9. 设 $\boldsymbol{\alpha}_1, \boldsymbol{\alpha}_2, \boldsymbol{\alpha}_3$ 是三维欧氏空间 V 的一个标准正交基,求 V 的一个正交变换 T,使得

$$\begin{cases} T\boldsymbol{\alpha}_1 = \frac{2}{3}\boldsymbol{\alpha}_1 + \frac{2}{3}\boldsymbol{\alpha}_2 - \frac{1}{3}\boldsymbol{\alpha}_3 \\ T\boldsymbol{\alpha}_2 = \frac{2}{3}\boldsymbol{\alpha}_1 - \frac{1}{3}\boldsymbol{\alpha}_2 + \frac{2}{3}\boldsymbol{\alpha}_3. \end{cases}$$

10. 证明:欧氏空间中两个正交变换的乘积也是正交变换;正交变换的逆变换也是正交变换.

11. 证明:如果一个上三角矩阵

$$\boldsymbol{A} = \begin{pmatrix} a_{11} & a_{12} & \cdots & a_{1n} \\ 0 & a_{22} & \cdots & a_{2n} \\ \vdots & \vdots & & \vdots \\ 0 & 0 & \cdots & a_{nn} \end{pmatrix}$$

是正交矩阵,则 $\boldsymbol{A}$ 必为对角形矩阵,且主对角线上的元素 $a_{ii} = \pm 1 \ (i = 1, 2, \cdots, n)$.

12. 证明:n 阶方阵 $\boldsymbol{A}$ 为酉矩阵的充要条件是对任何行向量 $\boldsymbol{X} \in \mathbb{C}^n$,都有 $|\boldsymbol{XA}| = |\boldsymbol{X}|$.

13. 设 $\boldsymbol{P}, \boldsymbol{Q}$ 各为 m 阶及 n 阶方阵,证明:若 $m + n$ 阶方阵

$$\boldsymbol{A} = \begin{pmatrix} \boldsymbol{P} & \boldsymbol{B} \\ \boldsymbol{0} & \boldsymbol{Q} \end{pmatrix}$$

是酉矩阵,则 $\boldsymbol{P}, \boldsymbol{Q}$ 也是酉矩阵,且 $\boldsymbol{B}$ 是零矩阵.

14. 设 $\boldsymbol{A}, \boldsymbol{B}$ 均为厄米特矩阵,证明:$\boldsymbol{AB}$ 为厄米特矩阵的充要条件是 $\boldsymbol{AB} = \boldsymbol{BA}$.

15. 证明:任一复数方阵都可以表示成厄米特矩阵与反厄米特矩阵之和.

16. 试求一酉矩阵 $\boldsymbol{P}$,使 $\boldsymbol{P}^{-1}\boldsymbol{AP}$ 为对角形:

(1) $\boldsymbol{A} = \begin{pmatrix} -1 & \mathrm{i} & 0 \\ -\mathrm{i} & 0 & -\mathrm{i} \\ 0 & \mathrm{i} & -1 \end{pmatrix}$; (2) $\boldsymbol{A} = \begin{pmatrix} 0 & \mathrm{i} & 1 \\ -\mathrm{i} & 0 & 0 \\ 1 & 0 & 0 \end{pmatrix}$.

这两个矩阵是正规矩阵吗?

17. 证明:两个正规矩阵相似(酉等价)的充要条件是特征多项式相同.

18. 若两个正规矩阵可交换,证明它们的乘积也是正规矩阵.

3 矩阵的标准形

本章集中讨论数字矩阵、多项式矩阵、有理分式矩阵的标准形及矩阵的若干分解形式.这是矩阵理论中一个内容广泛而又十分重要的部分,在许多领域中都有重要的应用.在这里主要是结合控制系统方面的应用来介绍多项式矩阵及有理分式矩阵的部分内容,另外,矩阵的 QR 分解、奇异值分解等在数值分析及其它领域都有重要应用.对这些应用性较强的材料,本章只给出一个导引性的讨论,而不再作比这更深入、更详尽的阐述.

3.1 矩阵的相似对角形

本节主要研究一个 n 阶矩阵能够相似于对角形矩阵的充要条件是什么? 解决这个问题而得到的结果与后面 3.3 节的主要结果一起,构成矩阵理论的主要工具之一.

设 V 是复数域 $\mathbb{C}$ 上的 n 维线性空间,T 是 V 的一个线性变换,又 $\boldsymbol{\alpha}_1,\boldsymbol{\alpha}_2,\cdots,\boldsymbol{\alpha}_n$ 与 $\boldsymbol{\beta}_1,\boldsymbol{\beta}_2,\cdots,\boldsymbol{\beta}_n$ 是 V 的两个基,从第一个基到第二个基的过渡矩阵是 $\boldsymbol{P}$,则线性变换 T 在这两个基下的矩阵 $\boldsymbol{A}$ 与 $\boldsymbol{B}$ 相似,即

$$\boldsymbol{B} = \boldsymbol{P}^{-1}\boldsymbol{A}\boldsymbol{P}.$$

自然会问,矩阵 $\boldsymbol{A}$ 可否相似于一个对角形矩阵? 换言之,是否可以适当地选取第二个基 $\boldsymbol{\beta}_1,\boldsymbol{\beta}_2,\cdots,\boldsymbol{\beta}_n$,使得线性变换 T 在这个基下的矩阵 $\boldsymbol{B}$ 是个对角形矩阵呢? 如能做到这一点,讨论线性变换时可选取合适的基,使得 T 在该基下的矩阵为对角形,从而方便研究线性变换 T 的性质.以下将逐步弄清这个问题.

首先设想矩阵 $\boldsymbol{A}$ 能相似于一个对角形矩阵,即设

$$\boldsymbol{P}^{-1}\boldsymbol{A}\boldsymbol{P} = \begin{pmatrix} \lambda_1 & & & \\ & \lambda_2 & & \\ & & \ddots & \\ & & & \lambda_n \end{pmatrix}, \tag{3-1}$$

因而有

$$\boldsymbol{A}\boldsymbol{P} = \boldsymbol{P}\begin{pmatrix} \lambda_1 & & & \\ & \lambda_2 & & \\ & & \ddots & \\ & & & \lambda_n \end{pmatrix}. \tag{3-2}$$

若把 $\boldsymbol{P}$ 写成分块矩阵

$$\boldsymbol{P} = (\boldsymbol{X}_1,\boldsymbol{X}_2,\cdots,\boldsymbol{X}_n),$$

这里 $\boldsymbol{X}_1,\boldsymbol{X}_2,\cdots,\boldsymbol{X}_n$ 代表 $\mathbb{P}^n$ 的 n 个列向量,应用分块矩阵的乘法规则,容易验证

$$\boldsymbol{A}\boldsymbol{P} = (\boldsymbol{A}\boldsymbol{X}_1,\boldsymbol{A}\boldsymbol{X}_2,\cdots,\boldsymbol{A}\boldsymbol{X}_n),$$

$$P\begin{pmatrix}\lambda_1 & & & \\ & \lambda_2 & & \\ & & \ddots & \\ & & & \lambda_n\end{pmatrix}=(\lambda_1 X_1,\lambda_2 X_2,\cdots,\lambda_n X_n).$$

故由式(3-2)可得

$$AX_i=\lambda_i X_i \quad (i=1,2,\cdots,n), \tag{3-3}$$

或

$$(\lambda_i E-A)X_i=0 \quad (i=1,2,\cdots,n).$$

这说明,若 A 能与对角形矩阵相似(见式(3-1)),则可逆矩阵 $P=(X_1,X_2,\cdots,X_n)$的每个列向量(非零向量)X_i 都满足式(3-3).

读者已经知道,若 A 为 n 阶矩阵,X 是 n 维列向量,则满足方程 $AX=\lambda X$ 的非零向量 X 称为矩阵 A 的对应于(或属于)特征值 λ 的特征向量.因此,上述讨论说明:当 A 与对角形矩阵相似时,这对角形矩阵主对角线上的元素 $\lambda_i(i=1,2,\cdots,n)$都是 A 的特征值,而矩阵 P 的 n 个列向量 $X_1,X_2,\cdots,X_n$ 是 A 的 n 个线性无关的特征向量(因 $|P|\neq 0$,故 P 的 n 个列向量线性无关).反过来,若 A 有 n 个线性无关的特征向量 $X_1,X_2,\cdots,X_n$,相应的特征值分别为 $\lambda_1,\lambda_2,\cdots,\lambda_n$,即

$$AX_1=\lambda_1 X_1,\quad AX_2=\lambda_2 X_2,\quad \cdots,\quad AX_n=\lambda_n X_n,$$

则取 $P=(X_1,X_2,\cdots,X_n)$.显然,P 为满秩矩阵.再由

$$\begin{aligned}AP&=(AX_1,\cdots,AX_n)=(\lambda_1 X_1,\cdots,\lambda_n X_n)\\ &=(X_1,X_2,\cdots,X_n)\begin{pmatrix}\lambda_1 & & & \\ & \lambda_2 & & \\ & & \ddots & \\ & & & \lambda_n\end{pmatrix}=P\begin{pmatrix}\lambda_1 & & & \\ & \lambda_2 & & \\ & & \ddots & \\ & & & \lambda_n\end{pmatrix},\end{aligned}$$

可得

$$P^{-1}AP=\begin{pmatrix}\lambda_1 & & & \\ & \lambda_2 & & \\ & & \ddots & \\ & & & \lambda_n\end{pmatrix}.$$

即 A 与对角形矩阵相似.

这样,得到了下述定理:

定理 3-1 设 $A\in\mathbb{C}^{n\times n}$,则 A 能与对角形矩阵相似的充要条件是 A 有 n 个线性无关的特征向量.

因为属于 A 的不同特征值的特征向量线性无关,所以有以下定理:

定理 3-2(充分条件) 若 n 阶矩阵 A 有 n 个不同的特征值,则 A 可与对角形矩阵相似.

事实上,对于 n 阶方阵 A 的所有不同特征值 $\lambda_1,\lambda_2,\cdots,\lambda_s$,设 $\alpha_{i1},\alpha_{i2},\cdots,\alpha_{ir_i}$ 是属于特征值 $\lambda_i(i=1,2,\cdots,s)$的线性无关的特征向量,则 $\alpha_{11},\alpha_{12},\cdots,\alpha_{1r_1},\alpha_{21},\alpha_{22},\cdots,\alpha_{2r_2},\cdots,\alpha_{s1}$,

$\alpha_{s2},\cdots,\alpha_{sr_s}$ 也线性无关.若 $r_1+r_2+\cdots+r_s=n$,则矩阵 $\boldsymbol{A}$ 相似于对角形矩阵;若 $r_1+r_2+\cdots+r_s<n$,则矩阵 $\boldsymbol{A}$ 不能相似于对角形矩阵,这是判别矩阵 $\boldsymbol{A}$ 能否相似于对角形矩阵的一个充分必要条件.

如何求矩阵的特征值与特征向量,读者是熟悉的,以下只作简短说明.

上面已说过,若 $\boldsymbol{A}$ 为 n 阶矩阵,$\boldsymbol{X}$ 是 n 维列向量,则满足方程 $\boldsymbol{AX}=\lambda\boldsymbol{X}$ 的非零向量 $\boldsymbol{X}$ 称为 $\boldsymbol{A}$ 的属于特征值 λ 的特征向量.我们知道,$\boldsymbol{AX}=\lambda\boldsymbol{X}$,亦即

$$(\lambda\boldsymbol{E}-\boldsymbol{A})\boldsymbol{X}=\boldsymbol{0}$$

有非零解 $\boldsymbol{X}\neq\boldsymbol{0}$ 的充要条件是行列式

$$|\lambda\boldsymbol{E}-\boldsymbol{A}|=0, \tag{3-4}$$

所以,$\boldsymbol{A}$ 的特征值 λ 应从方程(3-4)求出,它称为矩阵 $\boldsymbol{A}$ 的特征方程,而矩阵

$$\lambda\boldsymbol{E}-\boldsymbol{A}=\begin{pmatrix}\lambda-a_{11} & -a_{12} & \cdots & -a_{1n}\\ -a_{21} & \lambda-a_{22} & \cdots & -a_{2n}\\ \vdots & \vdots & & \vdots\\ -a_{n1} & -a_{n2} & \cdots & \lambda-a_{nn}\end{pmatrix}$$

称为 $\boldsymbol{A}$ 的特征矩阵.又多项式

$$f(\lambda)=|\lambda\boldsymbol{E}-\boldsymbol{A}|=\lambda^n+a_1\lambda^{n-1}+\cdots+a_i\lambda^{n-i}+\cdots+a_n$$

称为 $\boldsymbol{A}$ 的特征多项式,这里 $a_1=-\sum\limits_{i=1}^{n}a_{ii}=-\mathrm{tr}\boldsymbol{A}$,$a_n=(-1)^n|\boldsymbol{A}|$.在复数域中,$n$ 阶矩阵 $\boldsymbol{A}$ 的特征多项式必有 n 个根(特征根).又 $\mathrm{tr}\boldsymbol{A}$ 叫 $\boldsymbol{A}$ 的迹.

易知,相似矩阵有相同的特征多项式,从而有相同的特征值.

属于矩阵 $\boldsymbol{A}$ 的同一个特征值 λ_0 的所有特征向量连同零向量一起,构成一个线性空间 V_{λ_0},称为 $\boldsymbol{A}$ 的特征子空间.特征子空间 V_{λ_0} 的维数不超过特征根 λ_0 的重数(证略).

若 T 是数域 $\boldsymbol{P}$ 上 n 维线性空间 V 的线性变换,则满足 $T\boldsymbol{X}=\lambda\boldsymbol{X}$ 的非零向量 $\boldsymbol{X}$ 称为线性变换 T 的属于特征值 λ 的特征向量.由线性变换与矩阵的对应关系,便知这与 $\boldsymbol{AX}=\lambda\boldsymbol{X}$ 完全相当(设 T 与 $\boldsymbol{A}$ 对应).因此,当线性变换 T 有 n 个线性无关的特征向量时,只要选取这组向量为一个基,则显然 T 在这个基下的矩阵是对角形矩阵.反过来,若 T 在某个基 $\boldsymbol{\alpha}_1,\boldsymbol{\alpha}_2,\cdots,\boldsymbol{\alpha}_n$ 下的矩阵是对角形矩阵 $\mathrm{diag}(\lambda_1,\lambda_2,\cdots,\lambda_n)$,从而 $T\boldsymbol{\alpha}_i=\lambda_i\boldsymbol{\alpha}_i\,(i=1,2,\cdots,n)$,因此 $\boldsymbol{\alpha}_1,\boldsymbol{\alpha}_2,\cdots,\boldsymbol{\alpha}_n$ 是 T 的 n 个线性无关的特征向量.其实,这就是定理 3-1 的另一种说法及证法.这种证法简便多了.

例 3-1 研究下列矩阵能否与对角形矩阵相似:

$$(1)\ \boldsymbol{A}=\begin{pmatrix}1&2&2\\2&1&2\\2&2&1\end{pmatrix};\qquad (2)\ \boldsymbol{A}=\begin{pmatrix}3&1&0\\-4&-1&0\\4&-8&-2\end{pmatrix}.$$

解 (1) 特征多项式为

$$|\lambda\boldsymbol{E}-\boldsymbol{A}|=(\lambda+1)^2(\lambda-5),$$

故特征值为

$$\lambda_1=\lambda_2=-1(\text{二重根}),\quad \lambda_3=5.$$

又求得属于特征值 -1 的两个线性无关的特征向量为

$$X_1 = (1,0,-1)^T,\quad X_2 = (0,1,-1)^T,$$

而特征值 $\lambda_3 = 5$ 对应的一个特征向量为

$$X_3 = (1,1,1)^T,$$

因而有

$$P = \begin{pmatrix} 1 & 0 & 1 \\ 0 & 1 & 1 \\ -1 & -1 & 1 \end{pmatrix},\quad P^{-1} = \frac{1}{3}\begin{pmatrix} 2 & -1 & -1 \\ -1 & 2 & -1 \\ 1 & 1 & 1 \end{pmatrix}.$$

从而

$$P^{-1}AP = \begin{pmatrix} -1 & & \\ & -1 & \\ & & 5 \end{pmatrix}.$$

(2)A 的特征多项式为

$$|\lambda E - A| = (\lambda - 1)^2(\lambda + 2),$$

特征值为 $\lambda_1 = \lambda_2 = 1, \lambda_3 = -2$.而对应于特征值 1 的一切特征向量为

$$X = k\begin{pmatrix} 3 \\ -6 \\ 20 \end{pmatrix}\quad (k \neq 0);$$

又对应于特征值 -2 的一切特征向量为

$$Y = k_1\begin{pmatrix} 0 \\ 0 \\ 1 \end{pmatrix}\quad (k_1 \neq 0),$$

所以不存在三个线性无关的特征向量,从而 A 不能与对角形矩阵相似.

例 3-2 设

$$A = \begin{pmatrix} 4 & 6 & 0 \\ -3 & -5 & 0 \\ -3 & -6 & 1 \end{pmatrix},$$

求 A 的相似对角形及 A^{100}.

解 由 $|\lambda E - A| = (\lambda - 1)^2(\lambda + 2)$,得 $\lambda_1 = -2, \lambda_2 = 1$(二重根).求得对应于 λ_1 的一个特征向量 $X_1 = (-1,1,1)^T$,及对应于二重根 $\lambda_2 = 1$ 的两个线性无关特征向量为

$$X_2 = (-2,1,0)^T,\quad X_3 = (0,0,1)^T,$$

因此可得

$$P = \begin{pmatrix} -1 & -2 & 0 \\ 1 & 1 & 0 \\ 1 & 0 & 1 \end{pmatrix},\quad P^{-1} = \begin{pmatrix} 1 & 2 & 0 \\ -1 & -1 & 0 \\ -1 & -2 & 1 \end{pmatrix}.$$

因而有

$$P^{-1}AP = \begin{pmatrix} -2 & & \\ & 1 & \\ & & 1 \end{pmatrix}. \tag{3-5}$$

现在计算 A^{100},由式(3-5)得

$$A = P\begin{pmatrix} -2 & & \\ & 1 & \\ & & 1 \end{pmatrix}P^{-1},$$

因此易知

$$A^{100}=P\begin{pmatrix}-2 & & \\ & 1 & \\ & & 1\end{pmatrix}^{100}P^{-1}=\begin{pmatrix}-1 & -2 & 0\\ 1 & 1 & 0\\ 1 & 0 & 1\end{pmatrix}\begin{pmatrix}2^{100} & & \\ & 1 & \\ & & 1\end{pmatrix}\begin{pmatrix}1 & 2 & 0\\ -1 & -1 & 0\\ -1 & -2 & 1\end{pmatrix}$$

$$=\begin{pmatrix}-2^{100}+2 & -2^{101}+2 & 0\\ 2^{100}-1 & 2^{101}-1 & 0\\ 2^{100}-1 & 2^{101}-2 & 1\end{pmatrix}.$$

3.2　矩阵的约当标准形

由例 3-1 可以看到,并非每个矩阵都可以相似于对角形矩阵的.当矩阵 $\boldsymbol{A}=(a_{ij})\in\mathbb{C}^{n\times n}$ 不能和对角形矩阵相似时,能否找到一个构造比较简单的分块对角矩阵和它相似呢?当我们在复数域 $\mathbb{C}$ 内考虑这个问题时,这样的矩阵确实是存在的,这就是约当(Jordan)形矩阵,称之为矩阵 $\boldsymbol{A}$ 的约当标准形.在矩阵分析及其应用中,矩阵的约当标准形是重要工具,但其理论推导十分繁复,在这里只作扼要介绍.

先介绍多项式的最大公因式的定义及一些性质.

若数域 $\mathbb{P}$上多项式 $f(\lambda),q(\lambda),g(\lambda)$满足 $f(\lambda)=q(\lambda)g(\lambda)$,则称 $g(\lambda)$整除 $f(\lambda)$,记为 $g(\lambda)\mid f(\lambda)$.

定义 3-1　设 $f(\lambda),g(\lambda)$是 $\mathbb{P}$ 上多项式,如果存在 $\mathbb{P}$ 上多项式 $d(\lambda)$满足

(1) $d(\lambda)\mid f(\lambda),d(\lambda)\mid g(\lambda)$(即 $d(\lambda)$可以整除 $f(\lambda),g(\lambda)$);

(2) 若有 $\mathbb{P}$ 上多项式 $d_1(\lambda),d_1(\lambda)\mid f(\lambda),d_1(\lambda)\mid g(\lambda)$,则有 $d_1(\lambda)\mid d(\lambda)$,则称 $d(\lambda)$是$f(\lambda),g(\lambda)$的一个**最大公因式**,记$(f(\lambda),g(\lambda))$表示首项系数为 1 的最大公因式.三个多项式 $f(\lambda),g(\lambda),h(\lambda)$的最大公因式$(f(\lambda),g(\lambda),h(\lambda))$可定义为$((f(\lambda),g(\lambda)),h(\lambda))$.类似地,可定义 n 个多项式$f_1(\lambda),\cdots,f_n(\lambda)$的最大公因式$(f_1(\lambda),\cdots,f_n(\lambda))=((f_1(\lambda),\cdots,f_{n-1}(\lambda)),f_n(\lambda))$.由定义容易验证:若 c 为非 0 常数,$f(\lambda)$是首 1 多项式,则有

(1) $(f(\lambda),c)=1$;

(2) $(f(\lambda),0)=f(\lambda)$.

在复数域上求若干个多项式的最大公因式时,可先把每个多项式分解成一次因式的方幂的乘积形式,然后取含有公共一次因式的最低方幂的乘积,即为所求的最大公因式.例如

$$f(\lambda)=(\lambda-1)^3(\lambda+2)^2(\lambda+5),$$
$$g(\lambda)=(\lambda-1)^2(\lambda+2)^3(\lambda+3),$$
$$h(\lambda)=(\lambda-1)^2(\lambda+2)(\lambda+3)^5,$$

则有

$$(f(\lambda),g(\lambda),h(\lambda))=(\lambda-1)^2(\lambda+2).$$

若$(f(\lambda),g(\lambda))=1$,称多项式 $f(\lambda)$与 $g(\lambda)$互素(或称互质).关于多项式的最大公因式和互素有下列两个重要结果:

1. $\mathbb{P}$ 上的任意两个多项式 $f(\lambda),g(\lambda)$,一定存在 $\mathbb{P}$ 上的多项式 $u(\lambda),v(\lambda)$,使得

$$u(\lambda)f(\lambda)+v(\lambda)g(\lambda)=(f(\lambda),g(\lambda)).$$

2. $\mathbb{P}$上两个多项式$f(\lambda),g(\lambda)$互素的充分必要条件是有$\mathbb{P}$上多项式$u(\lambda),v(\lambda)$,使得

$$u(\lambda)f(\lambda)+v(\lambda)g(\lambda)=1.$$

具体证明可见参考文献3《高等代数》.

设$\boldsymbol{A}=(a_{ij})\in\mathbb{C}^{n\times n}$,$\lambda\boldsymbol{E}-\boldsymbol{A}$是$\boldsymbol{A}$的特征矩阵(见上节),记为$A(\lambda)$.

定义 3-2 $A(\lambda)$中所有非零的k级子式的首项(最高次项)系数为1的最大公因式$D_k(\lambda)$称为$A(\lambda)$的一个k**级行列式因子** $(k=1,2,\cdots,n)$.

由定义3-2可知,$D_n(\lambda)=|\lambda\boldsymbol{E}-\boldsymbol{A}|$.又因为$D_{k-1}(\lambda)$能整除每个$k-1$级子式,从而可整除每个$k$级子式(将$k$级子式按一行或一列展开即知),因此$D_{k-1}(\lambda)$能整除$D_k(\lambda)$,即是说$D_{k-1}(\lambda)\mid D_k(\lambda)$ $(k=2,3,\cdots,n)$.

例 3-3 求下列矩阵的特征矩阵的行列式因子:

$$(1)\boldsymbol{A}=\begin{pmatrix}-1&&\\&1&\\&&2\end{pmatrix};\quad (2)\boldsymbol{A}=\begin{pmatrix}a&&&\\1&\ddots&&\\&\ddots&\ddots&\\&&1&a\end{pmatrix}_{n\times n}.$$

解 (1)

$$\lambda\boldsymbol{E}-\boldsymbol{A}=\begin{pmatrix}\lambda+1&&\\&\lambda-1&\\&&\lambda-2\end{pmatrix},$$

$$D_1(\lambda)=(\lambda+1,\lambda-1,\lambda-2)=1,$$
$$D_2(\lambda)=((\lambda+1)(\lambda-1),(\lambda+1)(\lambda-2),(\lambda-1)(\lambda-2))=1,$$
$$D_3(\lambda)=(\lambda+1)(\lambda-1)(\lambda-2).$$

(2)

$$\lambda\boldsymbol{E}-\boldsymbol{A}=\begin{pmatrix}\lambda-a&&&\\-1&\lambda-a&&\\&\ddots&\ddots&\\&&-1&\lambda-a\end{pmatrix},$$

因为存在一个$n-1$级子式

$$\begin{vmatrix}-1&\lambda-a&&\\&\ddots&\ddots&\\&&\ddots&\lambda-a\\&&&-1\end{vmatrix}=(-1)^{n-1}$$

为非零常数,所以$D_{n-1}(\lambda)=1$,从而

$$D_1(\lambda)=\cdots=D_{n-2}(\lambda)=1,D_n(\lambda)=(\lambda-a)^n.$$

定义 3-3 下列n个多项式

$$d_1(\lambda)=D_1(\lambda),\quad d_2(\lambda)=\frac{D_2(\lambda)}{D_1(\lambda)},\quad d_3(\lambda)=\frac{D_3(\lambda)}{D_2(\lambda)},\quad\cdots,\quad d_n(\lambda)=\frac{D_n(\lambda)}{D_{n-1}(\lambda)}$$

称为$\boldsymbol{A}(\lambda)$的**不变因子**.把每个次数大于零的不变因子分解为互不相同的一次因式的方幂的乘积①,所有这些一次因式的方幂(相同的必须按出现次数计算),称为$\boldsymbol{A}(\lambda)$的**初级因子**:

① 我们是在复数域内讨论的,这样的分解是可能的.

由于这里的 $\boldsymbol{A}(\lambda)=\lambda\boldsymbol{E}-\boldsymbol{A}$ 完全由 $\boldsymbol{A}$ 决定,所以这里 $\boldsymbol{A}(\lambda)$的不变因子及初级因子也常称为矩阵 $\boldsymbol{A}$ 的不变因子及初级因子.

例 3-4　求下列矩阵的不变因子及初级因子:

$$(1)\ \boldsymbol{A}=\begin{pmatrix}-1&&&\\&-2&&\\&&1&\\&&&2\end{pmatrix};\quad (2)\ \boldsymbol{A}=\begin{pmatrix}1&2&0\\0&2&0\\-2&-2&-1\end{pmatrix}.$$

解　(1) 因为 $\boldsymbol{A}$ 的特征矩阵为

$$\boldsymbol{A}(\lambda)=\lambda\boldsymbol{E}-\boldsymbol{A}=\begin{pmatrix}\lambda+1&&&\\&\lambda+2&&\\&&\lambda-1&\\&&&\lambda-2\end{pmatrix},$$

所以 $\boldsymbol{A}(\lambda)$的行列式因子为

$$D_3(\lambda)=D_2(\lambda)=D_1(\lambda)=1.$$
$$D_4(\lambda)=|\lambda\boldsymbol{E}-\boldsymbol{A}|=(\lambda^2-1)(\lambda^2-4),$$

不变因子为

$$d_1(\lambda)=D_1(\lambda)=1,\quad d_2(\lambda)=d_3(\lambda)=1,$$
$$d_4(\lambda)=D_4(\lambda)/D_3(\lambda)=(\lambda-1)(\lambda+1)(\lambda-2)(\lambda+2),$$

而次数大于零的不变因子只有 $d_4(\lambda)$,故由定义可见 $\boldsymbol{A}$ 的全部初级因子为

$$\lambda-1,\quad \lambda+1,\quad \lambda-2,\quad \lambda+2.$$

(2) 因为 $\boldsymbol{A}(\lambda)=\lambda\boldsymbol{E}-\boldsymbol{A}=\begin{pmatrix}\lambda-1&-2&0\\0&\lambda-2&0\\2&2&\lambda+1\end{pmatrix}$,故

$$D_3(\lambda)=|\lambda\boldsymbol{E}-\boldsymbol{A}|=(\lambda-1)(\lambda+1)(\lambda-2).$$

又易得 $D_2(\lambda)=1$,从而 $D_1(\lambda)=1$. 于是,不变因子为

$$1,\quad 1,\quad (\lambda-1)(\lambda+1)(\lambda-2),$$

而初级因子为

$$\lambda-1,\quad \lambda+1,\quad \lambda-2.$$

对于例 3-3 中(2)的矩阵 $\boldsymbol{A}$,不变因子为

$$d_1(\lambda)=d_2(\lambda)=\cdots=d_{n-1}(\lambda)=1,\quad d_n(\lambda)=(\lambda-a)^n,$$

因此初级因子只有一个

$$(\lambda-a)^n.$$

注意　不变因子和初级因子在介绍多项式矩阵的初等变换后还有另外的求法.

有了上述概念,现在来考虑矩阵 $\boldsymbol{A}$ 的标准形问题. 设 $\boldsymbol{A}=(a_{ij})_{n\times n}$的全部初级因子为

$$(\lambda-\lambda_1)^{k_1},\quad (\lambda-\lambda_2)^{k_2},\quad \cdots,\quad (\lambda-\lambda_s)^{k_s}.$$

在这里,$\lambda_1,\lambda_2,\cdots,\lambda_s$ 可能有相同的,指数 $k_1,k_2,\cdots,k_s$ 也可能有相同的. 对每个初级因子 $(\lambda-\lambda_i)^{k_i}$ 构作一个 k_i 阶矩阵(**约当块**)

$$J_i=\begin{pmatrix}\lambda_i & & & & \\ 1 & \lambda_i & & & \\ & 1 & \ddots & & \\ & & \ddots & \ddots & \\ & & & 1 & \lambda_i\end{pmatrix}\quad(i=1,2,\cdots,s).$$

由所有这些约当块构成的分块对角矩阵

$$\boldsymbol{J}=\begin{pmatrix}\boldsymbol{J}_1 & & & \\ & \boldsymbol{J}_2 & & \\ & & \ddots & \\ & & & \boldsymbol{J}_s\end{pmatrix}$$

称为矩阵 $\boldsymbol{A}$ 的**约当形矩阵**,或 $\boldsymbol{A}$ 的**约当标准形**.

现在来叙述关于约当形矩阵的基本定理.

定理 3－3 每个 n 阶复数矩阵 $\boldsymbol{A}$ 都与一个约当形矩阵 $\boldsymbol{J}$ 相似

$$\boldsymbol{P}^{-1}\boldsymbol{A}\boldsymbol{P}=\boldsymbol{J};$$

除去约当块的排列次序外,约当形矩阵 $\boldsymbol{J}$ 是被矩阵 $\boldsymbol{A}$ 唯一决定的.

这个定理用线性变换的语言来说就是:

设 T 是复数域上 n 维线性空间 V 的线性变换,则在 V 中必定存在一个基,使 T 在这个基下的矩阵是约当形矩阵;除去约当块的排列次序外,这个约当形矩阵是被 T 唯一决定的.

因为对角形矩阵是约当块矩阵的特殊情形,即它是由 n 个一阶约当块构成的约当形矩阵,因此有以下推论.

推论 复数矩阵 $\boldsymbol{A}$ 与对角形矩阵相似的充要条件是 $\boldsymbol{A}$ 的初级因子全为一次因式.

注意 由于

$$\begin{aligned}|\lambda\boldsymbol{E}-\boldsymbol{A}|&=|\lambda\boldsymbol{E}-\boldsymbol{J}|\\&=|\lambda\boldsymbol{E}_1-\boldsymbol{J}_1|\cdot|\lambda\boldsymbol{E}_2-\boldsymbol{J}_2|\cdot\cdots\cdot|\lambda\boldsymbol{E}_s-\boldsymbol{J}_s|\\&=(\lambda-\lambda_1)^{k_1}(\lambda-\lambda_2)^{k_2}\cdots(\lambda-\lambda_s)^{k_s},\end{aligned}$$

所以约当形矩阵 $\boldsymbol{J}$ 的主对角线上的元素 $\lambda_1,\lambda_2,\cdots,\lambda_s$ 全为 $\boldsymbol{A}$ 的特征值,并且 $\sum_{i=1}^{s}k_i=n$.但由于 $i\neq j$ 时可能有 $\lambda_i=\lambda_j$,故 λ_i 不一定是 $\boldsymbol{A}$ 的 k_i 重特征根,故一般由矩阵的特征多项式不能写出矩阵的约当形矩阵.这点常为初学者所误解.

回头看前述几个例子中矩阵的约当标准形.

例 3－4(1)中的矩阵 $\boldsymbol{A}$ 的约当标准形为

$$\boldsymbol{J}=\begin{pmatrix}1 & & & \\ & -1 & & \\ & & 2 & \\ & & & -2\end{pmatrix}.$$

例 3－3(2)中的约当标准形为

$$J=\begin{pmatrix} a & & & & \\ 1 & a & & & \\ & 1 & \ddots & & \\ & & \ddots & a & \\ & & & 1 & a \end{pmatrix}_{n\times n}.$$

例 3-4(2)中的约当标准形是

$$J=\begin{pmatrix} 1 & & \\ & -1 & \\ & & 2 \end{pmatrix}.$$

下面再举几个例子,说明约当标准形的求法及应用.

例 3-5 求矩阵 $A=\begin{pmatrix} 2 & -1 & -1 \\ 2 & -1 & -2 \\ -1 & 1 & 2 \end{pmatrix}$ 的约当标准形及所用的矩阵 P.

解 因为 $\lambda E-A=\begin{pmatrix} \lambda-2 & 1 & 1 \\ -2 & \lambda+1 & 2 \\ 1 & -1 & \lambda-2 \end{pmatrix}$ 的初级因子为$(\lambda-1)$,$(\lambda-1)^2$,故 A 的约当标准形为

$$J=\begin{pmatrix} 1 & & \\ & 1 & \\ & 1 & 1 \end{pmatrix}.$$

再设 $P=(X_1,X_2,X_3)$,由

$$P^{-1}AP=J,$$

得

$$(AX_1,AX_2,AX_3)=(X_1,X_2,X_3)J,$$

于是有

$$(AX_1,AX_2,AX_3)=(X_1,X_2+X_3,X_3),$$

即得

$$\begin{cases} (E-A)X_1=0 \\ (E-A)X_2=-X_3 \\ (E-A)X_3=0 \end{cases}.$$

第一个方程和第三个方程一样,它们的基础解系为

$$\eta_1=(1,1,0)^T,\quad \eta_2=(1,0,1)^T.$$

选取

$$X_1=\eta_1=(1,1,0)^T,\quad X_3=c_1\eta_1+c_2\eta_2=(c_1+c_2,c_1,c_2)^T.$$

为使第二个方程有解,可选择 c_1,c_2 的值使下面两矩阵的秩相等:

$$E-A=\begin{pmatrix} -1 & 1 & 1 \\ -2 & 2 & 2 \\ 1 & -1 & -1 \end{pmatrix},\quad \begin{pmatrix} -1 & 1 & 1 & c_1+c_2 \\ -2 & 2 & 2 & c_1 \\ 1 & -1 & -1 & c_2 \end{pmatrix}.$$

这样可得 $c_1=2$,$c_2=-1$. 因而 $X_3=(1,2,-1)^T$.

将所求得的 $\boldsymbol{X}_3$ 代入第二个方程，并解之得

$$\boldsymbol{X}_2=(1,0,0)^{\mathrm{T}}.$$

易证 $\boldsymbol{X}_1,\boldsymbol{X}_2,\boldsymbol{X}_3$ 线性无关，故取 $\boldsymbol{P}=(\boldsymbol{X}_1,\boldsymbol{X}_2,\boldsymbol{X}_3)$，即

$$\boldsymbol{P}=\begin{pmatrix}1&1&1\\1&0&2\\0&0&-1\end{pmatrix},$$

便有

$$\boldsymbol{P}^{-1}\boldsymbol{A}\boldsymbol{P}=\boldsymbol{J}.$$

例 3－6 (1) 求矩阵 $\boldsymbol{A}=\begin{pmatrix}-1&1&0\\-4&3&0\\1&0&2\end{pmatrix}$ 的约当标准形及所用的 $\boldsymbol{P}$；

(2) 求线性微分方程组

$$\begin{cases}\dfrac{\mathrm{d}x_1}{\mathrm{d}t}=-x_1+x_2\\ \dfrac{\mathrm{d}x_2}{\mathrm{d}t}=-4x_1+3x_2\\ \dfrac{\mathrm{d}x_3}{\mathrm{d}t}=x_1+2x_3\end{cases}$$

的通解.这里 x_1,x_2,x_3 都是 t 的未知函数.

解 (1) 不难求得 $\boldsymbol{A}$ 的初级因子为 $\lambda-2,(\lambda-1)^2$. 于是有可逆矩阵 $\boldsymbol{P}=(\boldsymbol{X}_1,\boldsymbol{X}_2,\boldsymbol{X}_3)$，使得

$$\boldsymbol{P}^{-1}\boldsymbol{A}\boldsymbol{P}=\boldsymbol{J}=\begin{pmatrix}2&0&0\\0&1&0\\0&1&1\end{pmatrix}.$$

由 $\boldsymbol{A}\boldsymbol{P}=\boldsymbol{P}\boldsymbol{J}$，即有

$$(\boldsymbol{A}\boldsymbol{X}_1,\boldsymbol{A}\boldsymbol{X}_2,\boldsymbol{A}\boldsymbol{X}_3)=(2\boldsymbol{X}_1,\boldsymbol{X}_2+\boldsymbol{X}_3,\boldsymbol{X}_3),$$

所以有

$$\begin{cases}\boldsymbol{A}\boldsymbol{X}_1=2\boldsymbol{X}_1\\ \boldsymbol{A}\boldsymbol{X}_2=\boldsymbol{X}_2+\boldsymbol{X}_3.\\ \boldsymbol{A}\boldsymbol{X}_3=\boldsymbol{X}_3\end{cases}$$

求得

$$\boldsymbol{X}_1=(0,0,1)^{\mathrm{T}},\quad \boldsymbol{X}_2=(0,1,-1)^{\mathrm{T}},\quad \boldsymbol{X}_3=(1,2,-1)^{\mathrm{T}},$$

所以有

$$\boldsymbol{P}=\begin{pmatrix}0&0&1\\0&1&2\\1&-1&-1\end{pmatrix}.$$

(2) 方程组写成矩阵形式为

$$\frac{\mathrm{d}\boldsymbol{X}}{\mathrm{d}t}=\boldsymbol{A}\boldsymbol{X},$$

其中

$$A=\begin{pmatrix}-1&1&0\\-4&3&0\\1&0&2\end{pmatrix},\quad X=(x_1,x_2,x_3)^{\mathrm{T}}.$$

(向量的导数定义为每个分量的导数,见第四章)

作满秩线性变换 $X=PY$,其中 P 为(1)中所求,$Y=(y_1,y_2,y_3)^{\mathrm{T}}$,则有

$$APY = AX = \frac{\mathrm{d}X}{\mathrm{d}t} = P\frac{\mathrm{d}Y}{\mathrm{d}t},\quad \frac{\mathrm{d}Y}{\mathrm{d}t} = P^{-1}APY = \begin{pmatrix}2&0&0\\0&1&0\\0&1&1\end{pmatrix}Y,$$

即

$$\begin{cases}\dfrac{\mathrm{d}y_1}{\mathrm{d}t}=2y_1\\ \dfrac{\mathrm{d}y_2}{\mathrm{d}t}=y_2\\ \dfrac{\mathrm{d}y_3}{\mathrm{d}t}=y_2+y_3\end{cases}.$$

积分前两个方程可得

$$y_1=k_1\mathrm{e}^{2t},\quad y_2=k_2\mathrm{e}^t.$$

将求得的 y_2 代入第三个方程并积分,便得

$$y_3 = (k_2t + k_3)\mathrm{e}^t.$$

故微分方程组的通解为

$$X = PY = \begin{pmatrix}0&0&1\\0&1&2\\1&-1&-1\end{pmatrix}\begin{pmatrix}k_1\mathrm{e}^{2t}\\k_2\mathrm{e}^t\\(k_2t+k_3)\mathrm{e}^t\end{pmatrix} = \begin{pmatrix}(k_2t+k_3)\mathrm{e}^t\\(2k_2t+k_2+2k_3)\mathrm{e}^t\\k_1\mathrm{e}^{2t}-(k_2t+k_2+k_3)\mathrm{e}^t\end{pmatrix},$$

这里 k_1,k_2,k_3 是任意常数.

例 3-7 利用约当形矩阵证明:若 n 阶矩阵 A 的特征值为 $\lambda_1,\lambda_2,\cdots,\lambda_n$,则矩阵 A^m 的特征值为 $\lambda_1^m,\lambda_2^m,\cdots,\lambda_n^m$.

证明 设 A 的约当形矩阵为

$$J = \begin{pmatrix}J_1&&&\\&J_2&&\\&&\ddots&\\&&&J_s\end{pmatrix},$$

其中

$$J_i = \begin{pmatrix}\lambda_i&&&&\\1&\lambda_i&&&\\&1&\ddots&&\\&&\ddots&\ddots&\\&&&1&\lambda_i\end{pmatrix}.$$

因 $J=P^{-1}AP$,故

$$J^m = P^{-1}A^mP,$$

但是有

$$J^m = \begin{pmatrix} J_1^m & & & \\ & J_2^m & & \\ & & \ddots & \\ & & & J_s^m \end{pmatrix}, \quad J_i^m = \begin{pmatrix} \lambda_i^m & & & \\ * & \lambda_i^m & & \\ \vdots & \ddots & \ddots & \\ * & \cdots & * & \lambda_i^m \end{pmatrix}.$$

显然 J^m 的特征值就是 J 的特征值的 m 次幂,而相似矩阵有相同的特征值,故 A^m 的特征值就是 J^m 的特征值,即 A(或 J)的特征值的 m 次幂.证毕.

3.3 哈密顿—开莱定理及矩阵的最小多项式

在 3.1 节中给出了矩阵的特征多项式,本节将进一步给出特征多项式的性质,其中最重要的就是哈密顿—开莱定理;还将讨论另一个重要的多项式,即矩阵的最小多项式.本节所得到的结果有重要的理论及应用价值.

定理 3-4 每个 n 阶矩阵 A 都是它的特征多项式的根,即

$$A^n + a_1 A^{n-1} + \cdots + a_{n-1} A + a_n E = 0 \tag{3-6}$$

这个定理称为哈密顿—开莱(Hamilton-Cayley)定理.这里

$$f(\lambda) = |\lambda E - A| = \lambda^n + a_1 \lambda^{n-1} + \cdots + a_{n-1}\lambda + a_n,$$

式(3-6)常写成 $f(A)=0$.

证明 设 $B(\lambda)$为 $\lambda E - A$ 的伴随矩阵,则

$$B(\lambda)(\lambda E - A) = |\lambda E - A| E = f(\lambda) E. \tag{3-7}$$

由于矩阵 $B(\lambda)$的元素都是行列式$|\lambda E - A|$中的元素的代数余子式,因而都是 λ 的多项式,其次数都不超过 $n-1$,故由矩阵运算性质,$B(\lambda)$可以写成

$$B(\lambda) = \lambda^{n-1} B_0 + \lambda^{n-2} B_1 + \cdots + B_{n-1},$$

这里各个 B_i 均为 n 阶数字矩阵.因此有

$$B(\lambda)(\lambda E - A) = \lambda^n B_0 + \lambda^{n-1}(B_1 - B_0 A) + \cdots + \lambda(B_{n-1} - B_{n-2} A) - B_{n-1} A. \tag{3-8}$$

另一方面,显然有

$$f(\lambda) E = \lambda^n E + a_1 \lambda^{n-1} E + \cdots + a_{n-1}\lambda E + a_n E. \tag{3-9}$$

由式(3-7)、式(3-8)、式(3-9)即得

$$\begin{cases} B_0 = E \\ B_1 - B_0 A = a_1 E \\ \quad \vdots \\ B_{n-1} - B_{n-2} A = a_{n-1} E \\ - B_{n-1} A = a_n E \end{cases}. \tag{3-10}$$

以 $A^n, A^{n-1}, \cdots, A, E$ 依次右乘式(3-10)的第一式,第二式,…,第 $n+1$ 式,并将它们加起来,则左边变成零矩阵,而右边即为 $f(A)$,故有 $f(A)=0$.证毕.

注意 上述证明 $f(A)=0$的过程有时会被认为比较麻烦,而认为:由于 $f(\lambda)=|\lambda E - A|$,所以"显然"有 $f(A)=|AE - A|=0$.这样做对吗?

例 3－8 设 $\boldsymbol{A}=\begin{pmatrix}1 & 0 & 2\\ 0 & -1 & 1\\ 0 & 1 & 0\end{pmatrix}$，试计算 $\varphi(\boldsymbol{A})=2\boldsymbol{A}^8-3\boldsymbol{A}^5+\boldsymbol{A}^4+\boldsymbol{A}^2-4\boldsymbol{E}$.

解 因 $\boldsymbol{A}$ 的特征多项式为

$$f(\lambda)=|\lambda\boldsymbol{E}-\boldsymbol{A}|=\lambda^3-2\lambda+1,$$

再取多项式

$$\varphi(\lambda)=2\lambda^8-3\lambda^5+\lambda^4+\lambda^2-4.$$

以 $f(\lambda)$去除 $\varphi(\lambda)$可得

$$\varphi(\lambda)=(2\lambda^5+4\lambda^3-5\lambda^2+9\lambda-14)f(\lambda)+r(\lambda),$$

这里余式

$$r(\lambda)=24\lambda^2-37\lambda+10.$$

由哈密顿—开莱定理，$f(\boldsymbol{A})=\boldsymbol{0}$，所以

$$\varphi(\boldsymbol{A})=r(\boldsymbol{A})=24\boldsymbol{A}^2-37\boldsymbol{A}+10\boldsymbol{E}=\begin{pmatrix}-3 & 48 & -26\\ 0 & 95 & -61\\ 0 & -61 & 34\end{pmatrix}.$$

这例子说明一个 n 阶矩阵的多项式，如其次数高于 n 次，则应用定理 3－4 可将它化为次数小于 n 的多项式来计算.

一般来说：若 $\varphi(\lambda)$是一个多项式，$\boldsymbol{A}$ 是一个方阵，如果有 $\varphi(\boldsymbol{A})=\boldsymbol{0}$，则称 $\varphi(\lambda)$是矩阵 $\boldsymbol{A}$ 的**零化多项式**. 显然，每个方阵都有零化多项式，因为它的特征多项式就是一个，但并不唯一. 下述零化多项式亦很有用.

定义 3－4 设 $\boldsymbol{A}$ 是 n 阶矩阵，则 $\boldsymbol{A}$ 的首项系数为 1 的次数最小的零化多项式 $m(\lambda)$，称为 $\boldsymbol{A}$ 的**最小多项式**.

定理 3－5 矩阵 $\boldsymbol{A}$ 的任何零化多项式都被其最小多项式所整除.

证明 设 $\varphi(\lambda)$是 $\boldsymbol{A}$ 的任一零化多项式，又 $m(\lambda)$是 $\boldsymbol{A}$ 的最小多项式，以 $m(\lambda)$除 $\varphi(\lambda)$即得

$$\varphi(\lambda)=q(\lambda)m(\lambda)+r(\lambda),$$

这里 $r(\lambda)$如不为零时则其次数小于 $m(\lambda)$的次数. 于是有

$$\varphi(\boldsymbol{A})=q(\boldsymbol{A})m(\boldsymbol{A})+r(\boldsymbol{A}).$$

因 $\varphi(\boldsymbol{A})=m(\boldsymbol{A})=\boldsymbol{0}$，所以有 $r(\boldsymbol{A})=\boldsymbol{0}$，即 $r(\lambda)$也是 $\boldsymbol{A}$ 的零化多项式. 如果 $r(\lambda)\neq 0$，则 $r(\lambda)$的次数小于 $m(\lambda)$的次数，这与 $m(\lambda)$为最小多项式矛盾. 所以，只能有 $r(\lambda)\equiv 0$，故 $m(\lambda)\mid\varphi(\lambda)$. 证毕.

定理 3－6 矩阵 $\boldsymbol{A}$ 的最小多项式是唯一的.

证明 若 $m(\lambda)$与 $n(\lambda)$均为 $\boldsymbol{A}$ 的最小多项式，那么每一个都可以被另一个所整除，因此两者只有常数因子的差别. 这常数因子必定等于 1，因为两者都是首一多项式，故 $m(\lambda)=n(\lambda)$.

定理 3－7 矩阵 $\boldsymbol{A}$ 的最小多项式的根必定是 $\boldsymbol{A}$ 的特征根；反之，$\boldsymbol{A}$ 的特征根也必定是 $\boldsymbol{A}$ 的最小多项式的根.

证明 因 $\boldsymbol{A}$ 的特征多项式 $f(\lambda)=|\lambda\boldsymbol{E}-\boldsymbol{A}|$是 $\boldsymbol{A}$ 的零化多项式，故由定理 3－5，$f(\lambda)$可被 $\boldsymbol{A}$ 的最小多项式 $m(\lambda)$所整除，即 $m(\lambda)$是 $f(\lambda)$的因式，所以 $m(\lambda)$的根都是 $f(\lambda)$的

根.

反之,若 λ_0 是 $\boldsymbol{A}$ 的一个特征根,即存在 $\boldsymbol{X}$,使得

$$\boldsymbol{AX} = \lambda_0\boldsymbol{X} \quad (\boldsymbol{X} \neq \boldsymbol{0}).$$

又设 $\boldsymbol{A}$ 的最小多项式

$$m(\lambda) = \lambda^k + a_1\lambda^{k-1} + \cdots + a_{k-1}\lambda + a_k,$$

则

$$\begin{aligned} m(\boldsymbol{A})\boldsymbol{X} &= \boldsymbol{A}^k\boldsymbol{X} + a_1\boldsymbol{A}^{k-1}\boldsymbol{X} + \cdots + a_{k-1}\boldsymbol{AX} + a_k\boldsymbol{X} \\ &= \lambda_0^k\boldsymbol{X} + a_1\lambda_0^{k-1}\boldsymbol{X} + \cdots + a_{k-1}\lambda_0\boldsymbol{X} + a_k\boldsymbol{X} = m(\lambda_0)\boldsymbol{X}. \end{aligned}$$

由于 $m(\boldsymbol{A})=\boldsymbol{0}$,又 $\boldsymbol{X}\neq 0$,所以 $m(\lambda_0)=0$,亦即 λ_0 是 $m(\lambda)$的根.证毕.

这一定理反映了特征多项式与最小多项式之间的重要关系.由此可得到求最小多项式的一个方法.

设矩阵 $\boldsymbol{A}\in\mathbb{C}^{n\times n}$ 的所有不同的特征值为 $\lambda_1,\lambda_2,\cdots,\lambda_n$,又 $\boldsymbol{A}$ 的特征多项式为

$$f(\lambda) = |\lambda\boldsymbol{E} - \boldsymbol{A}| = (\lambda - \lambda_1)^{k_1}(\lambda - \lambda_2)^{k_2}\cdots(\lambda - \lambda_s)^{k_s},$$

则 $\boldsymbol{A}$ 的最小多项式必具有如下形式

$$m(\lambda) = (\lambda - \lambda_1)^{n_1}(\lambda - \lambda_2)^{n_2}\cdots(\lambda - \lambda_s)^{n_s},$$

这里每个 $n_i\leqslant k_i \quad (i=1,2,\cdots,s)$.

例 3-9 求矩阵 $\boldsymbol{A}=\begin{pmatrix} 3 & -3 & 2 \\ -1 & 5 & -2 \\ -1 & 3 & 0 \end{pmatrix}$的最小多项式 $m(\lambda)$.

解 $\boldsymbol{A}$ 的特征多项式为

$$f(\lambda) = |\lambda\boldsymbol{E} - \boldsymbol{A}| = (\lambda - 2)^2(\lambda - 4),$$

故 $\boldsymbol{A}$ 的最小多项式只能是

$$m(\lambda) = (\lambda - 2)(\lambda - 4) \text{ 或 } m(\lambda) = f(\lambda).$$

但由

$$m(\boldsymbol{A})=(\boldsymbol{A}-2\boldsymbol{E})(\boldsymbol{A}-4\boldsymbol{E})=\boldsymbol{0} \quad (\text{直接计算可得}),$$

便知 $\boldsymbol{A}$ 的最小多项式应为 $m(\lambda)=(\lambda-2)(\lambda-4)$,而不是 $f(\lambda)$.

下面的定理反映了矩阵的最小多项式与特征矩阵的行列式因子及不变因子的关系,并提供了求最小多项式的另一方法.

定理 3-8 设 $\boldsymbol{A}$ 是 n 阶矩阵,$D_{n-1}(\lambda)$是特征矩阵 $\lambda\boldsymbol{E}-\boldsymbol{A}$ 的 $n-1$ 阶行列式因子,则 $\boldsymbol{A}$ 的最小多项式

$$m(\lambda) = \frac{|\lambda\boldsymbol{E} - \boldsymbol{A}|}{D_{n-1}(\lambda)} = \frac{D_n(\lambda)}{D_{n-1}(\lambda)} = d_n(\lambda).$$

这里 $d_n(\lambda)$是 $\lambda\boldsymbol{E}-\boldsymbol{A}$ 的第 n 个不变因子(证略).

3.4 多项式矩阵与史密斯标准形

若矩阵 $\boldsymbol{A}(\lambda)=(a_{ij}(\lambda))_{m\times n}$的元素 $a_{ij}(\lambda)$都是 λ 的多项式(系数属于某一数域 $\mathbb{P}$),则 $\boldsymbol{A}(\lambda)$称为 λ-**矩阵**,或**多项式矩阵**(为区别起见,把以前介绍的元素为数字的矩阵称为数字矩阵).在 3.2 节中曾讨论过一个很特别的情形,即 $\boldsymbol{A}(\lambda)=\lambda\boldsymbol{E}-\boldsymbol{A}$ 为数字矩阵 $\boldsymbol{A}$ 的特征矩

阵的情形,在这一节,将介绍一般的多项式矩阵的基本理论.这个理论在线性控制系统理论中有着重要的应用.

作为多项式矩阵的一种推广就是有理分式矩阵.以传递函数描述方法为基础的线性系统复频率域理论,研究对象为线性定常系统,基本的系统模型是传递函数矩阵(有理分式矩阵)的矩阵分式描述,主要数学工具是多项式矩阵理论.采用矩阵分式描述,使得有可能在多项式矩阵理论的基础上,建立起分析与综合线性系统的一整套比较简便和实用的理论和方法.此外,在线性系统理论中,也常使用多项式矩阵描述,它与其它形式的描述(状态空间描述、矩阵分式描述等)之间,不仅在形式上而且在有关的系统结构特性上,都可找到确定的内在联系及等价关系.

若多项式矩阵 $\boldsymbol{A}(\lambda)$至少有一个 $r(\geqslant 1)$阶子式不是零多项式,而一切 $r+1$ 阶子式(如有的话)都是零多项式,则称 $\boldsymbol{A}(\lambda)$的秩是 r.零矩阵的秩定义为零.

例如,数字矩阵 $\boldsymbol{A}=(a_{ij})_{n\times n}$ 的特征矩阵 $\boldsymbol{A}(\lambda)=\lambda\boldsymbol{E}-\boldsymbol{A}$ 的秩是 n,因为 $f(\lambda)=|\lambda\boldsymbol{E}-\boldsymbol{A}|$ 不是零多项式(至多有 n 个根).

一般地,若 n 阶多项式矩阵 $\boldsymbol{A}(\lambda)$的行列式 $|\boldsymbol{A}(\lambda)|$ 不等于零多项式,则称 $\boldsymbol{A}(\lambda)$是**满秩的**(秩 $=n$),或**非奇异的**.如果存在多项式矩阵 $\boldsymbol{B}(\lambda)$,使得

$$\boldsymbol{A}(\lambda)\boldsymbol{B}(\lambda)=\boldsymbol{B}(\lambda)\boldsymbol{A}(\lambda)=\boldsymbol{E}, \tag{3-11}$$

则称 $\boldsymbol{A}(\lambda)$是**可逆的**,或称 $\boldsymbol{A}(\lambda)$是**单模矩阵**,这里 $\boldsymbol{E}$ 为 n 阶单位矩阵.

与数字矩阵的证法一样,满足式(3-11)的 $\boldsymbol{B}(\lambda)$是唯一的,并记为 $\boldsymbol{A}^{-1}(\lambda)$,它称为 $\boldsymbol{A}(\lambda)$的逆矩阵.

定理 3-9 n 阶多项式矩阵 $\boldsymbol{A}(\lambda)$可逆的充要条件是 $\boldsymbol{A}(\lambda)$的行列式等于非零常数:

$$|\boldsymbol{A}(\lambda)|=c\neq 0.$$

证明 设 $\boldsymbol{A}(\lambda)$可逆,则有多项式矩阵 $\boldsymbol{B}(\lambda)$,使得式(3-11)成立,从而有

$$|\boldsymbol{A}(\lambda)|\cdot|\boldsymbol{B}(\lambda)|=|\boldsymbol{E}|=1.$$

故 $|\boldsymbol{A}(\lambda)|$ 与 $|\boldsymbol{B}(\lambda)|$ 只能是零次多项式,且不等于零(数),所以当 $\boldsymbol{A}(\lambda)$ 可逆时,$|\boldsymbol{A}(\lambda)|$ 必定等于某个非零常数 c.

反过来,若 $|\boldsymbol{A}(\lambda)|=c\neq 0$,则易知 $\boldsymbol{A}(\lambda)$可逆,且其逆矩阵为

$$\boldsymbol{A}^{-1}(\lambda)=\frac{1}{c}\boldsymbol{A}^{*}(\lambda),$$

这里 $\boldsymbol{A}^{*}(\lambda)$是 $\boldsymbol{A}(\lambda)$的伴随矩阵.证毕.

由这个定理可见,在多项式矩阵中,满秩矩阵未必是可逆的,多项式矩阵 $\boldsymbol{A}(\lambda)=\begin{pmatrix}\lambda & 0\\ 0 & \lambda\end{pmatrix}$ 满秩,但不可逆.

例 3-10 多项式矩阵

$$\boldsymbol{A}(\lambda)=\begin{pmatrix}\lambda+1 & \lambda+3\\ \lambda^2+3\lambda & \lambda^2+5\lambda+4\end{pmatrix},\quad \boldsymbol{B}(\lambda)=\begin{pmatrix}\lambda+1 & \lambda+3\\ \lambda^2+3\lambda+2 & \lambda^2+5\lambda+6\end{pmatrix}$$

中,$\boldsymbol{A}(\lambda)$是可逆的,而 $\boldsymbol{B}(\lambda)$是不可逆的,因为

$$|\boldsymbol{A}(\lambda)|=4,\quad |\boldsymbol{B}(\lambda)|=0.$$

定义 3-5 下列变换称为多项式矩阵 $\boldsymbol{A}(\lambda)$的初等变换:

(1) 互换 $\boldsymbol{A}(\lambda)$的任意两行(列);

(2) 以非零的数 $k(\in\mathbb{P})$乘 $\boldsymbol{A}(\lambda)$的某一行(列);

(3) 以多项式 $\varphi(\lambda)$乘 $\boldsymbol{A}(\lambda)$的某一行(列)并加到另一行(列)上.

注 以后用 $r_i\longleftrightarrow r_j(c_i\longleftrightarrow c_j)$表示第 i 行(列)与第 j 行(列)交换,$kr_i(kc_i)$表示非零数 k 乘以第 i 行(列),$r_j+\varphi(\lambda)r_i(c_j+\varphi(\lambda)c_i)$表示第 i 行(j 列)的 $\varphi(\lambda)$倍加到第 j 行(i 列).

由单位矩阵 $\boldsymbol{E}$ 经过一次上述初等变换得到的矩阵称为**初等矩阵**.容易验证,初等矩阵都是可逆的,即它们都是单模矩阵,事实上,若用 $\boldsymbol{E}(i,j)$,$\boldsymbol{E}(i(k))$,$\boldsymbol{E}(i,\varphi(\lambda)j)$分别表示由单位矩阵 $\boldsymbol{E}$ 互换 i,j 两行(列);第 i 行(列)乘以非零常数 k;第 j 行(i 列)乘以多项式 $\varphi(\lambda)$并加到第 i 行(j 列)上所得到的初等矩阵,则有

$$|\boldsymbol{E}(i,j)|=-1,\quad |\boldsymbol{E}(i(k))|=k\neq 0,\quad |\boldsymbol{E}(i,\varphi(\lambda)j)|=1.$$

且可以验证

$$\boldsymbol{E}(i,j)^{-1}=\boldsymbol{E}(i,j);\quad \boldsymbol{E}(i,(k))^{-1}=\boldsymbol{E}(i(k^{-1}));$$
$$\boldsymbol{E}(i,\varphi(\lambda)j)^{-1}=\boldsymbol{E}(i,-\varphi(\lambda)j).$$

与数字矩阵的情形一样,可以证明:对一个多项式矩阵 $\boldsymbol{A}(\lambda)$进行一次初等行(列)变换,相当于用一个相应的初等矩阵左(右)乘矩阵 $\boldsymbol{A}(\lambda)$;反之亦成立.

定义 3-6 如果经过有限次初等变换能把 $\boldsymbol{A}(\lambda)$化为 $\boldsymbol{B}(\lambda)$,则称多项式矩阵 $\boldsymbol{A}(\lambda)$与多项式矩阵 $\boldsymbol{B}(\lambda)$等价.

当 $\boldsymbol{A}(\lambda)$与 $\boldsymbol{B}(\lambda)$等价时,就记为 $\boldsymbol{A}(\lambda)\cong\boldsymbol{B}(\lambda)$.

容易验证,多项式矩阵的这一等价定义,具有下述性质:

(1) 自反性 $\boldsymbol{A}(\lambda)\cong\boldsymbol{A}(\lambda)$;

(2) 对称性 $\boldsymbol{A}(\lambda)\cong\boldsymbol{B}(\lambda)\Rightarrow\boldsymbol{B}(\lambda)\cong\boldsymbol{A}(\lambda)$;

(3) 传递性 若 $\boldsymbol{A}(\lambda)\cong\boldsymbol{B}(\lambda)$,且 $\boldsymbol{B}(\lambda)\cong\boldsymbol{C}(\lambda)$,则 $\boldsymbol{A}(\lambda)\cong\boldsymbol{C}(\lambda)$.

简言之,$\boldsymbol{A}(\lambda)\cong\boldsymbol{B}(\lambda)$是一种等价关系.

不难证明 $\boldsymbol{A}(\lambda)\cong\boldsymbol{B}(\lambda)$的充分必要条件是存在初等矩阵 $\boldsymbol{P}_1,\cdots,\boldsymbol{P}_s,\boldsymbol{Q}_1,\cdots,\boldsymbol{Q}_t$,使得

$$\boldsymbol{B}(\lambda)=\boldsymbol{P}_1\cdots\boldsymbol{P}_s\boldsymbol{A}(\lambda)\boldsymbol{Q}_1\cdots\boldsymbol{Q}_t=\boldsymbol{P}(\lambda)\boldsymbol{A}(\lambda)\boldsymbol{Q}(\lambda),$$

这里 $\boldsymbol{P}(\lambda)$,$\boldsymbol{Q}(\lambda)$都是单模矩阵.

在多项式矩阵的应用中,有多种标准形在不同场合里被使用着,在这里只介绍其中最基本的一种,即史密斯(Smith)标准形.我们用定理形式给出这一标准形,由于它的重要性,将给出详细的证明,但要先证明下面的引理.

引理 若多项式矩阵 $\boldsymbol{A}(\lambda)=(a_{ij}(\lambda))_{m\times n}$的左上角元素 $a_{11}(\lambda)\neq 0$,并且 $\boldsymbol{A}(\lambda)$中至少有一个元素不能被 $a_{11}(\lambda)$所整除,则必可找到一个与 $\boldsymbol{A}(\lambda)$等价的多项式矩阵 $\boldsymbol{B}(\lambda)$,其左上角元素 $b_{11}(\lambda)$也不等于零,且 $b_{11}(\lambda)$的次数低于 $a_{11}(\lambda)$的次数.

证明 可分三种情况讨论:

(1) 若 $\boldsymbol{A}(\lambda)$的第一列中有某个元素 $a_{i1}(\lambda)$不能被 $a_{11}(\lambda)$整除,则用 $a_{11}(\lambda)$去除 $a_{i1}(\lambda)$可得

$$a_{i1}(\lambda)=q(\lambda)a_{11}(\lambda)+r(\lambda),$$

且余式 $r(\lambda)$ $(\neq 0)$的次数低于 $a_{11}(\lambda)$的次数.此时则有

$$\boldsymbol{A}(\lambda)=\begin{pmatrix} a_{11}(\lambda) & a_{12}(\lambda) & \cdots & a_{1n}(\lambda) \\ \vdots & \vdots & & \vdots \\ a_{i1}(\lambda) & a_{i2}(\lambda) & \cdots & a_{in}(\lambda) \\ \vdots & \vdots & & \vdots \\ a_{m1}(\lambda) & a_{m2}(\lambda) & \cdots & a_{mn}(\lambda) \end{pmatrix}$$

$$\xrightarrow{r_i+(-q(\lambda))r_1}\begin{pmatrix} a_{11}(\lambda) & a_{12}(\lambda) & \cdots & a_{1n}(\lambda) \\ \vdots & \vdots & & \vdots \\ r(\lambda) & a_{i2}(\lambda)-q(\lambda)a_{12}(\lambda) & \cdots & a_{in}(\lambda)-q(\lambda)a_{1n}(\lambda) \\ \vdots & \vdots & & \vdots \\ a_{m1}(\lambda) & a_{m2}(\lambda) & & a_{mn}(\lambda) \end{pmatrix}$$

$$\xrightarrow{r_1\leftrightarrow r_i}\begin{pmatrix} r(\lambda) & a_{i2}(\lambda)-q(\lambda)a_{12}(\lambda) & \cdots & a_{in}(\lambda)-q(\lambda)a_{1n}(\lambda) \\ \vdots & \vdots & & \vdots \\ a_{11}(\lambda) & a_{12}(\lambda) & \cdots & a_{1n}(\lambda) \\ \vdots & \vdots & & \vdots \\ a_{m1}(\lambda) & a_{m2}(\lambda) & \cdots & a_{mn}(\lambda) \end{pmatrix}.$$

若上面最后得到的矩阵记为 $\boldsymbol{B}(\lambda)$，则 $\boldsymbol{B}(\lambda)$ 已达到要求.

(2) 若 $\boldsymbol{A}(\lambda)$ 的第一行中有某个元素 $a_{1j}(\lambda)$ 不能被 $a_{11}(\lambda)$ 整除，则证法与(1)类似.

(3) 若 $\boldsymbol{A}(\lambda)$ 的第一列和第一行的各个元素均可被 $a_{11}(\lambda)$ 整除，但 $\boldsymbol{A}(\lambda)$ 中至少有某个元素 $a_{ij}(\lambda)(i,j>1)$ 不能被 $a_{11}(\lambda)$ 整除，此时可设

$$a_{i1}(\lambda)=\varphi(\lambda)a_{11}(\lambda),$$

则有

$$\boldsymbol{A}(\lambda)=\begin{pmatrix} a_{11}(\lambda) & a_{12}(\lambda) & \cdots & a_{1n}(\lambda) \\ \vdots & \vdots & & \vdots \\ a_{i1}(\lambda) & a_{i2}(\lambda) & \cdots & a_{in}(\lambda) \\ \vdots & \vdots & & \vdots \\ a_{m1}(\lambda) & a_{m2}(\lambda) & \cdots & a_{mn}(\lambda) \end{pmatrix}$$

$$\xrightarrow{r_i-\varphi(\lambda)r_1}\begin{pmatrix} a_{11}(\lambda) & \cdots & a_{1j}(\lambda) & \cdots & a_{1n}(\lambda) \\ \vdots & & \vdots & & \vdots \\ 0 & \cdots & a_{ij}(\lambda)-\varphi(\lambda)a_{1j}(\lambda) & \cdots & \cdots \\ \vdots & & \vdots & & \vdots \\ a_{m1}(\lambda) & \cdots & a_{mj}(\lambda) & \cdots & a_{mn}(\lambda) \end{pmatrix}$$

$$\xrightarrow{r_1+1\cdot r_i}\begin{pmatrix} a_{11}(\lambda) & \cdots & a_{ij}(\lambda)+(1-\varphi(\lambda))a_{1j}(\lambda) & \cdots & * \\ \vdots & & \vdots & & \vdots \\ 0 & \cdots & a_{ij}(\lambda)-\varphi(\lambda)a_{1j}(\lambda) & \cdots & \cdots \\ \vdots & & \vdots & & \vdots \\ a_{m1}(\lambda) & \cdots & a_{mj}(\lambda) & \cdots & a_{mn}(\lambda) \end{pmatrix}=\boldsymbol{A}_1(\lambda),$$

则 $\boldsymbol{A}_1(\lambda)$的第一行中已至少有一个元素

$$a_{ij}(\lambda)+(1-\varphi(\lambda))a_{1j}(\lambda)=f(\lambda)$$

不能被左上角元素 $a_{11}(\lambda)$所整除(因为$a_{11}(\lambda)\mid a_{1j}(\lambda)$,但 $a_{11}(\lambda)$不能整除 $a_{ij}(\lambda)$,由此易推知$a_{11}(\lambda)$不能整除 $f(\lambda)$).因此情形(3)就归结为已证明了的情形(2).证毕.

定理 3-10 任一非零的多项式矩阵 $\boldsymbol{A}(\lambda)=(a_{ij}(\lambda))_{m\times n}$,都等价于一个如下形式的标准对角形

$$\boldsymbol{A}(\lambda)\cong\boldsymbol{J}(\lambda)=\begin{pmatrix}d_1(\lambda)&0&\cdots&0&0&\cdots&0\\0&d_2(\lambda)&\cdots&0&0&\cdots&0\\\vdots&\vdots&&\vdots&\vdots&&\vdots\\0&0&\cdots&d_r(\lambda)&0&\cdots&0\\0&0&\cdots&0&0&\cdots&0\\\vdots&\vdots&&\vdots&\vdots&&\vdots\\0&0&\cdots&0&0&\cdots&0\end{pmatrix},$$

这里,$r(\geqslant1)$是 $\boldsymbol{A}(\lambda)$的秩,$d_i(\lambda)$ $(i=1,2,\cdots,r)$是首项系数为 1 的多项式,且

$$d_i(\lambda)\mid d_{i+1}(\lambda)\quad(i=1,2,\cdots,r-1).$$

$\boldsymbol{J}(\lambda)$称为 $\boldsymbol{A}(\lambda)$的史密斯(Smith)标准形.

证明 因 $\boldsymbol{A}(\lambda)\neq\boldsymbol{0}$,故至少有一个非零元素,设 $a_{11}(\lambda)\neq0$(否则经行、列交换可使左上角元素不为零),如果 $a_{11}(\lambda)$不能整除其余的各个 $a_{ij}(\lambda)$,则由引理,可用初等变换把 $\boldsymbol{A}(\lambda)$化为某个多项式矩阵 $\boldsymbol{B}_1(\lambda)$,并使得 $\boldsymbol{B}_1(\lambda)$的左上角元素 $b_1(\lambda)\neq0$,而且 $b_1(\lambda)$的次数低于 $a_{11}(\lambda)$的次数.若 $b_1(\lambda)$还不能整除 $\boldsymbol{B}_1(\lambda)$的其它所有元素,则再次应用引理,又可找到一个与 $\boldsymbol{B}_1(\lambda)$等价的矩阵 $\boldsymbol{B}_2(\lambda)$,其左上角元素 $b_2(\lambda)\neq0$,且次数低于 $b_1(\lambda)$的次数.如此下去,将会得到一系列彼此等价的多项式矩阵:

$$\boldsymbol{A}(\lambda),\quad\boldsymbol{B}_1(\lambda)\quad\boldsymbol{B}_2(\lambda),\ \cdots.$$

这些矩阵的左上角元素均不等于零,且次数越来越低.但这些次数都是非负整数,不能无止境地降低,故在有限步以后,将会终止于一个多项式矩阵 $\boldsymbol{B}_s(\lambda)$,其左上角元素 $b_s(\lambda)\neq0$,且 $b_s(\lambda)$能整除 $\boldsymbol{B}_s(\lambda)$的全部元素 $b_{ij}(\lambda)$.不妨设

$$b_{ij}(\lambda)=q_{ij}(\lambda)b_s(\lambda),$$

对矩阵

$$\boldsymbol{B}_s(\lambda)=\begin{pmatrix}b_s(\lambda)&\cdots&b_{1j}(\lambda)&\cdots\\\vdots&&\vdots&\\b_{i1}(\lambda)&\cdots&b_{ij}(\lambda)&\cdots\\\vdots&&\vdots&\end{pmatrix}$$

的第 2 行,第 3 行,…,第 m 行依次进行适当的初等变换,然后再对第 2 列,第 3 列,…,第 n 列进行适当的初等变换,显然可把 $\boldsymbol{B}_s(\lambda)$化为下面的形式

$$\begin{pmatrix}b_s(\lambda)&0&\cdots&0\\0&&&\\\vdots&&\boldsymbol{B}_{s+1}(\lambda)&\\0&&&\end{pmatrix}.$$

由上面的做法过程可知 $\boldsymbol{B}_{s+1}(\lambda)$ 的所有元素均可被 $b_s(\lambda)$ 所整除. 对上面这个矩阵再施行一次初等变换,还可以把 $b_s(\lambda)$ 化为首 1 多项式 $d_1(\lambda)$. 如果 $\boldsymbol{B}_{s+1}(\lambda)\neq\boldsymbol{0}$,则对 $\boldsymbol{B}_{s+1}(\lambda)$ 重复上述过程,于是又得

$$\begin{pmatrix} d_1(\lambda) & 0 & 0 & \cdots & 0 \\ 0 & d_2(\lambda) & 0 & \cdots & 0 \\ \vdots & 0 & & & \\ \vdots & \vdots & & \boldsymbol{B}_{s+2}(\lambda) & \\ 0 & 0 & & & \end{pmatrix}.$$

这里 $d_1(\lambda), d_2(\lambda)$ 均为首 1 多项式,且 $d_1(x) \mid d_2(x)$,而 $d_2(\lambda)$ 整除 $\boldsymbol{B}_{s+2}(\lambda)$ 的各个元素. 如此做下去,则 $\boldsymbol{A}(\lambda)$ 最后就化成了所要求的标准形. 证毕.

例 3－11 求多项式矩阵 $\boldsymbol{A}(\lambda)=\begin{pmatrix} 0 & \lambda(\lambda-1) & 0 \\ \lambda & 0 & \lambda+1 \\ 0 & 0 & -\lambda+2 \end{pmatrix}$ 的史密斯标准形.

解

$$\boldsymbol{A}_1(\lambda) \xrightarrow{r_1 \leftrightarrow r_2} \begin{pmatrix} \lambda & 0 & \lambda+1 \\ 0 & \lambda(\lambda-1) & 0 \\ 0 & 0 & -\lambda+2 \end{pmatrix} \xrightarrow{c_3 - 1 \cdot c_1} \begin{pmatrix} \lambda & 0 & 1 \\ 0 & \lambda(\lambda-1) & 0 \\ 0 & 0 & -\lambda+2 \end{pmatrix}$$

$$\xrightarrow{c_1 \leftrightarrow c_3} \begin{pmatrix} 1 & 0 & \lambda \\ 0 & \lambda(\lambda-1) & 0 \\ -\lambda+2 & 0 & 0 \end{pmatrix} \xrightarrow{c_3 - \lambda \cdot c_1} \begin{pmatrix} 1 & 0 & 0 \\ 0 & \lambda(\lambda-1) & 0 \\ -\lambda+2 & 0 & \lambda(\lambda-2) \end{pmatrix}$$

$$\xrightarrow{r_3 + (\lambda-2) \cdot r_1} \begin{pmatrix} 1 & 0 & 0 \\ 0 & \lambda(\lambda-1) & 0 \\ 0 & 0 & \lambda(\lambda-2) \end{pmatrix} \xrightarrow{r_2 + 1 \cdot r_3} \begin{pmatrix} 1 & 0 & 0 \\ 0 & \lambda(\lambda-1) & \lambda(\lambda-2) \\ 0 & 0 & \lambda(\lambda-2) \end{pmatrix}$$

$$\xrightarrow{c_3 - 1 \cdot c_2} \begin{pmatrix} 1 & 0 & 0 \\ 0 & \lambda(\lambda-1) & -\lambda \\ 0 & 0 & \lambda(\lambda-2) \end{pmatrix} \xrightarrow{c_2 \leftrightarrow c_3} \begin{pmatrix} 1 & 0 & 0 \\ 0 & -\lambda & \lambda(\lambda-1) \\ 0 & \lambda(\lambda-2) & 0 \end{pmatrix}$$

$$\xrightarrow{c_3 + (\lambda-1)c_2} \begin{pmatrix} 1 & 0 & 0 \\ 0 & -\lambda & 0 \\ 0 & 0 & \lambda(\lambda-1)(\lambda-2) \end{pmatrix} \xrightarrow{(-1)r_2} \begin{pmatrix} 1 & 0 & 0 \\ 0 & \lambda & 0 \\ 0 & 0 & \lambda(\lambda-1)(\lambda-2) \end{pmatrix},$$

这便是所求的史密斯标准形,且有

$$d_1(\lambda) = 1, \quad d_2(\lambda) = \lambda, \quad d_3(\lambda) = \lambda(\lambda-1)(\lambda-2).$$

例 3－12 化多项式矩阵 $\boldsymbol{A}(\lambda)=\begin{pmatrix} 1-\lambda & 2\lambda-1 & \lambda \\ \lambda & \lambda^2 & -\lambda \\ 1+\lambda^2 & \lambda^2+\lambda-1 & -\lambda^2 \end{pmatrix}$ 为史密斯标准形.

解

$$\boldsymbol{A}(\lambda)\xrightarrow{c_1+1\cdot c_3}\begin{pmatrix}1 & 2\lambda-1 & \lambda\\0 & \lambda^2 & -\lambda\\1 & \lambda^2+\lambda-1 & -\lambda^2\end{pmatrix}\xrightarrow{r_3-1\cdot r_1}\begin{pmatrix}1 & 2\lambda-1 & \lambda\\0 & \lambda^2 & -\lambda\\0 & \lambda^2-\lambda & -\lambda^2-\lambda\end{pmatrix}$$

$$\xrightarrow[c_2-(2\lambda-1)\cdot c_1]{c_3-\lambda c_1}\begin{pmatrix}1 & 0 & 0\\0 & \lambda^2 & -\lambda\\0 & \lambda^2-\lambda & -\lambda^2-\lambda\end{pmatrix}\xrightarrow{r_2-1\cdot r_3}\begin{pmatrix}1 & 0 & 0\\0 & \lambda & \lambda^2\\0 & \lambda^2-\lambda & -\lambda^2-\lambda\end{pmatrix}$$

$$\xrightarrow{r_3+(1-\lambda)\cdot r_2}\begin{pmatrix}1 & 0 & 0\\0 & \lambda & \lambda^2\\0 & 0 & -\lambda^3-\lambda\end{pmatrix}\xrightarrow{c_3-\lambda\cdot c_2}\begin{pmatrix}1 & 0 & 0\\0 & \lambda & 0\\0 & 0 & -\lambda^3-\lambda\end{pmatrix}\xrightarrow{-1\cdot r_3}\begin{pmatrix}1 & 0 & 0\\0 & \lambda & 0\\0 & 0 & \lambda^3+\lambda\end{pmatrix}$$

这便是所求的史密斯标准形,且有

$$d_1(\lambda)=1,\quad d_2(\lambda)=\lambda,\quad d_3(\lambda)=\lambda^3+\lambda.$$

下面讨论多项式矩阵的其它一些性质.

定义 3-7 设多项式矩阵 $\boldsymbol{A}(\lambda)$的秩 $r\geqslant1$,则 $\boldsymbol{A}(\lambda)$中的所有非零的 $k(1\leqslant k\leqslant r)$阶子式的首 1 最大公因式 $D_k(\lambda)$称为 $\boldsymbol{A}(\lambda)$的 k **阶行列式因子**.

定理 3-11 若 $\boldsymbol{A}(\lambda)\cong\boldsymbol{B}(\lambda)$,则 $\boldsymbol{A}(\lambda),\boldsymbol{B}(\lambda)$必有相同的秩及相同的各阶行列式因子.

设 $\boldsymbol{A}(\lambda)$经过一次初等变换化为 $\boldsymbol{B}(\lambda)$,则只需就三种初等变换的每一种证明 $\boldsymbol{A}(\lambda)$与 $\boldsymbol{B}(\lambda)$有相同的秩及相同的各阶行列式因子就行了.这一证明比较容易,在此省略.

定义 3-8 在 $\boldsymbol{A}(\lambda)$的史密斯标准形 $\boldsymbol{J}(\lambda)$中,多项式 $d_1(\lambda),d_2(\lambda),\cdots,d_r(\lambda)$称为 $\boldsymbol{A}(\lambda)$的**不变因子**.

由于 $\boldsymbol{A}(\lambda)\cong\boldsymbol{J}(\lambda)$,故由定理 3-11 可推得:

$$D_1(\lambda)=d_1(\lambda),\quad D_2(\lambda)=d_1(\lambda)d_2(\lambda),\quad\cdots,\quad D_r(\lambda)=d_1(\lambda)d_2(\lambda)\cdots d_r(\lambda),$$

从而有

$$d_1(\lambda)=D_1(\lambda),\quad d_2(\lambda)=\frac{D_2(\lambda)}{D_1(\lambda)},\quad\cdots,\quad d_r(\lambda)=\frac{D_r(\lambda)}{D_{r-1}(\lambda)}.\qquad(3-12)$$

这给出了不变因子与行列式因子的关系,通过求行列式因子,也就可以求出 $\boldsymbol{A}(\lambda)$的不变因子,从而可得到 $\boldsymbol{A}(\lambda)$的史密斯标准形.对于一些比较特殊的矩阵,用这个方法可以较易求得其不变因子.在 3.2 节已见过不少这方面的例子,这里就不重复了.

由关系式(3-12)可以看出,$\boldsymbol{A}(\lambda)$的不变因子完全由其各阶行列式因子所唯一确定,所以史密斯标准形是唯一的.

由关系式(3-12)还可以看出,行列式因子之间满足整除关系

$$D_k(\lambda)\,|\,D_{k+1}(\lambda)\quad(k=1,2,\cdots,r-1).$$

又当 $\boldsymbol{A}(\lambda)$为 n 阶可逆矩阵时,则因 $|\boldsymbol{A}(\lambda)|=c$ 为非零常数,故 $D_n(\lambda)=1$,从而

$$D_k(\lambda)=1,\quad d_k(\lambda)=1\quad(k=1,2,\cdots,n).$$

亦即可逆矩阵 $\boldsymbol{A}(\lambda)$的标准形是单位矩阵 $\boldsymbol{E}$.反之,与单位矩阵等价的多项式矩阵必可逆(因其行列式等于非零常数).故 $\boldsymbol{A}(\lambda)$为单模矩阵的充要条件是 $\boldsymbol{A}(\lambda)$可以表示成初等矩阵

的乘积.

本节的多项式矩阵 $\boldsymbol{A}(\lambda)$一直是在任一数域 $\mathbb{P}$ 上进行讨论的,如果取复数域 $\mathbb{C}$ 替代 $\mathbb{P}$,则可以把 $\boldsymbol{A}(\lambda)$的那些次数大于 1 的不变因子分解为一次因式的方幂的乘积,因而有下述概念:

定义 3-9 把 $\boldsymbol{A}(\lambda)$的每个次数大于等于 1 的不变因式 $d_k(\lambda)$分解为互不相同的一次因式的方幂的乘积,所有这些一次因式的方幂(相同的按出现的次数计算),称为多项式矩阵 $\boldsymbol{A}(\lambda)$的**初级因子**.

对于特殊的多项式矩阵 $\lambda\boldsymbol{E}-\boldsymbol{A}$,在 3.2 节已讨论过它的初级因子,目的在于求数字矩阵 $\boldsymbol{A}$ 的约当标准形.在那里,是通过计算行列式因子来求不变因子的.现在可以应用本节介绍的一般方法来计算 $\lambda\boldsymbol{E}-\boldsymbol{A}$ 的不变因子.这就是用初等变换化多项式矩阵 $\lambda\boldsymbol{E}-\boldsymbol{A}$ 为史密斯标准形的办法.求出不变因子后,再计算初级因子,便可以写出矩阵 $\boldsymbol{A}$ 的约当标准形了.

前面的例 3-11 和例 3-12 所给出的多项式矩阵 $\boldsymbol{A}(\lambda)$,其不变因子分别是

$$1,\quad \lambda,\quad \lambda(\lambda-1)(\lambda-2) \text{ 与 } 1,\quad \lambda,\quad \lambda(\lambda^2+1).$$

而初级因子则分别是

$$\lambda,\quad \lambda,\quad \lambda-1,\quad \lambda-2 \text{ 与 } \lambda,\quad \lambda,\quad \lambda+i,\quad \lambda-i.$$

例 3-13 求矩阵 $\boldsymbol{A}$ 的约当标准形,其中

$$\boldsymbol{A}=\begin{pmatrix}-1 & -2 & 6\\ -1 & 0 & 3\\ -1 & -1 & 4\end{pmatrix}.$$

解 先求出 $\lambda\boldsymbol{E}-\boldsymbol{A}$ 的不变因子及初级因子,为此应用初等变换,化 $\lambda\boldsymbol{E}-\boldsymbol{A}$ 为史密斯标准形.有

$$\lambda\boldsymbol{E}-\boldsymbol{A}=\begin{pmatrix}\lambda+1 & 2 & -6\\ 1 & \lambda & -3\\ 1 & 1 & \lambda-4\end{pmatrix}\longrightarrow\begin{pmatrix}0 & -\lambda+1 & -\lambda^2+3\lambda-2\\ 0 & \lambda-1 & -\lambda+1\\ 1 & 1 & \lambda-4\end{pmatrix}$$

$$\longrightarrow\begin{pmatrix}1 & 0 & 0\\ 0 & \lambda-1 & -\lambda+1\\ 0 & -\lambda+1 & -\lambda^2+3\lambda-2\end{pmatrix}\longrightarrow\begin{pmatrix}1 & 0 & 0\\ 0 & \lambda-1 & -\lambda+1\\ 0 & 0 & -\lambda^2+2\lambda-1\end{pmatrix}$$

$$\longrightarrow\begin{pmatrix}1 & 0 & 0\\ 0 & \lambda-1 & 0\\ 0 & 0 & (\lambda-1)^2\end{pmatrix}=\boldsymbol{J}(\lambda).$$

由此可见不变因子为 $1,\lambda-1,(\lambda-1)^2$,从而初级因子为 $\lambda-1,(\lambda-1)^2$,故 $\boldsymbol{A}$ 的约当标准形为

$$\boldsymbol{J}=\begin{pmatrix}1 & 0 & 0\\ 0 & 1 & 0\\ 0 & 1 & 1\end{pmatrix}.$$

定理 3-10 是多项式矩阵理论中的主要定理之一,此外,还有几个定理也是重要的,有的证明相当复杂,在这里,只作如下简要的讨论.

定理 3－12 两个多项式矩阵 $\boldsymbol{A}(\lambda)$与 $\boldsymbol{B}(\lambda)$等价的充要条件是它们有相同的行列式因子,或相同的不变因子.

证明 必要性由定理 3－11 及关系式(3－12)已经得知;充分性的证明如下:

若 $\boldsymbol{A}(\lambda)$,$\boldsymbol{B}(\lambda)$有相同的不变因子(或有相同的行列式因子),则 $\boldsymbol{A}(\lambda)$,$\boldsymbol{B}(\lambda)$与同一个史密斯标准形等价,从而 $\boldsymbol{A}(\lambda)\cong\boldsymbol{B}(\lambda)$.

数字矩阵相似的条件,也可以由它的特征矩阵来描述.应用多项式矩阵的前述基础知识,可以推出下述结论(证略):

数域 $\mathbb{P}$ 上的两个 n 阶矩阵 $\boldsymbol{A}$,$\boldsymbol{B}$ 相似的充要条件是它们的特征矩阵 $\lambda\boldsymbol{E}-\boldsymbol{A}$ 与 $\lambda\boldsymbol{E}-\boldsymbol{B}$ 等价.

即是说,$\boldsymbol{A}\sim\boldsymbol{B}\Leftrightarrow\lambda\boldsymbol{E}-\boldsymbol{A}\cong\lambda\boldsymbol{E}-\boldsymbol{B}$.由此易得下面的推论:

$\boldsymbol{A}\sim\boldsymbol{B}\Leftrightarrow\boldsymbol{A}$,$\boldsymbol{B}$ 有相同的不变因子.如果是在复数域 $\mathbb{C}$上讨论,则由上面的推论还可以进一步证明:

$\boldsymbol{A}\sim\boldsymbol{B}\Leftrightarrow\boldsymbol{A}$,$\boldsymbol{B}$ 有相同的初级因子.

这就是 $\boldsymbol{A}\sim\boldsymbol{J}$(约当标准形)的主要理论依据.

3.5 多项式矩阵的互质性和既约性

在系统分析中,常会涉及多项式矩阵互质性的判别问题.关于可控性问题的讨论,常归结为具有相同行数的多项式矩阵的左互质问题,而可观测性问题的讨论就归结为具有相同列数的多项式矩阵的右互质问题.另外,在许多问题中还需以满足既约性为条件.所以,建立一些互质性与既约性的判别准则是很有必要的.

从本节起,所讲到的多项式矩阵、分式矩阵都是在复数域中进行讨论.

定义 3－10 多项式矩阵 $\boldsymbol{R}(\lambda)$称为具有相同列数的两个多项式矩阵 $\boldsymbol{N}(\lambda)$与 $\boldsymbol{D}(\lambda)$的一个**右公因子**,如果存在多项式矩阵 $\overline{\boldsymbol{N}}(\lambda)$和 $\overline{\boldsymbol{D}}(\lambda)$,使得

$$\boldsymbol{N}(\lambda)=\overline{\boldsymbol{N}}(\lambda)\boldsymbol{R}(\lambda),\quad \boldsymbol{D}(\lambda)=\overline{\boldsymbol{D}}(\lambda)\boldsymbol{R}(\lambda).$$

类似地,可以定义**左公因子**.

定义 3－11 多项式矩阵 $\boldsymbol{R}(\lambda)$称为具有相同列数的两个多项式矩阵 $\boldsymbol{N}(\lambda)$与 $\boldsymbol{D}(\lambda)$的一个**最大右公因子**(记为 gcrd),如果:

(1)$\boldsymbol{R}(\lambda)$是 $\boldsymbol{N}(\lambda)$与 $\boldsymbol{D}(\lambda)$的右公因子;

(2)$\boldsymbol{N}(\lambda)$与 $\boldsymbol{D}(\lambda)$的任一其它的右公因子 $\boldsymbol{R}_1(\lambda)$都是 $\boldsymbol{R}(\lambda)$的右乘因子,即有多项式矩阵 $\boldsymbol{W}(\lambda)$,使得

$$\boldsymbol{R}(\lambda)=\boldsymbol{W}(\lambda)\boldsymbol{R}_1(\lambda).$$

对任意的 $n\times n$ 与 $m\times n$ 的多项式矩阵 $\boldsymbol{D}(\lambda)$与 $\boldsymbol{N}(\lambda)$,它们的 gcrd 都存在,因为

$$\boldsymbol{R}(\lambda)=\begin{pmatrix}\boldsymbol{D}(\lambda)\\\boldsymbol{N}(\lambda)\end{pmatrix}$$

便是一个.

以下提到的 gcrd 均指 $n\times n$ 方阵.利用多项式矩阵的史密斯标准形,可以证明 $n\times n$ 的 gcrd 的存在性.

定理 3－13(gcrd 的构造定理) 如果可以找到一个$(n+m)\times(n+m)$的单模矩阵 $\boldsymbol{G}(\lambda)$,使得

$$G(\lambda)\begin{pmatrix}\boldsymbol{D}(\lambda)\\ \boldsymbol{N}(\lambda)\end{pmatrix}=\begin{pmatrix}\boldsymbol{G}_{11}(\lambda) & \boldsymbol{G}_{12}(\lambda)\\ \boldsymbol{G}_{21}(\lambda) & \boldsymbol{G}_{22}(\lambda)\end{pmatrix}\begin{pmatrix}\boldsymbol{D}(\lambda)\\ \boldsymbol{N}(\lambda)\end{pmatrix}=\begin{pmatrix}\boldsymbol{R}(\lambda)\\ 0\end{pmatrix}, \tag{3-13}$$

则 $n\times n$ 多项式矩阵 $\boldsymbol{R}(\lambda)$ 即为 $\boldsymbol{D}(\lambda)$ 和 $\boldsymbol{N}(\lambda)$ 的一个 gcrd.

证明 先证 $\boldsymbol{R}(\lambda)$ 是右公因子. 为此,把 $\boldsymbol{G}(\lambda)$ 的逆矩阵 $\boldsymbol{G}^{-1}(\lambda)=\boldsymbol{F}(\lambda)$ 写成分块矩阵

$$\boldsymbol{G}^{-1}(\lambda)=\boldsymbol{F}(\lambda)=\begin{pmatrix}\boldsymbol{F}_{11}(\lambda) & \boldsymbol{F}_{12}(\lambda)\\ \boldsymbol{F}_{21}(\lambda) & \boldsymbol{F}_{22}(\lambda)\end{pmatrix}.$$

以 $\boldsymbol{G}^{-1}(\lambda)$ 左乘式(3-13)即得

$$\begin{pmatrix}\boldsymbol{D}(\lambda)\\ \boldsymbol{N}(\lambda)\end{pmatrix}=\begin{pmatrix}\boldsymbol{F}_{11}(\lambda) & \boldsymbol{F}_{12}(\lambda)\\ \boldsymbol{F}_{21}(\lambda) & \boldsymbol{F}_{22}(\lambda)\end{pmatrix}\begin{pmatrix}\boldsymbol{R}(\lambda)\\ 0\end{pmatrix}=\begin{pmatrix}\boldsymbol{F}_{11}(\lambda)\boldsymbol{R}(\lambda)\\ \boldsymbol{F}_{21}(\lambda)\boldsymbol{R}(\lambda)\end{pmatrix}.$$

这表明存在多项式矩阵 $\boldsymbol{F}_{11}(\lambda)$ 及 $\boldsymbol{F}_{21}(\lambda)$,使得

$$\boldsymbol{D}(\lambda)=\boldsymbol{F}_{11}(\lambda)\boldsymbol{R}(\lambda),\quad \boldsymbol{N}(\lambda)=\boldsymbol{F}_{21}(\lambda)\boldsymbol{R}(\lambda),$$

从而 $\boldsymbol{R}(\lambda)$ 是 $\boldsymbol{D}(\lambda)$ 与 $\boldsymbol{N}(\lambda)$ 的右公因子.

现设 $\boldsymbol{R}_1(\lambda)$ 为另一公因子,下证 $\boldsymbol{R}_1(\lambda)$ 是 $\boldsymbol{R}(\lambda)$ 的右乘因子. 因 $\boldsymbol{R}_1(\lambda)$ 为 $\boldsymbol{D}(\lambda)$, $\boldsymbol{N}(\lambda)$ 的右公因子,故有

$$\boldsymbol{D}(\lambda)=\boldsymbol{D}_1(\lambda)\boldsymbol{R}_1(\lambda),\ \boldsymbol{N}(\lambda)=\boldsymbol{N}_1(\lambda)\boldsymbol{R}_1(\lambda) \tag{3-14}$$

则由式(3-13)又有

$$\boldsymbol{R}(\lambda)=\boldsymbol{G}_{11}(\lambda)\boldsymbol{D}(\lambda)+\boldsymbol{G}_{12}(\lambda)\boldsymbol{N}(\lambda). \tag{3-15}$$

把式(3-14)代入式(3-15)得

$$\boldsymbol{R}(\lambda)=[\boldsymbol{G}_{11}(\lambda)\boldsymbol{D}_1(\lambda)+\boldsymbol{G}_{12}(\lambda)\boldsymbol{N}_1(\lambda)]\boldsymbol{R}_1(\lambda)=\boldsymbol{W}(\lambda)\boldsymbol{R}_1(\lambda).$$

即 $\boldsymbol{R}_1(\lambda)$ 是 $\boldsymbol{R}(\lambda)$ 的右乘因子. 证毕.

由于单模矩阵都可以表示成一些初等矩阵的乘积,故对一个多项式矩阵左乘一个单模矩阵,相当于对它施行一系列的初等行变换运算. 故由上述定理可知,多项式矩阵 $\boldsymbol{D}(\lambda)$ 与 $\boldsymbol{N}(\lambda)$ 的一个 gcrd(λ),可以通过对矩阵

$$\boldsymbol{M}(\lambda)=\begin{pmatrix}\boldsymbol{D}(\lambda)\\ \boldsymbol{N}(\lambda)\end{pmatrix}$$

施行一些初等行变换来得到,而相应的初等矩阵的乘积就是所要找的单模矩阵 $\boldsymbol{G}(\lambda)$.

例 3-14 设

$$\boldsymbol{D}(\lambda)=\begin{pmatrix}\lambda & 3\lambda+1\\ -1 & \lambda^2+\lambda-2\end{pmatrix},\quad \boldsymbol{N}(\lambda)=(-1\quad \lambda^2+2\lambda-1),$$

求 gcrd$\boldsymbol{R}(\lambda)$.

解

$$\begin{pmatrix}\boldsymbol{D}(\lambda)\\ \boldsymbol{N}(\lambda)\end{pmatrix}=\begin{pmatrix}\lambda & 3\lambda+1\\ -1 & \lambda^2+\lambda-2\\ -1 & \lambda^2+2\lambda-1\end{pmatrix}\xrightarrow{r_1\leftrightarrow r_2}\begin{pmatrix}-1 & \lambda^2+\lambda-2\\ \lambda & 3\lambda+1\\ -1 & \lambda^2+2\lambda-1\end{pmatrix}$$

$$\xrightarrow[(-1)r_1]{\substack{r_2+\lambda\cdot r_1\\ r_3+(-1)\cdot r_1}}\begin{pmatrix}1 & -\lambda^2-\lambda+2\\ 0 & \lambda^3+\lambda^2+\lambda+1\\ 0 & \lambda+1\end{pmatrix}\xrightarrow{r_2\leftrightarrow r_3}\begin{pmatrix}1 & -\lambda^2-\lambda+2\\ 0 & \lambda+1\\ 0 & \lambda^3+\lambda^2+\lambda+1\end{pmatrix}$$

$$\xrightarrow{r_3+(-1-\lambda^2)r_2}\begin{bmatrix}1 & -\lambda^2-\lambda+2\\0 & \lambda+1\\0 & 0\end{bmatrix}.$$

因此求得

$$\boldsymbol{R}(\lambda)=\begin{bmatrix}1 & -\lambda^2-\lambda+2\\0 & \lambda+1\end{bmatrix}.$$

而相应的单模矩阵为

$$\boldsymbol{G}(\lambda)=\begin{bmatrix}1 & 0 & 0\\0 & 1 & 0\\0 & -(\lambda^2+1) & 1\end{bmatrix}\cdot\begin{bmatrix}1 & 0 & 0\\0 & 0 & 1\\0 & 1 & 0\end{bmatrix}\cdot\begin{bmatrix}-1 & 0 & 0\\0 & 1 & 0\\0 & 0 & 1\end{bmatrix}\cdot\begin{bmatrix}1 & 0 & 0\\0 & 1 & 0\\-1 & 0 & 1\end{bmatrix}\cdot$$

$$\begin{bmatrix}1 & 0 & 0\\\lambda & 1 & 0\\0 & 0 & 1\end{bmatrix}\cdot\begin{bmatrix}0 & 1 & 0\\1 & 0 & 0\\0 & 0 & 1\end{bmatrix}=\begin{bmatrix}0 & -1 & 0\\0 & -1 & 1\\1 & \lambda^2+\lambda+1 & -(\lambda^2+1)\end{bmatrix}.$$

gcrd 的基本性质：

(1) 不唯一性.若 $\boldsymbol{R}(\lambda)$为具有相同列数 n 的两个多项式矩阵$\boldsymbol{D}(\lambda)$与 $\boldsymbol{N}(\lambda)$的一个 gcrd,而 $\boldsymbol{W}(\lambda)$为任一 n 阶单模矩阵,则 $\boldsymbol{W}(\lambda)\boldsymbol{R}(\lambda)$也是$\boldsymbol{D}(\lambda)$和 $\boldsymbol{N}(\lambda)$的一个 gcrd.

(2) 若 $\boldsymbol{R}_1(\lambda)$与 $\boldsymbol{R}_2(\lambda)$是 $\boldsymbol{D}(\lambda)$与 $\boldsymbol{N}(\lambda)$的任意两个 gcrd,则当 $\boldsymbol{R}_1(\lambda)$为满秩矩阵或单模矩阵时,$\boldsymbol{R}_2(\lambda)$也一定是满秩矩阵或单模矩阵.

(3) 对给定的 $n\times n$ 与 $m\times n$ 多项式矩阵$\boldsymbol{D}(\lambda)$与 $\boldsymbol{N}(\lambda)$,则当$\begin{bmatrix}\boldsymbol{D}(\lambda)\\\boldsymbol{N}(\lambda)\end{bmatrix}$为列满秩即

$$\operatorname{rank}\begin{bmatrix}\boldsymbol{D}(\lambda)\\\boldsymbol{N}(\lambda)\end{bmatrix}=n$$

时,$\boldsymbol{D}(\lambda)$与 $\boldsymbol{N}(\lambda)$的所有 gcrd 都必定是满秩的.

(4) 若 $\boldsymbol{R}(\lambda)$是 $n\times n$ 与$m\times n$ 多项式矩阵$\boldsymbol{D}(\lambda)$与 $\boldsymbol{N}(\lambda)$的一个 gcrd,则 $\boldsymbol{R}(\lambda)$可表示为

$$\boldsymbol{R}(\lambda)=\boldsymbol{X}(\lambda)\boldsymbol{D}(\lambda)+\boldsymbol{Y}(\lambda)\boldsymbol{N}(\lambda),$$

其中 $\boldsymbol{X}(\lambda)$,$\boldsymbol{Y}(\lambda)$分别是 $n\times n$ 与$n\times m$ 多项式矩阵.

证明 由构造定理,即得

$$\boldsymbol{R}(\lambda)=\boldsymbol{G}_{11}(\lambda)\boldsymbol{D}(\lambda)+\boldsymbol{G}_{12}(\lambda)\boldsymbol{N}(\lambda),$$

取 $\boldsymbol{X}(\lambda)=\boldsymbol{G}_{11}(\lambda)$,$\boldsymbol{Y}(\lambda)=\boldsymbol{G}_{12}(\lambda)$便得所证.

其它三个性质的证明从略.又(1)与(3)也是借助构造定理来证明的,可见该定理的重要性.

同定义 3-11 相类似,也可引入两个多项式矩阵的**最大左公因子**(gcrd)的概念,建立其相应的构造定理及基本性质.从略.

现转移到多项式矩阵的互质性问题.

定义 3-12 两个具有相同列数的多项式矩阵 $\boldsymbol{D}(\lambda)$与 $\boldsymbol{N}(\lambda)$称为是右互质的,如果它们的最大右公因子(gcrd)为单模矩阵.

类似地可定义左互质概念．注意两个多项式矩阵右(左)互质时，未必是左(右)互质的．

定理 3-14(贝佐特判别准则)　两个 $n\times n$ 与 $m\times n$ 多项式矩阵 $\boldsymbol{D}(\lambda)$ 与 $\boldsymbol{N}(\lambda)$ 为右互质的充要条件是存在两个 $n\times n$ 与 $n\times m$ 多项式矩阵 $\boldsymbol{X}(\lambda)$ 与 $\boldsymbol{Y}(\lambda)$，使得下面的贝佐特(Bezout)等式成立：

$$\boldsymbol{X}(\lambda)\boldsymbol{D}(\lambda)+\boldsymbol{Y}(\lambda)\boldsymbol{N}(\lambda)=\boldsymbol{E}. \tag{3-16}$$

证明　必要性　设 $\boldsymbol{D}(\lambda)$ 与 $\boldsymbol{N}(\lambda)$ 是右互质的，因而它们的 gcrd$\boldsymbol{R}(\lambda)$ 为单模矩阵．由构造定理即得

$$\boldsymbol{R}(\lambda)=\boldsymbol{G}_{11}(\lambda)\boldsymbol{D}(\lambda)+\boldsymbol{G}_{12}(\lambda)\boldsymbol{N}(\lambda).$$

因 $\boldsymbol{R}^{-1}(\lambda)$ 存在且为多项式矩阵，以 $\boldsymbol{R}^{-1}(\lambda)$ 左乘式(3-15)即得

$$\boldsymbol{R}^{-1}(\lambda)\boldsymbol{G}_{11}(\lambda)\boldsymbol{D}(\lambda)+\boldsymbol{R}^{-1}(\lambda)\boldsymbol{G}_{12}(\lambda)\boldsymbol{N}(\lambda)=\boldsymbol{E}. \tag{3-17}$$

令

$$\boldsymbol{X}(\lambda)=\boldsymbol{R}^{-1}(\lambda)\boldsymbol{G}_{11}(\lambda),\quad \boldsymbol{Y}(\lambda)=\boldsymbol{R}^{-1}(\lambda)\boldsymbol{G}_{12}(\lambda),$$

则式(3-17)便为式(3-16)．

充分性　设式(3-16)成立，令 $\boldsymbol{R}(\lambda)$ 为 $\boldsymbol{D}(\lambda)$ 和 $\boldsymbol{N}(\lambda)$ 的一个 gcrd，则存在多项式矩阵 $\overline{\boldsymbol{D}}(\lambda)$ 与 $\overline{\boldsymbol{N}}(\lambda)$，使得

$$\boldsymbol{D}(\lambda)=\overline{\boldsymbol{D}}(\lambda)\boldsymbol{R}(\lambda),\quad \boldsymbol{N}(\lambda)=\overline{\boldsymbol{N}}(\lambda)\boldsymbol{R}(\lambda). \tag{3-18}$$

将式(3-18)代入式(3-16)可得

$$[\boldsymbol{X}(\lambda)\overline{\boldsymbol{D}}(\lambda)+\boldsymbol{Y}(\lambda)\overline{\boldsymbol{N}}(\lambda)]\boldsymbol{R}(\lambda)=\boldsymbol{E}. \tag{3-19}$$

因方括号内部分是个多项式矩阵，故由单模矩阵定义及式(3-19)，便知 $\boldsymbol{R}(\lambda)$ 为单模矩阵．从而 $\boldsymbol{D}(\lambda)$ 和 $\boldsymbol{N}(\lambda)$ 是右互质的．证毕．

利用多项式矩阵的史密斯标准形，也可以判别两个多项式矩阵的互质性．即有下述定理：

定理 3-15　两个 $n\times n$ 与 $m\times n$ 多项式矩阵 $\boldsymbol{D}(\lambda)$ 与 $\boldsymbol{N}(\lambda)$ 为右互质的充要条件是矩阵

$$\begin{bmatrix}\boldsymbol{D}(\lambda)\\\boldsymbol{N}(\lambda)\end{bmatrix}$$

的史密斯标准形为

$$\begin{bmatrix}\boldsymbol{E}\\\boldsymbol{0}\end{bmatrix}.$$

而两个 $m\times m$ 与 $m\times n$ 多项式矩阵 $\boldsymbol{A}(\lambda)$ 与 $\boldsymbol{B}(\lambda)$ 为左互质的充要条件是矩阵 $(\boldsymbol{A}(\lambda),\boldsymbol{B}(\lambda))$ 的史密斯标准形为 $(\boldsymbol{E},0)$．

证明　这里只证明右互质的结论．由构造定理即有

$$\boldsymbol{G}(\lambda)\begin{bmatrix}\boldsymbol{D}(\lambda)\\\boldsymbol{N}(\lambda)\end{bmatrix}=\begin{bmatrix}\boldsymbol{R}(\lambda)\\\boldsymbol{0}\end{bmatrix}=\begin{bmatrix}\boldsymbol{E}\\\boldsymbol{0}\end{bmatrix}\boldsymbol{R}(\lambda), \tag{3-20}$$

其中 $\boldsymbol{G}(\lambda)$ 是单模矩阵．

若 $\boldsymbol{D}(\lambda)$，$\boldsymbol{N}(\lambda)$ 为右互质的，则由定义 3-12，便知道它们的最大右公因子 $\boldsymbol{R}(\lambda)$ 是单模矩阵．而 $\boldsymbol{R}^{-1}(\lambda)$ 也是单模矩阵，将式(3-20)右乘 $\boldsymbol{R}^{-1}(\lambda)$ 即得

$$G(\lambda)\begin{pmatrix}D(\lambda)\\N(\lambda)\end{pmatrix}R^{-1}(\lambda)=\begin{pmatrix}E\\0\end{pmatrix}R(\lambda)R^{-1}(\lambda)=\begin{pmatrix}E\\0\end{pmatrix}. \tag{3-21}$$

如记单模矩阵 $R^{-1}(\lambda)$为 $R_1(\lambda)$,则式(3-21)即为

$$G(\lambda)\begin{pmatrix}D(\lambda)\\N(\lambda)\end{pmatrix}R_1(\lambda)=\begin{pmatrix}E\\0\end{pmatrix}. \tag{3-22}$$

因此

$$\begin{pmatrix}D(\lambda)\\N(\lambda)\end{pmatrix}\cong\begin{pmatrix}E\\0\end{pmatrix},\text{记为 } M(\lambda)\cong J. \tag{3-23}$$

从而有相同的不变因子(而 J 的不变因子全为 1),故有相同的史密斯标准形,但 J 的标准形就是自身,故 $M(\lambda)$的标准形是 J.必要条件得证.

再证充分性.设 $M(\lambda)$的标准形是 J(见式(3-23)).这说明存在单模矩阵 $G(\lambda)$及 $R_1(\lambda)$,使得式(3-22)成立.但 $R_1^{-1}(\lambda)$也是单模矩阵,以 $R_1^{-1}(\lambda)$右乘式(3-22),即得

$$G(\lambda)\begin{pmatrix}D(\lambda)\\N(\lambda)\end{pmatrix}=\begin{pmatrix}R_1^{-1}(\lambda)\\0\end{pmatrix}.$$

由定理 3-13,这等式表明单模矩阵 $R_1^{-1}(\lambda)$是 $D(\lambda)$与 $N(\lambda)$的一个 gcrd,再由定义 3-12 即知 $D(\lambda)$与 $N(\lambda)$是右互质的.证毕.

最后讨论多项式矩阵的既约性问题.

设 $M(\lambda)=(m_{ij}(\lambda))_{p\times q}$是多项式矩阵,定义

$$K_{ri}=\max_{1\leqslant j\leqslant q}\{\deg(m_{ij}(\lambda))\},\quad K_{cj}=\max_{1\leqslant i\leqslant p}\{\deg(m_{ij}(\lambda))\}.$$

前者称为 $M(\lambda)$的第 i 行次数,后者叫做 $M(\lambda)$的第 j 列次数,并分别记为 $\delta_{ri}M(\lambda)$及 $\delta_{cj}M(\lambda)$.

例 3-15 若 $M(\lambda)=\begin{pmatrix}\lambda^2+4\lambda+2 & 2\lambda^2+5\lambda & \lambda+6\\ \lambda+3 & \lambda^3-2\lambda & 4\end{pmatrix}$,则有

$$K_{r1}=2,\ K_{r2}=3;\ K_{c1}=2,\ K_{c2}=3,\ K_{c3}=1.$$

借助行次数和列次数的概念,多项式矩阵 $M(\lambda)$可以表示为下述两种形式.

列次表示式

$$M(\lambda)=M_{kc}H_c(\lambda)+M_{lc}(\lambda), \tag{3-24}$$

这里 $H_c(\lambda)=\mathrm{diag}\{\lambda^{K_{c1}},\lambda^{K_{c2}},\cdots,\lambda^{K_{cq}}\}$;$M_{kc}$为 $p\times q$ 的数字矩阵,它的第 j 列为 $M(\lambda)$的第 j 列中相应于 $\lambda^{k_{cj}}$ 的系数组成的列;M_{kc}称为列次系数矩阵,又 $M_{lc}(\lambda)$为低次剩余多项式矩阵,且

$$\delta_{cj}M_{lc}(\lambda)<K_{cj}\quad(j=1,2,\cdots,q).$$

例 3-16 设 $$M(\lambda)=\begin{pmatrix}\lambda^2+4\lambda+1 & 2\lambda^2 & \lambda+4\\ \lambda+3 & 4\lambda^3-2\lambda & 3\lambda+1\end{pmatrix},$$

则其列次表示式为

$$M(\lambda)=\begin{pmatrix}1&0&1\\0&4&3\end{pmatrix}\begin{pmatrix}\lambda^2&&\\&\lambda^3&\\&&\lambda\end{pmatrix}+\begin{pmatrix}4\lambda+1 & 2\lambda^2 & 4\\ \lambda+3 & -2\lambda & 1\end{pmatrix}.$$

如果限于考虑 $\boldsymbol{M}(\lambda)$ 为方阵即 $p=q$ 的情形，则由式(3-24)还可导出一个有用的关系式($\boldsymbol{M}(\lambda)$ 的行列式表示)

$$|\boldsymbol{M}(\lambda)| = |\boldsymbol{M}_{\text{kc}}| \cdot \lambda^{\sum K_{\text{c}j}} + \text{次数低于} \sum K_{\text{c}j} \text{ 的各项}.$$

类似地，有 $\boldsymbol{M}(\lambda)$ 的行次表示式

$$\boldsymbol{M}(\lambda) = H_{\text{r}}(\lambda)\boldsymbol{M}_{\text{kr}} + \boldsymbol{M}_{\text{lr}}(\lambda), \tag{3-25}$$

这里 $H_{\text{r}}(\lambda)=\text{diag}\{\lambda^{K_{\text{r}1}},\lambda^{K_{\text{r}2}},\cdots,\lambda^{K_{\text{r}p}}\}$；$\boldsymbol{M}_{\text{kr}}$ 为 $p\times q$ 数字矩阵，称为行次系数矩阵，它的第 i 行即为 $\boldsymbol{M}(\lambda)$ 的第 i 行中相应于 $\lambda^{K_{\text{r}i}}$ 的系数组成的行；而 $\boldsymbol{M}_{\text{lr}}(\lambda)$ 为低次剩余多项式矩阵，且满足 $\delta_{\text{r}i}\boldsymbol{M}_{\text{lr}}(\lambda)<K_{\text{r}i}\quad(i=1,2,\cdots,p)$.

又当 $\boldsymbol{M}(\lambda)$ 为 $p\times p$ 方阵时，由式(3-25)还可导出相应的行列式表示式

$$|\boldsymbol{M}(\lambda)| = |\boldsymbol{M}_{\text{kr}}| \cdot \lambda^{\sum k_{\text{r}i}} + \text{次数低于} \sum K_{\text{r}i} \text{ 的各项}.$$

定义 3-13 设 $\boldsymbol{M}(\lambda)$ 为满秩 p 阶多项式矩阵，如果

$$\deg|\boldsymbol{M}(\lambda)| = \sum_{j=1}^{p}\delta_{\text{c}j}\boldsymbol{M}(\lambda) = K_{\text{c}1}+K_{\text{c}2}+\cdots+K_{\text{c}p},$$

则称 $\boldsymbol{M}(\lambda)$ 是**列既约的**；如果

$$\deg|\boldsymbol{M}(\lambda)| = \sum_{i=1}^{p}\delta_{\text{r}i}\boldsymbol{M}(\lambda) = K_{\text{r}1}+K_{\text{r}2}+\cdots+K_{\text{r}p},$$

则称 $\boldsymbol{M}(\lambda)$ 是**行既约的**.

例 3-17 设有满秩多项式矩阵

$$\boldsymbol{M}(\lambda) = \begin{pmatrix} 3\lambda^2+2\lambda & 2\lambda+4 \\ \lambda^2+\lambda-3 & 7\lambda \end{pmatrix},$$

则有

$$\begin{aligned}&\deg|\boldsymbol{M}(\lambda)| = 3,\\ &K_{\text{c}1}=2,\quad K_{\text{c}2}=1,\quad \sum K_{\text{c}j}=3,\\ &K_{\text{r}1}=2,\quad K_{\text{r}2}=2,\quad \sum K_{\text{r}i}=4.\end{aligned}$$

因此这个多项式矩阵是列既约的，但不是行既约的.

定理 3-16 若 $\boldsymbol{M}(\lambda)$ 为 p 阶满秩多项式矩阵，则

(1) $\boldsymbol{M}(\lambda)$ 为列既约 $\Longleftrightarrow$ $\boldsymbol{M}_{\text{kc}}$ 满秩；

(2) $\boldsymbol{M}(\lambda)$ 为行既约 $\Longleftrightarrow$ $\boldsymbol{M}_{\text{kr}}$ 满秩.

证明 由于

$$|\boldsymbol{M}(\lambda)| = |\boldsymbol{M}_{\text{kc}}| \cdot \lambda^{\sum K_{\text{c}j}} + \text{低次项},$$

故当且仅当 $|\boldsymbol{M}(\lambda)|\neq 0$ 即 $\boldsymbol{M}_{\text{kc}}$ 为满秩时，始有

$$\deg|\boldsymbol{M}(\lambda)| = \sum K_{\text{c}j},$$

亦即 $\boldsymbol{M}(\lambda)$ 为列既约的. 因而(1)得证. 同理可证(2). 证毕.

例 3-18 对于例 3-14 的矩阵 $\boldsymbol{M}(\lambda)$，可求得其列次表示及行次表示.

列次表示为

$$\boldsymbol{M}(\lambda) = \begin{pmatrix} 3 & 2 \\ 1 & 7 \end{pmatrix} \cdot \begin{pmatrix} \lambda^2 & \\ & \lambda \end{pmatrix} + \begin{pmatrix} 2\lambda & 4 \\ \lambda-3 & 0 \end{pmatrix};$$

行次表示为

$$M(\lambda)=\begin{pmatrix}\lambda^2 & 0\\ 0 & \lambda^2\end{pmatrix}\cdot\begin{pmatrix}3 & 0\\ 1 & 0\end{pmatrix}+\begin{pmatrix}2\lambda & 2\lambda+4\\ \lambda-3 & 7\lambda\end{pmatrix}.$$

因此有

$$M_{kc}=\begin{pmatrix}3 & 2\\ 1 & 7\end{pmatrix},\quad M_{kr}=\begin{pmatrix}3 & 0\\ 1 & 0\end{pmatrix}.$$

故由 M_{kc}满秩知 $M(\lambda)$是列既约的,但因 M_{kr}不是满秩的,故 $M(\lambda)$不是行既约的.

如何把一个非既约多项式矩阵化为既约的,这在系统分析中是时常出现的.应用初等变换的办法便可达到这个目的.设 $M(\lambda)$是给定的 p 阶满秩非既约多项式矩阵,则可以找到 p 阶单模矩阵 $G(\lambda)$及 $F(\lambda)$,使得 $M(\lambda)G(\lambda)$与 $F(\lambda)M(\lambda)$为列既约(或行既约)的.这种做法的实质,就是通过对 $M(\lambda)$进行适当的列(或行)初等变换,来降低它的某些列(行)次数,以满足既约性定义 3-13 中所表达的要求.

例 3-19 设

$$M(\lambda)=\begin{pmatrix}(\lambda+2)^2(\lambda+3)^2 & -(\lambda+2)^2(\lambda+3)\\ 0 & \lambda+3\end{pmatrix},$$

则 $M(\lambda)$满秩但非列既约.

取单模矩阵

$$G(\lambda)=\begin{pmatrix}1 & 0\\ \lambda+3 & 1\end{pmatrix},\quad F(\lambda)=\begin{pmatrix}1 & (\lambda+2)^2\\ 0 & 1\end{pmatrix},$$

而使得

$$M(\lambda)G(\lambda)=\begin{pmatrix}0 & -(\lambda+2)^2(\lambda+3)\\ (\lambda+3)^2 & (\lambda+3)\end{pmatrix}$$

及

$$F(\lambda)M(\lambda)=\begin{pmatrix}(\lambda+2)^2(\lambda+3)^2 & 0\\ 0 & (\lambda+3)\end{pmatrix}$$

都是列既约的.

3.6 有理分式矩阵的标准形及其仿分式分解

由于应用上的需要,把多项式矩阵推广为有理分式矩阵是必要的.如果矩阵

$$G(\lambda)=(g_{ij}(\lambda))_{m\times n}$$

的元素

$$g_{ij}(\lambda)=\frac{a_{ij}(\lambda)}{b_{ij}(\lambda)}\quad(i=1,2,\cdots,m;\ j=1,2,\cdots,n)$$

都是 λ 的有理分式(这里 $a_{ij}(\lambda)$与 $b_{ij}(\lambda)$都是 λ 的多项式),则 $G(\lambda)$称为**有理分式矩阵**,简称**分式矩阵**.显然,多项式矩阵是它的特例.

由于有理分式经过四则运算后仍为有理分式,因而可以像数字矩阵那样类似地定义 $G(\lambda)$的各种运算及概念,如 $G(\lambda)$的子式、秩等等.当 $G(\lambda)$为方阵时,如其行列式

$|G(\lambda)|\neq 0$,则称 $G(\lambda)$是可逆的,其逆矩阵记为 $G^{-1}(\lambda)$,它也是个有理分式矩阵,当然仍要求满足条件 $G(\lambda)G^{-1}(\lambda)=E$.

注意 有理分式矩阵可逆与多项式矩阵可逆的区别.

有理分式矩阵在线性系统理论中是个重要工具.传递函数矩阵就是有理分式矩阵,它的理论其实就是分式矩阵的理论.本节只介绍分式矩阵的一种标准形及其仿分式分解.

定理 3-17 设 $G(\lambda)=(g_{ij}(\lambda))_{m\times n}\neq \mathbf{0}$是有理分式矩阵,且 $\operatorname{rank}G(\lambda)=r(\geqslant 1)$,则存在 $m\times m$ 单模多项式矩阵$P(\lambda)$及 $n\times n$ 单模多项式矩阵$Q(\lambda)$,使得

$$P(\lambda)G(\lambda)Q(\lambda)=M(\lambda)=\begin{pmatrix} T(\lambda) & \\ & \mathbf{0}\end{pmatrix},$$

其中

$$T(\lambda)=\operatorname{diag}\left[\frac{\varphi_1(\lambda)}{t_1(\lambda)},\frac{\varphi_2(\lambda)}{t_2(\lambda)},\cdots,\frac{\varphi_r(\lambda)}{t_r(\lambda)},\right].$$

$\varphi_i(\lambda),t_i(\lambda)$都是首一多项式,且满足条件:

(1) $t_i(\lambda)$与 $\varphi_i(\lambda)$互质 $(i=1,2,\cdots,r)$;

(2) $\varphi_i(\lambda)\mid\varphi_{i+1}(\lambda)$ $(i=1,2,\cdots,r-1)$;

(3) $t_{i+1}(\lambda)\mid t_i(\lambda)$ $(i=1,2,\cdots,r-1)$.

又 $M(\lambda)$称为有理分式矩阵 $G(\lambda)$的史密斯—麦克米伦(Smith-Mcmillan)标准形.它是B.Mcmillan 于 1952 年提出来的.它的意义在于为系统分析,特别是为分析多变量系统的极点和零点提供了一种重要的概念性和理论性工具.

证明 设有理分式矩阵

$$G(\lambda)=(g_{ij}(\lambda))_{m\times n}=\left(\frac{a_{ij}(\lambda)}{b_{ij}(\lambda)}\right)_{m\times n}$$

的元素中 $m\times n$ 个分母多项式

$$b_{ij}(\lambda)\quad(i=1,2,\cdots,m;\ j=1,2,\cdots,n)$$

的最小公倍式为 $b(\lambda)$(且为首 1 多项式),则 $b(\lambda)G(\lambda)$是多项式矩阵,且与 $G(\lambda)$有相同的秩 r.故有 $m\times m$ 单模矩阵$P(\lambda)$及 $n\times n$ 单模矩阵$Q(\lambda)$,把 $b(\lambda)G(\lambda)$化为史密斯标准形,即

$$P(\lambda)(b(\lambda)G(\lambda))Q(\lambda)=\begin{pmatrix} T_1(\lambda) & \\ & \mathbf{0}\end{pmatrix}.$$

这里 $T_1(\lambda)=\operatorname{diag}\{d_1(\lambda),d_2(\lambda),\cdots,d_r(\lambda)\}$,而且$d_i(\lambda)\mid d_{i+1}(\lambda)$ $(i=1,2,\cdots,r-1)$.因此

$$P(\lambda)(G(\lambda))Q(\lambda)=\begin{pmatrix} \dfrac{T_1(\lambda)}{b(\lambda)} & \\ & \mathbf{0}\end{pmatrix},\tag{3-26}$$

而

$$\frac{T_1(\lambda)}{b(\lambda)}=\operatorname{diag}\left\{\frac{d_1(\lambda)}{b(\lambda)},\frac{d_2(\lambda)}{b(\lambda)},\cdots,\frac{d_r(\lambda)}{b(\lambda)}\right\}.$$

把每个 $d_i(\lambda)/b(\lambda)$化为既约分式 $\varphi_i(\lambda)/t_i(\lambda)$(且 $\varphi_i(\lambda)$与 $t_i(\lambda)$均为首 1 多项式),为简单

起见,式(3-26)经过这样处理后左边仍用原式,于是得

$$P(\lambda)G(\lambda)Q(\lambda)=\begin{pmatrix}T(\lambda) & \\ & \mathbf{0}\end{pmatrix}$$

其中

$$T(\lambda)=\mathrm{diag}\left\{\frac{\varphi_1(\lambda)}{t_1(\lambda)},\frac{\varphi_2(\lambda)}{t_2(\lambda)},\cdots,\frac{\varphi_r(\lambda)}{t_r(\lambda)}\right\}.$$

又因 $\varphi_i(\lambda)/t_i(\lambda)$为既约分式,所以 $\varphi_i(\lambda)$与 $t_i(\lambda)$互质 $(i=1,2,\cdots,r)$,即定理中的(1)得证.而(2)与(3)也不难证明,从略.定理证毕.

由史密斯标准形的唯一性可知,上述标准形是唯一的.

例 3-20 求有理分式矩阵 $G(\lambda)=\begin{pmatrix}\frac{1-\lambda}{\lambda(\lambda+1)} & \frac{\lambda}{\lambda+1} & \frac{1}{\lambda+1}\\ \frac{1}{\lambda+1} & \frac{1}{\lambda+1} & -\frac{1}{\lambda+1}\\ \frac{\lambda^2+1}{\lambda(\lambda+1)} & \frac{\lambda}{\lambda+1} & -\frac{\lambda}{\lambda+1}\end{pmatrix}$的标准形.

解 $G(\lambda)$的元素中分母多项式的最小公倍式为 $b(\lambda)=\lambda(\lambda+1)$,而

$$b(\lambda)G(\lambda)=\begin{pmatrix}1-\lambda & \lambda^2 & \lambda\\ \lambda & \lambda & -\lambda\\ \lambda^2+1 & \lambda^2 & -\lambda^2\end{pmatrix}\cong\begin{pmatrix}1 & 0 & 0\\ 0 & \lambda & 0\\ 0 & 0 & \lambda(\lambda+1)\end{pmatrix},$$

所以

$$G(\lambda)\cong\begin{pmatrix}\frac{1}{\lambda(\lambda+1)} & 0 & 0\\ 0 & \frac{1}{\lambda+1} & 0\\ 0 & 0 & 1\end{pmatrix}.$$

定义 3-14 设 $G(\lambda)$是 $m\times n$ 有理分式矩阵,如果存在 $m\times m$ 满秩(多项式)矩阵 $P_1(\lambda)$及$m\times n$ 多项式矩阵$Q_1(\lambda)$,使得

$$G(\lambda)=P_1^{-1}(\lambda)Q_1(\lambda),\tag{3-27}$$

则式(3-27)称为 $G(\lambda)$的一个**左分解**,或 $G(\lambda)$的一个**左矩阵分式描述**;而当 $P_1(\lambda)$与 $Q_1(\lambda)$为左互质时,则式(3-27)称为 $G(\lambda)$的一个**左既约分解**.

若存在 n×n 满秩(多项式)$P_2(\lambda)$及 $m\times n$ 多项式矩阵$Q_2(\lambda)$,使得

$$G(\lambda)=Q_2(\lambda)P_2^{-1}(\lambda),\tag{3-28}$$

则式(3-28)称为 $G(\lambda)$的一个**右分解**,或 $G(\lambda)$的一个**右矩阵分式描述**;而当 $P_2(\lambda)$与 $Q_2(\lambda)$为右互质时,则式(3-28)称为 $G(\lambda)$的一个**右既约分解**.

注意 这里的 $P_1^{-1}(\lambda)$与 $P_2^{-1}(\lambda)$是指有理分式范围内的逆.

定理 3-18 任何 $m\times n$ 有理分式矩阵$G(\lambda)$都存在左分解、右分解、左既约分解及右既约分解.

证明 **方法一** 由定理 3-17 即有

$$\boldsymbol{P}(\lambda)\boldsymbol{G}(\lambda)\boldsymbol{Q}(\lambda)=\begin{pmatrix}\boldsymbol{T}(\lambda) & \\ & \boldsymbol{0}\end{pmatrix}\quad (\boldsymbol{T}(\lambda)\text{ 如上述}),$$

因此

$$\begin{aligned}\boldsymbol{G}(\lambda)&=\boldsymbol{P}^{-1}(\lambda)\begin{pmatrix}\boldsymbol{T}(\lambda) & \\ & \boldsymbol{0}\end{pmatrix}\boldsymbol{Q}^{-1}(\lambda)\\&=\boldsymbol{P}^{-1}(\lambda)\begin{pmatrix}\boldsymbol{T}_0(\lambda) & \\ & \boldsymbol{E}_{m-r}\end{pmatrix}\begin{pmatrix}\boldsymbol{\Phi}(\lambda) & \\ & \boldsymbol{0}\end{pmatrix}\boldsymbol{Q}^{-1}(\lambda),\end{aligned}$$

其中

$$\boldsymbol{T}_0(\lambda)=\mathrm{diag}\{t_1^{-1}(\lambda),t_2^{-1}(\lambda),\cdots,t_r^{-1}(\lambda)\},$$
$$\boldsymbol{\Phi}(\lambda)=\mathrm{diag}\{\varphi_1(\lambda),\varphi_2(\lambda),\cdots,\varphi_r(\lambda)\}.$$

取

$$\boldsymbol{P}_1(\lambda)=\begin{pmatrix}\boldsymbol{T}_0^{-1}(\lambda) & \\ & \boldsymbol{E}_{m-r}\end{pmatrix}\boldsymbol{P}(\lambda),\quad \boldsymbol{Q}_1(\lambda)=\begin{pmatrix}\boldsymbol{\Phi}(\lambda) & \\ & \boldsymbol{0}\end{pmatrix}\boldsymbol{Q}^{-1}(\lambda),$$

则有

$$\boldsymbol{G}(\lambda)=\boldsymbol{P}_1^{-1}(\lambda)\boldsymbol{Q}_1(\lambda),$$

因而得到 $\boldsymbol{G}(\lambda)$的一个左分解.同样有

$$\begin{aligned}\boldsymbol{G}(\lambda)&=\boldsymbol{P}^{-1}(\lambda)\begin{pmatrix}\boldsymbol{T}(\lambda) & \\ & \boldsymbol{0}\end{pmatrix}\boldsymbol{Q}^{-1}(\lambda)\\&=\boldsymbol{P}^{-1}(\lambda)\begin{pmatrix}\boldsymbol{\Phi}(\lambda) & \\ & \boldsymbol{0}\end{pmatrix}\begin{pmatrix}\boldsymbol{T}_0(\lambda) & \\ & \boldsymbol{E}_{n-r}\end{pmatrix}\boldsymbol{Q}^{-1}(\lambda).\end{aligned}$$

取

$$\boldsymbol{Q}_2(\lambda)=\boldsymbol{P}^{-1}(\lambda)\begin{pmatrix}\boldsymbol{\Phi}(\lambda) & \\ & \boldsymbol{0}\end{pmatrix},\quad \boldsymbol{P}_2(\lambda)=\boldsymbol{Q}(\lambda)\begin{pmatrix}\boldsymbol{T}_0^{-1}(\lambda) & \\ & \boldsymbol{E}_{n-r}\end{pmatrix},$$

则有

$$\boldsymbol{G}(\lambda)=\boldsymbol{Q}_2(\lambda)\boldsymbol{P}_2^{-1}(\lambda).$$

这便是 $\boldsymbol{G}(\lambda)$的一个右分解.

若 $\boldsymbol{G}(\lambda)=\boldsymbol{Q}_2(\lambda)\boldsymbol{P}_2^{-1}(\lambda)$是一个右分解,则可令 $\boldsymbol{R}(\lambda)$是 $\boldsymbol{P}_2(\lambda)$与 $\boldsymbol{Q}_2(\lambda)$的最大右公因子,于是由

$$\boldsymbol{P}_2(\lambda)=\boldsymbol{P}(\lambda)\boldsymbol{R}(\lambda),\quad \boldsymbol{Q}_2(\lambda)=\boldsymbol{Q}(\lambda)\boldsymbol{R}(\lambda)$$

和 gcrd 的基本性质(4),可知存在多项式矩阵 $\boldsymbol{X}(\lambda),\boldsymbol{Y}(\lambda)$,使得

$$\boldsymbol{R}(\lambda)=\boldsymbol{X}(\lambda)\boldsymbol{P}_2(\lambda)+\boldsymbol{Y}(\lambda)\boldsymbol{Q}_2(\lambda)=[\boldsymbol{X}(\lambda)\boldsymbol{P}(\lambda)+\boldsymbol{Y}(\lambda)\boldsymbol{Q}(\lambda)]\boldsymbol{R}(\lambda). \tag{3-29}$$

由 $\boldsymbol{P}_2(\lambda)$满秩知 $\boldsymbol{R}(\lambda)$满秩,于是式(3-29)变为

$$\boldsymbol{X}(\lambda)\boldsymbol{P}(\lambda)+\boldsymbol{Y}(\lambda)\boldsymbol{Q}(\lambda)=\boldsymbol{E},$$

所以 $\boldsymbol{G}(\lambda)=\boldsymbol{Q}(\lambda)\boldsymbol{P}^{-1}(\lambda)$是右既约分解.

仿此可证存在左既约分解.证毕.

有理分式矩阵的左、右分解是不唯一的.

事实上,说明左、右分解的存在性可使用下列证法.

方法二 对 $m\times n$ 有理分式矩阵 $\boldsymbol{G}(\lambda)$,记第 i 行分母的最小公倍式为 $b_i(\lambda)$,则 $b_i(\lambda)\neq 0$ $(i=1,2,\cdots,m)$.取 $\boldsymbol{P}_1(\lambda)=\mathrm{diag}\{b_1(\lambda),\cdots,b_m(\lambda)\}$,则 $\boldsymbol{P}_1(\lambda)$满秩,$\boldsymbol{Q}_1(\lambda)=\boldsymbol{P}_1(\lambda)\boldsymbol{G}(\lambda)$为多项式矩阵,从而有 $\boldsymbol{G}(\lambda)=\boldsymbol{P}_1^{-1}(\lambda)\boldsymbol{Q}_1(\lambda)$为一个左分解.

同理,可证右分解的存在性.

该证法提供了求 $\boldsymbol{G}(\lambda)$左、右分解的一种具体求法.

例 3-21 求传递函数矩阵

$$\boldsymbol{G}(s)=\begin{pmatrix}\dfrac{s+1}{(s+2)^2(s+3)^2} & \dfrac{s}{(s+3)^2}\\ \dfrac{-(s+1)}{(s+3)^2} & \dfrac{-s}{(s+3)^2}\end{pmatrix}$$

的一个右分解及一个左分解.

解 容易求出 $\boldsymbol{G}(s)$的列最小公分母依次为

$$d_{c1}(s)=(s+2)^2(s+3)^2,\quad d_{c2}(s)=(s+3)^2.$$

因此得 $\boldsymbol{G}(s)$的一个右分解

$$\boldsymbol{G}(s)=\begin{pmatrix}s+1 & s\\ -(s+1)^2(s+2)^2 & -s\end{pmatrix}\begin{pmatrix}(s+2)^2(s+3)^2 & \\ & (s+3)^2\end{pmatrix}^{-1}.$$

又 $\boldsymbol{G}(s)$的行的最小公分母为

$$d_{r1}(s)=(s+2)^2(s+3)^2,\ d_{r2}(s)=(s+3)^2,$$

所以 $\boldsymbol{G}(s)$的一个左分解为

$$\boldsymbol{G}(s)=\begin{pmatrix}(s+2)^2(s+3)^2 & \\ & (s+3)^2\end{pmatrix}^{-1}\begin{pmatrix}s+1 & s(s+2)^2\\ -(s+1) & -s\end{pmatrix}.$$

注 例 3-18 的解法中用到下述运算规则

(1) $$\begin{pmatrix}a_{11} & a_{12} & \cdots & a_{1n}\\ a_{21} & a_{22} & \cdots & a_{2n}\\ \vdots & \vdots & & \vdots\\ a_{m1} & a_{m2} & \cdots & a_{mn}\end{pmatrix}\begin{pmatrix}d_1 & & & \\ & d_2 & & \\ & & \ddots & \\ & & & d_n\end{pmatrix}=\begin{pmatrix}a_{11}d_1 & a_{12}d_2 & \cdots & a_{1n}d_n\\ a_{21}d_1 & a_{22}d_2 & \cdots & a_{2n}d_n\\ \vdots & \vdots & & \vdots\\ a_{m1}d_1 & a_{m2}d_2 & \cdots & a_{mn}d_n\end{pmatrix}.$$

(2) $$\begin{pmatrix}d_1 & & & \\ & d_2 & & \\ & & \ddots & \\ & & & d_m\end{pmatrix}\begin{pmatrix}a_{11} & a_{12} & \cdots & a_{1n}\\ a_{21} & a_{22} & \cdots & a_{2n}\\ \vdots & \vdots & & \vdots\\ a_{m1} & a_{m2} & \cdots & a_{mn}\end{pmatrix}=\begin{pmatrix}a_{11}d_1 & a_{12}d_1 & \cdots & a_{1n}d_1\\ a_{21}d_2 & a_{22}d_2 & \cdots & a_{2n}d_2\\ \vdots & \vdots & & \vdots\\ a_{m1}d_m & a_{m2}d_m & \cdots & a_{mn}d_m\end{pmatrix}.$$

这由矩阵乘法定义不难证实.

3.7 系统的传递函数矩阵*

设系统的 n 个状态变量为$x_1(t),x_2(t),\cdots,x_n(t)$,这些变量在 $t=t_0$ 时的值都已知,而且还知道 $t\geqslant t_0$ 时,r 个输入(或控制)变量 $u_1(t),u_2(t),\cdots,u_r(t)$,则在 $t\geqslant t_0$ 时系统的状态就完全确定.

系统的输出变量可以是某一个状态变量,但它们是完全不同的概念.状态变量是描述系统动态行为的信息,而输出变量则是人们希望从系统中获得的响应.

以 n 个状态变量为轴组成的空间叫做 n 维状态空间. 而把上述 n 个状态变量看成这空间中一个向量 $\boldsymbol{x}(t)$ 的 n 个分量,即

$$\boldsymbol{x}(t) = (x_1(t), x_2(t), \cdots, x_n(t))^{\mathrm{T}}.$$

$\boldsymbol{x}(t)$ 称为系统的状态向量,它描述系统在 t 时刻的状态.

同样地,用

$$\boldsymbol{u}(t) = (u_1(t), u_2(t), \cdots, u_r(t))^{\mathrm{T}}$$

代表一个 r 维列向量. 系统的状态方程是状态向量 $\boldsymbol{x}(t)$ 的一阶微分方程

$$\dot{\boldsymbol{x}}(t) = f(\boldsymbol{x}(t), \boldsymbol{u}(t), t). \tag{3-30}$$

式(3-30)右边是状态向量 $\boldsymbol{x}(t)$ 和输入向量 $\boldsymbol{u}(t)$ 及时间 t 的向量函数. 式(3-30)还可以写成 n 个分量等式的形式. 特别地,对于**线性定常系统**,其状态方程为

$$\dot{\boldsymbol{x}}(t) = \boldsymbol{A}\boldsymbol{x}(t) + \boldsymbol{B}\boldsymbol{u}(t),$$

或更简单地写为

$$\dot{\boldsymbol{x}} = \boldsymbol{A}\boldsymbol{x} + \boldsymbol{B}\boldsymbol{u}. \tag{3-31}$$

这里 $\boldsymbol{A}, \boldsymbol{B}$ 都是常数矩阵(元素都与 t 无关)

$$\boldsymbol{A} = (a_{ij})_{n\times n}, \quad \boldsymbol{B} = (b_{ij})_{n\times r}.$$

其中 $\boldsymbol{A}$ 称为系统矩阵, $\boldsymbol{B}$ 称为输入(或控制)矩阵,二者都由系统本身的参数所组成.

类似地,线性定常系统的输出方程为

$$\boldsymbol{y} = \boldsymbol{C}\boldsymbol{x} + \boldsymbol{D}\boldsymbol{u}. \tag{3-32}$$

这里, $\boldsymbol{C}$ 是 $m \times n$ 矩阵(称为输出矩阵), $\boldsymbol{D}$ 是 $m \times r$ 矩阵(称为直接转移矩阵), $\boldsymbol{y} = (y_1, y_2, \cdots, y_m)^{\mathrm{T}}$ 是输出向量. 矩阵 $\boldsymbol{C}$ 表达了输出变量与状态变量的关系,而 $\boldsymbol{D}$ 则表达了输入变量通过矩阵 $\boldsymbol{D}$ 所示关系直接转移到输出. 大多数实际系统中,矩阵 $\boldsymbol{D}$ 均为零矩阵.

当初始值为零,即 $\boldsymbol{x}(0) = \boldsymbol{0}$ 时,对式(3-31)、式(3-32)进行拉普拉斯变换可得

$$s\boldsymbol{X} = \boldsymbol{A}\boldsymbol{X} + \boldsymbol{B}\boldsymbol{U}, \tag{3-33}$$

$$\boldsymbol{Y} = \boldsymbol{C}\boldsymbol{X} + \boldsymbol{D}\boldsymbol{U}. \tag{3-34}$$

由式(3-33)得

$$(s\boldsymbol{E} - \boldsymbol{A})\boldsymbol{X} = \boldsymbol{B}\boldsymbol{U}.$$

在有理分式矩阵范围内, $s\boldsymbol{E} - \boldsymbol{A}$ 是可逆的,故有

$$\boldsymbol{X} = (s\boldsymbol{E} - \boldsymbol{A})^{-1}\boldsymbol{B}\boldsymbol{U},$$

代入式(3-34)得

$$\boldsymbol{Y} = [\boldsymbol{C}(s\boldsymbol{E} - \boldsymbol{A})^{-1}\boldsymbol{B} + \boldsymbol{D}]\boldsymbol{U} = \boldsymbol{G}\boldsymbol{U}, \tag{3-35}$$

这里

$$\boldsymbol{G} = \boldsymbol{C}(s\boldsymbol{E} - \boldsymbol{A})^{-1}\boldsymbol{B} + \boldsymbol{D}. \tag{3-36}$$

$\boldsymbol{G} = \boldsymbol{G}(s)$ 是 $m \times r$ 分式矩阵,称为**系统的传递函数矩阵**. 将式(3-35)写成展开形式便是

$$\begin{pmatrix} Y_1(s) \\ Y_2(s) \\ \vdots \\ Y_m(s) \end{pmatrix} = \begin{pmatrix} G_{11}(s) & G_{12}(s) & \cdots & G_{1r}(s) \\ G_{21}(s) & G_{22}(s) & \cdots & G_{2r}(s) \\ \vdots & \vdots & & \vdots \\ G_{m1}(s) & G_{m2}(s) & \cdots & G_{mr}(s) \end{pmatrix} \begin{pmatrix} U_1(s) \\ U_2(s) \\ \vdots \\ U_r(s) \end{pmatrix}.$$

传递函数矩阵 $\boldsymbol{G}(s)$ 表达了输出向量 $\boldsymbol{Y}(s)$ 与输入向量 $\boldsymbol{U}(s)$ 之间的关系. 它的每个元素 $G_{ij}(s)$ 表达了第 j 个输入 $U_j(s)$ 在第 i 个输出 $Y_i(s)$ 中的影响;或者说,第 i 个输出 $Y_i(s)$

是全部 r 个输入 $U_j(s)$ $(j=1,2,\cdots,r)$通过各自的传递函数 $G_{i1},G_{i2},\cdots,G_{ir}$综合作用的结果.

例 3-22 设系统的状态方程及输出方程为

$$\begin{pmatrix}\dot{x}_1\\ \dot{x}_2\\ \dot{x}_3\end{pmatrix}=\begin{pmatrix}0&1&0\\0&0&1\\-24&-26&-9\end{pmatrix}\begin{pmatrix}x_1\\x_2\\x_3\end{pmatrix}+\begin{pmatrix}1&0\\2&-1\\0&2\end{pmatrix}\begin{pmatrix}u_1\\u_2\end{pmatrix},$$

$$\begin{pmatrix}y_1\\y_2\end{pmatrix}=\begin{pmatrix}1&-1&0\\0&1&-1\end{pmatrix}\begin{pmatrix}x_1\\x_2\\x_3\end{pmatrix}.$$

又初始值为零.求系统的传递函数矩阵 $\boldsymbol{G}(s)$.

解 由于

$$(s\boldsymbol{E}-\boldsymbol{A})^{-1}=\frac{\operatorname{adj}(s\boldsymbol{E}-\boldsymbol{A})}{|s\boldsymbol{E}-\boldsymbol{A}|}$$

$$=\frac{1}{s^3+9s^2+26s+24}\begin{pmatrix}s^2+9s+26&s+9&1\\-24&s^2+9s&s\\-24s&-26s-24&s^2\end{pmatrix},$$

这里 $\operatorname{adj}(s\boldsymbol{E}-\boldsymbol{A})$为 $s\boldsymbol{E}-\boldsymbol{A}$ 的伴随矩阵.

因此由式(3-36)求得

$$\boldsymbol{G}(s)=\frac{1}{d}\begin{pmatrix}-s^2-7s+68&s^2+6s-7\\2s^2+94s+24&-3s^2-33s-24\end{pmatrix},$$

这里

$$d=s^3+9s^2+26s+24.$$

最后说明一下传递函数的意义.

若系统的传递函数 $\boldsymbol{G}(s)=(a_{ij}(s)/b_{ij}(s))$满足条件

$$\deg(a_{ij}(s))\leqslant\deg(b_{ij}(s))\quad(\text{所有 } i,j),$$

则称 $\boldsymbol{G}(s)$是真的;若此不等式为严格不等式($<$),则称 $\boldsymbol{G}(s)$是严格真的.可以证明这两种情形相当于下面的两个极限式子,即

$\boldsymbol{G}(s)$为真:$\lim\limits_{s\to\infty}\boldsymbol{G}(s)=\boldsymbol{G}_0$ (非零常数矩阵);

$\boldsymbol{G}(s)$严格真:$\lim\limits_{s\to\infty}\boldsymbol{G}(s)=\boldsymbol{0}$.

只有 $\boldsymbol{G}(s)$是真的或严格真的,它所表征的系统才是可以用实际的物理元件来构成,或才能够正常地工作.

3.8 舒尔定理及矩阵的 QR 分解

舒尔(Schur)定理在理论上很重要,它是很多重要定理证明的出发点.而矩阵的 QR 分解在数值代数中起着重要作用,是计算矩阵特征值及求解线性方程组的一个重要工具.本节目的是介绍这两个结果.下面的讨论是在酉空间 $\mathbb{C}^n$内进行的.

定理 3-19(舒尔定理) 若 $A\in\mathbb{C}^{n\times n}$,则存在酉矩阵 U,使得

$$U^{H}AU = T,$$

这里 T 为上三角矩阵,T 的(主)对角线上的元素都是 A 的特征值.

证明 设 A 的特征值为$\lambda_1,\lambda_2,\cdots,\lambda_n$.若 $\boldsymbol{\varepsilon}_1$ 为 A 的属于λ_1 的单位特征向量.把 $\boldsymbol{\varepsilon}_1$ 扩充成 $\mathbb{C}^n$的一个基

$$\boldsymbol{\varepsilon}_1,\boldsymbol{\eta}_2,\cdots,\boldsymbol{\eta}_n.$$

对它进行正交化、单位化,可以得到一个标准正交基

$$\boldsymbol{\varepsilon}_1,\boldsymbol{\eta}'_2,\cdots,\boldsymbol{\eta}'_n. \tag{3-37}$$

以这个基作列向量构成的矩阵

$$U_1 = (\boldsymbol{\varepsilon}_1,\boldsymbol{\eta}'_2,\cdots,\boldsymbol{\eta}'_n)$$

为酉矩阵.由于

$$AU_1 = (A\boldsymbol{\varepsilon}_1,A\boldsymbol{\eta}'_2,\cdots,A\boldsymbol{\eta}'_n) = (\lambda_1\boldsymbol{\varepsilon}_1,A\boldsymbol{\eta}'_2,\cdots,A\boldsymbol{\eta}'_n),$$

所以

$$U_1^{H}AU_1 = \begin{pmatrix}\overline{\boldsymbol{\varepsilon}}_1^{T}\\ \overline{\boldsymbol{\eta}}_2'^{T}\\ \vdots\\ \overline{\boldsymbol{\eta}}_n'^{T}\end{pmatrix}(\lambda_1\boldsymbol{\varepsilon}_1,A\boldsymbol{\eta}'_2,\cdots,A\boldsymbol{\eta}'_n).$$

注意到 $\overline{\boldsymbol{\varepsilon}}_1^{T}\lambda\boldsymbol{\varepsilon}_1=\lambda_1|\boldsymbol{\varepsilon}_1|=\lambda_1$ 及向量组(3-37)的正交性,则有

$$U_1^{H}AU_1 = \begin{pmatrix}\lambda_1 & *\\ \boldsymbol{0} & A_1\end{pmatrix},$$

易知 $n-1$ 阶方阵 A_1 的特征值为 $\lambda_2,\cdots,\lambda_n$.设 $\boldsymbol{\varepsilon}_2\in\mathbb{C}^{n-1}$为 A_1 的属于 λ_2 的单位特征向量,又重复上述步骤,则又有 $n-1$ 阶酉矩阵 U_2,使得

$$U_2^{H}A_1U_2 = \begin{pmatrix}\lambda_2 & *\\ \boldsymbol{0} & A_2\end{pmatrix}.$$

令

$$V_2 = \begin{pmatrix}1 & \boldsymbol{0}\\ \boldsymbol{0} & U_2\end{pmatrix},$$

则 V_2 和 U_1V_2 都是 n 阶酉矩阵,因而 $V_2^{H}U_1^{H}AU_1V_2$ 具有如下形式

$$V_2^{H}U_2^{H}AU_1V_2=\begin{pmatrix}\lambda_1 & & *\\ & \lambda_2 & \\ & & A_2\end{pmatrix}.$$

继续这种做法,便得到 $n-i+1$ 阶的酉矩阵 $U_i(i=1,2,\cdots,n-1)$以及 n 阶酉矩阵 $V_i(i=2,3,\cdots,n-1)$.令

$$U = U_1V_2V_3\cdots V_{n-1},$$

则 U 为n 阶酉矩阵,且 $U^{H}AU$ 便给出了所要求的形式.又 $U^{H}AU=T$ 是上三角矩阵,显然 T 与A 有相同的特征值.证毕.

注意 若 A 是实矩阵,且 A 的特征值恰好全为实数时,则特征向量可选为实向量,而

上述步骤可以在实数域内进行,因而 U 可选为(实)正交矩阵.

因 U 为酉矩阵,$U^{H}U=E$,即 $U^{H}=U^{-1}$,故舒尔定理的结论亦可以叙述为:任一复数方阵都可以酉相似于上三角矩阵.

仿照这定理的证明可以得知,在定理的叙述中,"上三角矩阵"改成"下三角矩阵"亦是可以的,当然它相应的酉矩阵与前者不同.又定理中的酉矩阵及上三角矩阵都不是唯一的.

应用定理 3-19 可以证明下面的定理.

定理 3-20 设 $A\in\mathbb{C}^{n\times n}$,则有可逆矩阵 P,使得

$$P^{-1}AP=\begin{pmatrix}\lambda_1 & b_{12} & \cdots & b_{1n}\\ & \lambda_2 & & \\ & & \ddots & \vdots\\ \mathbf{0} & & & \lambda_n\end{pmatrix},$$

而且 $\sum\limits_{i,j=1}^{n}|b_{ij}|<\varepsilon$,其中 ε 是预先给定的任一正数.

证明 由定理 3-19,存在酉矩阵 Q,使得

$$Q^{-1}AQ=\begin{pmatrix}\lambda_1 & & & \rho_{ij}\\ & \lambda_2 & & \\ & & \ddots & \\ & \mathbf{0} & & \lambda_n\end{pmatrix}.$$

令 $F=\mathrm{diag}\{r,r^2,\cdots,r^n\}$,$r$ 为非零常数,且取 $T=QF$,则有

$$T^{-1}AT=F^{-1}\begin{pmatrix}\lambda_1 & & & \rho_{ij}\\ & \lambda_2 & & \\ & & \ddots & \\ & \mathbf{0} & & \lambda_n\end{pmatrix}F=\begin{pmatrix}\lambda_1 & r\rho_{12} & r^2\rho_{13} & \cdots & r^{n-1}\rho_{1n}\\ & \lambda_2 & r\rho_{23} & \cdots & r^{n-2}\rho_{2n}\\ & & \ddots & & \vdots\\ & & & \ddots & \\ \mathbf{0} & & & & \lambda_n\end{pmatrix}$$

$$=\begin{pmatrix}\lambda_1 & b_{12} & b_{13} & \cdots & b_{1n}\\ & \lambda_2 & b_{23} & \cdots & b_{2n}\\ & & \ddots & & \vdots\\ & & & \ddots & \\ \mathbf{0} & & & & \lambda_n\end{pmatrix}.$$

对给定的 $\varepsilon>0$,可选择 r,使得

$$\sum_{i,j=1}^{n}|b_{ij}|<\varepsilon$$

成立.证毕.

以下转到另一重要定理,它为计算特征值的数值方法提供了重要理论依据.

定理 3-21(*QR* 分解定理) 设 A 为 n 阶复数矩阵,则存在酉矩阵 Q 及上三角矩阵 R,使得

$$A=QR.$$

证明　把矩阵 $\boldsymbol{A}$ 写成分块矩阵形式

$$\boldsymbol{A}=(\boldsymbol{\alpha}_1,\boldsymbol{\alpha}_2,\cdots,\boldsymbol{\alpha}_n),$$

其中 $\boldsymbol{\alpha}_j$ 为 $\boldsymbol{A}$ 的第 j 列向量($j=1,2,\cdots,n$).注意,向量组 $\boldsymbol{\alpha}_1,\boldsymbol{\alpha}_2,\cdots,\boldsymbol{\alpha}_n$ 未必是线性无关的,亦即它可以不是酉空间 $\mathbb{C}^n$ 的一个基.现在从这组向量出发,用下述方法(类似于上章介绍过的施密特正交化过程),首先构作一组可以包含零向量在内的"正交向量组"(已讲过:零向量与任何向量正交).

若 $\boldsymbol{\alpha}_1=\mathbf{0}$,则取 $\boldsymbol{\beta}_1=\mathbf{0}$;若 $\boldsymbol{\alpha}_1\neq\mathbf{0}$,就取

$$\boldsymbol{\beta}_1=\frac{\boldsymbol{\alpha}_1}{(\boldsymbol{\alpha}_1^{\mathrm{H}}\boldsymbol{\alpha}_1)^{1/2}},$$

接着作向量

$$\boldsymbol{\gamma}_2=\boldsymbol{\alpha}_2-(\boldsymbol{\beta}_1^{\mathrm{H}}\boldsymbol{\alpha}_2)\boldsymbol{\beta}_1,$$

如果 $\boldsymbol{\gamma}_2=\mathbf{0}$,就取 $\boldsymbol{\beta}_2=\mathbf{0}$;若 $\boldsymbol{\gamma}_2\neq\mathbf{0}$,就取

$$\boldsymbol{\beta}_2=\frac{\boldsymbol{\gamma}_2}{(\boldsymbol{\gamma}_2^{\mathrm{H}}\boldsymbol{\gamma}_2)^{1/2}}.$$

如此继续下去,求出 $\boldsymbol{\beta}_1,\boldsymbol{\beta}_2,\cdots,\boldsymbol{\beta}_{k-1}$ 后,作

$$\boldsymbol{\gamma}_k=\boldsymbol{\alpha}_k-\sum_{i=1}^{k-1}(\boldsymbol{\beta}_i^{\mathrm{H}}\boldsymbol{\alpha}_k)\boldsymbol{\beta}_i.$$

若 $\boldsymbol{\gamma}_k=\mathbf{0}$,则取 $\boldsymbol{\beta}_k=\mathbf{0}$;若 $\boldsymbol{\gamma}_k\neq\mathbf{0}$,就取

$$\boldsymbol{\beta}_k=\frac{\boldsymbol{\gamma}_k}{(\boldsymbol{\gamma}_k^{\mathrm{H}}\boldsymbol{\gamma}_k)^{1/2}}\quad(k=2,3,\cdots,n).$$

可以验证 $\boldsymbol{\gamma}_1,\boldsymbol{\gamma}_2,\boldsymbol{\gamma}_3,\cdots,\boldsymbol{\gamma}_n$ 为"正交向量组"(它可以含有零向量),从而 $\boldsymbol{\beta}_1,\boldsymbol{\beta}_2,\cdots,\boldsymbol{\beta}_n$ 是"正交向量组",且每个向量 $\boldsymbol{\beta}_j$ 或为零向量,或为单位向量.而且每个 $\boldsymbol{\beta}_j$ 是 $\boldsymbol{\alpha}_1,\boldsymbol{\alpha}_2,\cdots,\boldsymbol{\alpha}_j$ 的线性组合.反过来上述作法保证每个 $\boldsymbol{\alpha}_j$ 是 $\boldsymbol{\beta}_1,\boldsymbol{\beta}_2,\cdots,\boldsymbol{\beta}_j$ 的线性组合.因此存在复数 r_{kj} 使得

$$\boldsymbol{\alpha}_j=\sum_{k=1}^{j}r_{kj}\boldsymbol{\beta}_k\quad(j=1,2,\cdots,n).\tag{3-38}$$

若对所有 $k>j$,令 $r_{kj}=0$;而对所有使 $\boldsymbol{\beta}_i=\mathbf{0}$ 的每个 i,令 $r_{ij}=0\ \ (j=1,2,\cdots,n)$,则经过上述过程,上三角矩阵 $\boldsymbol{R}=(r_{ij})_{n\times n}$ 及向量 $\boldsymbol{\beta}_1,\boldsymbol{\beta}_2,\cdots,\boldsymbol{\beta}_n$ 均由 $\boldsymbol{\alpha}_1,\boldsymbol{\alpha}_2,\cdots,\boldsymbol{\alpha}_n$ 所确定.矩阵 $\boldsymbol{Q}=(\boldsymbol{\beta}_1,\boldsymbol{\beta}_2,\cdots,\boldsymbol{\beta}_n)$ 的列是两两正交的,但有些列向量可能是零向量,不过式(3-38)表明这时已有 $\boldsymbol{A}=\boldsymbol{QR}$.但由于这样得到的 $\boldsymbol{Q}$ 可能仍不是酉矩阵,所以还需作如下处理.

取出 $\boldsymbol{Q}$ 中的所有非零向量 $\boldsymbol{\beta}_{i_1},\boldsymbol{\beta}_{i_2},\cdots,\boldsymbol{\beta}_{i_s}$(标准正交组),并把它扩充成 $\mathbb{C}^n$ 的一组标准正交基

$$\boldsymbol{\beta}_{i_1},\boldsymbol{\beta}_{i_2},\cdots,\boldsymbol{\beta}_{i_s},\quad \boldsymbol{\eta}_1,\boldsymbol{\eta}_2,\cdots,\boldsymbol{\eta}_p$$

数 p 为 $\boldsymbol{Q}$ 中零列向量的个数.现以 $\boldsymbol{\eta}_i$ 代替 $\boldsymbol{Q}$ 中第 $i(i=1,2,\cdots,p)$ 个零列向量,用 $\boldsymbol{Q}'$ 表示这样替代后由 $\boldsymbol{Q}$ 产生的矩阵.因 $\boldsymbol{Q}'$ 的新列(即 $\boldsymbol{Q}$ 中经用 $\boldsymbol{\eta}_i$ 取代第 i 个零列所得到的列)与 $\boldsymbol{R}$ 中的零行(注意上述 $r_{ij}=0$ 的做法)相对应,于是 $\boldsymbol{Q}'$ 有标准正交列,且 $\boldsymbol{QR}=\boldsymbol{Q}'\boldsymbol{R}$,故 $\boldsymbol{A}=\boldsymbol{Q}'\boldsymbol{R}$ 便为所求的分解式.证毕.

这个定理的特殊情况是:当 $\boldsymbol{A}$ 为可逆矩阵时,则可取 $\boldsymbol{R}$ 为具有正对角元的上三角矩阵,并且这时的 $\boldsymbol{Q},\boldsymbol{R}$ 都是唯一的.此外,当 $\boldsymbol{A}$ 为实矩阵时,$\boldsymbol{Q},\boldsymbol{R}$ 都可取实矩阵.

3.9 矩阵的奇异值分解

本节介绍的下述定理,称为矩阵的奇异值分解定理,它是在讨论最小二乘问题和广义逆矩阵计算以及很多应用领域中有着关键作用的一个定理.

定理 3-22 设 $\boldsymbol{A}\in\mathbb{C}^{m\times n}$,则存在酉矩阵 $\boldsymbol{P},\boldsymbol{Q}$,使得

$$\boldsymbol{P}^{\mathrm{H}}\boldsymbol{A}\boldsymbol{Q}=\begin{pmatrix}\boldsymbol{D} & \boldsymbol{0}\\ \boldsymbol{0} & \boldsymbol{0}\end{pmatrix},$$

这里 $\boldsymbol{D}=\mathrm{diag}\{d_1,d_2,\cdots,d_r\}$,且 $d_1\geqslant d_2\geqslant\cdots\geqslant d_r>0$.

$d_i(i=1,2,\cdots,r)$称为 $\boldsymbol{A}$ 的**奇异值**,而

$$\boldsymbol{A}=\boldsymbol{P}\begin{pmatrix}\boldsymbol{D} & \boldsymbol{0}\\ \boldsymbol{0} & \boldsymbol{0}\end{pmatrix}\boldsymbol{Q}^{\mathrm{H}},$$

称为矩阵 $\boldsymbol{A}$ 的**奇异值分解式**.

证明 设 $\boldsymbol{B}=\boldsymbol{A}^{\mathrm{H}}\boldsymbol{A}$,则

$$\boldsymbol{B}^{\mathrm{H}}=(\boldsymbol{A}^{\mathrm{H}}\boldsymbol{A})^{\mathrm{H}}=\boldsymbol{A}^{\mathrm{H}}(\boldsymbol{A}^{\mathrm{H}})^{\mathrm{H}}=\boldsymbol{A}^{\mathrm{H}}\boldsymbol{A}=\boldsymbol{B},$$

即 $\boldsymbol{B}$ 为 n 阶厄米特矩阵. 可以证明 $\boldsymbol{B}$ 的特征值均非负值*. 设这些特征值为

$$d_1^2,d_2^2,\cdots,d_n^2,$$

其中

$$d_1\geqslant d_2\geqslant\cdots\geqslant d_r>0,$$

而其余的 d_i 均为零. 设 $\boldsymbol{q}_1,\boldsymbol{q}_2,\cdots,\boldsymbol{q}_n$ 为 $\boldsymbol{B}$ 的对应于 $d_1^2,d_2^2,\cdots,d_n^2$ 的标准正交特征向量. 令

$$\boldsymbol{Q}=(\boldsymbol{Q}_1,\boldsymbol{Q}_2),$$

其中

$$\boldsymbol{Q}_1=(\boldsymbol{q}_1,\boldsymbol{q}_2,\cdots,\boldsymbol{q}_r),\quad \boldsymbol{Q}_2=(\boldsymbol{q}_{r+1},\cdots,\boldsymbol{q}_n).$$

则有

$$\boldsymbol{Q}_1^{\mathrm{H}}\boldsymbol{A}^{\mathrm{H}}\boldsymbol{A}\boldsymbol{Q}_1=\boldsymbol{D}^2. \tag{3-39}$$

于是

$$\boldsymbol{D}^{-1}\boldsymbol{Q}_1^{\mathrm{H}}\boldsymbol{A}^{\mathrm{H}}\boldsymbol{A}\boldsymbol{Q}_1\boldsymbol{D}^{-1}=\boldsymbol{E}. \tag{3-40}$$

又由 $\boldsymbol{Q}_2$ 的定义可得

$$\boldsymbol{Q}_2^{\mathrm{H}}\boldsymbol{A}^{\mathrm{H}}\boldsymbol{A}\boldsymbol{Q}_2=\boldsymbol{0},$$

从而

$$\boldsymbol{A}\boldsymbol{Q}_2=\boldsymbol{0}. \tag{3-41}$$

又令 $\boldsymbol{P}_1=\boldsymbol{A}\boldsymbol{Q}_1\boldsymbol{D}^{-1}$,则式(3-40)可写为

$$\boldsymbol{P}_1^{\mathrm{H}}\boldsymbol{P}_1=\boldsymbol{E}. \tag{3-42}$$

---

* 设 $\boldsymbol{X}$ 为 $\boldsymbol{A}^{\mathrm{H}}\boldsymbol{A}$ 的对应于特征值 λ 的特征向量,则由 $\boldsymbol{A}^{\mathrm{H}}\boldsymbol{A}\boldsymbol{X}=\lambda\boldsymbol{X}$,即有 $\boldsymbol{X}^{\mathrm{H}}\boldsymbol{A}^{\mathrm{H}}\boldsymbol{A}\boldsymbol{X}=\lambda\boldsymbol{X}^{\mathrm{H}}\boldsymbol{X}$,于是

$$(\boldsymbol{A}\boldsymbol{X})^{\mathrm{H}}(\boldsymbol{A}\boldsymbol{X})=\lambda\boldsymbol{X}^{H}\boldsymbol{X},$$

即

$$(\boldsymbol{A}\boldsymbol{X},\boldsymbol{A}\boldsymbol{X})=\lambda(\boldsymbol{X},\boldsymbol{X}).$$

但$(\boldsymbol{X},\boldsymbol{X})>0$,$(\boldsymbol{A}\boldsymbol{X},\boldsymbol{A}\boldsymbol{X})\geqslant0$,所以 $\lambda\geqslant0$.

式(3-42)表明 $\boldsymbol{P}_1$ 的列向量两两正交. 又总可以用正交化过程选出 $m-r$ 个向量

$$\boldsymbol{p}_{r+1},\boldsymbol{p}_{r+2},\cdots,\boldsymbol{p}_m,$$

使它们和 $\boldsymbol{P}_1$ 的各个列向量构成 n 维酉空间 $\mathbb{C}^n$ 的一组标准正交基. 又记

$$\boldsymbol{P}_2=(\boldsymbol{p}_{r+1},\boldsymbol{p}_{r+2},\cdots,\boldsymbol{p}_m),$$

则 $\boldsymbol{P}=(\boldsymbol{P}_1,\boldsymbol{P}_2)$ 为一酉矩阵.

下面证明以上作出的 $\boldsymbol{P},\boldsymbol{Q}$ 即为定理中所需要的酉矩阵. 因为

$$\boldsymbol{P}^{\mathrm{H}}\boldsymbol{A}\boldsymbol{Q}=\begin{pmatrix}\boldsymbol{P}_1^{\mathrm{H}}\boldsymbol{A}\boldsymbol{Q}_1 & \boldsymbol{P}_1^{\mathrm{H}}\boldsymbol{A}\boldsymbol{Q}_2\\ \boldsymbol{P}_2^{\mathrm{H}}\boldsymbol{A}\boldsymbol{Q}_1 & \boldsymbol{P}_2^{\mathrm{H}}\boldsymbol{A}\boldsymbol{Q}_2\end{pmatrix}, \tag{3-43}$$

由式(3-41)可知

$$\boldsymbol{P}_1^{\mathrm{H}}\boldsymbol{A}\boldsymbol{Q}_2=\boldsymbol{P}_2^{\mathrm{H}}\boldsymbol{A}\boldsymbol{Q}_2=\boldsymbol{0}.$$

又由式(3-39)及 $\boldsymbol{P}_1$ 的定义可得

$$\boldsymbol{D}^{-1}\boldsymbol{Q}_1^{\mathrm{H}}\boldsymbol{A}^{\mathrm{H}}\boldsymbol{A}\boldsymbol{Q}_1=\boldsymbol{P}_1^{\mathrm{H}}\boldsymbol{A}\boldsymbol{Q}_1=\boldsymbol{D}.$$

而

$$\boldsymbol{P}_2^{\mathrm{H}}\boldsymbol{A}\boldsymbol{Q}_1=\boldsymbol{P}_2^{\mathrm{H}}\boldsymbol{A}\boldsymbol{Q}_1\boldsymbol{D}^{-1}\boldsymbol{D}=\boldsymbol{P}_2^{\mathrm{H}}\boldsymbol{P}_1\boldsymbol{D},$$

由 $\boldsymbol{P}_2$ 的选择方式可知 $\boldsymbol{P}_2^{\mathrm{H}}\boldsymbol{P}_1=\boldsymbol{0}$,所以有

$$\boldsymbol{P}_2^{\mathrm{H}}\boldsymbol{A}\boldsymbol{Q}_1=\boldsymbol{0}.$$

故式(3-43)化为

$$\boldsymbol{P}^{\mathrm{H}}\boldsymbol{A}\boldsymbol{Q}=\begin{pmatrix}\boldsymbol{D} & \boldsymbol{0}\\ \boldsymbol{0} & \boldsymbol{0}\end{pmatrix}.$$

证毕.

习 题 三

1. 若 $\boldsymbol{A}^2=\boldsymbol{E}$,试证 $\boldsymbol{A}$ 的特征值只能是 ± 1.

2. 若 λ 是 $\boldsymbol{A}$ 的特征值,试从定义出发证明 λ^m 是 $\boldsymbol{A}^m$ 的特征值,这里 m 为正整数;又,若 $\boldsymbol{X}$ 是 $\boldsymbol{A}$ 的属于特征值 λ 的特征向量,那么 $\boldsymbol{A}^m$ 的属于特征值 λ^m 的特征向量是什么?

3. 若 n 阶矩阵 $\boldsymbol{A}$ 的任意一行中 n 个元素的和都是 a,试证 $\lambda=a$ 是 $\boldsymbol{A}$ 的特征值,且 $\boldsymbol{X}=(1,1,\cdots,1)^{\mathrm{T}}$ 是 $\boldsymbol{A}$ 的对应于 λ 的特征向量.

4. 下列矩阵能否与对角形矩阵相似? 若 $\boldsymbol{A}$ 能与对角形矩阵相似,则求出可逆矩阵 $\boldsymbol{P}$,使得 $\boldsymbol{P}^{-1}\boldsymbol{A}\boldsymbol{P}$ 为对角形矩阵.

(1) $\boldsymbol{A}=\begin{pmatrix}3 & 4\\ 5 & 2\end{pmatrix}$; (2) $\boldsymbol{A}=\begin{pmatrix}5 & -3 & 2\\ 6 & -4 & 4\\ 4 & -4 & 5\end{pmatrix}$; (3) $\boldsymbol{A}=\begin{pmatrix}0 & 1 & 0\\ -4 & 4 & 0\\ -2 & 1 & 2\end{pmatrix}$.

5. 若 $\boldsymbol{A},\boldsymbol{B}$ 均为 n 阶方阵,且有一个可逆,证明 $\boldsymbol{AB}$ 与 $\boldsymbol{BA}$ 相似,且有相同的特征多项式.

6. 在复数域上,求下列矩阵的约当标准形:

(1) $\begin{pmatrix}1 & -1 & 2\\ 3 & -3 & 6\\ 2 & -2 & 4\end{pmatrix}$; (2) $\begin{pmatrix}3 & 7 & -3\\ -2 & -5 & 2\\ -4 & -10 & 3\end{pmatrix}$; (3) $\begin{pmatrix}3 & 0 & 8\\ 3 & -1 & 6\\ -2 & 0 & -5\end{pmatrix}$; (4) $\begin{pmatrix}4 & 5 & -2\\ -2 & -2 & 1\\ -1 & -1 & 1\end{pmatrix}$.

7. 证明:复数域上的任意 n 阶方阵 $\boldsymbol{A}$,都存在可逆方阵 $\boldsymbol{P}$,使得 $\boldsymbol{P}^{-1}\boldsymbol{A}\boldsymbol{P}$ 为上三角矩阵.

8. 证明:(1)方阵 $\boldsymbol{A}$ 的特征值全是零的充要条件是存在自然数 m,使得 $\boldsymbol{A}^m=\boldsymbol{0}$;

(2)若 $\boldsymbol{A}^m=\boldsymbol{0}$,则 $|\boldsymbol{A}+\boldsymbol{E}|=1$.

9. 求下列多项式矩阵的史密斯标准形：

(1) $\begin{pmatrix} \lambda^3-\lambda & 2\lambda^2 \\ \lambda^2+5\lambda & 3\lambda \end{pmatrix}$；　(2) $\begin{pmatrix} 1-\lambda & \lambda^2 & \lambda \\ \lambda & \lambda & -\lambda \\ 1+\lambda^2 & \lambda^2 & -\lambda^2 \end{pmatrix}$；　(3) $\begin{pmatrix} \lambda^2+\lambda & 0 & 0 \\ 0 & \lambda & 0 \\ 0 & 0 & (\lambda+1)^2 \end{pmatrix}$.

并求出上述矩阵的不变因子及初级因子.

10. 利用特征多项式及哈密顿—开莱定理证明：任意可逆矩阵 $\boldsymbol{A}$ 的逆阵 $\boldsymbol{A}^{-1}$ 都可以表示为 $\boldsymbol{A}$ 的多项式.

11. 设

$$\boldsymbol{A}=\begin{pmatrix} 1 & -1 \\ 2 & 5 \end{pmatrix}$$

证明：$\boldsymbol{B}=2\boldsymbol{A}^4-12\boldsymbol{A}^3+19\boldsymbol{A}^2-29\boldsymbol{A}+37\boldsymbol{E}$ 为可逆矩阵，并把 $\boldsymbol{B}^{-1}$ 表示成 $\boldsymbol{A}$ 的多项式.

12. 若 $\boldsymbol{A},\boldsymbol{B}$ 均为 n 阶方阵，又 $\boldsymbol{E}-\boldsymbol{AB}$ 可逆，证明

$$(\boldsymbol{E}-\boldsymbol{BA})^{-1}=\boldsymbol{E}+\boldsymbol{B}(\boldsymbol{E}-\boldsymbol{AB})^{-1}\boldsymbol{A}.$$

13. 设

$$\boldsymbol{A}=\begin{pmatrix} 1 & 0 & 0 \\ 1 & 0 & 1 \\ 0 & 1 & 0 \end{pmatrix}.$$

证明：当 $n\geqslant 3$ 时，$\boldsymbol{A}^n=\boldsymbol{A}^{n-2}+\boldsymbol{A}^2-\boldsymbol{E}$，并求 $\boldsymbol{A}^{100}$.

14. 若 $\boldsymbol{A}$ 满足 $\boldsymbol{A}^2+\boldsymbol{A}=2\boldsymbol{E}$，证明 $\boldsymbol{A}$ 可与对角形矩阵相似.

15. 证明：任意方阵可表示为两个对称方阵的乘积，且其中一个是可逆的.

16. 判别下列各题中两个多项式矩阵对是否为右互质的：

(1) $\boldsymbol{D}(\lambda)=\begin{pmatrix} \lambda+1 & 0 \\ \lambda^2+\lambda-2 & \lambda-1 \end{pmatrix}$，　$\boldsymbol{N}(\lambda)=(\lambda+2,\lambda+1)$；

(2) $\boldsymbol{D}(\lambda)=\begin{pmatrix} 0 & -(\lambda+1)^2(\lambda+2) \\ (\lambda+2)^2 & \lambda+2 \end{pmatrix}$，　$\boldsymbol{N}(\lambda)=\begin{pmatrix} \lambda & 0 \\ -\lambda & \lambda^2 \end{pmatrix}$.

17. 判别下面的多项式矩阵 $\boldsymbol{M}(\lambda)$ 是否为列既约和行既约

$$\boldsymbol{M}(\lambda)=\begin{pmatrix} \lambda^3+\lambda^2+1 & 2\lambda+1 & 2\lambda^2+\lambda+1 \\ 2\lambda^3+\lambda-1 & 0 & 2\lambda^2+\lambda \\ 1 & \lambda-1 & \lambda^2-\lambda \end{pmatrix}.$$

18. 求分式矩阵

$$\boldsymbol{G}(\lambda)=\begin{pmatrix} \dfrac{\lambda}{(\lambda+1)^2(\lambda+2)^2} & \dfrac{\lambda}{(\lambda+2)^2} \\ \dfrac{-\lambda}{(\lambda+2)^2} & \dfrac{-\lambda}{(\lambda+2)^2} \end{pmatrix}$$

的史密斯—麦克米伦标准形及 $\boldsymbol{G}(\lambda)$ 的一个右分解.

4 矩阵函数及其应用

本章在引入向量和矩阵的范数及极限的基础上,借助矩阵幂级数来定义矩阵函数,同时讨论函数矩阵的微分、积分.并以这些矩阵分析方面的基本知识为工具,讨论线性系统中的几个问题.

4.1 向量范数

在实内积空间及酉空间中,我们通过向量的内积定义了向量的长度

$$|\boldsymbol{\alpha}|=\sqrt{(\boldsymbol{\alpha},\boldsymbol{\alpha})}.$$

长度概念的引入对问题的讨论扮演过重要的角色.对于一般的线性空间,可否引入一个类似长度而又比其含义更广泛的概念呢? 向量的范数便是这样一个概念.

若 V 是实内积空间,$\boldsymbol{\alpha},\boldsymbol{\beta}\in V$ 为任意向量,k 为实数域 $\mathbb{R}$ 中任一元素,则 V 中向量的长度具有下列三个基本性质:

(1) 当 $\boldsymbol{\alpha}\neq\mathbf{0}$ 时,都有 $|\boldsymbol{\alpha}|>0$;

(2) $|k\boldsymbol{\alpha}|=|k|\cdot|\boldsymbol{\alpha}|$;

(3) $|\boldsymbol{\alpha}+\boldsymbol{\beta}|\leqslant|\boldsymbol{\alpha}|+|\boldsymbol{\beta}|$.

若 V 为酉空间,只需将上面"k 为实数域 $\mathbb{R}$ 中任一元素"改说成"k 为复数域 $\mathbb{C}$ 中任一元素",则 V 中向量的长度也具有上述三个性质.

特别地,对于欧氏空间 $\mathbb{R}^n$ 及酉空间 $\mathbb{C}^n$,其向量的长度当然也具有这三个性质,而且还可用向量的坐标更具体地表示出来.

现在考虑一般的线性空间.因为在其中未定义向量的内积,所以不能按上述方式把向量的长度概念照搬进来.但我们希望在一般的线性空间里,也引入向量的某种度量概念,并使之保持上述的向量长度的三个基本性质.这样,就有下述向量范数的定义.

定义 4-1 设 V 是数域 $\mathbb{P}$ 上的线性空间,若对于 V 中任一向量 $\boldsymbol{\alpha}$,都有一非负实数 $\|\boldsymbol{\alpha}\|$ 与之对应,并且满足下列三个条件:

(1) 正定性:当 $\boldsymbol{\alpha}\neq 0$ 时,都有 $\|\boldsymbol{\alpha}\|>0$;

(2) 齐次性:对于任何 $k\in\mathbb{P}$,有 $\|k\boldsymbol{\alpha}\|=|k|\cdot\|\boldsymbol{\alpha}\|$;

(3) 三角不等式:对于任何 $\boldsymbol{\alpha},\boldsymbol{\beta}\in V$,都有

$$\|\boldsymbol{\alpha}+\boldsymbol{\beta}\|\leqslant\|\boldsymbol{\alpha}\|+\|\boldsymbol{\beta}\|,$$

则称非负实数 $\|\boldsymbol{\alpha}\|$ 为向量 $\boldsymbol{\alpha}$ 的范数.简言之,向量的范数是定义在线性空间上的非负实值函数.定义了范数的线性空间称为赋范空间.

这样,实内积空间及酉空间中向量的长度

$$|\boldsymbol{\alpha}|=\sqrt{(\boldsymbol{\alpha},\boldsymbol{\alpha})}$$

都是向量的范数,因为 $|\boldsymbol{\alpha}|$ 满足定义 4-1 中 $\|\boldsymbol{\alpha}\|$ 的所有条件.

酉空间 $\mathbb{C}^n$ 的向量范数 $\|\boldsymbol{\alpha}\|$ 用向量长度 $|\boldsymbol{\alpha}|$ 来定义时,记作 $\|\boldsymbol{\alpha}\|_2$. 亦即

$$\|\boldsymbol{\alpha}\|_2 = |\boldsymbol{\alpha}| = \sqrt{\boldsymbol{\alpha}\boldsymbol{\alpha}^{\mathrm{H}}} = \sqrt{\sum_{i=1}^{n} x_i \bar{x}_i} = \sqrt{\sum_{i=1}^{n} |x_i|^2} \quad (\text{对每个 } \boldsymbol{\alpha} = (x_1, x_2, \cdots, x_n) \in \mathbb{C}^n).$$

当然,酉空间或实内积空间的向量范数并不都是前面所说的向量的长度.

例 4-1 若对酉空间 $\mathbb{C}^n$ 的每个向量 $\boldsymbol{\alpha} = (x_1, x_2, \cdots, x_n)$,定义

$$\|\boldsymbol{\alpha}\|_\infty = \max_{1 \leqslant i \leqslant n} |x_i|,$$

则易证它是 $\mathbb{C}^n$ 中的向量的范数.

事实上,当 $\boldsymbol{\alpha} \neq 0$ 时,则 $x_1, x_2, \cdots, x_n$ 不全为零. 故 $\|\boldsymbol{\alpha}\|_\infty = \max\limits_{1 \leqslant i \leqslant n} |\boldsymbol{x}_i| > 0$,又对任意 $k \in \mathbb{C}^n$,有

$$\|k\boldsymbol{\alpha}\|_\infty = \max_{1 \leqslant i \leqslant n} |kx_i| = |k| \cdot \max_{1 \leqslant i \leqslant n} |x_i| = |k| \cdot \|\boldsymbol{\alpha}\|_\infty.$$

最后来证明三角不等式也成立. 若 $\boldsymbol{\beta} = (y_1, y_2, \cdots, y_n)$ 为 $\mathbb{C}^n$ 中另一个任意向量,则

$$\|\boldsymbol{\alpha} + \boldsymbol{\beta}\|_\infty = \max_{1 \leqslant i \leqslant n} |x_i + y_i| \leqslant \max_{1 \leqslant i \leqslant n} |x_i| + \max_{1 \leqslant i \leqslant n} |y_i| = \|\boldsymbol{\alpha}\|_\infty + \|\boldsymbol{\beta}\|_\infty.$$

这就证明了 $\|\boldsymbol{\alpha}\|_\infty$ 是 $\mathbb{C}^n$ 中一种向量范数.

例 4-2 对于任意的 $\boldsymbol{\alpha} = (x_1, x_2, \cdots, x_n) \in \mathbb{C}^n$,规定

$$\|\boldsymbol{\alpha}\|_1 = \sum_{i=1}^{n} |x_i|,$$

则 $\|\boldsymbol{\alpha}\|_1$ 也是空间 $\mathbb{C}^n$ 的向量范数.

证明 (1)当 $\boldsymbol{\alpha} \neq \boldsymbol{0}$ 时,则 $x_1, x_2, \cdots, x_n$ 不全为零,从而

$$\|\boldsymbol{\alpha}\|_1 = \sum_{i=1}^{n} |x_i| > 0;$$

(2)对于任何 $k \in \mathbb{C}$,则

$$\|k\boldsymbol{\alpha}\|_1 = \sum_{i=1}^{n} |kx_i| = \sum_{i=1}^{n} |k| |x_i| = |k| \cdot \|\boldsymbol{\alpha}\|_1;$$

(3)若 $\boldsymbol{\beta} = (y_1, y_2, \cdots, y_n) \in \mathbb{C}^n$ 为任意向量,则

$$\|\boldsymbol{\alpha} + \boldsymbol{\beta}\|_1 = \sum_{i=1}^{n} |x_i + y_i| \leqslant \sum_{i=1}^{n} (|x_i| + |y_i|) = \|\boldsymbol{\alpha}\|_1 + \|\boldsymbol{\beta}\|_1,$$

即三角不等式也成立.

一般地,可以证明:若定义

$$\|\boldsymbol{\alpha}\|_p = \left(\sum_{i=1}^{n} |x_i|^p\right)^{\frac{1}{p}} \quad (1 \leqslant p < \infty),$$

则 $\|\boldsymbol{\alpha}\|_p$ 也是酉空间 $\mathbb{C}^n$ 的向量范数,称为向量 $\boldsymbol{\alpha}$ 的 p-范数. 关于这一点. 证明是相当繁复的,在此就不作介绍了.

显然,当 $p=1$ 时,即为例 4-2 的范数 $\|\boldsymbol{\alpha}\|_1$;当 $p=2$ 时,即得到上面讲过的范数 $\|\boldsymbol{\alpha}\|_2 = \sqrt{\sum\limits_{i=1}^{n} |x_i|^2}$. 现在证明

$$\|\boldsymbol{\alpha}\|_\infty = \lim_{p \to \infty} \|\boldsymbol{\alpha}\|_p = \max_{1 \leqslant i \leqslant n} |x_i| \quad (\text{例 4-1 的范数}).$$

证明　当 $\boldsymbol{\alpha}=\mathbf{0}$，上式显然成立.故只需对非零向量 $\boldsymbol{\alpha}$ 加以证明.令 $\omega=\max\limits_{1\leqslant i\leqslant n}|x_i|$，则有

$$\left(\sum_{i=1}^{n}|x_i|^p\right)^{\frac{1}{p}}=\left(\sum_{i=1}^{n}\omega^p\left|\frac{x_i}{\omega}\right|^p\right)^{\frac{1}{p}}=\omega\left(\sum_{i=1}^{n}\left|\frac{x_i}{\omega}\right|^p\right)^{\frac{1}{p}}=\omega\left(\sum_{i=1}^{n}\beta_i^p\right)^{\frac{1}{p}},$$

这里 $\beta_i=\left|\frac{x_i}{\omega}\right|\leqslant 1$，又至少有一个 $\beta_i=1$，所以有

$$1\leqslant\sum_{i=1}^{n}\beta_i^p\leqslant n.$$

因此

$$1\leqslant\left(\sum_{i=1}^{n}\beta_i^p\right)^{\frac{1}{p}}\leqslant n^{\frac{1}{p}}.$$

又因为 $\lim\limits_{p\to\infty}n^{\frac{1}{p}}=1$，所以

$$\lim_{p\to\infty}\left(\sum_{i=1}^{n}\beta_i^p\right)^{\frac{1}{p}}=1.$$

从而

$$\lim_{p\to\infty}\left(\sum_{i=1}^{n}|x_i|^p\right)^{\frac{1}{p}}=\omega,$$

即

$$\|\boldsymbol{\alpha}\|_\infty=\max_{1\leqslant i\leqslant n}|x_i|.$$

由前面的讨论可见，有限维线性空间(如 $\mathbb{R}^n$ 及 $\mathbb{C}^n$)上可以引入各种各样的向量范数.范数的种数可无穷多，但这些范数之间有重要的关系.

定理 4-1　对于任何有限维向量空间 V 上定义的任意两个向量范数 $\|\boldsymbol{\alpha}\|_a$ 及 $\|\boldsymbol{\alpha}\|_b$，都存在两个与 $\boldsymbol{\alpha}$ 无关的正常数 C_1,C_2，使得对 V 中任一向量 $\boldsymbol{\alpha}$，都有

$$\|\boldsymbol{\alpha}\|_a\leqslant C_1\|\boldsymbol{\alpha}\|_b,\quad \|\boldsymbol{\alpha}\|_b\leqslant C_2\|\boldsymbol{\alpha}\|_a. \tag{4-1}$$

满足式(4-1)的两个不等式的两个向量范数称为**等价的**.因此，定理 4-1 亦可叙述为：有限维向量空间上的不同向量范数是等价的.

证明　为简单起见，仅就实数域 $\mathbb{R}$ 上的 n 维线性空间 V 来证明这一定理.其实对于复空间 V(如酉空间 $\mathbb{C}^n$)，证明也是类似的.

设 $\boldsymbol{\alpha}_1,\boldsymbol{\alpha}_2,\cdots,\boldsymbol{\alpha}_n$ 是 V 的一个基，于是 V 中任意向量 $\boldsymbol{\alpha}$ 可以表示为

$$\boldsymbol{\alpha}=x_1\boldsymbol{\alpha}_1+x_2\boldsymbol{\alpha}_2+\cdots+x_n\boldsymbol{\alpha}_n,$$

定义

$$\|\boldsymbol{\alpha}\|_E=\sqrt{x_1^2+x_2^2+\cdots+x_n^2}.$$

由前所述，它显然是一个向量范数.又给定的范数 $\|\boldsymbol{\alpha}\|_a$ 具有形式

$$\|\boldsymbol{\alpha}\|_a=\|x_1\boldsymbol{\alpha}_1+x_2\boldsymbol{\alpha}_2+\cdots+x_n\boldsymbol{\alpha}_n\|_a.$$

现在来证明 $\|\boldsymbol{\alpha}\|_a$ 与 $\|\boldsymbol{\alpha}\|_E$ 等价.

上述的 $\|\boldsymbol{\alpha}\|_a$ 可以看作 n 个变量 $x_1,x_2,\cdots,x_n$ 的函数，记

$$\varphi(x_1,x_2,\cdots,x_n)=\|\boldsymbol{\alpha}\|_a.$$

现在证明 $\varphi(x_1,x_2,\cdots,x_n)$ 是连续函数.

设另一向量为

$$\boldsymbol{\alpha}' = x_1'\boldsymbol{\alpha}_1 + x_2'\boldsymbol{\alpha}_2 + \cdots + x_n'\boldsymbol{\alpha}_n,$$

其范数为

$$\|\boldsymbol{\alpha}'\|_a = \varphi(x_1', x_2', \cdots, x_n').$$

则有

$$\begin{aligned}|\varphi(x_1',x_2',\cdots,x_n') - \varphi(x_1,x_2,\cdots,x_n)| &= |\|\boldsymbol{\alpha}'\|_a - \|\boldsymbol{\alpha}\|_a| \\ &\leqslant \|\boldsymbol{\alpha}' - \boldsymbol{\alpha}\|_a \quad \text{（见习题四第 1 题(4)）} \\ &= \|(x_1'-x_1)\boldsymbol{\alpha}_1 + (x_2'-x_2)\boldsymbol{\alpha}_2 + \cdots + \\ &\quad (x_n'-x_n)\boldsymbol{\alpha}_n\|_a \\ &\leqslant |x_1'-x_1|\cdot\|\boldsymbol{\alpha}_1\|_a + |x_2'-x_2|\cdot\|\boldsymbol{\alpha}_2\|_a + \cdots + \\ &\quad |x_n'-x_n|\cdot\|\boldsymbol{\alpha}_n\|_a.\end{aligned}$$

因为$\|\boldsymbol{\alpha}_i\|_a(i=1,2,\cdots,n)$是常数,因此当 x_i'与x_i 充分接近时,$\varphi(x_1',x_2',\cdots,x_n')$就充分接近$\varphi(x_1,x_2,\cdots,x_n)$,即 $\varphi(x_1,x_2,\cdots,x_n)$是一个连续函数.

根据连续函数的性质,可知在有界闭集

$$W = \{\boldsymbol{\alpha} = x_1\boldsymbol{\alpha}_1 + x_2\boldsymbol{\alpha}_2 + \cdots + x_n\boldsymbol{\alpha}_n \mid x_1^2 + x_2^2 + \cdots + x_n^2 = 1\}$$

上,函数$\|\boldsymbol{\alpha}\|_a = \varphi(x_1,x_2,\cdots,x_n)$可达到最大值 M 及最小值m.而当 $\boldsymbol{\alpha}\in W$ 时,显然$\boldsymbol{\alpha}\neq\mathbf{0}$.因此有 $m>0$.又记 $d=\sqrt{\sum_{i=1}^n x_i^2}$,则向量

$$\boldsymbol{\beta} = \sum_{i=1}^n \frac{x_i}{d}\boldsymbol{\alpha}_i = \frac{1}{d}\boldsymbol{\alpha}$$

的分量满足

$$\sum_{i=1}^n\left(\frac{x_i}{d}\right)^2 = 1,$$

因此 $\boldsymbol{\beta}\in W$.于是

$$0 < m \leqslant \|\boldsymbol{\beta}\|_a = \varphi\left(\frac{x_1}{d},\frac{x_2}{d},\cdots,\frac{x_n}{d}\right) \leqslant M.$$

由 $\boldsymbol{\alpha}=d\boldsymbol{\beta}$ 得

$$\|\boldsymbol{\alpha}\|_a = \|d\boldsymbol{\beta}\|_a = |d|\cdot\|\boldsymbol{\beta}\|_a = d\cdot\|\boldsymbol{\beta}\|_a.$$

再由上式即得

$$md \leqslant \|\boldsymbol{\alpha}\|_a \leqslant Md,$$

即

$$m\|\boldsymbol{\alpha}\|_E \leqslant \|\boldsymbol{\alpha}\|_a \leqslant M\|\boldsymbol{\alpha}\|_E.$$

若取 $C_1=M, C_2=1/m$,则由此不等式即得

$$\|\boldsymbol{\alpha}\|_a \leqslant C_1\|\boldsymbol{\alpha}\|_E, \quad \|\boldsymbol{\alpha}\|_E \leqslant C_2\|\boldsymbol{\alpha}\|_a.$$

这就证明了$\|\boldsymbol{\alpha}\|_a$ 与$\|\boldsymbol{\alpha}\|_E$ 是等价的.

同样可以证明$\|\boldsymbol{\alpha}\|_b$ 与$\|\boldsymbol{\alpha}\|_E$ 等价:

$$\|\boldsymbol{\alpha}\|_b \leqslant C_3\|\boldsymbol{\alpha}\|_E, \quad \|\boldsymbol{\alpha}\|_E \leqslant C_4\|\boldsymbol{\alpha}\|_b,$$

因而有

$$\|\boldsymbol{\alpha}\|_a \leqslant C_1 C_4 \|\boldsymbol{\alpha}\|_b, \quad \|\boldsymbol{\alpha}\|_b \leqslant C_3 C_2 \|\boldsymbol{\alpha}\|_a,$$

即$\|\boldsymbol{\alpha}\|_a$与$\|\boldsymbol{\alpha}\|_b$等价.定理证毕.

同一个向量$\boldsymbol{\alpha}\in\mathbb{C}^n$,按不同公式所定义的向量范数,其大小一般不相等,例如,当取$\boldsymbol{\alpha}=(1,1,\cdots,1)\in\mathbb{C}^n$,则

$$\|\boldsymbol{\alpha}\|_2=\sqrt{n}, \quad \|\boldsymbol{\alpha}\|_1=n, \quad \|\boldsymbol{\alpha}\|_\infty=1.$$

但在考虑向量序列的收敛性时,则效果是一致的,即此序列在某一个范数定义下收敛,则在另一个范数定义下亦收敛,且极限相同.这也就是所谓向量范数的等价性,定理4-1就用不等式刻画了这一性质.注意:在无限维线性空间中,两个向量范数是可以不等价的.

4.2 矩阵范数

一个$m\times n$矩阵也可以看作是一个mn维向量,因此可以按向量范数的办法来定义范数.但矩阵还有矩阵之间的乘法运算,因此,对于$n\times n$的方阵$\boldsymbol{A}$,定义它的范数如下.

定义4-2 在$\mathbb{P}^{n\times n}$上定义一个非负实值函数$\|\boldsymbol{A}\|$(对每个$\boldsymbol{A}\in\mathbb{P}^{n\times n}$),如果对任意的$\boldsymbol{A},\boldsymbol{B}\in\mathbb{P}^{n\times n}$都满足下列四个条件:

(1) 正定性:若$\boldsymbol{A}\neq\boldsymbol{0}$,则$\|\boldsymbol{A}\|>0$;

(2) 齐次性:对任意$k\in\mathbb{P}$,有$\|k\boldsymbol{A}\|=|k|\cdot\|\boldsymbol{A}\|$;

(3) 三角不等式:$\|\boldsymbol{A}+\boldsymbol{B}\|\leqslant\|\boldsymbol{A}\|+\|\boldsymbol{B}\|$;

(4) $\|\boldsymbol{AB}\|\leqslant\|\boldsymbol{A}\|\cdot\|\boldsymbol{B}\|$,

则非负实函数$\|\boldsymbol{A}\|$称为$n\times n$方阵的范数.

与向量的情形一样,矩阵也可以有很多的范数,而且在大多数情况下,矩阵范数常和向量范数混合在一起使用,因此考虑一些矩阵范数应当与向量范数联系起来.下面的概念就反映这种联系.

定义4-3 若对任何$\boldsymbol{A}\in\mathbb{P}^{n\times n}$及$n$维列向量$\boldsymbol{\alpha}\in\mathbb{P}^n$,方阵范数$\|\boldsymbol{A}\|$能与某种向量范数$\|\boldsymbol{\alpha}\|_a$满足关系式

$$\|\boldsymbol{A\alpha}\|_a\leqslant\|\boldsymbol{A}\|\cdot\|\boldsymbol{\alpha}\|_a,$$

则称方阵范数$\|\boldsymbol{A}\|$与向量范数$\|\boldsymbol{\alpha}\|_a$是相容的.

可以证明:

(1) $\mathbb{P}^{n\times n}$上的每一方阵范数,在$\mathbb{P}^n$上都存在与它相容的向量范数;

(2) $\mathbb{P}^{n\times n}$上任意两个方阵范数$\|\boldsymbol{A}\|_a$,$\|\boldsymbol{A}\|_b$都是等价的,即存在两个与$\boldsymbol{A}$无关的正数C_1,C_2,使得

$$\|\boldsymbol{A}\|_a\leqslant C_1\|\boldsymbol{A}\|_b, \quad \|\boldsymbol{A}\|_b\leqslant C_2\|\boldsymbol{A}\| \quad (\forall\boldsymbol{A}\in\mathbb{P}^{n\times n});$$

(3) 若$\boldsymbol{A}=(a_{ij})_{n\times n}\in\mathbb{C}^{n\times n}$,则

$$\|\boldsymbol{A}\|_{\mathrm{F}}=\sqrt{\sum_{i,j=1}^{n}|a_{ij}|^2}=\sqrt{\operatorname{tr}(\boldsymbol{A}^{\mathrm{H}}\boldsymbol{A})}$$

是一与向量范数$\|\boldsymbol{\alpha}\|_2=\sqrt{\sum\limits_{i=1}^{n}|x_i|^2}$相容的方阵范数,称为Frobenius范数($\boldsymbol{\alpha}\in\mathbb{C}^n$),简称

为 F 范数.

前两点的证明从略. 兹证(3)如下:

(ⅰ) 当 $\boldsymbol{A}\neq\boldsymbol{0}$, 则 $\|\boldsymbol{A}\|_F>0$ 显然成立;

(ⅱ) 对任意 $k\in\mathbb{C}$, 则

$$\|k\boldsymbol{A}\|_F=\sqrt{\sum_{i,j=1}^{n}|ka_{ij}|^2}=\sqrt{|k|^2\sum_{i,j=1}^{n}|a_{ij}|^2}=|k|\cdot\|\boldsymbol{A}\|_F;$$

(ⅲ)
$$\begin{aligned}\|\boldsymbol{A}+\boldsymbol{B}\|_F&=\sqrt{\sum_{i,j=1}^{n}|a_{ij}+b_{ij}|^2}\\&\leqslant\sqrt{\sum_{i,j=1}^{n}(|a_{ij}|^2+|b_{ij}|^2+2|a_{ij}|\cdot|b_{ij}|)}\\&\leqslant\sqrt{\|\boldsymbol{A}\|_F^2+\|\boldsymbol{B}\|_F^2+2\sqrt{\sum_{i,j=1}^{n}|a_{ij}|^2}\cdot\sqrt{\sum_{i,j=1}^{n}|b_{ij}|^2}}\\&=\sqrt{(\|\boldsymbol{A}\|_F+\|\boldsymbol{B}\|_F)^2}=\|\boldsymbol{A}\|_F+\|\boldsymbol{B}\|_F;\end{aligned}$$

(ⅳ)
$$\begin{aligned}\|\boldsymbol{AB}\|_F&=\sqrt{\sum_{i,j=1}^{n}|a_{i1}b_{1j}+a_{i2}b_{2j}+\cdots+a_{in}b_{nj}|^2}\\&\leqslant\sqrt{\sum_{i,j=1}^{n}(|a_{i1}|^2+\cdots+|a_{in}|^2)(|b_{1j}|^2+\cdots+|b_{nj}|^2)}\text{①}\\&=\sqrt{\sum_{i,j=1}^{n}|a_{ij}|^2}\cdot\sqrt{\sum_{i,j=1}^{n}|b_{ij}|^2}\\&=\|\boldsymbol{A}\|_F\cdot\|\boldsymbol{B}\|_F;\end{aligned}$$

(Ⅴ) 设 $\boldsymbol{\alpha}=(x_1,x_2,\cdots,x_n)^{\mathrm{T}}\in\mathbb{C}^n$, $\boldsymbol{A}=(a_{ij})_{n\times n}\in\mathbb{C}^{n\times n}$, 令

$$\boldsymbol{A\alpha}=\begin{pmatrix}y_1\\y_2\\\vdots\\y_n\end{pmatrix}=\boldsymbol{\beta},$$

则有

$$\begin{aligned}\|\boldsymbol{A\alpha}\|_2=\|\boldsymbol{\beta}\|_2&=\sqrt{\sum_{k=1}^{n}|y_k|^2}\\&=\sqrt{\sum_{k=1}^{n}|a_{k1}x_1+a_{k2}x_2+\cdots+a_{kn}x_n|^2}\\&\leqslant\sqrt{\sum_{k=1}^{n}(|a_{k1}|\cdot|x_1|+\cdots+|a_{kn}|\cdot|x_n|)^2}\\&\leqslant\sqrt{\sum_{k=1}^{n}\Big(\sum_{j=1}^{n}|a_{kj}|^2\Big)\Big(\sum_{j=1}^{n}|x_i|^2\Big)}\end{aligned}$$

---

① 应用不等式 $(\sum_{i=1}^{m}a_ib_i)^2\leqslant(\sum_{i=1}^{m}a_i^2)(\sum_{i=1}^{m}b_i^2)$, 这里 $a_i,b_i(i=1,2,\cdots,m)$ 为非负实数.

$$=\sqrt{\sum_{k,j=1}^{n}|a_{kj}|^2}\cdot\sqrt{\sum_{j=1}^{n}|a_j|^2}$$
$$=\|\boldsymbol{A}\|_F\cdot\|\boldsymbol{\alpha}\|_2,$$

即$\|\boldsymbol{A}\|_F$是与向量范数$\|\boldsymbol{\alpha}\|_2$相容的矩阵范数.证毕.

F范数的优点之一是乘以酉矩阵$\boldsymbol{U}$后原矩阵的范数不变(在实矩阵的情形下是乘以正交矩阵),即

$$\|\boldsymbol{UA}\|_F=\|\boldsymbol{A}\|_F=\|\boldsymbol{AU}\|_F.$$

事实上

$$\|\boldsymbol{UA}\|_F^2=\mathrm{tr}[(\boldsymbol{UA})^H(\boldsymbol{UA})]=\mathrm{tr}[\boldsymbol{A}^H(\boldsymbol{U}^H\boldsymbol{U})\boldsymbol{A}]=\mathrm{tr}[\boldsymbol{A}^H\boldsymbol{A}]=\|\boldsymbol{A}\|_F^2,$$

即

$$\|\boldsymbol{UA}\|_F=\|\boldsymbol{A}\|_F.$$

又因为$\|\boldsymbol{A}\|_F=\|\boldsymbol{A}^H\|_F$,且$\boldsymbol{U}^H$也是酉矩阵,故由上面的结果即得

$$\|\boldsymbol{AU}\|_F=\|(\boldsymbol{AU})^H\|_F=\|\boldsymbol{U}^H\boldsymbol{A}^H\|_F=\|\boldsymbol{A}^H\|_F=\|\boldsymbol{A}\|_F.$$

由此可知,$\boldsymbol{A}$的酉相似矩阵的F范数是相同的,即

若$\boldsymbol{B}=\boldsymbol{U}^H\boldsymbol{AU}$,则$\|\boldsymbol{B}\|_F=\|\boldsymbol{A}\|_F$.

除F范数外,下列三种也是比较常用的矩阵范数.

(1) $\|\boldsymbol{A}\|_1=\max\limits_{1\leqslant j\leqslant n}\sum\limits_{i=1}^{n}|a_{ij}|$ (列模和最大者).

(2) $\|\boldsymbol{A}\|_\infty=\max\limits_{1\leqslant i\leqslant n}\sum\limits_{j=1}^{n}|a_{ij}|$ (行模和最大者).

(3) $\|\boldsymbol{A}\|_2=\sqrt{\lambda_{\boldsymbol{A}^H\boldsymbol{A}}}$ ($\lambda_{\boldsymbol{A}^H\boldsymbol{A}}$是$\boldsymbol{A}^H\boldsymbol{A}$的最大特征值).

注 因$(\boldsymbol{A}^H\boldsymbol{A})^H=\boldsymbol{A}^H(\boldsymbol{A}^H)^H=\boldsymbol{A}^H\boldsymbol{A}$,即$\boldsymbol{A}^H\boldsymbol{A}$是Hermite矩阵,它对应的二次型

$$f(\boldsymbol{X})=\boldsymbol{X}^H(\boldsymbol{A}^H\boldsymbol{A})\boldsymbol{X}=(\boldsymbol{AX})^H(\boldsymbol{AX})=\boldsymbol{Y}^H\boldsymbol{Y}\geqslant 0$$

是正定或半正定的,因此它的特征值都大于或等于零.

到此为止,我们已对向量和矩阵的范数作了一个初步的讨论.这主要是为本书后面的一些章节服务的,同时也为读者进一步的学习和应用打下基础.在数值分析及各种优化问题的讨论中,矩阵或向量的范数都有重要的应用.例如,在摄动理论中,需要考虑当方阵$\boldsymbol{A}$有摄动(微小变化)而变成$\boldsymbol{A}+\boldsymbol{\varepsilon}$时,方程$\boldsymbol{AX}=\boldsymbol{B}$的解有何变化? $\boldsymbol{A}$的逆阵及$\boldsymbol{A}$的特征值又怎样变化($\boldsymbol{A}$为可逆方阵)? 这些问题的解决都有赖于向量和矩阵的范数.欲知其详,可参考书末所列的参考书.

4.3 向量和矩阵的极限

定义4-4 若$\boldsymbol{\alpha}^{(m)}=(x_1^{(m)},x_2^{(m)},\cdots,x_n^{(m)})\in\mathbb{C}^n$ $(m=1,2,\cdots)$,如果存在极限

$$\lim_{m\to\infty}x_i^{(m)}=x_i\quad(i=1,2,\cdots,n),$$

则称酉空间$\mathbb{C}^n$的向量序列$\{\boldsymbol{\alpha}^{(m)}\}$收敛于向量$\boldsymbol{\alpha}=(x_1,x_2,\cdots,x_n)$,并记为

$$\lim_{m\to\infty}\boldsymbol{\alpha}^{(m)}=\boldsymbol{\alpha}\quad\text{或}\quad\boldsymbol{\alpha}^{(m)}\to\boldsymbol{\alpha}.$$

换言之,向量序列的极限是按坐标序列的极限来定义的.当向量序列不收敛时,也叫做发散的.

定理 4-2 $\lim\limits_{m\to\infty}\boldsymbol{\alpha}^{(m)}=\boldsymbol{\alpha}\Leftrightarrow\lim\limits_{m\to\infty}\|\boldsymbol{\alpha}^{(m)}-\boldsymbol{\alpha}\|=0$ （对任一向量范数$\|\cdot\|$）.

证明 由向量范数的等价性易知，只要对某一向量范数进行证明，则对任一向量范数也能成立. 为此，取向量范数$\|\boldsymbol{\alpha}\|_\infty$.

如果对向量范数$\|\boldsymbol{\alpha}\|_\infty$，有

$$\lim_{m\to\infty}\|\boldsymbol{\alpha}^{(m)}-\boldsymbol{\alpha}\|=0,$$

则由

$$\|\boldsymbol{\alpha}^{(m)}-\boldsymbol{\alpha}\|_\infty=\max_{1\leqslant i\leqslant n}|x_i^{(m)}-x_i|\to 0\quad(m\to\infty),$$

可知对每个 i $(i=1,2,\cdots,n)$有 $x_i^{(m)}\to x_i$. 因此，

$$\lim_{m\to\infty}\boldsymbol{\alpha}^{(m)}=\boldsymbol{\alpha}.$$

反之，若有$\lim\limits_{m\to\infty}\boldsymbol{\alpha}^{(m)}=\boldsymbol{\alpha}$，则由定义，这相当于

$$x_i^{(m)}-x_i\to 0\quad(i=1,2,\cdots,n).$$

故对任给正数 ε，都有正数 M_i 存在，使得 $m>M_i$ 时，都有

$$|x_i^{(m)}-x_i|<\varepsilon\quad(i=1,2,\cdots,n).$$

若取 $M=\max\limits_{1\leqslant i\leqslant n}\{M_i\}$，则当 $m>M$ 时，对每个 i 值，上述不等式都成立，从而，当 $m>M$ 时

$$\|\boldsymbol{\alpha}^{(m)}-\boldsymbol{\alpha}\|_\infty=\max_{1\leqslant i\leqslant n}|x_i^{(m)}-x_i|<\varepsilon.$$

这就证明了

$$\lim_{m\to\infty}\|\boldsymbol{\alpha}^{(m)}-\boldsymbol{\alpha}\|_\infty=0.$$

定理证毕.

这个定理表明，向量序列$\{\boldsymbol{\alpha}^{(m)}\}$收敛于向量 $\boldsymbol{\alpha}$，当且只当对任一向量范数$\|\boldsymbol{\alpha}\|$，数列$\{\|\boldsymbol{\alpha}^{(m)}-\boldsymbol{\alpha}\|\}$收敛于零. 因此 n 维向量序列的收敛问题，借助范数概念为工具，就归结为实数列的收敛问题. 在研究高维空间的收敛性时，不仅向量范数具有这个优点，矩阵范数亦如此.

定义 4-5 若 $\boldsymbol{A}_m=(a_{ij}^{(m)})\in\mathbb{C}^{n\times n}$ $(m=1,2,\cdots)$，如果存在极限

$$\lim_{m\to\infty}a_{ij}^{(m)}=a_{ij}\quad(i,j=1,2,\cdots,n),$$

则称方阵序列$\{\boldsymbol{A}_m\}$收敛于方阵 $\boldsymbol{A}=(a_{ij})\in\mathbb{C}^{n\times n}$，记为

$$\lim_{m\to\infty}\boldsymbol{A}_m=\boldsymbol{A}\quad\text{或}\quad\boldsymbol{A}_m\to\boldsymbol{A}\ (m\to\infty).$$

当方阵序列不收敛时，也称为发散的.

由此可见，方阵序列$\{\boldsymbol{A}_m\}$的收敛性，相当于 n^2 个数列$\{a_{ij}^{(m)}\}$ $(i,j=1,2,\cdots,n)$的收敛性.

例如，若

$$\boldsymbol{A}_m=\begin{pmatrix}\dfrac{1}{m} & \dfrac{\sqrt{2}m-1}{3m+2}\\ 1-\dfrac{1}{m^2} & \sqrt{-1}\cos\dfrac{\pi}{m}\end{pmatrix}\in\mathbb{C}^{2\times 2}\quad(m=1,2,\cdots),$$

则有

$$\lim_{m\to\infty}\boldsymbol{A}_m=\begin{pmatrix}0 & \dfrac{\sqrt{2}}{3}\\ 1 & \sqrt{-1}\end{pmatrix}.$$

与定理 4-2 类似,有定理 4-3.

定理 4-3 $\lim\limits_{m\to\infty}\boldsymbol{A}_m=\boldsymbol{A}\Longleftrightarrow\lim\limits_{m\to\infty}\|\boldsymbol{A}_m-\boldsymbol{A}\|=0$(对任一方阵范数$\|\cdot\|$).

证明 由方阵范数的等价性,只需对 F 范数进行证明.

$$\lim_{m\to\infty}\boldsymbol{A}_m=\boldsymbol{A}\Longleftrightarrow\lim_{m\to\infty}(a_{ij}^{(m)}-a_{ij})=0\quad(\forall\, i,j)$$

$$\Longleftrightarrow\lim_{m\to\infty}\sqrt{\sum_{i,j=1}^{n}|a_{ij}^{(m)}-a_{ij}|^2}\left(=\lim_{m\to\infty}\|\boldsymbol{A}_m-\boldsymbol{A}\|_{\mathrm{F}}\right)=0.$$

这就是所要证明的.

定理 4-3 表明,方阵序列$\{\boldsymbol{A}_m\}$收敛于方阵 $\boldsymbol{A}$,当且只当对任一方阵范数$\|\cdot\|$,数列$\|\boldsymbol{A}_m-\boldsymbol{A}\|$收敛于零.特别地,$\boldsymbol{A}_m\to\boldsymbol{0}$,当且只当$\|\boldsymbol{A}_m\|\to0(m\to\infty)$.

$\mathbb{C}^{n\times n}$中收敛的方阵序列有下列基本性质:

(1) 若$\lim\limits_{m\to\infty}\boldsymbol{A}_m=\boldsymbol{A}$,则对$\mathbb{C}^{n\times n}$中任何方阵范数$\|\cdot\|$,$\|\boldsymbol{A}_m\|$有界.

证明 由于方阵范数的等价性,我们只需在 F 范数下作出证明.由于 $\boldsymbol{A}_m\to\boldsymbol{A}$,故由定理 4-3,有$\|\boldsymbol{A}_m-\boldsymbol{A}\|_{\mathrm{F}}\to0$,所以数列$\|\boldsymbol{A}_m-\boldsymbol{A}\|_{\mathrm{F}}$有界.故有非负实数 C_1,使得

$$\|\boldsymbol{A}_m-\boldsymbol{A}\|_{\mathrm{F}}\leqslant C_1,$$

从而有

$$\begin{aligned}\|\boldsymbol{A}_m\|_{\mathrm{F}}&=\|\boldsymbol{A}_m-\boldsymbol{A}+\boldsymbol{A}\|_{\mathrm{F}}\leqslant\|\boldsymbol{A}_m-\boldsymbol{A}\|_{\mathrm{F}}+\|\boldsymbol{A}\|_{\mathrm{F}}\\&\leqslant C_1+\|\boldsymbol{A}\|_{\mathrm{F}}=C_1+C_2=C,\end{aligned}$$

即$\|\boldsymbol{A}_m\|_{\mathrm{F}}$是有界的(这里 $\boldsymbol{A}$ 是给定矩阵,$\|\boldsymbol{A}\|_{\mathrm{F}}=C_2$ 也是常数).

(2) 若 $\boldsymbol{A}_m\to\boldsymbol{A}$,$\boldsymbol{B}_m\to\boldsymbol{B}$,又 $a_m\to a$,$b_m\to b$ (这里$\{a_m\}$,$\{b_m\}$为数列),则有

$$\lim_{m\to\infty}(a_m\boldsymbol{A}_m+b_m\boldsymbol{B}_m)=a\boldsymbol{A}+b\boldsymbol{B},$$

$$\lim_{m\to\infty}\boldsymbol{A}_m\boldsymbol{B}_m=\boldsymbol{A}\boldsymbol{B}.$$

证明 这两个式子的证明是类似的,只给出后一等式的证明.由于在任一取定的方阵的范数$\|\cdot\|$下,

$$\begin{aligned}\|\boldsymbol{A}_m\boldsymbol{B}_m-\boldsymbol{A}\boldsymbol{B}\|&=\|\boldsymbol{A}_m\boldsymbol{B}_m-\boldsymbol{A}_m\boldsymbol{B}+\boldsymbol{A}_m\boldsymbol{B}-\boldsymbol{A}\boldsymbol{B}\|\\&\leqslant\|\boldsymbol{A}_m\boldsymbol{B}_m-\boldsymbol{A}_m\boldsymbol{B}\|+\|\boldsymbol{A}_m\boldsymbol{B}-\boldsymbol{A}\boldsymbol{B}\|\\&\leqslant\|\boldsymbol{A}_m\|\cdot\|\boldsymbol{B}_m-\boldsymbol{B}\|+\|\boldsymbol{A}_m-\boldsymbol{A}\|\cdot\|\boldsymbol{B}\|,\end{aligned}$$

但由(1)知$\|\boldsymbol{A}_m\|$有界,又由定理 4-2 知$\|\boldsymbol{A}_m-\boldsymbol{A}\|\to0$,$\|\boldsymbol{B}_m-\boldsymbol{B}\|\to0$,而$\|\boldsymbol{B}\|$是确定常数,当然是有界的,故由上面的不等式及这些说明,即有:对任给正数 ε,存在 M,当 $m>M$,$\|\boldsymbol{A}_m\boldsymbol{B}_m-\boldsymbol{A}\boldsymbol{B}\|<\varepsilon$,即$\lim\limits_{m\to\infty}\|\boldsymbol{A}_m\boldsymbol{B}_m-\boldsymbol{A}\boldsymbol{B}\|=0$,故$\lim\limits_{m\to\infty}\boldsymbol{A}_m\boldsymbol{B}_m=\boldsymbol{A}\boldsymbol{B}$.

(3) 若 $\boldsymbol{A}_m\to\boldsymbol{A}$,且 $\boldsymbol{A}_m^{-1}$ 及 $\boldsymbol{A}^{-1}$都存在,则

$$\lim_{m\to\infty}\boldsymbol{A}_m^{-1}=\boldsymbol{A}^{-1}.$$

证明 对二阶方阵,易知

$$\lim_{m\to\infty}|\boldsymbol{A}_m|=|\boldsymbol{A}|$$

成立;应用归纳法且按一行(列)展开,则可证明此式对 n 阶方阵也成立.再注意到伴随矩阵 $\boldsymbol{A}_m^*$ 的元素都是 $n-1$ 阶行列式,因此有

$$\lim_{m\to\infty}\boldsymbol{A}_m^{-1}=\lim_{m\to\infty}\frac{1}{|\boldsymbol{A}_m|}\boldsymbol{A}_m^*=\frac{1}{|\boldsymbol{A}|}\boldsymbol{A}^*=\boldsymbol{A}^{-1}.$$

下面考察由方阵 $\boldsymbol{A}\in\mathbb{C}^{n\times n}$ 的幂所形成的序列 $\{\boldsymbol{A}^m\}$: $\boldsymbol{E},\boldsymbol{A},\boldsymbol{A}^2,\cdots,\boldsymbol{A}^m,\boldsymbol{A}^{m+1},\cdots$,研究其收敛于零矩阵的条件.首先有下面的定理.

定理 4-4 $\lim\limits_{m\to\infty}\boldsymbol{A}^m=\boldsymbol{0}$ 的充分条件是有某一方阵范数 $\|\cdot\|$,使得 $\|\boldsymbol{A}\|<1$.

证明 由方阵范数定义的条件(4),即有

$$\|\boldsymbol{A}^m\|\leqslant\|\boldsymbol{A}^{m-1}\|\cdot\|\boldsymbol{A}\|\leqslant\|\boldsymbol{A}^{m-2}\|\cdot\|\boldsymbol{A}\|^2\leqslant\cdots\leqslant\|\boldsymbol{A}\|^m,$$

因此,若 $\|\boldsymbol{A}\|<1$,则 $\|\boldsymbol{A}\|^m\to0$,从而 $\|\boldsymbol{A}^m\|\to0$.由定理 4-3 便得 $\lim\limits_{m\to\infty}\boldsymbol{A}^m=\boldsymbol{0}$.证毕.

方阵序列 $\{\boldsymbol{A}^m\}$ 收敛于零矩阵与方阵的特征值有重要联系.

定理 4-5 $\lim\limits_{m\to\infty}\boldsymbol{A}^m=\boldsymbol{0}$ 的充分必要条件,是 $\boldsymbol{A}$ 的所有特征值的模都小于 1.

证明 设 $\boldsymbol{A}$ 的约当标准形为

$$\boldsymbol{J}=\begin{pmatrix}\boldsymbol{J}_{r_1}(\lambda_1)&&&\\&\boldsymbol{J}_{r_2}(\lambda_2)&&\\&&\ddots&\\&&&\boldsymbol{J}_{r_p}(\lambda_p)\end{pmatrix},$$

这里

$$\boldsymbol{J}_{r_i}(\lambda_i)=\begin{pmatrix}\lambda_i&&&\\1&\lambda_i&&\\&\ddots&\ddots&\\&&1&\lambda_i\end{pmatrix}_{r_i\times r_i}.$$

由于 $\boldsymbol{A}=\boldsymbol{TJT}^{-1}$,所以 $\boldsymbol{A}^m=\boldsymbol{TJ}^m\boldsymbol{T}^{-1}$.而且

$$\boldsymbol{J}^m=\begin{pmatrix}\boldsymbol{J}_{r_1}^m(\lambda_1)&&&\\&\boldsymbol{J}_{r_2}^m(\lambda_2)&&\\&&\ddots&\\&&&\boldsymbol{J}_{r_p}^m(\lambda_p)\end{pmatrix},$$

不难证明(见下面的注释)

$$\boldsymbol{J}_{r_i}^m(\lambda_i)=\begin{pmatrix}f_m(\lambda_i)&&&\\f_m'(\lambda_i)&f_m(\lambda_i)&&\\\vdots&\ddots&\ddots&\\\dfrac{f_m^{(r_i-1)}(\lambda_i)}{(r_i-1)!}&\cdots&f_m'(\lambda_i)&f_m(\lambda_i)\end{pmatrix}.\tag{4-2}$$

这里 $f_m(\lambda)=\lambda^m$,又 $f_m(\lambda)$ 在 $\lambda=\lambda_i$ 时的 t 阶导数为

$$\begin{aligned}f_m^{(t)}(\lambda_i)&=m(m-1)\cdots(m-t+1)\lambda_i^{m-t}\\&=\frac{m!\lambda_i^{m-t}}{(m-t)!}\quad(t=0,1,2,\cdots,r_i-1).\end{aligned}$$

由此可以看出,当 $m\to\infty$时,下列各个陈述的等价性:

$$A^m\to 0\Longleftrightarrow J^m\to 0\Longleftrightarrow \text{每个 } J_{r_i}^m(\lambda_i)\to 0\Longleftrightarrow \text{对每个 } \lambda_i \text{ 及每个 } t \text{ 值},$$

$$f_m^{(t)}(\lambda_i)\to 0\Longleftrightarrow |\lambda_i|<1\quad (i=1,2,\cdots,p).$$

这就证明了定理4-5.

注 若

$$H_n=\begin{pmatrix}0 & & & \\ 1 & 0 & & \\ & \ddots & \ddots & \\ & & 1 & 0\end{pmatrix}_{n\times n},$$

则由归纳法可证明:当 $p\geqslant n$ 时,都有 $H_n^p=0$. n 阶矩阵 H_n 具有这样一个性质:每自乘一次,就恰好把 H_n 中那条"全1线"往左下角方向平移一位(1的个数减少了一个),自乘 $n-1$ 次,亦即在 H_n^{n-1} 中,"全1线"已退化为左下角单独一个元素1,而 H_n^{n-1} 中的其它元素均为0.再用 H_n 去乘 H_n^{n-1},又相当于把 H_n^{n-1} 中那个1从左下角方向移走,而以0代替它.于是 $H_n^n=0$.自然有 $H_n^{n+1}=H_n^{n+2}=\cdots=0$.

又显然每个 r_i 阶约当块 $J_{r_i}(\lambda_i)$ 可以写成如下形式

$$J_{r_i}(\lambda_i)=H_{r_i}+\lambda_i E,$$

其中 H_{r_i} 是上述形式的 r_i 阶方阵. E 是 r_i 阶单位方阵.由于 H_i 与 $\lambda_i E$ 具有交换性,即 $H_i\cdot(\lambda_i E)=(\lambda_i E)\cdot H_i$,注意到 $m\geqslant r_i$ 时,$H_{r_i}^m=0$,所以

$$\begin{aligned}J_{r_i}^m(\lambda_i)&=(H_{r_i}+\lambda_i E)^m\\&=\lambda_i^m E+C_m^1\lambda_i^{m-1}E\cdot H_{r_i}+\cdots+C_m^{r_i-1}\lambda_i^{m-r_i+1}E\cdot H_{r_i}^{r_i-1}\\&=\begin{pmatrix}\lambda_i^m & & & \\ & \lambda_i^m & & \\ & & \ddots & \\ & & & \lambda_i^m\end{pmatrix}+\begin{pmatrix}0 & & & \\ m\lambda_i^{m-1} & 0 & & \\ & \ddots & \ddots & \\ & & m\lambda_i^{m-1} & 0\end{pmatrix}+\end{aligned}$$

$$\begin{pmatrix}0 & & & & \\ \vdots & \ddots & & & \\ 0 & & \ddots & & \\ \frac{m(m-1)}{2!}\lambda_i^{m-2} & \ddots & & \ddots & \\ & \ddots & \frac{m(m-1)}{2!}\lambda_i^{m-2} & 0 & 0\end{pmatrix}+\cdots+\begin{pmatrix}0 & \cdots & 0\\ \vdots & & \vdots\\ 0 & & \vdots\\ C_m^{r_i-1}\lambda_i^{m-r_i+1} & 0\ \cdots & 0\end{pmatrix}\quad(m\geqslant r_i-1).$$

若令 $\lambda^m = f_m(\lambda)$，则由前面的说明，此等式右边各个矩阵的和也就是式(4-2)右边的矩阵．证毕．

下面定理给出了矩阵特征值与矩阵范数间的一个基本关系．

定理 4-6 矩阵 $\boldsymbol{A}$ 的每一个特征值 λ 的模 $|\lambda|$ 都不大于矩阵 $\boldsymbol{A}$ 的任一范数 $\|\boldsymbol{A}\|$．即是说，$|\lambda| \leqslant \|\boldsymbol{A}\|$．

证明 方法一 设 $\|\boldsymbol{A}\| = a$．作矩阵

$$\boldsymbol{B} = \frac{1}{a+\varepsilon}\boldsymbol{A} \quad (\varepsilon \text{ 是任意正数}),$$

于是

$$\|\boldsymbol{B}\| = \frac{1}{a+\varepsilon}\|\boldsymbol{A}\| = \frac{a}{a+\varepsilon} < 1.$$

因此，当 $m \to \infty$ 时，$\boldsymbol{B}^m \to \boldsymbol{0}$（定理 4-4）．但由定理 4-5 得知矩阵 $\boldsymbol{B}$ 的所有特征值的模都小于 1，而 $\boldsymbol{B}$ 的特征值就是 $\frac{\lambda}{a+\varepsilon}$，故

$$\left|\frac{\lambda}{a+\varepsilon}\right| < 1,$$

即 $|\lambda| < a+\varepsilon$．因为正数 ε 可以任意小，因此 $|\lambda| \leqslant a = \|\boldsymbol{A}\|$．从而定理 4-6 得证．

方法二 对任一矩阵范数 $\|\boldsymbol{A}\|$，设 $\|\boldsymbol{X}\|_a$ 是与 $\|\boldsymbol{A}\|$ 相容的向量范数，对 $\boldsymbol{A}$ 的任一特征值 λ，$\exists\, \boldsymbol{X} \neq \boldsymbol{0}$，使得 $\boldsymbol{AX} = \lambda\boldsymbol{X}$，两边取向量范数有

$$\|\boldsymbol{A}\|\,\|\boldsymbol{X}\|_a \geqslant \|\boldsymbol{AX}\|_a = \|\lambda\boldsymbol{X}\|_a = |\lambda|\,\|\boldsymbol{X}\|_a,$$

由 $\boldsymbol{X} \neq \boldsymbol{0}$ 知，$\|\boldsymbol{X}\|_a > 0$，所以 $\|\boldsymbol{A}\| \geqslant |\lambda|$．

4.4 矩阵幂级数

本节主要讨论矩阵幂级数的问题，在下一节将应用矩阵幂级数来引入矩阵函数——这与解析函数的情形相类似．在讨论幂级数之前，先简单介绍一些矩阵级数的基本概念及性质．正如前面两节那样，我们所讨论的矩阵仍然是 $n \times n$ 的复方阵．

若给定 $\mathbb{C}^{n\times n}$ 中一方阵序列

$$\boldsymbol{A}_0, \boldsymbol{A}_1, \boldsymbol{A}_2, \cdots, \boldsymbol{A}_m, \cdots,$$

则和式

$$\boldsymbol{A}_0 + \boldsymbol{A}_1 + \boldsymbol{A}_2 + \cdots + \boldsymbol{A}_m + \cdots \tag{4-3}$$

称为方阵级数，也常缩写为 $\sum_{m=0}^{\infty}\boldsymbol{A}_m$．令

$$\boldsymbol{S}_N = \sum_{m=0}^{N}\boldsymbol{A}_m,$$

若方阵序列 $\{\boldsymbol{S}_N\}$ 收敛于方阵 $\boldsymbol{S}$，则称方阵级数式(4-3)收敛，且其和为 $\boldsymbol{S}$，记为

$$\boldsymbol{S} = \sum_{m=0}^{\infty}\boldsymbol{A}_m.$$

显然 $\sum_{m=0}^{\infty}\boldsymbol{A}_m$ 收敛的充要条件是 n^2 个数值级数 $\sum_{m=0}^{\infty}(\boldsymbol{A}_m)_{ij}$ $(i,j=1,2,\cdots,n)$ 收敛．这里

$(\boldsymbol{A}_m)_{ij}$表示n阶方阵$\boldsymbol{A}_m$位于第i行、第j列上的元素.

又当这n^2个数值级数绝对收敛时,则称方阵级数式(4-3)是绝对收敛的.

关于方阵级数的收敛问题,有下列基本性质:

(1) 若方阵级数$\sum\limits_{m=0}^{\infty}\boldsymbol{A}_m$绝对收敛,则它一定收敛,且任意交换各项的次序所得的新级数仍收敛,和也不改变.

这由数值级数的同一性质便可推知.

(2) 方阵级数$\sum\limits_{m=0}^{\infty}\boldsymbol{A}_m$绝对收敛的充要条件是:对任意一种方阵范数$\|\cdot\|$,正项级数$\sum\limits_{m=0}^{\infty}\|\boldsymbol{A}_m\|$收敛.

证明 由于方阵范数的等价性,如果能在方阵范数$\|\boldsymbol{A}\|_1=\max\limits_{1\leqslant j\leqslant n}\sum\limits_{i=1}^{n}|a_{ij}|$下证明这一性质,则对其它任何方阵范数的情形也容易得知这性质能够成立.

现假设正项级数$\sum\limits_{m=0}^{\infty}\|\boldsymbol{A}_m\|_1$收敛,则由等式

$$\|\boldsymbol{A}_m\|_1=\max_{1\leqslant j\leqslant n}\sum_{i=1}^{n}|(\boldsymbol{A}_m)_{ij}|$$

推知

$$\|(\boldsymbol{A}_m)_{ij}\|\leqslant\|\boldsymbol{A}_m\|_1\quad(i,j=1,2,\cdots,n).$$

故由正项级数的比较判别法,得知级数

$$\sum_{m=0}^{\infty}|(\boldsymbol{A}_m)_{ij}|\quad(i,j=1,2,3,\cdots,n)$$

都收敛,从而方阵级数$\sum\limits_{m=0}^{\infty}\boldsymbol{A}_m$绝对收敛.

反过来,若方阵级数$\sum\limits_{m=0}^{\infty}\boldsymbol{A}_m$绝对收敛,则正项级数

$$\sum_{m=0}^{\infty}|(\boldsymbol{A}_m)_{ij}|\quad(i,j=1,2,\cdots,n)$$

都收敛,从而由这n^2个级数相加所构成的级数收敛,因此级数

$$\sum_{m=0}^{\infty}\Big(\sum_{i=1}^{n}\sum_{j=1}^{n}|(\boldsymbol{A}_m)_{ij}|\Big)$$

也收敛,但是我们又有

$$\|\boldsymbol{A}_m\|_1=\max_{1\leqslant j\leqslant n}\sum_{i=1}^{n}|(\boldsymbol{A}_m)_{ij}|\leqslant\sum_{i=1}^{n}\sum_{j=1}^{n}|(\boldsymbol{A}_m)_{ij}|,$$

故由正项级数的比较判别法得知级数

$$\sum_{m=0}^{\infty}\|\boldsymbol{A}_m\|_1$$

收敛.证毕.

(3) 若$\boldsymbol{P},\boldsymbol{Q}\in\mathbb{C}^{n\times n}$为给定矩阵,如果方阵级数$\sum\limits_{m=0}^{\infty}\boldsymbol{A}_m$收敛(或绝对收敛),则级数

$\sum_{m=0}^{\infty} \boldsymbol{PA}_m\boldsymbol{Q}$ 也收敛(或绝对收敛),且有等式

$$\sum_{m=0}^{\infty} \boldsymbol{PA}_m\boldsymbol{Q} = \boldsymbol{P}\left(\sum_{m=0}^{\infty} \boldsymbol{A}_m\right)\boldsymbol{Q}. \tag{4-4}$$

证明 设 $\sum_{m=0}^{\infty} \boldsymbol{A}_m$ 收敛于方阵 $\boldsymbol{S}$,即

$$\lim_{N\to\infty}\sum_{m=0}^{N} \boldsymbol{A}_m = \boldsymbol{S} = \sum_{m=0}^{\infty} \boldsymbol{A}_m,$$

而由等式 $\sum_{m=0}^{N} \boldsymbol{PA}_m\boldsymbol{Q} = \boldsymbol{P}\left(\sum_{m=0}^{N} \boldsymbol{A}_m\right)\boldsymbol{Q}$ 取极限,即得

$$\lim_{N\to 0}\sum_{m=0}^{N} \boldsymbol{PA}_m\boldsymbol{Q} = \boldsymbol{P}\left(\lim_{N\to\infty}\sum_{m=0}^{N} \boldsymbol{A}_m\right)\boldsymbol{Q} = \boldsymbol{PSQ},$$

即 $\sum_{m=0}^{\infty} \boldsymbol{PA}_m\boldsymbol{Q}$ 收敛,且有式(4-4).

现设 $\sum_{m=0}^{\infty} \boldsymbol{A}_m$ 绝对收敛,则由性质(2),$\sum_{m=0}^{\infty} \|\boldsymbol{A}_m\|$ 也收敛.又由

$$\|\boldsymbol{PA}_m\boldsymbol{Q}\| \leqslant \|\boldsymbol{P}\|\cdot\|\boldsymbol{A}_m\|\cdot\|\boldsymbol{Q}\| = \|\boldsymbol{P}\|\cdot\|\boldsymbol{Q}\|\cdot\|\boldsymbol{A}_m\|$$

及比较判别法,即知级数 $\sum_{m=0}^{\infty} \|\boldsymbol{PA}_m\boldsymbol{Q}\|$ 收敛,再由性质(2),便知方阵级数 $\sum_{m=0}^{\infty} \boldsymbol{PA}_m\boldsymbol{Q}$ 绝对收敛.证毕.

注 基本性质(3)对于 $\boldsymbol{P},\boldsymbol{Q}$ 分别为 n 维行向量与列向量的情形,可以证明也能成立.

现在转到方阵幂级数的问题上来.若已给 n 阶复数方阵序列 $\{\boldsymbol{A}^m\}$ 及复数序列 $\{c_m\}$,则方阵级数

$$\sum_{m=0}^{\infty} c_m\boldsymbol{A}^m$$

称为方阵 $\boldsymbol{A}$ 的幂级数.

如果 $\lambda_1,\lambda_2,\cdots,\lambda_n$ 为方阵 $\boldsymbol{A}\in\mathbb{C}^{n\times n}$ 的全部特征值,则

$$\rho(\boldsymbol{A}) = \max_{1\leqslant i\leqslant n}\{|\lambda_i|\}$$

称为 $\boldsymbol{A}$ 的谱半径.

定理 4-7 若 $\boldsymbol{A}\in\mathbb{C}^{n\times n}$,则对于任给正数 ε,都有某一方阵范数 $\|\cdot\|$,使得

$$\|\boldsymbol{A}\| \leqslant \rho(\boldsymbol{A}) + \varepsilon.$$

证明 对于 $\boldsymbol{A}\in\mathbb{C}^{n\times n}$,必有可逆矩阵 $\boldsymbol{P}\in\mathbb{C}^{n\times n}$,使 $\boldsymbol{A}$ 与其约当标准形 $\boldsymbol{J}$ 相似

$$\boldsymbol{J} = \boldsymbol{P}^{-1}\boldsymbol{AP} = \begin{pmatrix} t_{11} & & & \\ t_{21} & t_{22} & & \\ & \ddots & \ddots & \\ & & t_{n,n-1} & t_{nn} \end{pmatrix},$$

这里 $t_{11},t_{22},\cdots,t_{nn}$ 是 $\boldsymbol{A}$ 的特征值,而 $t_{21},\cdots,t_{n,n-1}$ 等于 1 或 0,对给定的 $\varepsilon>0$,取对角形矩阵

$$D^{-1}=\begin{pmatrix}1 & & & & \\ & \varepsilon & & & \\ & & \varepsilon^2 & & \\ & & & \ddots & \\ & & & & \varepsilon^{n-1}\end{pmatrix}$$

计算可得

$$D^{-1}P^{-1}APD=D^{-1}JD=\begin{pmatrix}t_{11} & & & \\ \varepsilon t_{21} & t_{22} & & \\ & \ddots & \ddots & \\ & & \varepsilon t_{n,n-1} & t_{nn}\end{pmatrix},$$

对 $\mathbb{C}^{n\times n}$ 中任一方阵 Q，定义 $\|Q\|=\|D^{-1}P^{-1}QPD\|_\infty$，容易验证 $\|Q\|$ 是矩阵范数. 对所给方阵 A，则有

$$\|A\|=\|D^{-1}JD\|_\infty$$

回顾方阵范数 $\|B\|_\infty$ 的定义

$$\|B\|_\infty=\max_{1\leqslant i\leqslant n}\sum_{j=1}^{n}|b_{ij}|,$$

从而可得

$$\|A\|=\|D^{-1}JD\|_\infty\leqslant\max_{1\leqslant i\leqslant n}|t_{ii}|+\max_{1\leqslant i\leqslant n-1}|t_{i+1,i}|\varepsilon\leqslant\rho(A)+\varepsilon.$$

现在可以证明本节的主要结论：

定理 4-8　若复幂级数 $\sum_{m=0}^{\infty}c_m z^m$ 的收敛半径为 R，而方阵 $A\in\mathbb{C}^{n\times n}$ 的谱半径为 $\rho(A)$，则

(1)当 $\rho(A)<R$ 时，方阵幂级数 $\sum_{m=0}^{\infty}c_m A^m$ 绝对收敛；

(2)当 $\rho(A)>R$ 时，方阵幂级数 $\sum_{m=0}^{\infty}c_m A^m$ 发散.

证明　(1)因 $\rho(A)<R$，所以总可找到正数 ε，使得 $\rho(A)+\varepsilon<R$ 仍成立. 其实只须取 $0<\varepsilon<R-\rho(A)$ 即可. 又因为幂级数 $\sum_{m=0}^{\infty}c_m z^m$ 在收敛圆 $|z|<R$ 内绝对收敛，所以正项级数

$$\sum_{m=0}^{\infty}|c_m|(\rho(A)+\varepsilon)^m$$

收敛，从而其部分和

$$S_N=\sum_{m=0}^{N}|c_m|(\rho(A)+\varepsilon)^m$$

有上界 $S_N<M$.

由定理 4-7，有某一方阵范数 $\|\cdot\|$，使得 $\|A\|\leqslant\rho(A)+\varepsilon$. 因而

$$\sum_{m=0}^{N}\|c_m A^m\|\leqslant\sum_{m=0}^{N}|c_m|\cdot\|A\|^m\leqslant\sum_{m=0}^{\infty}|c_m|(\rho(A)+\varepsilon)^m=S_N<M.$$

所以,正项级数

$$\sum_{m=0}^{\infty}\|c_m\boldsymbol{A}^m\|$$

收敛.再由收敛方阵级数的基本性质(2),得知方阵幂级数

$$\sum_{m=0}^{\infty}c_m\boldsymbol{A}^m$$

绝对收敛.

(2)若 $\rho(\boldsymbol{A})>R$,设 $\boldsymbol{AX}=\lambda_j\boldsymbol{X}$,且总可以取 $\boldsymbol{X}$ 为单位向量及 $|\lambda_j|=\rho(\boldsymbol{A})$.下面用反证法证明 $\sum\limits_{m=0}^{\infty}c_m\boldsymbol{A}^m$ 发散.

如果它收敛,则由上述基本性质(3)知级数

$$\begin{aligned}\boldsymbol{X}^{\mathrm{H}}\Big(\sum_{m=0}^{\infty}c_m\boldsymbol{A}^m\Big)\boldsymbol{X}&=\sum_{m=0}^{\infty}c_m\boldsymbol{X}^{\mathrm{H}}\boldsymbol{A}^m\boldsymbol{X}=\sum_{m=0}^{\infty}c_m\boldsymbol{X}^{\mathrm{H}}\lambda_j^m\boldsymbol{X}\\&=\sum_{m=0}^{\infty}c_m\lambda_j^m\boldsymbol{X}^{\mathrm{H}}\boldsymbol{X}=\sum_{m=0}^{\infty}c_m\lambda_j^m\quad(\text{因为 }\boldsymbol{X}^{\mathrm{H}}\boldsymbol{X}=|\boldsymbol{X}|^2=1)\end{aligned}$$

也收敛.但复变数幂级数 $\sum\limits_{m=0}^{\infty}c_mz^m$ 在收敛圆外(即当 $|z|>R$)发散.现在 $|\lambda_j|=\rho(\boldsymbol{A})>R$,故 $\sum\limits_{m=0}^{\infty}c_m\lambda_j^m$ 又应该是发散的.这是个矛盾,因此证明了(2).

推论 1 若复数幂级数

$$\sum_{m=0}^{\infty}c_m(z-\lambda_0)^m$$

的收敛半径是 R,则对于方阵 $\boldsymbol{A}\in\mathbb{C}^{n\times n}$,当其特征值 $\lambda_1,\lambda_2,\cdots,\lambda_n$ 满足

$$|\lambda_i-\lambda_0|<R\quad(i=1,2,\cdots,n)$$

时,方阵幂级数

$$\sum_{m=0}^{\infty}c_m(\boldsymbol{A}-\lambda_0\boldsymbol{E})^m\tag{4-5}$$

绝对收敛;若有某一 λ_i 使得 $|\lambda_i-\lambda_0|>R$,则方阵幂级数(4-5)发散.

证明 令 $\boldsymbol{B}=\boldsymbol{A}-\lambda_0\boldsymbol{E}$,则因 $\boldsymbol{B},\boldsymbol{A}$ 的特征值的关系为 $\lambda_B=\lambda_A-\lambda_0$,所以

$$\rho(\boldsymbol{B})=\max_{1\leqslant i\leqslant n}\{|\lambda_i-\lambda_0|\}.$$

又

$$\sum_{m=0}^{\infty}c_m(\boldsymbol{A}-\lambda_0\boldsymbol{E})^m=\sum_{m=0}^{\infty}c_m\boldsymbol{B}^m.$$

故由定理 4-8,当 $\rho(\boldsymbol{B})<R$ 时,方阵幂级数(4-5)绝对收敛,而条件

$$|\lambda_i-\lambda_0|<R\quad(i=1,2,\cdots,n),$$

保证 $\rho(\boldsymbol{B})<R$ 成立;当有某个 λ_i,使得 $|\lambda_i-\lambda_0|>R$ 时,则 $\rho(\boldsymbol{B})>R$,故由定理 4-8,此时方阵幂级数(4-5)发散.

推论 2 若复变数幂级数 $\sum\limits_{m=0}^{\infty}c_mz^m$ 在整个复平面上都收敛,则对任意的方阵 $\boldsymbol{A}\in\mathbb{C}^{n\times n}$,方阵幂级数 $\sum\limits_{m=0}^{\infty}c_m\boldsymbol{A}^m$ 也收敛.

证明 取一个适当大的正数 R,使得 $\boldsymbol{A}$ 的所有特征值 $\lambda_i(i=1,2,\cdots,n)$的模均满足 $|\lambda_i|<R$,由于复变数幂级数

$$\sum_{m=0}^{\infty} c_m z^m$$

在整个复平面上收敛.特别地,它在 $|z|<R$ 内收敛.故由推论 1,方阵幂级数 $\sum\limits_{m=0}^{\infty} c_m\boldsymbol{A}^m$ 收敛.

4.5 矩阵函数

现在可以像复变函数那样,利用方阵幂级数来定义方阵函数了.

在复变函数中,复幂级数

$$\sum_{m=0}^{\infty}\frac{z^m}{m!},\quad \sum_{m=1}^{\infty}(-1)^{m-1}\frac{z^{2m-1}}{(2m-1)!},\quad 1+\sum_{m=1}^{\infty}(-1)^{m}\frac{z^{2m}}{(2m)!}$$

在整个复平面上收敛,因而它们都有确定的和,并依次用 $\mathrm{e}^z,\sin z,\cos z$ 来表示.换言之,复初等函数 $\mathrm{e}^z,\sin z,\cos z$ 可用幂级数来定义:

$$\mathrm{e}^z=\sum_{m=0}^{\infty}\frac{z^m}{m!},$$

$$\sin z=\sum_{m=1}^{\infty}(-1)^{m-1}\frac{z^{2m-1}}{(2m-1)!},$$

$$\cos z=1+\sum_{m=1}^{\infty}(-1)^{m}\frac{z^{2m}}{(2m)!}.$$

因此,利用定理 4-8 的推论 2,可知对任何方阵 $\boldsymbol{A}\in\mathbb{C}^{n\times n}$,下列各方阵幂级数

$$\sum_{m=0}^{\infty}\frac{\boldsymbol{A}^m}{m!},\quad \sum_{m=1}^{\infty}(-1)^{m-1}\frac{\boldsymbol{A}^{2m-1}}{(2m-1)!},\quad \boldsymbol{E}+\sum_{m=1}^{\infty}(-1)^{m}\frac{\boldsymbol{A}^{2m}}{(2m)!}$$

都收敛,因此,可用它们来定义下列三个方阵函数:

$$\mathrm{e}^{\boldsymbol{A}}=\sum_{m=0}^{\infty}\frac{\boldsymbol{A}^m}{m!},$$

$$\sin\boldsymbol{A}=\sum_{m=1}^{\infty}(-1)^{m-1}\frac{\boldsymbol{A}^{2m-1}}{(2m-1)!},$$

$$\cos\boldsymbol{A}=\boldsymbol{E}+\sum_{m=1}^{\infty}(-1)^{m}\frac{\boldsymbol{A}^{2m}}{(2m)!},$$

分别称之为方阵 $\boldsymbol{A}$ 的指数函数、正弦函数及余弦函数.同样地,由

$$\ln(1+z)=\sum_{m=1}^{\infty}\frac{(-1)^{m-1}}{m}z^m\quad(|z|<1),$$

$$(1+z)^k=1+\sum_{m=1}^{\infty}\frac{k(k-1)\cdots(k-m+1)}{m!}z^m\quad(|z|<1)\quad(k\text{ 为任意实数})$$

可定义方阵函数 $\ln(\boldsymbol{E}+\boldsymbol{A})$及$(\boldsymbol{E}+\boldsymbol{A})^k$ 为

$$\ln(\boldsymbol{E}+\boldsymbol{A})=\sum_{m=1}^{\infty}\frac{(-1)^{m-1}}{m}\boldsymbol{A}^m\quad(\rho(\boldsymbol{A})<1),$$

$$(\boldsymbol{E}+\boldsymbol{A})^k=\boldsymbol{E}+\sum_{m=1}^{\infty}\frac{k(k-1)\cdots(k-m+1)}{m!}\boldsymbol{A}^m\quad(\rho(\boldsymbol{A})<1).$$

$(\boldsymbol{E}-\boldsymbol{A})^{-1}=\sum\limits_{m=0}^{\infty}\boldsymbol{A}^m$ 是个有重要应用的例子. 一般地,若复幂级数

$$\sum_{m=0}^{\infty}c_m z^m$$

的收敛半径为 R,其和为 $f(z)$,即

$$f(z)=\sum_{m=0}^{\infty}c_m z^m\quad(|z|<R),$$

则由定理 4-8,可定义矩阵函数

$$f(\boldsymbol{A})=\sum_{m=0}^{\infty}c_m\boldsymbol{A}^m\quad(\rho(\boldsymbol{A})<R;\boldsymbol{A}\in\mathbb{C}^{n\times n}).$$

现在的问题是如何求出矩阵函数 $f(\boldsymbol{A})$来. 本节主要讨论用矩阵 $\boldsymbol{A}$ 的约当标准形来计算矩阵函数$f(\boldsymbol{A})$的方法,同时也简单介绍一下用最小多项式来计算矩阵函数 $f(\boldsymbol{A})$. 首先证明两个有关的定理.

定理 4-9 若对任一方阵 $\boldsymbol{A}$,幂级数 $\sum\limits_{m=0}^{\infty}c_m\boldsymbol{A}^m$ 都收敛,其和为

$$f(\boldsymbol{A})=\sum_{m=0}^{\infty}c_m\boldsymbol{A}^m,$$

则当 $\boldsymbol{A}$ 为分块对角形矩阵

$$\boldsymbol{A}=\begin{pmatrix}\boldsymbol{A}_1 & & & \\ & \boldsymbol{A}_2 & & \\ & & \ddots & \\ & & & \boldsymbol{A}_k\end{pmatrix}$$

时,即有

$$f(\boldsymbol{A})=\begin{pmatrix}f(\boldsymbol{A}_1) & & & \\ & f(\boldsymbol{A}_2) & & \\ & & \ddots & \\ & & & f(\boldsymbol{A}_k)\end{pmatrix}.$$

证明 因为

$$f(\boldsymbol{A})=\lim_{N\to\infty}\sum_{m=0}^{N}c_m\begin{pmatrix}\boldsymbol{A}_1^m & & & \\ & \boldsymbol{A}_2^m & & \\ & & \ddots & \\ & & & \boldsymbol{A}_k^m\end{pmatrix}$$

$$=\begin{pmatrix}\lim\limits_{N\to\infty}\sum\limits_{m=0}^{N}c_m\boldsymbol{A}_1^m & & & \\ & \lim\limits_{N\to\infty}\sum\limits_{m=0}^{N}c_m\boldsymbol{A}_2^m & & \\ & & \ddots & \\ & & & \lim\limits_{N\to\infty}\sum\limits_{m=0}^{N}c_m\boldsymbol{A}_k^m\end{pmatrix}$$

$$=\begin{bmatrix} f(\boldsymbol{A}_1) & & & \\ & f(\boldsymbol{A}_2) & & \\ & & \ddots & \\ & & & f(\boldsymbol{A}_k) \end{bmatrix}.$$

定理 4-9 得证.

定理 4-10 若
$$f(z)=\sum_{m=0}^{\infty}c_m z^m \quad (|z|<R)$$
是收敛半径为 R 的复幂级数,又
$$\boldsymbol{J}_0=\begin{bmatrix} \lambda_0 & & & \\ 1 & \lambda_0 & & \\ & \ddots & \ddots & \\ & & 1 & \lambda_0 \end{bmatrix}$$
是 n 阶约当块,则当 $|\lambda_0|<R$ 时,方阵幂级数
$$\sum_{m=0}^{\infty}c_m\boldsymbol{J}_0^m$$
绝对收敛,且其和为
$$f(\boldsymbol{J}_0)=\begin{bmatrix} f(\lambda_0) & & & & \\ f'(\lambda_0) & \ddots & & & \\ \frac{1}{2!}f''(\lambda_0) & \ddots & \ddots & & \\ \vdots & & \ddots & \ddots & \\ \frac{1}{(n-1)!}f^{(n-1)}(\lambda_0) & \cdots & \frac{1}{2!}f''(\lambda_0) & f'(\lambda_0) & f(\lambda_0) \end{bmatrix}. \tag{4-6}$$

证明 由于 $\boldsymbol{J}_0$ 的特征值为 λ_0,且为 n 重根,故 $\rho(\boldsymbol{J}_0)=|\lambda_0|$. 由定理 4-8 便得,知当 $|\lambda_0|<R$ 时,方阵幂级数 $\sum\limits_{m=0}^{\infty}c_m\boldsymbol{J}_0^m$ 绝对收敛. 因此,只需证明这级数的和
$$f(\boldsymbol{J}_0)=\sum_{m=0}^{\infty}c_m\boldsymbol{J}_0^m$$
恰为式(4-6)右边的矩阵就行了. 首先,由定义有
$$f(\boldsymbol{J}_0)=\lim_{N\to\infty}f_N(\boldsymbol{J}_0)=\lim_{N\to\infty}\sum_{m=0}^{N}c_m\boldsymbol{J}_0^m,$$
应用定理 4-5 后面的注,并经简化可得
$$f_N(\boldsymbol{J}_0)=\begin{bmatrix} f_N(\lambda_0) & & & & \\ f'_N(\lambda_0) & \ddots & & & \\ \frac{1}{2!}f''_N(\lambda_0) & \ddots & \ddots & & \\ \vdots & & \ddots & \ddots & \\ \frac{1}{(n-1)!}f_N^{(n-1)}(\lambda_0) & \cdots & \frac{1}{2!}f''_N(\lambda_0) & f'_N(\lambda_0) & f_N(\lambda_0) \end{bmatrix}, \tag{4-7}$$

在这里，

$$\begin{cases} f_N(\lambda_0) = \sum_{m=0}^{N} c_m \lambda_0^m \\ f'_N(\lambda_0) = \sum_{m=1}^{N} m c_m \lambda_0^{m-1} \\ f''_N(\lambda_0) = \sum_{m=2}^{N} m(m-1) c_m \lambda_0^{m-2} \\ \quad\vdots \\ f_N^{(n-1)}(\lambda_0) = \sum_{m=n-1}^{N} m(m-1)\cdots(m-n+2) c_m \lambda_0^{m-n+1} \end{cases} \tag{4-8}$$

由于当$|z|<R$时，级数$\sum_{m=0}^{\infty} c_m z^m$绝对收敛，且它的和为$f(z)$，由复变函数知识可知，$f(z)$是$|z|<R$内的解析函数，它有任意阶的导数

$$f^{(k)}(z) = \sum_{m=k}^{\infty} m(m-1)\cdots(m-k+1) c_m z^{m-k} \quad (|z|<R) \quad (k=1,2,\cdots).$$

由于$|\lambda_0|<R$，故当$z=\lambda_0$时，这k阶导数等式也成立.从而式(4-8)中各个等式当$N\to\infty$时的极限都存在，且

$$\begin{cases} \lim_{N\to\infty} f_N(\lambda_0) = \lim_{N\to\infty} \sum_{m=0}^{N} c_m \lambda_0^m = f(\lambda_0) \\ \lim_{N\to\infty} f'_N(\lambda_0) = \lim_{N\to\infty} \sum_{m=1}^{N} m c_m \lambda_0^{m-1} = f'(\lambda_0) \\ \lim_{N\to\infty} f''_N(\lambda_0) = \lim_{N\to\infty} \sum_{m=2}^{N} m(m-1) c_m \lambda_0^{m-2} = f''(\lambda_0) \\ \quad\vdots \\ \lim_{N\to\infty} f_N^{(n-1)}(\lambda_0) = \lim_{N\to\infty} \sum_{m=n-1}^{N} m(m-1)\cdots(m-n+2) c_m \lambda^{m-n+1} = f^{(n-1)}(\lambda_0) \end{cases}, \tag{4-9}$$

令$N\to\infty$，对式(4-7)两边取极限(并应用式(4-9)中各式)，便得所证.

现在，可以用矩阵$\boldsymbol{A}$的约当标准形来计算矩阵函数$f(\boldsymbol{A})$了.分两个情形来讨论.

(1) 若$\boldsymbol{A}$相似于对角形矩阵

$$\boldsymbol{A} = \boldsymbol{P} \begin{pmatrix} \lambda_1 & & & \\ & \lambda_2 & & \\ & & \ddots & \\ & & & \lambda_n \end{pmatrix} \boldsymbol{P}^{-1},$$

简记为$\boldsymbol{A}=\boldsymbol{PJP}^{-1}$.这里$\lambda_i(i=1,2,\cdots,n)$是$\boldsymbol{A}$的特征值.

由定理4-8，如果复幂级数

$$\sum_{m=0}^{\infty} c_m z^m$$

的收敛半径为R，则当$|z|<R$时，此级数绝对收敛，其和设为$f(z)$.又当方阵$\boldsymbol{A}$的谱半径$\rho(\boldsymbol{A})<R$时，方阵幂级数

$$\sum_{m=0}^{\infty} c_m \boldsymbol{A}^m$$

也绝对收敛,且其和为

$$f(\boldsymbol{A}) = \sum_{m=0}^{\infty} c_m \boldsymbol{A}^m = f(\boldsymbol{PJP}^{-1}) = \sum_{m=0}^{\infty} c_m (\boldsymbol{PJP}^{-1})^m$$

$$= \sum_{m=0}^{\infty} c_m \boldsymbol{PJ}^m \boldsymbol{P}^{-1} = \boldsymbol{P}\left(\sum_{m=0}^{\infty} c_m \boldsymbol{J}^m\right)\boldsymbol{P}^{-1} = \boldsymbol{P}f(J)\boldsymbol{P}^{-1}.$$

由定理 4-9 得

$$f(\boldsymbol{A}) = \boldsymbol{P}\begin{pmatrix} f(\lambda_1) & & & \\ & f(\lambda_2) & & \\ & & \ddots & \\ & & & f(\lambda_n) \end{pmatrix}\boldsymbol{P}^{-1}. \tag{4-10}$$

并且可见 $f(\boldsymbol{A})$的特征值为 $f(\lambda_1), f(\lambda_2), \cdots, f(\lambda_n)$. 因而,在 $\boldsymbol{A}$ 相似于对角形矩阵时,与复幂级数

$$f(z) = \sum_{m=0}^{\infty} c_m z^m \quad (|z| < R)$$

相应的矩阵函数

$$f(\boldsymbol{A}) = \sum_{m=0}^{\infty} c_m \boldsymbol{A}^m \quad (\rho(\boldsymbol{A}) < R)$$

也相似于一个对角形矩阵,而矩阵函数 $f(\boldsymbol{A})$就是一个由式(4-10)确定的矩阵.

特别地,有

$$\mathrm{e}^{\boldsymbol{A}} = \boldsymbol{P}\begin{pmatrix} \mathrm{e}^{\lambda_1} & & & \\ & \mathrm{e}^{\lambda_2} & & \\ & & \ddots & \\ & & & \mathrm{e}^{\lambda_n} \end{pmatrix}\boldsymbol{P}^{-1},$$

$$\sin\boldsymbol{A} = \boldsymbol{P}\begin{pmatrix} \sin\lambda_1 & & & \\ & \sin\lambda_2 & & \\ & & \ddots & \\ & & & \sin\lambda_n \end{pmatrix}\boldsymbol{P}^{-1},$$

$$\cos\boldsymbol{A} = \boldsymbol{P}\begin{pmatrix} \cos\lambda_1 & & & \\ & \cos\lambda_2 & & \\ & & \ddots & \\ & & & \cos\lambda_n \end{pmatrix}\boldsymbol{P}^{-1}.$$

这只须分别取 $f(z) = \mathrm{e}^z, \sin z, \cos z$,并假定 $\boldsymbol{A}$ 相似于对角形矩阵(此外,对 $\boldsymbol{A}$ 再无其它要求). 由此可以看出 $\mathrm{e}^{\boldsymbol{A}}, \sin\boldsymbol{A}, \cos\boldsymbol{A}$ 这三个矩阵的特征值是什么.

例 4-3 设 $\boldsymbol{A} = \begin{pmatrix} 0 & 1 \\ 0 & 2 \end{pmatrix}$, 求 $\mathrm{e}^{\boldsymbol{A}}, \sin\boldsymbol{A}, \cos\boldsymbol{A}$.

解 因

$$|\lambda \boldsymbol{E}-\boldsymbol{A}|=\begin{vmatrix}\lambda & -1\\0 & \lambda-2\end{vmatrix}=\lambda\cdot(\lambda-2),$$

故 $\boldsymbol{A}$ 有不同的特征值 $\lambda_1=0,\lambda_2=2$. 所以 $\boldsymbol{A}$ 相似于对角形,不难求得相应于两个特征值的特征向量分别为

$$\boldsymbol{\alpha}_1=\begin{pmatrix}1\\0\end{pmatrix},\quad \boldsymbol{\alpha}_2=\begin{pmatrix}1\\2\end{pmatrix}.$$

令

$$\boldsymbol{P}=\begin{pmatrix}1 & 1\\0 & 2\end{pmatrix},$$

则有

$$\boldsymbol{P}^{-1}=\frac{1}{2}\begin{pmatrix}2 & -1\\0 & 1\end{pmatrix},\quad \boldsymbol{A}=\boldsymbol{P}\begin{pmatrix}0 & \\ & 2\end{pmatrix}\boldsymbol{P}^{-1}.$$

故
$$\mathrm{e}^{\boldsymbol{A}}=\boldsymbol{P}\begin{pmatrix}1 & \\ & \mathrm{e}^2\end{pmatrix}\boldsymbol{P}^{-1}=\begin{pmatrix}1 & -\frac{1}{2}+\frac{1}{2}\mathrm{e}^2\\0 & \mathrm{e}^2\end{pmatrix};$$

$$\sin\boldsymbol{A}=\begin{pmatrix}1 & 1\\0 & 2\end{pmatrix}\begin{pmatrix}0 & \\ & \sin 2\end{pmatrix}\begin{pmatrix}1 & -\frac{1}{2}\\0 & \frac{1}{2}\end{pmatrix}=\begin{pmatrix}0 & \frac{1}{2}\sin 2\\0 & \sin 2\end{pmatrix};$$

$$\cos\boldsymbol{A}=\begin{pmatrix}1 & 1\\0 & 2\end{pmatrix}\begin{pmatrix}1 & \\ & \cos 2\end{pmatrix}\begin{pmatrix}1 & -\frac{1}{2}\\0 & \frac{1}{2}\end{pmatrix}=\begin{pmatrix}1 & -\frac{1}{2}+\frac{1}{2}\cos 2\\0 & \cos 2\end{pmatrix}.$$

在实际应用时,遇到的往往不是常数矩阵 $\boldsymbol{A}$ 的矩阵函数 $f(\boldsymbol{A})$,而是变量 t 的函数矩阵 $\boldsymbol{A}t$ 的矩阵函数 $f(\boldsymbol{A}t)$.

注意到,当

$$\boldsymbol{A}=\boldsymbol{PJP}^{-1}=\boldsymbol{P}\begin{pmatrix}\lambda_1 & & & \\ & \lambda_2 & & \\ & & \ddots & \\ & & & \lambda_n\end{pmatrix}\boldsymbol{P}^{-1}$$

时,则

$$\boldsymbol{A}t=\boldsymbol{P}(\boldsymbol{J}t)\boldsymbol{P}^{-1}=\boldsymbol{P}\begin{pmatrix}\lambda_1 t & & \\ & \lambda_2 t & \\ & & \lambda_n t\end{pmatrix}\boldsymbol{P}^{-1}.$$

因而类似上述的推导,即有

$$f(\boldsymbol{A}t)=\boldsymbol{P}\begin{pmatrix}f(\lambda_1 t) & & & \\ & f(\lambda_2 t) & & \\ & & \ddots & \\ & & & f(\lambda_n t)\end{pmatrix}\boldsymbol{P}^{-1}.$$

特别地,有

$$e^{\boldsymbol{A}t}=\boldsymbol{P}\begin{pmatrix}e^{\lambda_1 t} & & & \\ & e^{\lambda_2 t} & & \\ & & \ddots & \\ & & & e^{\lambda_n t}\end{pmatrix}\boldsymbol{P}^{-1};$$

$$\sin\boldsymbol{A}t=\boldsymbol{P}\begin{pmatrix}\sin\lambda_1 t & & & \\ & \sin\lambda_2 t & & \\ & & \ddots & \\ & & & \sin\lambda_n t\end{pmatrix}\boldsymbol{P}^{-1};$$

$$\cos\boldsymbol{A}t=\boldsymbol{P}\begin{pmatrix}\cos\lambda_1 t & & & \\ & \cos\lambda_2 t & & \\ & & \ddots & \\ & & & \cos\lambda_n t\end{pmatrix}\boldsymbol{P}^{-1}.$$

如对例 4 - 3 中的矩阵 **A**,则有

$$e^{\boldsymbol{A}t}=\begin{pmatrix}1 & 1\\ 0 & 2\end{pmatrix}\begin{pmatrix}1 & \\ & e^{2t}\end{pmatrix}\begin{pmatrix}1 & -\frac{1}{2}\\ 0 & \frac{1}{2}\end{pmatrix}=\begin{pmatrix}1 & \frac{1}{2}(-1+e^{2t})\\ 0 & e^{2t}\end{pmatrix}.$$

(2) 当 **A** 不与对角形矩阵相似时,**A** 必可与其约当标准形相似,即

$$\boldsymbol{A}=\boldsymbol{P}\begin{pmatrix}\boldsymbol{J}_1(\lambda_1) & & & \\ & \boldsymbol{J}_2(\lambda_2) & & \\ & & \ddots & \\ & & & \boldsymbol{J}_k(\lambda_k)\end{pmatrix}\boldsymbol{P}^{-1},$$

其中,约当块

$$\boldsymbol{J}_i(\lambda_i)=\begin{pmatrix}\lambda_i & & & \\ 1 & \lambda_i & & \\ & \ddots & \ddots & \\ & & 1 & \lambda_i\end{pmatrix}_{n_i\times n_i}$$

由初级因子$(\lambda-\lambda_i)^{n_i}$所决定. 又,$n_1+n_2+\cdots+n_k=n$.

因此,应用定理 4 - 9 有

$$f(\boldsymbol{A})=\sum_{m=0}^{\infty}c_m\boldsymbol{A}^m=\sum_{m=0}^{\infty}c_m\boldsymbol{P}\begin{pmatrix}\boldsymbol{J}_1^m(\lambda_1) & & & \\ & \boldsymbol{J}_2^m(\lambda_2) & & \\ & & \ddots & \\ & & & \boldsymbol{J}_k^m(\lambda_k)\end{pmatrix}\boldsymbol{P}^{-1}$$

$$=\boldsymbol{P}\left(\sum_{m=0}^{\infty}c_m\begin{pmatrix}\boldsymbol{J}_1^m & & & \\ & \boldsymbol{J}_2^m & & \\ & & \ddots & \\ & & & \boldsymbol{J}_k^m\end{pmatrix}\right)\boldsymbol{P}^{-1}=\boldsymbol{P}\begin{pmatrix}f(\boldsymbol{J}_1) & & & \\ & f(\boldsymbol{J}_2) & & \\ & & \ddots & \\ & & & f(\boldsymbol{J}_k)\end{pmatrix}\boldsymbol{P}^{-1}.$$

再参照定理 4－10 的公式计算出每个 $f(\boldsymbol{J}_i)$ $(i=1,2,\cdots,k)$，从而便可得到 $f(\boldsymbol{A})$.

类似地，有

$$f(\boldsymbol{A}t)=\boldsymbol{P}\begin{pmatrix}f(\boldsymbol{J}_1t) & & & \\ & f(\boldsymbol{J}_2t) & & \\ & & \ddots & \\ & & & f(\boldsymbol{J}_kt)\end{pmatrix}\boldsymbol{P}^{-1}.$$

例 4－4 设 $\boldsymbol{A}=\begin{pmatrix}-1 & 1 & 0\\ -4 & 3 & 0\\ 1 & 0 & 2\end{pmatrix}$，求 $e^{\boldsymbol{A}}$.

解 在例 3－6 中已求得

$$\boldsymbol{P}=\begin{pmatrix}0 & 0 & 1\\ 0 & 1 & 2\\ 1 & -1 & -1\end{pmatrix};\quad \boldsymbol{P}^{-1}\boldsymbol{AP}=\boldsymbol{J}=\begin{pmatrix}2 & 0 & 0\\ 0 & 1 & 0\\ 0 & 1 & 1\end{pmatrix},$$

且易得

$$\boldsymbol{P}^{-1}=\begin{pmatrix}-1 & 1 & 1\\ -2 & 1 & 0\\ 1 & 0 & 0\end{pmatrix},$$

因此

$$e^{\boldsymbol{A}}=\begin{pmatrix}0 & 0 & 1\\ 0 & 1 & 2\\ 1 & -1 & -1\end{pmatrix}\begin{pmatrix}e^2 & 0 & 0\\ 0 & e^1 & 0\\ 0 & e^1 & e^1\end{pmatrix}\begin{pmatrix}-1 & 1 & 1\\ -2 & 1 & 0\\ 1 & 0 & 0\end{pmatrix}$$

$$=\begin{pmatrix}0 & e & e\\ 0 & 3e & 2e\\ e^2 & -2e & -e\end{pmatrix}\begin{pmatrix}-1 & 1 & 1\\ -2 & 1 & 0\\ 1 & 0 & 0\end{pmatrix}$$

$$=\begin{pmatrix}-e & e & 0\\ -4e & 3e & 0\\ 3e-e^2 & e^2-2e & e^2\end{pmatrix}.$$

若在计算 $e^{\boldsymbol{A}}$ 的第一个等式中，用 $\begin{pmatrix}e^{2t} & 0 & 0\\ 0 & e^t & 0\\ 0 & te^t & e^t\end{pmatrix}$ 去代替 $\begin{pmatrix}e^2 & 0 & 0\\ 0 & e & 0\\ 0 & e & e\end{pmatrix}$，则读者还可求得含变量 t 的矩阵函数 $e^{\boldsymbol{A}t}$.

以上讨论了用方阵幂级数来表示方阵函数的方法及具体计算问题. 从所举例子可以看

到，对一个比较简单的方阵 $\boldsymbol{A}$，即使要求出最简单的矩阵函数 $e^{\boldsymbol{A}}$，$\sin\boldsymbol{A}$，也还是比较繁琐的．下面介绍的利用最小多项式计算的方法，比起上述方法来要简便些．但是，这一方法的理论推导则相当繁复，所以这里不作推导，只将结果介绍给读者．

若 $f(\lambda)$是 l 次多项式，$\varphi(\lambda)$是方阵 $\boldsymbol{A}$ 的最小多项式，它的次数为 m．以 $\varphi(\lambda)$去除 $f(\lambda)$即得

$$f(\lambda)=\varphi(\lambda)q(\lambda)+r(\lambda),$$

这里余式 $r(\lambda)=0$ 或比 $\varphi(\lambda)$有更低的次数．因此

$$f(\boldsymbol{A})=\varphi(\boldsymbol{A})q(\boldsymbol{A})+r(\boldsymbol{A})=r(\boldsymbol{A}).$$

由此可见，次数高于 m 的任一多项式$f(\boldsymbol{A})$（矩阵 $\boldsymbol{A}$ 的一个矩阵多项式），都可以化为次数$\leqslant m-1$ 的 $\boldsymbol{A}$ 的多项式$r(\boldsymbol{A})$来计算．换言之，若 $f(\boldsymbol{A})$是一个 l 次的矩阵多项式

$$f(\boldsymbol{A})=a_0\boldsymbol{E}+a_1\boldsymbol{A}+a_2\boldsymbol{A}^2+\cdots+a_l\boldsymbol{A}^l\quad(l>m),$$

而 $\varphi(\lambda)$是 $\boldsymbol{A}$ 的最小多项式，其次数为 m，则有

$$f(\boldsymbol{A})=r(\boldsymbol{A})=a_0\boldsymbol{E}+a_1\boldsymbol{A}+a_2\boldsymbol{A}^2+\cdots+a_{m-1}\boldsymbol{A}^{m-1},$$

即 $f(\boldsymbol{A})$可以表示为一个关于 $\boldsymbol{A}$ 的次数$\leqslant m-1$ 的矩阵多项式 $r(\boldsymbol{A})$．

把这一思想推广到由矩阵幂级数确定的矩阵函数 $f(\boldsymbol{A})$上，那就是所谓矩阵函数的多项式表示问题．可以把它叙述为如下的定理．

定理 4－11 设 n 阶方阵$\boldsymbol{A}$ 的最小多项式为m 次多项式

$$\varphi(\lambda)=(\lambda-\lambda_1)^{n_1}(\lambda-\lambda_2)^{n_2}\cdot\cdots\cdot(\lambda-\lambda_s)^{n_s},$$

其中，$\lambda_1,\lambda_2,\cdots,\lambda_s$ 是$\boldsymbol{A}$ 的所有互不相同的特征值．又，与收敛的复幂级数 $f(z)=\sum\limits_{k=0}^{\infty}c_kz^k$ 相应的$f(\boldsymbol{A})=\sum\limits_{k=0}^{\infty}c_k\boldsymbol{A}^k$ 是$\boldsymbol{A}$ 的收敛幂级数，则矩阵函数 $f(\boldsymbol{A})$可以表示成 $\boldsymbol{A}$ 的 $m-1$ 次多项式

$$f(\boldsymbol{A})=a_0\boldsymbol{E}+a_1\boldsymbol{A}+a_2\boldsymbol{A}^2+\cdots+a_{m-1}\boldsymbol{A}^{m-1},$$

系数 $a_0,a_1,a_2,\cdots,a_{m-1}$满足下列方程组

$$\begin{cases}a_0+a_1\lambda_i+a_2\lambda_i^2+\cdots+a_{m-1}\lambda_i^{m-1}=f(\lambda_i)\\ a_1+2a_2\lambda_i+\cdots+(m-1)a_{m-1}\lambda_i^{m-2}=f'(\lambda_i)\\ \qquad\vdots\\ (n_i-1)!\ a_{n_i-1}+\cdots+(m-1)\cdots(m-n_i+1)a_{m-1}\lambda_i^{m-n_i}=f^{(n_i-1)}(\lambda_i).\\ (\forall\lambda_i,\ i=1,2,\cdots,s).\end{cases}$$

例 4－5 用定理 4－11 提供的方法，对例 4－3 的矩阵 $\boldsymbol{A}$，计算 $e^{\boldsymbol{A}}$．

解 由 $\boldsymbol{A}$ 的特征多项式

$$|\lambda\boldsymbol{E}-\boldsymbol{A}|=\lambda(\lambda-2)$$

及最小多项式的性质，可知 $\boldsymbol{A}$ 的最小多项式$\varphi(\lambda)=\lambda(\lambda-2)$．这是 $m=2$ 次多项式，所以设

$$e^{\boldsymbol{A}}=a_0\boldsymbol{E}+a_1\boldsymbol{A}.$$

对 $\lambda_1=0$ 及 $\lambda_2=2$，按上法作方程组

$$\begin{cases}a_0+a_1\cdot0=e^0\\ a_0+a_1\cdot2=e^2,\end{cases}$$

由此得 $a_0=1,a_1=\frac{1}{2}(e^2-1)$，于是有

$$e^{A}=\boldsymbol{E}+\frac{1}{2}(e^2-1)\boldsymbol{A}=\begin{pmatrix}1&0\\0&1\end{pmatrix}+\frac{1}{2}(e^2-1)\begin{pmatrix}0&1\\0&2\end{pmatrix}$$

$$=\begin{pmatrix}1&\frac{1}{2}(e^2-1)\\0&e^2\end{pmatrix}.$$

对于含变数 t 的方阵函数 $f(\boldsymbol{A}t)$，有类似的方法，这时

$$f(\boldsymbol{A}t)=a_0(t)\boldsymbol{E}+a_1(t)\boldsymbol{A}+a_2(t)\boldsymbol{A}^2+\cdots+a_{m-1}(t)\boldsymbol{A}^{m-1},$$

其中 $a_i(t)\ (i=1,2,\cdots,m-1)$ 是 t 的函数，而确定这些 $a_i(t)$ 的方程组为

$$\begin{cases}a_0(t)+a_1(t)\lambda_i+\cdots+a_{m-1}(t)\lambda_i^{m-1}=f(\lambda_i t)\\ a_1(t)+2a_2(t)\lambda_i+\cdots+(m-1)a_{m-1}(t)\lambda_i^{m-2}=\left.\dfrac{\mathrm{d}f(\lambda t)}{\mathrm{d}\lambda}\right|_{\lambda=\lambda_i}\\ \qquad\vdots\\ (n_i-1)!a_{n_i-1}(t)+\cdots+(m-1)(m-2)\cdots(m-n_i+1)a_{m-1}(t)\lambda_i^{m-n_i}\\ =\left.\dfrac{\mathrm{d}^{(n_i-1)}f(\lambda t)}{\mathrm{d}\lambda^{n_i-1}}\right|_{\lambda=\lambda_i}\\ (\forall\lambda_i,i=1,2,\cdots,s)\end{cases}.$$

例 4-6 计算 $e^{\boldsymbol{A}t}$，$\sin\boldsymbol{A}t$，其中

$$\boldsymbol{A}=\begin{pmatrix}2&1&4\\0&2&0\\0&3&1\end{pmatrix}.$$

解 特征多项式

$$|\lambda\boldsymbol{E}-\boldsymbol{A}|=\begin{vmatrix}\lambda-2&-1&-4\\0&\lambda-2&0\\0&-3&\lambda-1\end{vmatrix}=(\lambda-1)(\lambda-2)^2,$$

由于 $(\lambda-1)(\lambda-2)$ 不是 $\boldsymbol{A}$ 的零化多项式，所以 $\boldsymbol{A}$ 的最小多项式为

$$\varphi(\lambda)=(\lambda-1)(\lambda-2)^2.$$

又记

$$f_1(\boldsymbol{A}t)=e^{\boldsymbol{A}t},\quad f_1(\lambda t)=e^{\lambda t},$$

$$f_2(\boldsymbol{A}t)=\sin\boldsymbol{A}t,\quad f_2(\lambda t)=\sin\lambda t\quad(\lambda_1=2,\quad\lambda_2=1).$$

因 $\varphi(\lambda)$ 为 3 次多项式，故设

$$e^{\boldsymbol{A}t}=a_0(t)\boldsymbol{E}+a_1(t)\boldsymbol{A}+a_2(t)\boldsymbol{A}^2,$$

由此得方程组

$$\begin{cases}a_0(t)+a_1(t)\lambda_1+a_2(t)\lambda_1^2=f_1(\lambda_1 t)\\ a_1(t)+2a_2(t)\lambda_1=\left.\dfrac{\mathrm{d}}{\mathrm{d}\lambda}f_1(\lambda t)\right|_{\lambda=\lambda_1}\\ a_0(t)+a_1(t)\lambda_2+a_2(t)\lambda_2^2=f_1(\lambda_2 t)\end{cases},$$

即

$$\begin{cases} a_0(t)+2a_1(t)+4a_2(t)=e^{2t} \\ a_1(t)+4a_2(t)=te^{2t} \\ a_0(t)+a_1(t)+a_2(t)=e^{t} \end{cases},$$

由此求得

$$a_0(t) = 4e^{t} - 3e^{2t} + 2te^{2t},$$

$$a_1(t) = -4e^{t} + 4e^{2t} - 3te^{2t},$$

$$a_2(t) = e^{t} - e^{2t} + te^{2t}.$$

将其代入所设式子中,可以算出

$$e^{\boldsymbol{A}t} = \begin{pmatrix} e^{2t} & 12e^{t}-12e^{2t}+13te^{2t} & -4e^{t}+4e^{2t} \\ 0 & e^{2t} & 0 \\ 0 & -3e^{t}+3e^{2t} & e^{t} \end{pmatrix}.$$

类似地,设

$$\sin\boldsymbol{A}t = a_0(t)\boldsymbol{E}+a_1(t)\boldsymbol{A}+a_2(t)\boldsymbol{A}^2 \quad (\text{因为 } m-1=2),$$

并由此作方程组

$$\begin{cases} a_0(t)+a_1(t)\lambda_1+a_2(t)\lambda_1^2=f_2(\lambda_1 t) \\ a_1(t)+2a_2(t)\lambda_1=\dfrac{d}{d\lambda}f_2(\lambda t)\Big|_{\lambda=\lambda_1} \\ a_0(t)+a_1(t)\lambda_2+a_2(t)\lambda_2^2=f_2(\lambda_2 t) \end{cases},$$

即

$$\begin{cases} a_0(t)+2a_1(t)+4a_2(t)=\sin 2t \\ a_1(t)+4a_2(t)=t\cos 2t \\ a_0(t)+a_1(t)+a_2(t)=\sin t \end{cases}$$

由此解出

$$a_0(t)=4\sin t-3\sin 2t+2t\cos 2t,$$

$$a_1(t)=-4\sin t+4\sin 2t-3t\cos 2t,$$

$$a_2(t)=\sin t-\sin 2t+t\cos 2t,$$

于是求得

$$\sin\boldsymbol{A}t = \begin{pmatrix} \sin 2t & 12\sin t-12\sin 2t+13t\cos 2t & -4\sin t+4\sin 2t \\ 0 & \sin 2t & 0 \\ 0 & -3\sin t+3\sin 2t & \sin t \end{pmatrix}.$$

4.6 矩阵的微分与积分

在应用中,矩阵函数与函数矩阵的微分、积分常常是同时出现的,因此在学习了矩阵函数的计算以后,还需学习函数矩阵的微分、积分. 比起前者来,后者要简单、容易得多,它只是一般微积分概念法则的一种形式的推广.

若 $\boldsymbol{A}(z)=(a_{ij}(z))_{m\times n}$ 的每个元素 $a_{ij}(z)$ 都是复变量 z 的函数,且都在 $z=z_0$ 或变量

z 的某个区域内可导,则定义 $\boldsymbol{A}(z)$ 的导数为

$$\frac{\mathrm{d}}{\mathrm{d}z}\boldsymbol{A}(z)=\left(\frac{\mathrm{d}}{\mathrm{d}z}a_{ij}(z)\right)_{m\times n} \quad 或 \quad \boldsymbol{A}'(z)=(a_{ij}'(z))_{m\times n}.$$

换句话说,矩阵 $\boldsymbol{A}(z)$ 的导数定义为由它的每个元素的导数组成的矩阵.例如

$$\boldsymbol{A}(z)=\begin{pmatrix} z^2+1 & \sin z \\ 3 & \mathrm{e}^z \end{pmatrix},\quad \frac{\mathrm{d}}{\mathrm{d}z}\boldsymbol{A}(z)=\begin{pmatrix} 2z & \cos z \\ 0 & \mathrm{e}^z \end{pmatrix}.$$

性质:

(1) $[\boldsymbol{A}(z)+\boldsymbol{B}(z)]'=\boldsymbol{A}'(z)+\boldsymbol{B}'(z)$;

(2) $[\boldsymbol{A}(z)\cdot\boldsymbol{B}(z)]'=\boldsymbol{A}'(z)\cdot\boldsymbol{B}(z)+\boldsymbol{A}(z)\cdot\boldsymbol{B}'(z)$.

特别地,当 $\boldsymbol{C}$ 为常数矩阵时,有 $\boldsymbol{C}'=\boldsymbol{0}$,且

$$[\boldsymbol{C}\cdot\boldsymbol{A}(z)]'=\boldsymbol{C}\cdot\boldsymbol{A}'(z).$$

(3) 如 $\boldsymbol{A}(u)=(a_{ij}(u))_{m\times n}$ 及变量 z 的函数 $u=f(z)$ 都可导,则

$$\frac{\mathrm{d}}{\mathrm{d}z}\boldsymbol{A}(u)=\frac{\mathrm{d}\boldsymbol{A}(u)}{\mathrm{d}u}\cdot\frac{\mathrm{d}u}{\mathrm{d}z}.$$

以上简单性质,由定义都不难证明,兹不赘述.

(4) 若 n 阶函数矩阵 $\boldsymbol{A}(z)$ 可逆,且 $\boldsymbol{A}(z)$ 及其逆矩阵 $\boldsymbol{A}^{-1}(z)$ 都可导,则

$$\frac{\mathrm{d}}{\mathrm{d}z}\boldsymbol{A}^{-1}(z)=-\boldsymbol{A}^{-1}(z)\cdot\frac{\mathrm{d}}{\mathrm{d}z}\boldsymbol{A}(z)\cdot\boldsymbol{A}^{-1}(z).$$

证明 因

$$\boldsymbol{A}^{-1}(z)\cdot\boldsymbol{A}(z)=\boldsymbol{E},$$

两边对 z 求导,即有

$$\frac{\mathrm{d}}{\mathrm{d}z}[\boldsymbol{A}^{-1}(z)\cdot\boldsymbol{A}(z)]=\frac{\mathrm{d}\boldsymbol{A}^{-1}(z)}{\mathrm{d}z}\cdot\boldsymbol{A}(z)+\boldsymbol{A}^{-1}(z)\cdot\frac{\mathrm{d}\boldsymbol{A}(z)}{\mathrm{d}z}=\boldsymbol{0}.$$

所以

$$\frac{\mathrm{d}\boldsymbol{A}^{-1}(z)}{\mathrm{d}z}=-\boldsymbol{A}^{-1}(z)\cdot\frac{\mathrm{d}\boldsymbol{A}(z)}{\mathrm{d}z}\cdot\boldsymbol{A}^{-1}(z).$$

类似地,可定义函数矩阵对数值变量的积分.

若函数矩阵 $\boldsymbol{A}(x)=(a_{ij}(x))_{m\times n}$ 的每个元素都是实变量 x 的函数,且都在 $[a,b]$ 上可积,则 $\boldsymbol{A}(x)$ 的定积分与不定积分定义如下:

$$\int_a^b\boldsymbol{A}(x)\mathrm{d}x=\begin{pmatrix} \int_a^b a_{11}(x)\mathrm{d}x & \cdots & \int_a^b a_{1n}(x)\mathrm{d}x \\ \vdots & & \vdots \\ \int_a^b a_{m1}(x)\mathrm{d}x & \cdots & \int_a^b a_{mn}(x)\mathrm{d}x \end{pmatrix},$$

$$\int\boldsymbol{A}(x)\mathrm{d}x=\begin{pmatrix} \int a_{11}(x)\mathrm{d}x & \cdots & \int a_{1n}(x)\mathrm{d}x \\ \vdots & & \vdots \\ \int a_{m1}(x)\mathrm{d}x & \cdots & \int a_{mn}(x)\mathrm{d}x \end{pmatrix}.$$

简言之,矩阵的积分定义为每个元素的积分.

易证以下各个性质成立:

(1) $\int\boldsymbol{A}^{\mathrm{T}}(x)\mathrm{d}x=(\int\boldsymbol{A}(x)\mathrm{d}x)^{\mathrm{T}}$;

(2) $\int[a\boldsymbol{A}(x)+b\boldsymbol{B}(x)]\mathrm{d}x=a\int\boldsymbol{A}(x)\mathrm{d}x+b\int\boldsymbol{B}(x)\mathrm{d}x$ (a,b 为非零实数);

(3) $\int\boldsymbol{C}\cdot\boldsymbol{A}(x)\mathrm{d}x=\boldsymbol{C}\int\boldsymbol{A}(x)\mathrm{d}x$ ($\boldsymbol{C}$ 为非零常数矩阵);

(4) $\int\boldsymbol{A}(x)\cdot\boldsymbol{B}'(x)\mathrm{d}x=\boldsymbol{A}(x)\boldsymbol{B}(x)-\int\boldsymbol{A}'(x)\cdot\boldsymbol{B}(x)\mathrm{d}x$.

对上述的矩阵微分、积分概念,还可以作些推广,比如可定义 $\boldsymbol{A}(x)$的广义积分与拉氏变换等.但正如以上所讲的情况那样,这主要还是一种约定,实质性的东西不多,而在应用中遇到的时候,按所给出的定义去理解就行了,故在此不多讨论.

4.7 常用矩阵函数的性质

在矩阵函数的应用中,常要涉及矩阵函数的一些简单性质.这些性质,一方面从形式上看与常见函数性质相类似,且也是一种很自然的推广;另一方面,这些性质也有一些值得注意的地方,用时应谨慎从事.

以下是常用矩阵函数的一些基本性质,所讨论的矩阵 $\boldsymbol{A},\boldsymbol{B}$ 都是 n 阶复数方阵.

(1) $\frac{\mathrm{d}}{\mathrm{d}t}\mathrm{e}^{\boldsymbol{A}t}=\boldsymbol{A}\mathrm{e}^{\boldsymbol{A}t}=\mathrm{e}^{\boldsymbol{A}t}\boldsymbol{A}$.

证明 因为

$$\mathrm{e}^{\boldsymbol{A}t}=\sum_{m=0}^{\infty}\frac{1}{m!}(\boldsymbol{A}t)^m=\sum_{m=0}^{\infty}\frac{1}{m!}t^m\boldsymbol{A}^m,$$

故

$$(\mathrm{e}^{\boldsymbol{A}t})_{ij}=\sum_{m=0}^{\infty}\frac{1}{m!}(t^m\boldsymbol{A}^m)_{ij}.$$

对任何 t 值都收敛,因而可以逐项微分,于是有

$$\frac{\mathrm{d}}{\mathrm{d}t}(\mathrm{e}^{\boldsymbol{A}t})_{ij}=\sum_{m=1}^{\infty}\frac{1}{(m-1)!}t^{m-1}(\boldsymbol{A}^m)_{ij},$$

从而

$$\frac{\mathrm{d}}{\mathrm{d}t}\mathrm{e}^{\boldsymbol{A}t}=\sum_{m=1}^{\infty}\frac{1}{(m-1)!}t^{m-1}A^m=\boldsymbol{A}\left(\sum_{m=1}^{\infty}\frac{1}{(m-1)!}(\boldsymbol{A}t)^{m-1}\right)$$

$$=\boldsymbol{A}\left(\sum_{k=0}^{\infty}\frac{1}{k!}(\boldsymbol{A}t)^k\right)=\boldsymbol{A}\mathrm{e}^{\boldsymbol{A}t}.$$

同理可得

$$\frac{\mathrm{d}}{\mathrm{d}t}\mathrm{e}^{\boldsymbol{A}t}=\mathrm{e}^{\boldsymbol{A}t}\boldsymbol{A}.$$

由此可见,$\boldsymbol{A}$ 与 $\mathrm{e}^{\boldsymbol{A}t}$是可交换的,它还可以推广为:

(2) 若 $\boldsymbol{AB}=\boldsymbol{BA}$,则

$$\mathrm{e}^{\boldsymbol{A}t}\boldsymbol{B}=\boldsymbol{B}\mathrm{e}^{\boldsymbol{A}t}.$$

证明 由 $\boldsymbol{AB}=\boldsymbol{BA}$,首先易得 $\boldsymbol{A}^m\boldsymbol{B}=\boldsymbol{BA}^m$,因此有

$$\mathrm{e}^{\boldsymbol{A}t}\boldsymbol{B}=\left(\sum_{m=0}^{\infty}\frac{1}{m!}\boldsymbol{A}^mt^m\right)\boldsymbol{B}=\sum_{m=0}^{\infty}\frac{1}{m!}t^m\boldsymbol{A}^m\boldsymbol{B}=\sum_{m=0}^{\infty}\frac{t^m}{m!}\boldsymbol{BA}^m$$

$$=\boldsymbol{B}\left(\sum_{m=0}^{\infty}\frac{1}{m!}(\boldsymbol{A}t)^m\right)=\boldsymbol{B}\mathrm{e}^{\boldsymbol{A}t}.$$

(3) 若 $\boldsymbol{AB}=\boldsymbol{BA}$,则

$$\mathrm{e}^{\boldsymbol{A}}\cdot\mathrm{e}^{\boldsymbol{B}}=\mathrm{e}^{\boldsymbol{B}}\cdot\mathrm{e}^{\boldsymbol{A}}=\mathrm{e}^{\boldsymbol{A}+\boldsymbol{B}}.$$

证明 令
$$\boldsymbol{C}(t)=\mathrm{e}^{(\boldsymbol{A}+\boldsymbol{B})t}\cdot\mathrm{e}^{-\boldsymbol{A}t}\cdot\mathrm{e}^{-\boldsymbol{B}t},$$
则有

$$\frac{\mathrm{d}}{\mathrm{d}t}\boldsymbol{C}(t)=(\boldsymbol{A}+\boldsymbol{B})\mathrm{e}^{(\boldsymbol{A}+\boldsymbol{B})t}\cdot\mathrm{e}^{-\boldsymbol{A}t}\cdot\mathrm{e}^{-\boldsymbol{B}t}-\mathrm{e}^{(\boldsymbol{A}+\boldsymbol{B})t}\cdot\boldsymbol{A}\mathrm{e}^{-\boldsymbol{A}t}\cdot\mathrm{e}^{-\boldsymbol{B}t}-\mathrm{e}^{(\boldsymbol{A}+\boldsymbol{B})t}\cdot\mathrm{e}^{-\boldsymbol{A}t}\cdot\boldsymbol{B}\mathrm{e}^{-\boldsymbol{B}t}=\boldsymbol{0}.$$

故 $\boldsymbol{C}(t)$为常数矩阵,因而

$$\boldsymbol{C}(t)=\boldsymbol{C}(1)=\boldsymbol{C}(0)=\mathrm{e}^{\boldsymbol{0}}\cdot\mathrm{e}^{\boldsymbol{0}}\cdot\mathrm{e}^{\boldsymbol{0}}=(\mathrm{e}^{\boldsymbol{0}})^3.$$

但是

$$\mathrm{e}^{\boldsymbol{0}}=\boldsymbol{P}\begin{pmatrix}\mathrm{e}^0 & & & \\ & \mathrm{e}^0 & & \\ & & \ddots & \\ & & & \mathrm{e}^0\end{pmatrix}\boldsymbol{P}^{-1}=\boldsymbol{PEP}^{-1}=\boldsymbol{E},$$

所以 $\boldsymbol{C}(1)=\boldsymbol{C}(0)=\boldsymbol{E}$,故

$$\mathrm{e}^{\boldsymbol{A}+\boldsymbol{B}}\cdot\mathrm{e}^{-\boldsymbol{A}}\cdot\mathrm{e}^{-\boldsymbol{B}}=\boldsymbol{E}. \tag{4-11}$$

特别地,取 $\boldsymbol{B}=-\boldsymbol{A}$,则有

$$\mathrm{e}^{\boldsymbol{0}}\cdot\mathrm{e}^{-\boldsymbol{A}}\cdot\mathrm{e}^{\boldsymbol{A}}=\boldsymbol{E}.$$

由于 $\mathrm{e}^{\boldsymbol{0}}=\boldsymbol{E}$,因此得 $\mathrm{e}^{-\boldsymbol{A}}\cdot\mathrm{e}^{\boldsymbol{A}}=\boldsymbol{E}$,即有

$$(\mathrm{e}^{\boldsymbol{A}})^{-1}=\mathrm{e}^{-\boldsymbol{A}}.$$

这对任意方阵 $\boldsymbol{A}$ 均成立.因此,亦有$(\mathrm{e}^{\boldsymbol{B}})^{-1}=\mathrm{e}^{-\boldsymbol{B}}$.再由式(4-11),即有

$$\mathrm{e}^{\boldsymbol{A}+\boldsymbol{B}}\cdot(\mathrm{e}^{\boldsymbol{A}})^{-1}\cdot(\mathrm{e}^{\boldsymbol{B}})^{-1}=\boldsymbol{E}.$$

两边右乘 $\mathrm{e}^{\boldsymbol{B}}\cdot\mathrm{e}^{\boldsymbol{A}}$,即得

$$\mathrm{e}^{\boldsymbol{A}+\boldsymbol{B}}=\mathrm{e}^{\boldsymbol{B}}\cdot\mathrm{e}^{\boldsymbol{A}},$$

但 $\mathrm{e}^{\boldsymbol{A}+\boldsymbol{B}}=\mathrm{e}^{\boldsymbol{B}+\boldsymbol{A}}=\mathrm{e}^{\boldsymbol{A}}\cdot\mathrm{e}^{\boldsymbol{B}}$(由上式),于是得

$$\mathrm{e}^{\boldsymbol{A}}\cdot\mathrm{e}^{\boldsymbol{B}}=\mathrm{e}^{\boldsymbol{B}}\cdot\mathrm{e}^{\boldsymbol{A}}=\mathrm{e}^{\boldsymbol{A}+\boldsymbol{B}}.$$

利用绝对收敛级数的性质,容易推得

(4) $\mathrm{e}^{\mathrm{i}\boldsymbol{A}}=\cos\boldsymbol{A}+\mathrm{i}\sin\boldsymbol{A}$, $\cos\boldsymbol{A}=\frac{1}{2}(\mathrm{e}^{\mathrm{i}\boldsymbol{A}}+\mathrm{e}^{-\mathrm{i}\boldsymbol{A}})$, $\sin\boldsymbol{A}=\frac{1}{2\mathrm{i}}(\mathrm{e}^{\mathrm{i}\boldsymbol{A}}-\mathrm{e}^{-\mathrm{i}\boldsymbol{A}})$, $\cos(-\boldsymbol{A})=\cos\boldsymbol{A}$, $\sin(-\boldsymbol{A})=-\sin\boldsymbol{A}$.

(5) 当 $\boldsymbol{AB}=\boldsymbol{BA}$ 时,则有

$$\cos(\boldsymbol{A}+\boldsymbol{B})=\cos\boldsymbol{A}\cos\boldsymbol{B}-\sin\boldsymbol{A}\sin\boldsymbol{B},$$
$$\sin(\boldsymbol{A}+\boldsymbol{B})=\sin\boldsymbol{A}\cos\boldsymbol{B}+\cos\boldsymbol{A}\sin\boldsymbol{B}.$$

证明 由性质(3)与(4),则有

$$\begin{aligned}\sin\boldsymbol{A}\cos\boldsymbol{B}+\cos\boldsymbol{A}\sin\boldsymbol{B}&=\frac{1}{2\mathrm{i}}(\mathrm{e}^{\mathrm{i}\boldsymbol{A}}-\mathrm{e}^{-\mathrm{i}\boldsymbol{A}})\cdot\frac{1}{2}(\mathrm{e}^{\mathrm{i}\boldsymbol{B}}+\mathrm{e}^{-\mathrm{i}\boldsymbol{B}})+\frac{1}{2}(\mathrm{e}^{\mathrm{i}\boldsymbol{A}}+\mathrm{e}^{-\mathrm{i}\boldsymbol{A}})\cdot\frac{1}{2\mathrm{i}}(\mathrm{e}^{\mathrm{i}\boldsymbol{B}}-\mathrm{e}^{-\mathrm{i}\boldsymbol{B}})\\&=\frac{1}{2\mathrm{i}}[\mathrm{e}^{\mathrm{i}(\boldsymbol{A}+\boldsymbol{B})}-\mathrm{e}^{-\mathrm{i}(\boldsymbol{A}+\boldsymbol{B})}]=\sin(\boldsymbol{A}+\boldsymbol{B}).\end{aligned}$$

同理可证另一等式.当 $\boldsymbol{A}=\boldsymbol{B}$ 时,可得

$$\cos 2\boldsymbol{A} = \cos^2\boldsymbol{A} - \sin^2\boldsymbol{A}, \quad \sin 2\boldsymbol{A} = 2\sin\boldsymbol{A}\cos\boldsymbol{A}.$$

(6) $\sin^2\boldsymbol{A} + \cos^2\boldsymbol{A} = \boldsymbol{E}, \sin(\boldsymbol{A} + 2\pi\boldsymbol{E}) = \sin\boldsymbol{A}, \cos(\boldsymbol{A} + 2\pi\boldsymbol{E}) = \cos\boldsymbol{A}, \mathrm{e}^{\boldsymbol{A}+\mathrm{i}2\pi\boldsymbol{E}} = \mathrm{e}^{\boldsymbol{A}}$.

证明
$$\begin{aligned}\sin^2\boldsymbol{A} + \cos^2\boldsymbol{A} &= \left(\frac{\mathrm{e}^{\mathrm{i}\boldsymbol{A}} - \mathrm{e}^{-\mathrm{i}\boldsymbol{A}}}{2\mathrm{i}}\right)^2 + \left(\frac{\mathrm{e}^{\mathrm{i}\boldsymbol{A}} + \mathrm{e}^{-\mathrm{i}\boldsymbol{A}}}{2}\right)^2 \\ &= -\frac{\mathrm{e}^{2\mathrm{i}\boldsymbol{A}} - 2\boldsymbol{E} + \mathrm{e}^{-2\mathrm{i}\boldsymbol{A}}}{4} + \frac{\mathrm{e}^{2\mathrm{i}\boldsymbol{A}} + 2\boldsymbol{E} + \mathrm{e}^{-2\mathrm{i}\boldsymbol{A}}}{4} \\ &= \boldsymbol{E}\text{(注意 } \mathrm{e}^{\boldsymbol{0}} = \boldsymbol{E}\text{,见(3)的证明).}\end{aligned}$$

$$\begin{aligned}\mathrm{e}^{\boldsymbol{A}+\mathrm{i}2\pi\boldsymbol{E}} &= \mathrm{e}^{\boldsymbol{A}} \cdot \mathrm{e}^{\mathrm{i}2\pi\boldsymbol{E}} = \mathrm{e}^{\boldsymbol{A}} \cdot \boldsymbol{P}\begin{pmatrix}\mathrm{e}^{2\pi\mathrm{i}} & & & \\ & \mathrm{e}^{2\pi\mathrm{i}} & & \\ & & \ddots & \\ & & & \mathrm{e}^{2\pi\mathrm{i}}\end{pmatrix}\boldsymbol{P}^{-1} \\ &= \mathrm{e}^{\boldsymbol{A}} \cdot \boldsymbol{P} \cdot \boldsymbol{E} \cdot \boldsymbol{P}^{-1} = \mathrm{e}^{\boldsymbol{A}}.\end{aligned}$$

$$\begin{aligned}\sin(\boldsymbol{A} + 2\pi\boldsymbol{E}) &= \frac{\mathrm{e}^{\mathrm{i}(\boldsymbol{A}+2\pi\boldsymbol{E})} - \mathrm{e}^{-\mathrm{i}(\boldsymbol{A}+2\pi\boldsymbol{E})}}{2\mathrm{i}} = \frac{\mathrm{e}^{\mathrm{i}\boldsymbol{A}} \cdot \boldsymbol{E} - \mathrm{e}^{-\mathrm{i}\boldsymbol{A}} \cdot \boldsymbol{E}^{-1}}{2\mathrm{i}} \\ &= \frac{\mathrm{e}^{\mathrm{i}\boldsymbol{A}} - \mathrm{e}^{-\mathrm{i}\boldsymbol{A}}}{2\mathrm{i}} = \sin\boldsymbol{A}.\end{aligned}$$

同理可证

$$\cos(\boldsymbol{A} + 2\pi\boldsymbol{E}) = \cos\boldsymbol{A}.$$

4.8 矩阵函数在微分方程组中的应用

在线性控制系统中,常常涉及求解线性微分方程组的问题,矩阵函数在其中有着重要的应用.

首先讨论一阶线性常系数齐次微分方程组的定解问题

$$\begin{cases}\dfrac{\mathrm{d}\boldsymbol{X}}{\mathrm{d}t} = \boldsymbol{A}\boldsymbol{X}; & (4-12) \\ \boldsymbol{X}(0) = (x_1(0), x_2(0), \cdots, x_n(0))^{\mathrm{T}}. & (4-13)\end{cases}$$

这里 $\boldsymbol{A} = (a_{ij}) \in \mathbb{C}^{n\times n}, \boldsymbol{X}(t) = (x_1(t), x_2(t), \cdots, x_n(t))^{\mathrm{T}}$.

设 $\boldsymbol{X}(t) = (x_1(t), x_2(t), \cdots, x_n(t))^{\mathrm{T}}$ 是方程组(4-12)的解,将 $x_i(t)$ $(i = 1, 2, \cdots, n)$在 $t = 0$ 处展开成幂级数

$$x_i(t) = x_i(0) + x_i'(0)t + \frac{1}{2!}x''(0)t^2 + \cdots,$$

则有

$$\boldsymbol{X}(t) = \boldsymbol{X}(0) + \boldsymbol{X}'(0)t + \frac{1}{2!}\boldsymbol{X}''(0)t^2 + \cdots.$$

其中

$$\begin{aligned}\boldsymbol{X}'(0) &= (x_1'(0), x_2'(0), \cdots, x_n'(0))^{\mathrm{T}}, \\ \boldsymbol{X}''(0) &= (x_1''(0), x_2''(0), \cdots, x_n''(0))^{\mathrm{T}}, \\ &\vdots\end{aligned}$$

但由$\frac{\mathrm{d}\boldsymbol{X}}{\mathrm{d}t}=\boldsymbol{AX}$,逐次求导可得

$$\frac{\mathrm{d}^2\boldsymbol{X}}{\mathrm{d}t^2}=\boldsymbol{A}\frac{\mathrm{d}\boldsymbol{X}}{\mathrm{d}t}=\boldsymbol{A}^2\boldsymbol{X},$$

$$\frac{\mathrm{d}^3\boldsymbol{X}}{\mathrm{d}t^3}=\frac{\mathrm{d}}{\mathrm{d}t}(\boldsymbol{A}^2\boldsymbol{X})=\boldsymbol{A}^2\frac{\mathrm{d}\boldsymbol{X}}{\mathrm{d}t}=\boldsymbol{A}^2(\boldsymbol{AX})=\boldsymbol{A}^3\boldsymbol{X},$$

$$\vdots$$

因而有

$$\boldsymbol{X}'(0)=\boldsymbol{AX}(0),$$

$$\boldsymbol{X}''(0)=\boldsymbol{A}^2\boldsymbol{X}(0),$$

$$\boldsymbol{X}'''(0)=\boldsymbol{A}^3\boldsymbol{X}(0),$$

$$\vdots$$

所以

$$\boldsymbol{X}=\boldsymbol{X}(t)=\boldsymbol{X}(0)+\boldsymbol{AX}(0)t+\frac{1}{2!}\boldsymbol{A}^2\boldsymbol{X}(0)t^2+\cdots$$

$$=[\boldsymbol{E}+(\boldsymbol{A}t)+\frac{1}{2!}(\boldsymbol{A}t)^2+\cdots]\boldsymbol{X}(0)=\mathrm{e}^{\boldsymbol{A}t}\boldsymbol{X}(0).$$

由此可见,微分方程组(4-12)在给定初始条件(4-13)下的解必定具有

$$\boldsymbol{X}=\mathrm{e}^{\boldsymbol{A}t}\boldsymbol{X}(0)$$

的形式.下面证明它确实是(4-12)的解.

事实上,

$$\frac{\mathrm{d}\boldsymbol{X}}{\mathrm{d}t}=\frac{\mathrm{d}}{\mathrm{d}t}(\mathrm{e}^{\boldsymbol{A}t}X(0))=\left(\frac{\mathrm{d}}{\mathrm{d}t}\mathrm{e}^{\boldsymbol{A}t}\right)\boldsymbol{X}(0)+\mathrm{e}^{\boldsymbol{A}t}\frac{\mathrm{d}\boldsymbol{X}(0)}{\mathrm{d}t}=\boldsymbol{A}\mathrm{e}^{\boldsymbol{A}t}\boldsymbol{X}(0)=\boldsymbol{AX}.$$

又当 $t=0$ 时,$\boldsymbol{X}(0)=\mathrm{e}^{\boldsymbol{0}}\cdot\boldsymbol{X}(0)=\boldsymbol{E}\cdot\boldsymbol{X}(0)=\boldsymbol{X}(0)$,因此这个解满足初始条件.

这样,实际证明了下面的定理.

定理 4-12 一阶线性常系数微分方程组

$$\begin{cases}\dfrac{\mathrm{d}\boldsymbol{X}}{\mathrm{d}t}=\boldsymbol{AX}\\ \boldsymbol{X}(0)=(x_1(0),x_2(0),\cdots,x_n(0))^{\mathrm{T}}\end{cases}$$

有唯一解 $\boldsymbol{X}=\mathrm{e}^{\boldsymbol{A}t}\cdot\boldsymbol{X}(0)$.

同理可证微分方程组

$$\begin{cases}\dfrac{\mathrm{d}\boldsymbol{X}}{\mathrm{d}t}=\boldsymbol{AX}\\ \boldsymbol{X}\big|_{t=t_0}=\boldsymbol{X}(t_0)\end{cases}$$

的唯一解是

$$\boldsymbol{X}(t)=\mathrm{e}^{\boldsymbol{A}(t-t_0)}\boldsymbol{X}(t_0).$$

最后考虑一阶线性常系数非齐次微分方程组的定解问题

$$\begin{cases}\dfrac{\mathrm{d}\boldsymbol{X}}{\mathrm{d}t}=\boldsymbol{AX}+\boldsymbol{F}(t)\\ \boldsymbol{X}\big|_{t=t_0}=\boldsymbol{X}(t_0)\end{cases}.$$

这里 $\boldsymbol{F}(t)=(\boldsymbol{F}_1(t),\boldsymbol{F}_2(t),\cdots,\boldsymbol{F}_n(t))^{\mathrm{T}}$ 是已知向量函数,$\boldsymbol{A}$ 及 $\boldsymbol{X}$ 意义同前.改写方程为

$$\frac{\mathrm{d}\boldsymbol{X}}{\mathrm{d}t}-\boldsymbol{AX}=\boldsymbol{F}(t),$$

并以 $\mathrm{e}^{-\boldsymbol{A}t}$ 左乘方程两边,得

$$\mathrm{e}^{-\boldsymbol{A}t}\left(\frac{\mathrm{d}\boldsymbol{X}}{\mathrm{d}t}-\boldsymbol{AX}\right)=\mathrm{e}^{-\boldsymbol{A}t}\boldsymbol{F}(t),$$

即

$$\frac{\mathrm{d}}{\mathrm{d}t}(\mathrm{e}^{-\boldsymbol{A}t}\boldsymbol{X})=\mathrm{e}^{-\boldsymbol{A}t}\boldsymbol{F}(t).$$

在$[t_0,t]$上进行积分,可得

$$\mathrm{e}^{-\boldsymbol{A}t}\boldsymbol{X}-\mathrm{e}^{-\boldsymbol{A}t_0}\boldsymbol{X}(t_0)=\int_{t_0}^{t}\mathrm{e}^{-\boldsymbol{A}\tau}\boldsymbol{F}(\tau)\mathrm{d}\tau,$$

即

$$\boldsymbol{X}=\mathrm{e}^{\boldsymbol{A}(t-t_0)}\boldsymbol{X}(t_0)+\int_{t_0}^{t}\mathrm{e}^{\boldsymbol{A}(t-\tau)}\boldsymbol{F}(\tau)\mathrm{d}\tau .$$

它就是上述非齐次微分方程组的解.

例 4-7 求微分方程组 $\begin{cases}\dfrac{\mathrm{d}\boldsymbol{X}}{\mathrm{d}t}=\boldsymbol{AX}\\ \boldsymbol{X}(0)=(1,1,1)^{\mathrm{T}}\end{cases}$, $\boldsymbol{A}=\begin{pmatrix}3&-1&1\\2&0&-1\\1&-1&2\end{pmatrix}$的解.

解 $$|\lambda\boldsymbol{E}-\boldsymbol{A}|=\begin{vmatrix}\lambda-3&1&-1\\-2&\lambda&1\\-1&1&\lambda-2\end{vmatrix}=\lambda(\lambda-2)(\lambda-3),$$

故 $\boldsymbol{A}$ 有三个不同的特征值,从而 $\boldsymbol{A}$ 可与对角形矩阵相似.与特征值 $\lambda_1=0,\lambda_2=2,\lambda_3=3$ 相应的三个线性无关的特征向量为

$$\boldsymbol{X}_1=(1,5,2)^{\mathrm{T}},\quad \boldsymbol{X}_2=(1,1,0)^{\mathrm{T}},\quad \boldsymbol{X}_3=(2,1,1)^{\mathrm{T}}.$$

故得

$$\boldsymbol{P}=\begin{pmatrix}1&1&2\\5&1&1\\2&0&1\end{pmatrix},\quad \boldsymbol{P}^{-1}=-\frac{1}{6}\begin{pmatrix}1&-1&-1\\-3&-3&9\\-2&2&-4\end{pmatrix}.$$

所以,由定理 4-12 可得所求的解为

$$\boldsymbol{X}=\mathrm{e}^{\boldsymbol{A}t}\cdot\boldsymbol{X}(0)=\boldsymbol{P}\cdot\begin{pmatrix}1&&\\&\mathrm{e}^{2t}&\\&&\mathrm{e}^{3t}\end{pmatrix}\cdot\boldsymbol{P}^{-1}\cdot\boldsymbol{X}(0)$$

$$=\begin{pmatrix}1&1&2\\5&1&1\\2&0&1\end{pmatrix}\cdot\begin{pmatrix}1&&\\&\mathrm{e}^{2t}&\\&&\mathrm{e}^{3t}\end{pmatrix}\cdot\left(-\frac{1}{6}\right)\begin{pmatrix}1&-1&-1\\-3&-3&9\\-2&2&-4\end{pmatrix}\cdot\begin{pmatrix}1\\1\\1\end{pmatrix}$$

$$=-\frac{1}{6}\begin{pmatrix}-1+3\mathrm{e}^{2t}-8\mathrm{e}^{3t}\\-5+3\mathrm{e}^{2t}-4\mathrm{e}^{3t}\\-2-4\mathrm{e}^{3t}\end{pmatrix}.$$

例 4－8 求非齐次微分方程组

$$\begin{cases}\dfrac{\mathrm{d}\boldsymbol{X}}{\mathrm{d}t}=\boldsymbol{AX}+\boldsymbol{F}(t)\\ \boldsymbol{X}(0)=(1,1,1)^{\mathrm{T}}\end{cases}$$

的解,其中矩阵 $\boldsymbol{A}$ 与例 4－7 的 $\boldsymbol{A}$ 相同,又 $\boldsymbol{F}(t)=(0,0,\mathrm{e}^{2t})^{\mathrm{T}}$.

解 由前面的讨论,这问题的解为

$$\boldsymbol{X}=\mathrm{e}^{\boldsymbol{A}t}\boldsymbol{X}(0)+\int_0^t \mathrm{e}^{\boldsymbol{A}(t-\tau)}\boldsymbol{F}(\tau)\mathrm{d}\tau,$$

这里 $\mathrm{e}^{\boldsymbol{A}t}\boldsymbol{X}(0)$在例 4－7 已经求出,故只需计算积分

$$\boldsymbol{I}=\int_0^t \mathrm{e}^{\boldsymbol{A}(t-\tau)}\boldsymbol{F}(\tau)\mathrm{d}\tau.$$

由于($\boldsymbol{P}$ 与 $\boldsymbol{P}^{-1}$见例 4－7)

$$\mathrm{e}^{\boldsymbol{A}(t-\tau)}\boldsymbol{F}(\tau)=\boldsymbol{P}\cdot\begin{pmatrix}1 & & \\ & \mathrm{e}^{2(t-\tau)} & \\ & & \mathrm{e}^{3(t-\tau)}\end{pmatrix}\boldsymbol{P}^{-1}\begin{pmatrix}0\\0\\\mathrm{e}^{2\tau}\end{pmatrix}$$

$$=\boldsymbol{P}\cdot\begin{pmatrix}1 & & \\ & \mathrm{e}^{2(t-\tau)} & \\ & & \mathrm{e}^{3(t-\tau)}\end{pmatrix}\left(-\frac{1}{6}\right)\begin{pmatrix}-\mathrm{e}^{2\tau}\\9\mathrm{e}^{2\tau}\\-4\mathrm{e}^{2\tau}\end{pmatrix}$$

$$=-\frac{1}{6}\boldsymbol{P}\cdot\begin{pmatrix}-\mathrm{e}^{2\tau}\\9\mathrm{e}^{2t}\\-4\mathrm{e}^{3t-\tau}\end{pmatrix}$$

$$=-\frac{1}{6}\begin{pmatrix}-\mathrm{e}^{2\tau}+9\mathrm{e}^{2t}-8\mathrm{e}^{3t-\tau}\\-5\mathrm{e}^{2\tau}+9\mathrm{e}^{2t}-4\mathrm{e}^{3t-\tau}\\-\mathrm{e}^{2\tau}-4\mathrm{e}^{3t-\tau}\end{pmatrix}.$$

将这一结果对变量 τ 从 0 到 t 进行积分,即得

$$\boldsymbol{I}=-\frac{1}{6}\begin{pmatrix}\dfrac{1}{2}+\left(9t+\dfrac{15}{2}\right)\mathrm{e}^{2t}-8\mathrm{e}^{3t}\\\dfrac{5}{2}+\left(9t+\dfrac{3}{2}\right)\mathrm{e}^{2t}-4\mathrm{e}^{3t}\\1+3\mathrm{e}^{2t}-4\mathrm{e}^{3t}\end{pmatrix},$$

因此

$$\boldsymbol{X}=\mathrm{e}^{\boldsymbol{A}t}\boldsymbol{X}(0)+\boldsymbol{I},$$

即

$$\boldsymbol{X}=-\frac{1}{6}\begin{pmatrix}-\dfrac{1}{2}+\left(9t+\dfrac{21}{2}\right)\mathrm{e}^{2t}-16\mathrm{e}^{3t}\\-\dfrac{5}{2}+\left(9t+\dfrac{9}{2}\right)\mathrm{e}^{2t}-8\mathrm{e}^{3t}\\-1+3\mathrm{e}^{2t}-8\mathrm{e}^{3t}\end{pmatrix}.$$

以上仅仅介绍了矩阵函数在一阶线性常系数齐次及非齐次微分方程组中的应用,这是较为简单的情形.同样地,在一阶线性变系数齐次及非齐次微分方程组中,矩阵函数都有应

用,但都远比上面所讲的困难多了,在此不作更深入的讨论.

4.9 线性系统的能控性与能观测性*

作为矩阵函数的一个应用,这里简单讨论一下现代控制论中两个基本概念——系统的能控性与能观测性.这里仅就连续型的线性定常系统进行讨论.这系统为

$$\begin{cases} \dfrac{\mathrm{d}\boldsymbol{X}(t)}{\mathrm{d}t} = \boldsymbol{AX}(t) + \boldsymbol{Bu}(t) & (4-14) \\ \boldsymbol{Y}(t) = \boldsymbol{CX}(t) + \boldsymbol{Du}(t) & (4-15) \end{cases},$$

其中 $\boldsymbol{A},\boldsymbol{B},\boldsymbol{C},\boldsymbol{D}$ 均为常数矩阵.系统矩阵 $\boldsymbol{A}$ 是 $n\times n$ 矩阵,输入矩阵 $\boldsymbol{B}$ 是 $n\times m$ 的,输出矩阵 $\boldsymbol{C}$ 是 $p\times n$ 的,又矩阵 $\boldsymbol{D}$ 是 $p\times m$ 的.状态向量 $\boldsymbol{X}(t)$ 是 n 维列向量,输入向量 $\boldsymbol{u}(t)$ 与输出向量 $\boldsymbol{Y}(t)$ 分别是 m 维、p 维列向量.这个系统简称为系统$(\boldsymbol{A},\boldsymbol{B},\boldsymbol{C})$.

定义 4-6 对于一个线性定常系统,若在某个有限时间区$[0,t_1]$内存在着输入 $\boldsymbol{u}(t)$ $(0\leqslant t\leqslant t_1)$,能使系统从任意初始状态 $\boldsymbol{X}(0)=\boldsymbol{X}_0$ 转移到 $\boldsymbol{X}(t_1)=\boldsymbol{0}$,则称此状态 $\boldsymbol{X}_0$ 是**能控的**;若系统的所有状态都是能控的,则称此系统是**完全能控的**.

定理 4-13 系统$(\boldsymbol{A},\boldsymbol{B},\boldsymbol{C})$完全能控的充要条件是 n 阶对称矩阵

$$\boldsymbol{W}_c(0,t_1) = \int_0^{t_1} \mathrm{e}^{-\boldsymbol{A}\tau}\boldsymbol{BB}^{\mathrm{T}}\mathrm{e}^{-\boldsymbol{A}^{\mathrm{T}}\tau}\mathrm{d}\tau \tag{4-16}$$

为非奇异矩阵.

证明 **充分性** 设 $\boldsymbol{W}_c(0,t_1)$非奇异.对方程(4-14)从 0 到 t_1 积分得

$$\boldsymbol{X}(t_1) = \mathrm{e}^{\boldsymbol{A}t_1}\boldsymbol{X}(0) + \int_0^{t_1}\mathrm{e}^{\boldsymbol{A}(t_1-\tau)}\boldsymbol{Bu}(\tau)\mathrm{d}\tau. \tag{4-17}$$

令

$$\boldsymbol{u}(t) = -\boldsymbol{B}^{\mathrm{T}}\mathrm{e}^{-\boldsymbol{A}^{\mathrm{T}}t}\boldsymbol{W}_c^{-1}(0,t_1)\boldsymbol{X}(0), \tag{4-18}$$

把 $\boldsymbol{u}(t)$代入式(4-17)得

$$\begin{aligned}\boldsymbol{X}(t_1) &= \mathrm{e}^{\boldsymbol{A}t_1}\boldsymbol{X}(0) - \mathrm{e}^{\boldsymbol{A}t_1}\left(\int_0^{t_1}\mathrm{e}^{-\boldsymbol{A}\tau}\boldsymbol{BB}^{\mathrm{T}}\mathrm{e}^{-\boldsymbol{A}^{\mathrm{T}}\tau}\mathrm{d}\tau\right)\boldsymbol{W}_c^{-1}(0,t_1)\boldsymbol{X}(0) \\ &= \mathrm{e}^{\boldsymbol{A}t_1}\boldsymbol{X}(0) - \mathrm{e}^{\boldsymbol{A}t_1}\boldsymbol{W}_c(0,t_1)\boldsymbol{W}_c^{-1}(0,t_1)\boldsymbol{X}(0) \\ &= \mathrm{e}^{\boldsymbol{A}t_1}\boldsymbol{X}(0) - \mathrm{e}^{\boldsymbol{A}t_1}\boldsymbol{X}(0) = \boldsymbol{0}.\end{aligned}$$

这说明在式(4-18)所示的控制输入 $\boldsymbol{u}(t)$作用下,能使系统从 $\boldsymbol{X}(0)$转移到 $\boldsymbol{X}(t_1)=\boldsymbol{0}$.

必要性 用反证法.若系统是完全能控的,但 $\boldsymbol{W}_c(0,t_1)$是奇异的,则将引出矛盾.

因 $\boldsymbol{W}_c(0,t_1)$是奇异的,则必有非零向量 $\boldsymbol{\alpha}=(a_1,a_2,\cdots,a_n)^{\mathrm{T}}$,使对任意时刻 $t=t_1\geqslant 0$,下式能够成立

$$\boldsymbol{\alpha}^{\mathrm{T}}\boldsymbol{W}_c(0,t_1)\boldsymbol{\alpha}=0,$$

即

$$\int_0^{t_1}\boldsymbol{\alpha}^{\mathrm{T}}(\mathrm{e}^{-\boldsymbol{A}\tau}\boldsymbol{BB}^{\mathrm{T}}\mathrm{e}^{-\boldsymbol{A}^{\mathrm{T}}\tau})\boldsymbol{\alpha}\mathrm{d}\tau = 0.$$

故对任意时刻 t,有

$$\boldsymbol{\alpha}^{\mathrm{T}}\mathrm{e}^{-\boldsymbol{A}t}\boldsymbol{B} = 0^{\mathrm{T}} \quad (t\geqslant 0). \tag{4-19}$$

现系统是完全能控的,故由前面已证明的充分条件,必存在某个 $\boldsymbol{u}(t)$,使其作用于系统上,

使得 $\boldsymbol{X}(t_1)=\boldsymbol{0}$,故由式(4-17)得

$$-\boldsymbol{X}(0)=\int_0^{t_1}\mathrm{e}^{-\boldsymbol{A}\tau}\boldsymbol{B}\boldsymbol{u}(\tau)\mathrm{d}\tau.$$

上式两边左乘以 $\boldsymbol{\alpha}^{\mathrm{T}}$,并考虑到式(4-19),便有

$$-\boldsymbol{\alpha}^{\mathrm{T}}\boldsymbol{X}(0)=\int_0^{t_1}\boldsymbol{\alpha}^{\mathrm{T}}\mathrm{e}^{-\boldsymbol{A}\tau}\boldsymbol{B}\boldsymbol{u}(\tau)\mathrm{d}\tau=0.$$

由于 $\boldsymbol{X}(0)$为任意的,现选 $\boldsymbol{X}(0)=\boldsymbol{\alpha}$,则由上式得

$$\boldsymbol{\alpha}^{\mathrm{T}}\boldsymbol{\alpha}=0.$$

这与 $\boldsymbol{\alpha}$ 是非零向量相矛盾,故 $\boldsymbol{W}_c(0,t_1)$是非奇异的.证毕.

用定理 4-13 来判别系统的能控性是不方便的,但在理论上有其重要性.下面的定理提供了一个较简便的判别准则.

定理 4-14 系统$(\boldsymbol{A},\boldsymbol{B},\boldsymbol{C})$完全能控的充要条件是 $n\times mn$ 矩阵

$$\boldsymbol{W}_c=[\boldsymbol{B},\boldsymbol{AB},\boldsymbol{A}^2\boldsymbol{B},\cdots,\boldsymbol{A}^{n-1}\boldsymbol{B}]$$

的秩为 n. $\boldsymbol{W}_c$ 称为能控性矩阵.

这个定理可用反证法来证明.这里只给出充分性的证明.如果系统不是完全能控的,则由定理 4-13 知矩阵 $\boldsymbol{W}_c(0,t_1)$是奇异的,故由式(4-19)两边求 k 次微商可得

$$\boldsymbol{\alpha}^{\mathrm{T}}(-\boldsymbol{A})^k\mathrm{e}^{-\boldsymbol{A}t}\boldsymbol{B}=\boldsymbol{0}\quad(k=1,2,\cdots,n-1).$$

令 $t=0$ 得

$$\boldsymbol{\alpha}^{\mathrm{T}}\boldsymbol{A}^k\boldsymbol{B}=\boldsymbol{0}\quad(k=1,2,\cdots,n-1),$$

而在式(4-19)中令 $t=0$,得 $\boldsymbol{\alpha}^{\mathrm{T}}\boldsymbol{B}=\boldsymbol{0}$,故对于 $k=0,1,2,\cdots,n-1$ 均有

$$\boldsymbol{\alpha}^{\mathrm{T}}\boldsymbol{A}^k\boldsymbol{B}=\boldsymbol{0}.$$

即 $\boldsymbol{\alpha}^{\mathrm{T}}[\boldsymbol{B},\boldsymbol{AB},\boldsymbol{A}^2\boldsymbol{B},\cdots,\boldsymbol{A}^{n-1}\boldsymbol{B}]=\boldsymbol{0}$($\boldsymbol{\alpha}$ 是非零向量).这与矩阵 $\boldsymbol{W}_c$ 的秩为 n 相矛盾,就证明了系统是完全能控的.

例 4-9 已知

$$\boldsymbol{A}=\begin{pmatrix}1&3&2\\0&2&0\\0&1&3\end{pmatrix};\quad\boldsymbol{B}=\begin{pmatrix}2&1\\1&1\\-1&-1\end{pmatrix}.$$

试判别系统$(\boldsymbol{A},\boldsymbol{B},\boldsymbol{C})$是否完全能控.

解 这是一个具有两个输入、三个状态变量的系统,现用定理 4-14 来判定其能控性.因为

$$\boldsymbol{W}_c=[\boldsymbol{B},\boldsymbol{AB},\boldsymbol{A}^2\boldsymbol{B}]=\begin{pmatrix}2&1&3&2&5&4\\1&1&2&2&4&4\\-1&-1&-2&-2&-4&-4\end{pmatrix}$$

$$\xrightarrow{\text{初等变换}}\begin{pmatrix}2&1&3&2&5&4\\1&1&2&2&4&4\\0&0&0&0&0&0\end{pmatrix},$$

故 $\boldsymbol{W}_c$ 的秩$\neq3$,从而系统不是完全能控的.

下面来考虑能观测性问题.

定义 4-7 对于一个线性定常系统,若在有限时间区间$[0,t_1]$内,能通过观测系统的输出 $\boldsymbol{Y}(t)$而唯一地确定任意初始状态 $\boldsymbol{X}(0)$,则称此系统是完全能观测的,或者说对每一状态 $\boldsymbol{X}(0)$是能观测的.

定理 4-15 系统$(\boldsymbol{A},\boldsymbol{B},\boldsymbol{C})$完全能观测的充要条件是 n 阶对称矩阵

$$\boldsymbol{M}(0,t_1)=\int_0^{t_1}\mathrm{e}^{\boldsymbol{A}^{\mathrm{T}}\tau}\boldsymbol{C}^{\mathrm{T}}\boldsymbol{C}\mathrm{e}^{\boldsymbol{A}\tau}\mathrm{d}\tau$$

为非奇异矩阵.

证明 充分性

$$\boldsymbol{Y}(t)=\boldsymbol{C}\boldsymbol{X}(t)+\boldsymbol{D}u(t)=\boldsymbol{C}\mathrm{e}^{\boldsymbol{A}t}\boldsymbol{X}(0)+\boldsymbol{C}\int_0^t\mathrm{e}^{\boldsymbol{A}(t-\tau)}\boldsymbol{B}u(\tau)\mathrm{d}\tau+\boldsymbol{D}u(t).$$

令

$$\eta(t)=\boldsymbol{Y}(t)-\boldsymbol{C}\int_0^t\mathrm{e}^{\boldsymbol{A}(t-\tau)}\boldsymbol{B}u(\tau)\mathrm{d}\tau-\boldsymbol{D}u(t),$$

于是得

$$\boldsymbol{C}\mathrm{e}^{\boldsymbol{A}t}\boldsymbol{X}(0)=\eta(t). \tag{4-20}$$

以 $\mathrm{e}^{\boldsymbol{A}^{\mathrm{T}}t}\cdot\boldsymbol{C}^{\mathrm{T}}$ 左乘上式两边,并从 0 到 t_1 进行积分,可得

$$\left(\int_0^{t_1}\mathrm{e}^{\boldsymbol{A}^{\mathrm{T}}t}\boldsymbol{C}^{\mathrm{T}}\boldsymbol{C}\mathrm{e}^{\boldsymbol{A}t}\mathrm{d}t\right)\boldsymbol{X}(0)=\int_0^{t_1}\mathrm{e}^{\boldsymbol{A}^{\mathrm{T}}t}\boldsymbol{C}^{\mathrm{T}}\eta(t)\mathrm{d}t,$$

即

$$\boldsymbol{M}(0,t_1)\boldsymbol{X}(0)=\int_0^{t_1}\mathrm{e}^{\boldsymbol{A}^{\mathrm{T}}\tau}\boldsymbol{C}^{\mathrm{T}}\eta(t)\mathrm{d}t.$$

若 $\boldsymbol{M}(0,t_1)$为非奇异矩阵,则

$$\boldsymbol{X}(0)=\boldsymbol{M}^{-1}(0,t_1)\int_0^{t_1}\mathrm{e}^{\boldsymbol{A}^{\mathrm{T}}t}\boldsymbol{C}^{\mathrm{T}}\eta(t)\mathrm{d}t,$$

即 $\boldsymbol{X}(0)$能唯一确定.由此可知,若 $\boldsymbol{M}(0,t_1)$ $(t_1>0)$为非奇异,则系统是完全能观测的.

必要性 若系统是完全能观测的,现用反证法证明 $\boldsymbol{M}(0,t_1)$是非奇异的.事实上,如果 $\boldsymbol{M}(0,t_1)$是奇异的,则存在非零 n 维向量$\boldsymbol{\alpha}$,使得对任意 $t\geqslant 0$,有

$$\boldsymbol{\alpha}^{\mathrm{T}}\boldsymbol{M}(0,t_1)\boldsymbol{\alpha}=0.$$

将 $\boldsymbol{M}(0,t_1)$代入此式便得

$$\boldsymbol{\alpha}^{\mathrm{T}}\left(\int_0^{t_1}\mathrm{e}^{\boldsymbol{A}^{\mathrm{T}}\tau}\boldsymbol{C}^{\mathrm{T}}\boldsymbol{C}\mathrm{e}^{\boldsymbol{A}\tau}\mathrm{d}\tau\right)\boldsymbol{\alpha}=0.$$

这表明对任意 $t\geqslant 0$ 时,有

$$\boldsymbol{C}\mathrm{e}^{\boldsymbol{A}t}\boldsymbol{\alpha}=\boldsymbol{0}.$$

若取 $\boldsymbol{\alpha}=\boldsymbol{X}(0)\neq\boldsymbol{0}$,则对任意 $t\geqslant 0$,便有

$$\boldsymbol{C}\mathrm{e}^{\boldsymbol{A}t}\boldsymbol{X}(0)=\boldsymbol{0}\quad(\boldsymbol{X}(0)\neq\boldsymbol{0}).$$

这与当 $\boldsymbol{X}(0)=\boldsymbol{0}$ 时由式(4-20)

$$\eta(t)=\boldsymbol{C}\mathrm{e}^{\boldsymbol{A}t}\boldsymbol{X}(0)=\boldsymbol{0}\quad(\boldsymbol{X}(0)=\boldsymbol{0})$$

的结果作比较,说明 $\boldsymbol{X}(0)$不能唯一确定.而这与系统是完全能观测的假设相矛盾.定理证毕.

定理 4-16 系统$(\boldsymbol{A},\boldsymbol{B},\boldsymbol{C})$完全能观测的充要条件是 $\mathbb{P}^{n\times n}$矩阵

$$W_0 = \begin{pmatrix} C \\ CA \\ \vdots \\ CA^{n-1} \end{pmatrix}$$

的秩等于 n,亦即 $n \times pn$ 矩阵

$$W_0^{\mathrm{T}} = [C^{\mathrm{T}}, A^{\mathrm{T}}C^{\mathrm{T}}, \cdots, (A^{\mathrm{T}})^{n-1}C^{\mathrm{T}}]$$

的秩等于 n.矩阵 W_0 叫做**能观测性矩阵**.

例 4-10　若某系统的状态方程与输出方程为

$$\frac{\mathrm{d}X(t)}{\mathrm{d}t} = \begin{pmatrix} -4 & 1 \\ -6 & 1 \end{pmatrix} X(t) + \begin{pmatrix} 3 \\ 7 \end{pmatrix} u(t),$$

$$Y(t) = \begin{pmatrix} 1 & 1 \\ 2 & 3 \end{pmatrix} X(t).$$

试判定此系统的能观测性.

解　它的能观测性矩阵为

$$W_0 = \begin{pmatrix} C \\ CA \end{pmatrix} = \begin{pmatrix} 1 & 1 \\ 2 & 3 \\ -10 & 2 \\ -26 & 5 \end{pmatrix},$$

显然它的秩等于2,故系统是能观测的.

习 题 四

1. 若 $\|\cdot\|$ 是酉空间 $\mathbb{C}^n$ 的向量范数,证明向量范数的下列基本性质:

(1) 零向量的范数是零;

(2) 若 α 是非零向量,则 $\left\| \dfrac{\alpha}{\|\alpha\|} \right\| = 1$;

(3) $\|-\alpha\| = \|\alpha\|$;

(4) $|\,\|\alpha\| - \|\beta\|\,| \leqslant \|\alpha - \beta\|$.

2. 证明:若 $\alpha \in \mathbb{C}^n$,则

(1) $\|\alpha\|_2 \leqslant \|\alpha\|_1 \leqslant \sqrt{n}\|\alpha\|_2$;

(2) $\|\alpha\|_\infty \leqslant \|\alpha\|_1 \leqslant n\|\alpha\|_\infty$;

(3) $\|\alpha\|_\infty \leqslant \|\alpha\|_2 \leqslant \sqrt{n}\|\alpha\|_\infty$.

3. 证明:在 $\mathbb{R}^n$ 中当且只当 α, β 线性相关而且 $\alpha^{\mathrm{T}}\beta \geqslant 0$ 时,才有 $(\alpha, \beta) = \|\alpha\|_2 \cdot \|\beta\|_2$.

4. 若 T 为正交矩阵,又 $A \in \mathbb{R}^{n\times n}$,证明:(1) $\|T\|_2 = 1$;(2) $\|A\|_2 = \|TA\|_2$.

5. 证明:$\dfrac{1}{\sqrt{n}}\|A\|_F \leqslant \|A\|_2 \leqslant \|A\|_F$.

6. 设 $A = \begin{pmatrix} 1 & 2 \\ 2 & 1 \end{pmatrix}$,试求 e^A.

7. 对下列方阵 A,求矩阵函数 e^{At}:

(1) $A = \begin{pmatrix} 0 & 1 \\ -2 & -3 \end{pmatrix}$;

(2) $A = \begin{pmatrix} 2 & -2 & 3 \\ 1 & 1 & 1 \\ 1 & 3 & -1 \end{pmatrix}$;

(3) $\boldsymbol{A}=\begin{pmatrix}0&1&0\\0&0&1\\-8&-12&-6\end{pmatrix}$;　　(4) $\boldsymbol{A}=\begin{pmatrix}-2&1&3\\0&-3&0\\0&2&-2\end{pmatrix}$;

8.设 $\boldsymbol{A}=\begin{pmatrix}0&1\\0&-2\end{pmatrix}$,求 $e^{\boldsymbol{A}}$,$\sin\boldsymbol{A}$,$\cos\boldsymbol{A}t$.

9.设 $\boldsymbol{A}(t)=\begin{pmatrix}\cos t&\sin t\\-\sin t&\cos t\end{pmatrix}$,求 $\frac{d}{dt}\boldsymbol{A}(t)$,$\frac{d}{dt}\boldsymbol{A}^{-1}(t)$,$\frac{d}{dt}|\boldsymbol{A}(t)|$,$\left|\frac{d}{dt}\boldsymbol{A}(t)\right|$.

10.设 $\boldsymbol{A}(t)=\begin{pmatrix}e^{2t}&te^{t}&1\\e^{-t}&2e^{2t}&0\\3t&0&0\end{pmatrix}$,求 $\int\boldsymbol{A}(t)dt$,$\int_0^1\boldsymbol{A}(t)dt$.

11.证明:(1) 若 $\boldsymbol{A}$ 为实反对称阵,则 $e^{\boldsymbol{A}}$ 为正交阵;(2) 若 $\boldsymbol{A}$ 为厄米特矩阵,则 $e^{i\boldsymbol{A}}$ 为酉矩阵.

12.求微分方程 $\begin{cases}\frac{d\boldsymbol{X}}{dt}=\begin{pmatrix}-1&2\\-2&1\end{pmatrix}\boldsymbol{X}(t)\\\boldsymbol{X}(0)=\begin{pmatrix}0\\1\end{pmatrix}\end{cases}$ 的解.

13.求非齐次微分方程 $\begin{cases}\frac{d\boldsymbol{X}}{dt}=\begin{pmatrix}3&5\\-5&3\end{pmatrix}\boldsymbol{X}(t)+\begin{pmatrix}e^{-t}\\0\end{pmatrix}\\\boldsymbol{X}(0)=\begin{pmatrix}0\\1\end{pmatrix}\end{cases}$ 的解.

5 特征值的估计与广义逆矩阵

特征值的估计与广义逆矩阵是矩阵理论中两个不同的专门课题，两者都有丰富的内容和许多重要的应用. 在本章，仅就这两方面的内容作一基本概述.

矩阵特征值的计算与估计在理论上和实际应用中都是重要的，但要精确计算特征值并非总是可能的，即使在某些特殊情况下有可能，可是付出的代价也是很大的. 幸好在许多应用中并不需要精确计算矩阵的特征值，而只需有一个粗略的估计就够了. 例如，在线性系统理论中，通过估计系统矩阵 $\boldsymbol{A}$ 的特征值是否有负实部，便可判定系统的稳定性；当研究一个迭代法的收敛性时便要判断迭代矩阵的特征值是否都落在单位圆内；在差分方法的稳定性理论以及自动控制理论中都需要估计矩阵的特征值是否在复数平面上的某一确定的区域中.

本章要讨论的另一类问题是广义逆矩阵方面的问题. 我们知道，若方阵 $\boldsymbol{A}$ 的行列式不等于零，则存在唯一的方阵 $\boldsymbol{B}$，满足 $\boldsymbol{AB}=\boldsymbol{BA}=\boldsymbol{E}$，并称 $\boldsymbol{B}$ 为 $\boldsymbol{A}$ 的逆矩阵，记为 $\boldsymbol{A}^{-1}$. 当 $\boldsymbol{A}$ 不是方阵，或方阵 $\boldsymbol{A}$ 的行列式等于零时，则上述的逆矩阵就不存在. Moore 在 1920 年将逆矩阵的概念推广到任意矩阵上，他是用正交投影算子来定义广义逆矩阵的，人们把他定义的广义逆矩阵称为 Moore 广义逆. 1955 年，Penrose 用方程组

$$\boldsymbol{AGA}=\boldsymbol{A},\quad \boldsymbol{GAG}=\boldsymbol{G},\quad (\boldsymbol{AG})^{\mathrm{H}}=\boldsymbol{AG},\quad (\boldsymbol{GA})^{\mathrm{H}}=\boldsymbol{GA}$$

来定义 $\boldsymbol{A}$ 的广义逆. 不久以后，Bjerhammer 证明了 Moore 逆与 Penrose 逆的等价性，所以后来把它叫做 Moore - Penrose 逆，并记为 $\boldsymbol{A}^{+}$. 此后，对广义逆矩阵的研究又有很大的发展，现已形成一套系统的理论，且在系统分析、优化计算及统计学等领域中有许多的应用. 这里主要介绍 15 种广义逆矩阵中较常用的 $\boldsymbol{A}^{-}$ 及 $\boldsymbol{A}^{+}$ 两种，其它就不一一介绍了.

5.1 特征值的界的估计

设 $\boldsymbol{A}=(a_{ij})_{n\times n}$ 为一给定的复数矩阵，则 $\boldsymbol{A}$ 可以表示成一个厄米特矩阵 $\boldsymbol{B}$ 与一个反厄米特矩阵 $\boldsymbol{C}$ 之和，事实上，$\boldsymbol{B},\boldsymbol{C}$ 便是如下的矩阵：

$$\boldsymbol{B}=(b_{ij})_{n\times n}=\frac{\boldsymbol{A}+\boldsymbol{A}^{\mathrm{H}}}{2}\quad\left(b_{ij}=\frac{a_{ij}+\bar{a}_{ji}}{2}\right),$$

$$\boldsymbol{C}=(c_{ij})_{n\times n}=\frac{\boldsymbol{A}-\boldsymbol{A}^{\mathrm{H}}}{2}\quad\left(c_{ij}=\frac{a_{ij}-\bar{a}_{ji}}{2}\right).$$

设 $\boldsymbol{A},\boldsymbol{B},\boldsymbol{C}$ 的特征值的集合分别为：

$$\{\lambda_1,\lambda_2,\cdots,\lambda_n\},\quad \{\mu_1,\mu_2,\cdots,\mu_n\},\quad \{\mathrm{i}\nu_1,\mathrm{i}\nu_2,\cdots,\mathrm{i}\nu_n\},$$

这里的每个 μ_j 及 ν_j 都是实数. 并假设

$$|\lambda_1|\geqslant|\lambda_2|\geqslant\cdots\geqslant|\lambda_n|,\quad \mu_1\geqslant\mu_2\geqslant\cdots\geqslant\mu_n,\quad \nu_1\geqslant\nu_2\geqslant\cdots\geqslant\nu_n.$$

定理 5-1 若 n 阶复数矩阵 $\boldsymbol{A}=(a_{ij})$ 的特征值的集合（$\boldsymbol{A}$ 的谱）为 $\{\lambda_1,\lambda_2,\cdots,\lambda_n\}$，则有不等式

$$\sum_{k=1}^{n}|\lambda_k|^2 \leqslant \sum_{i=1}^{n}\sum_{j=1}^{n}|a_{ij}|^2,$$

又等号当且只当 $\boldsymbol{A}$ 为正规矩阵时成立.

证明 由第3章的舒尔定理,存在酉矩阵 $\boldsymbol{U}$ 及上三角矩阵 $\boldsymbol{T}$,使得

$$\boldsymbol{U}^{\mathrm{H}}\boldsymbol{A}\boldsymbol{U} = \boldsymbol{T},$$

因此有 $\boldsymbol{U}^{\mathrm{H}}\boldsymbol{A}^{\mathrm{H}}\boldsymbol{U}=\boldsymbol{T}^{\mathrm{H}}$,从而得

$$\boldsymbol{U}^{\mathrm{H}}\boldsymbol{A}\boldsymbol{A}^{\mathrm{H}}\boldsymbol{U} = \boldsymbol{T}\boldsymbol{T}^{\mathrm{H}},$$

$$\mathrm{tr}(\boldsymbol{A}\boldsymbol{A}^{\mathrm{H}}) = \mathrm{tr}(\boldsymbol{U}^{\mathrm{H}}\boldsymbol{A}\boldsymbol{A}^{\mathrm{H}}\boldsymbol{U}) = \mathrm{tr}(\boldsymbol{T}\boldsymbol{T}^{\mathrm{H}}). \tag{5-1}$$

由于矩阵 $\boldsymbol{T}$ 的主对角线上的元素都是 $\boldsymbol{A}$ 的特征值,故由式(5-1)得

$$\sum_{k=1}^{n}|\lambda_k|^2 = \sum_{i=1}^{n}|t_{ii}|^2 \leqslant \sum_{i=1}^{n}\sum_{j=1}^{n}|t_{ij}|^2. \tag{5-2}$$

而式(5-2)右端是矩阵 $\boldsymbol{T}$ 的 F 范数的平方.由于 $\boldsymbol{A}$ 与 $\boldsymbol{T}$ 是酉相似的($\boldsymbol{U}^{\mathrm{H}}\boldsymbol{A}\boldsymbol{U}=\boldsymbol{T}$),而在酉相似下,矩阵的 F 范数不变,所以

$$\sum_{i=1}^{n}\sum_{j=1}^{n}|t_{ij}|^2 = \sum_{i=1}^{n}\sum_{j=1}^{n}|a_{ij}|^2. \tag{5-3}$$

综合式(5-2)、式(5-3)便得到所需证的不等式.又不等式(5-2)取等号当且只当 $i\neq j$ 时都有 $t_{ij}=0$,即 $\boldsymbol{A}$ 酉相似于对角形矩阵,也就是 $\boldsymbol{A}$ 为正规矩阵(第二章第七节).证毕.

推论 1 若 $\boldsymbol{A},\boldsymbol{B},\boldsymbol{C}$ 如前所设,则有

(1) $|\lambda_k|\leqslant n\cdot\max\limits_{1\leqslant i,j\leqslant n}|a_{ij}|$;

(2) $|\mathrm{Re}(\lambda_k)|\leqslant n\cdot\max\limits_{1\leqslant i,j\leqslant n}|b_{ij}|$;

(3) $|\mathrm{Im}(\lambda_k)|\leqslant n\cdot\max\limits_{1\leqslant i,j\leqslant n}|c_{ij}|$.

证明 由定理 5-1 的证明中所得到的等式

$$\boldsymbol{U}^{\mathrm{H}}\boldsymbol{A}\boldsymbol{U} = \boldsymbol{T},\quad \boldsymbol{U}^{\mathrm{H}}\boldsymbol{A}^{\mathrm{H}}\boldsymbol{U} = \boldsymbol{T}^{\mathrm{H}},$$

以及 $\boldsymbol{B},\boldsymbol{C}$ 的定义,可得

$$\boldsymbol{U}^{\mathrm{H}}\boldsymbol{B}\boldsymbol{U} = \boldsymbol{U}^{\mathrm{H}}\left(\frac{\boldsymbol{A}+\boldsymbol{A}^{\mathrm{H}}}{2}\right)\boldsymbol{U} = \frac{1}{2}(\boldsymbol{T}+\boldsymbol{T}^{\mathrm{H}}),$$

$$\boldsymbol{U}^{\mathrm{H}}\boldsymbol{C}\boldsymbol{U} = \boldsymbol{U}^{\mathrm{H}}\left(\frac{\boldsymbol{A}-\boldsymbol{A}^{\mathrm{H}}}{2}\right)\boldsymbol{U} = \frac{1}{2}(\boldsymbol{T}-\boldsymbol{T}^{\mathrm{H}}).$$

注意到 $\boldsymbol{T}$ 是上三角矩阵,且 $\boldsymbol{T}$ 的主对角线上的元素都是 $\boldsymbol{A}$ 的特征值,又在酉相似下矩阵的 F 范数不变,所以有

$$\sum_{k=1}^{n}\left|\frac{\lambda_k+\bar{\lambda}_k}{2}\right|^2 + \sum_{i\neq j}\frac{1}{2}|t_{ij}|^2 = \sum_{1\leqslant i,j\leqslant n}|b_{ij}|^2 \leqslant n^2\cdot\max_{1\leqslant i,j\leqslant n}|b_{ij}|^2,$$

$$\sum_{k=1}^{n}\left|\frac{\lambda_k-\bar{\lambda}_k}{2}\right|^2 + \sum_{i\neq j}\frac{1}{2}|t_{ij}|^2 = \sum_{1\leqslant i,j\leqslant n}|c_{ij}|^2 \leqslant n^2\cdot\max_{1\leqslant i,j\leqslant n}|c_{ij}|^2.$$

于是有

$$\sum_{k=1}^{n}|\mathrm{Re}(\lambda_k)|^2 = \sum_{k=1}^{n}\left|\frac{\lambda_k+\bar{\lambda}_k}{2}\right|^2 \leqslant n^2\cdot\max_{1\leqslant i,j\leqslant n}|b_{ij}|^2,$$

$$\sum_{k=1}^{n}|\mathrm{Im}(\lambda_k)|^2 = \sum_{k=1}^{n}\left|\frac{\lambda_k-\bar{\lambda}_k}{2}\right|^2 \leqslant n^2\cdot\max_{1\leqslant i,j\leqslant n}|c_{ij}|^2.$$

当然对任一 $k\in\{1,2,\cdots,n\}$都有

$$|\mathrm{Re}(\lambda_k)|^2\leqslant n^2\cdot\max_{1\leqslant i,j\leqslant n}|b_{ij}|^2,$$

$$|\mathrm{Im}(\lambda_k)|^2\leqslant n^2\cdot\max_{1\leqslant i,j\leqslant n}|c_{ij}|^2.$$

由此即得推论 1 的结论(2)和(3). 再由定理 5 - 1 得

$$\sum_{k=1}^{n}|\lambda_k|^2\leqslant\sum_{1\leqslant i,j\leqslant n}|a_{ij}|^2\leqslant n^2\cdot\max_{1\leqslant i,j\leqslant n}|a_{ij}|^2,$$

因而有

$$|\lambda_k|\leqslant n\cdot\max_{1\leqslant i,j\leqslant n}|a_{ij}|,$$

即推论 1 的结论(1)成立. 证毕.

由推论 1 可以证明(从略)下面的推论.

推论 2 设 $\boldsymbol{A}=(a_{ij})$是 n 阶实矩阵,则

$$|\mathrm{Im}(\lambda_k)|\leqslant\sqrt{\frac{n(n-1)}{2}}\max_{1\leqslant i,j\leqslant n}|c_{ij}|,$$

这里

$$c_{ij}=\frac{1}{2}(a_{ij}-\bar{a}_{ji})\quad(i,j=1,2,\cdots,n).$$

证明 若 λ_k 为实数,则 $\mathrm{Im}(\lambda_k)=0$,结论显然成立. 若 λ_k 的虚部不为 0,由 $\boldsymbol{A}$ 是实矩阵,知 $\overline{\lambda}_k$ 也是$\boldsymbol{A}$ 的特征根,且

$$\mathrm{Im}(\lambda_k)=\mathrm{Im}(\overline{\lambda}_k).$$

因此,

$$|\mathrm{Im}(\lambda_k)|^2+|\mathrm{Im}(\overline{\lambda}_k)|^2\leqslant\sum_{s=1}^{n}|\mathrm{Im}(\lambda_s)|^2\leqslant\sum_{i,j=1}^{n}|c_{ij}|^2\leqslant n(n-1)(\max_{1\leqslant i,j\leqslant n}|c_{ij}|^2)$$

($\boldsymbol{C}$ 中对角线上元素为 0),即

$$|\mathrm{Im}(\lambda_k)|\leqslant\sqrt{\frac{n(n-1)}{2}}\max_{1\leqslant i,j\leqslant n}|c_{ij}|,$$

推论 2 成立.

例 5 - 1 估计下面矩阵的特征值的界限

$$\boldsymbol{A}=\begin{pmatrix}0&0.2&0.1\\-0.2&0&0.2\\-0.1&-0.2&0\end{pmatrix}.$$

解 因为

$$\boldsymbol{B}=\frac{1}{2}(\boldsymbol{A}+\boldsymbol{A}^{\mathrm{H}})=\boldsymbol{0},\quad\boldsymbol{C}=\frac{1}{2}(\boldsymbol{A}-\boldsymbol{A}^{\mathrm{H}})=\boldsymbol{A}.$$

所以由推论 1 即有

$$|\lambda_k|\leqslant3\times0.2=0.6;$$

$$|\mathrm{Re}(\lambda_k)|\leqslant3\times0=0,\text{即 }\mathrm{Re}(\lambda_k)=0;$$

$$|\mathrm{Im}(\lambda_k)|\leqslant3\times0.2=0.6.$$

若应用推论 2 即有

$$|\mathrm{Im}(\lambda_k)|\leqslant\sqrt{\frac{3\times(3-1)}{2}}\times0.2=0.3464.$$

故所给矩阵 $\boldsymbol{A}$(实反对称矩阵)的特征值的模不超过 0.3464,且由推论 2 得到的估计值要比由推论 1 得到的更好些(由直接计算可求出 $\boldsymbol{A}$ 的特征值为 $\lambda_1=0,\lambda_2=-0.3i,\lambda_3=0.3i$).

5.2 圆盘定理

上节对矩阵的特征值作了大致的估计.本节将对矩阵的特征值在复数平面上的位置做更准确的估计.这就是圆盘定理(又称 Gerschgorin 定理)所表述的.圆盘定理有很多应用和推广,但在这里不作详细讨论.

下面的两个定理都称为圆盘定理.

定理 5-2 设 $\boldsymbol{A}=(a_{ij})$为任一 n 阶复数矩阵,则 $\boldsymbol{A}$ 的特征值都在复数平面上的 n 个圆盘

$$|z-a_{ii}|\leqslant R_i \quad (i=1,2,\cdots,n)$$

的并集内;这里的

$$R_i=|a_{i1}|+|a_{i2}|+\cdots+|a_{i,i-1}|+|a_{i,i+1}|+\cdots+|a_{in}|.$$

证明 设 λ 为 $\boldsymbol{A}$ 的特征值,其对应的一个特征向量为 $\boldsymbol{X}(\neq \boldsymbol{0})$,即 $\boldsymbol{AX}=\lambda\boldsymbol{X}$,写成分量形式就是

$$\sum_{j=1}^{n}a_{ij}x_j=\lambda x_i \quad (i=1,2,\cdots,n),$$

或

$$\sum_{j\neq i}a_{ij}x_j=(\lambda-a_{ii})x_i \quad (i=1,2,\cdots,n).$$

设 x_t 为 $\boldsymbol{X}$ 的各分量中绝对值最大的一个,则 $x_t\neq 0$.对等式

$$(\lambda-a_{tt})x_t=\sum_{j\neq t}a_{tj}x_j$$

两边除以 x_t 并取绝对值,便得

$$|\lambda-a_{tt}|\leqslant\sum_{j\neq t}|a_{tj}|\cdot\left|\frac{x_j}{x_t}\right|\leqslant R_t,$$

即 λ 在圆盘

$$|z-a_{tt}|\leqslant R_t$$

中,当然也在 n 个圆盘$|z-a_{ii}|\leqslant R_i(i=1,2,\cdots,n)$的并集之中.证毕.

上述的圆盘$|z-a_{ii}|\leqslant R_i$ 称为 **Gerschgorin 圆盘**,简称**盖尔圆**.定理 5-2 表明对于 $\boldsymbol{A}$ 的任一特征值λ,总存在盖尔圆 S_i,使得 $\lambda\in S_i$.

例 5-2 估计下面矩阵的特征值范围

$$\boldsymbol{A}=\begin{pmatrix}1&0.1&0.2&0.3\\0.5&3&0.1&0.2\\1&0.3&-1&0.5\\0.2&-0.3&-0.1&-4\end{pmatrix}.$$

解 圆盘定理 1 所指的四个圆盘为

$$|z-1|\leqslant 0.1+0.2+0.3=0.6,$$

$$|z-3| \leqslant 0.5+0.1+0.2=0.8,$$
$$|z+1| \leqslant 1+0.3+0.5=1.8,$$
$$|z+4| \leqslant 0.2+0.3+0.1=0.6.$$

而 $\boldsymbol{A}$ 的特征值都落在这四个盖尔圆的并集内，读者可在复数平面上画出相应的图形，从图中可以看到，第一、第三这两个圆盘是相交的，而另外的两个都是孤立的（即除自身外不与其它三个圆盘任何一个相交）．两个相交的圆盘的并集构成一个连通区域．一般来说，由矩阵 $\boldsymbol{A}$ 的 k 个相交的盖尔圆的并集构成的连通区域称为**一个连通部分**，并说它是由 k 个盖尔圆组成的．

定理 5－2 只是说明矩阵 $\boldsymbol{A}$ 的特征值落在 $\boldsymbol{A}$ 的 n 个盖尔圆的并集中，并未指出在那个圆盘中有多少个特征值．下述定理更深刻地表述了 $\boldsymbol{A}$ 的特征值的分布状况．

定理 5－3 矩阵 $\boldsymbol{A}$ 的任一由 k 个盖尔圆组成的连通部分里，有且只有 $\boldsymbol{A}$ 的 k 个特征值（当 $\boldsymbol{A}$ 的主对角线上有相同元素时，则按重复次数计算，有相同特征值时亦需按重复次数计算）．

此定理的证明颇为复杂，这里就不作介绍了．从这个定理可以得知，由一个盖尔圆组成的连通部分，有且只有一个特征值；由两个盖尔圆组成的连通部分，有且只有两个特征值，但有可能这两个特征值都落在两个圆盘的一个之中，而不在另一个之中（见下例）．

例 5－3 矩阵 $\boldsymbol{A}=\begin{pmatrix}1 & -0.8\\ 0.5 & 0\end{pmatrix}$ 的特征方程为

$$(\lambda-1)\lambda+0.4=0.$$

故 $\boldsymbol{A}$ 的特征值为

$$\lambda_1=\frac{1+\sqrt{0.6}\mathrm{i}}{2},\quad \lambda_2=\frac{1-\sqrt{0.6}\mathrm{i}}{2}.$$

又 $\boldsymbol{A}$ 的两个盖尔圆盘为

$$|z-1| \leqslant 0.8,\quad |z| \leqslant 0.5,$$

但因 λ_i 的模

$$|\lambda_1|=|\lambda_2|=\sqrt{0.4}=0.632456>0.5.$$

因此，这两个特征值都不落在圆盘 $|z| \leqslant 0.5$ 之中．

5.3 谱半径的估计

在第四章研究矩阵幂级数收敛性时，已定义过矩阵 $\boldsymbol{A}$ 的谱半径 $\rho(\boldsymbol{A})$，并通过不等式 $\rho(\boldsymbol{A})<R$ 刻画了矩阵 $\boldsymbol{A}$ 的幂级数的收敛性．矩阵的谱半径及其估计在线性方程组的迭代法收敛性问题上，以及在差分方程组的稳定性问题上，都有重要的应用．

我们已经知道，若 $\boldsymbol{A}=(a_{ij})$ 是复数域上的 n 阶方阵，又 $\lambda_1,\lambda_2,\cdots,\lambda_n$ 是 $\boldsymbol{A}$ 的全部特征值，则

$$\rho(\boldsymbol{A})=\max_{1\leqslant i\leqslant n}|\lambda_i|$$

称为 $\boldsymbol{A}$ 的谱半径．

下面对 $\rho(\boldsymbol{A})$ 做一些估计．

在讨论矩阵的范数时，曾经证明过下面的结果：

矩阵 $\boldsymbol{A}$ 的每一个特征值的模(绝对值),都不超过矩阵 $\boldsymbol{A}$(在任意一种矩阵范数 $\|\cdot\|$ 定义下)的范数 $\|\boldsymbol{A}\|$,即 $|\lambda_i| \leqslant |\boldsymbol{A}|$.

由此即得:

定理 5-4 复数域上的任一 n 阶方阵 $\boldsymbol{A}=(a_{ij})$ 的谱半径 $\rho(\boldsymbol{A})$ 都不超过 $\boldsymbol{A}$ 的范数 $\|\boldsymbol{A}\|$,即

$$\rho(\boldsymbol{A}) \leqslant \|\boldsymbol{A}\|,$$

这里 $\|\boldsymbol{A}\|$ 是任一方阵范数.

若取方阵范数 $\|\cdot\|$ 为 $\|\cdot\|_1$, $\|\cdot\|_\infty$ 或 $\|\cdot\|_2$,则有下面的推论:

推论 (1) $\rho(\boldsymbol{A}) \leqslant \|\boldsymbol{A}\|_1 = \max\limits_{1\leqslant j\leqslant n} \sum\limits_{i=1}^{n} |a_{ij}|$;

(2) $\rho(\boldsymbol{A}) \leqslant \|\boldsymbol{A}\|_\infty = \max\limits_{1\leqslant i\leqslant n} \sum\limits_{j=1}^{n} |a_{ij}|$;

(3) $\rho(\boldsymbol{A}) \leqslant \|\boldsymbol{A}\|_2 = \sqrt{\lambda_{\boldsymbol{A}^{\mathrm{H}}\boldsymbol{A}}}$,

这里 $\lambda_{\boldsymbol{A}^{\mathrm{H}}\boldsymbol{A}}$ 为矩阵 $\boldsymbol{A}^{\mathrm{H}}\boldsymbol{A}$ 的最大特征值.

当 $\boldsymbol{A}$ 是正规矩阵时,则有下述定理.

定理 5-5 若 $\boldsymbol{A}$ 为 n 阶正规矩阵,则

$$\rho(\boldsymbol{A}) = \|\boldsymbol{A}\|_2.$$

证明 因 $\boldsymbol{A}$ 是正规矩阵,故存在酉矩阵 $\boldsymbol{P}$,使得

$$\boldsymbol{P}^{\mathrm{H}}\boldsymbol{A}\boldsymbol{P} = \begin{pmatrix} \lambda_1 & & & \\ & \lambda_2 & & \\ & & \ddots & \\ & & & \lambda_n \end{pmatrix},$$

由此易得

$$\boldsymbol{P}^{\mathrm{H}}\boldsymbol{A}^{\mathrm{H}}\boldsymbol{P} = \begin{pmatrix} \bar{\lambda}_1 & & & \\ & \bar{\lambda}_2 & & \\ & & \ddots & \\ & & & \bar{\lambda}_n \end{pmatrix},$$

从而

$$\boldsymbol{P}^{\mathrm{H}}\boldsymbol{A}^{\mathrm{H}}\boldsymbol{A}\boldsymbol{P} = \begin{pmatrix} |\lambda_1|^2 & & & \\ & |\lambda_2|^2 & & \\ & & \ddots & \\ & & & |\lambda_n|^2 \end{pmatrix}.$$

又显然有

$$\lambda_{\boldsymbol{A}^{\mathrm{H}}\boldsymbol{A}} = \max\{|\lambda_1|^2, |\lambda_2|^2, \cdots, |\lambda_n|^2\} = |\lambda_t|^2,$$

这里 t 是 $\{1,2,\cdots,n\}$ 中的某个值.因此有

$$\|\boldsymbol{A}\|_2 = \sqrt{\lambda_{\boldsymbol{A}^{\mathrm{H}}\boldsymbol{A}}} = |\lambda_t|.$$

而

$$\rho(\boldsymbol{A}) = \max\{|\lambda_1|, |\lambda_2|, \cdots, |\lambda_n|\} = |\lambda_t|,$$

所以 $\rho(\boldsymbol{A})=\|\boldsymbol{A}\|_2$. 证毕.

由于对角形矩阵、实对称矩阵、实反对称矩阵、正交矩阵、酉矩阵、厄米特矩阵、反厄米特矩阵都是正规矩阵,所以对于它们都具有性质 $\rho(\boldsymbol{A})=\|\boldsymbol{A}\|_2$.

5.4 广义逆矩阵与线性方程组的解

设有线性方程

$$\boldsymbol{AX}=\boldsymbol{B}, \tag{5-4}$$

这里 $\boldsymbol{A}$ 和 $\boldsymbol{B}$ 分别是 $m\times n$ 和 $m\times 1$ 矩阵*. 若 $m=n$ 且 $\boldsymbol{A}$ 可逆,则这方程组对任何 $\boldsymbol{B}$ 都有唯一的解 $\boldsymbol{X}=\boldsymbol{A}^{-1}\boldsymbol{B}$. 当 $m\neq n$ 或 $m=n$ 但 $\boldsymbol{A}$ 不可逆,方程组都不一定有解;即使有解,解也不一定唯一. 如果知道方程组(5-4)有解,那么可否用类似于 $\boldsymbol{A}$ 可逆时解的表示式 $\boldsymbol{X}=\boldsymbol{A}^{-1}\boldsymbol{B}$ 那样来表示方程组的解呢?

定义 5-1 设 $\boldsymbol{A}$ 是 $m\times n$ 矩阵. 一个 $n\times m$ 矩阵 $\boldsymbol{G}$ 称为 $\boldsymbol{A}$ 的一个{1}-广义逆,如果对任意给出的 $m\times 1$ 矩阵 $\boldsymbol{B}$,只要方程组 $\boldsymbol{AX}=\boldsymbol{B}$ 有解,则 $\boldsymbol{X}=\boldsymbol{GB}$ 也一定是解.

定理 5-6 $n\times m$ 矩阵 $\boldsymbol{G}$ 是 $m\times n$ 矩阵 $\boldsymbol{A}$ 的一个{1}-广义逆,当且只当 $\boldsymbol{AGA}=\boldsymbol{A}$.

证明 **充分性** 设 $\boldsymbol{X}$ 是方程组 $\boldsymbol{AX}=\boldsymbol{B}$ 的一个解,由 $\boldsymbol{AGA}=\boldsymbol{A}$ 则有

$$\boldsymbol{AGAX}=\boldsymbol{AX}=\boldsymbol{B},$$

即 $\boldsymbol{AGB}=\boldsymbol{B}$ 成立. 这表明 $\bar{\boldsymbol{X}}=\boldsymbol{GB}$ 是方程 $\boldsymbol{AX}=\boldsymbol{B}$ 的解. 故由定义 5-1, $\boldsymbol{G}$ 是 $\boldsymbol{A}$ 的一个{1}-广义逆.

必要性 设对任意的 $m\times 1$ 矩阵 $\boldsymbol{B}$,方程 $\boldsymbol{AX}=\boldsymbol{B}$ 有解 $\boldsymbol{X}=\boldsymbol{GB}$. 对任意 $\boldsymbol{Z}\in\mathbb{C}^n$, $\boldsymbol{AZ}=\boldsymbol{B}$ 是 $m\times 1$ 矩阵. 由上述假设得 $\boldsymbol{AGB}=\boldsymbol{B}$,于是

$$\boldsymbol{AGAZ}=\boldsymbol{AZ}\quad(\forall\,\boldsymbol{Z}\in\mathbb{C}^n),$$

因此, $\boldsymbol{AGA}=\boldsymbol{A}$. 证毕.

现在的问题是:对给定的 $m\times n$ 矩阵 $\boldsymbol{A}$,它是否一定有{1}-广义逆 $\boldsymbol{G}$? 如果有,又如何确定 $\boldsymbol{A}$ 的所有{1}-广义逆?

定理 5-7 对 $m\times n$ 矩阵 $\boldsymbol{A}$,设

$$\boldsymbol{PAQ}=\begin{pmatrix}\boldsymbol{E}_r & \\ & \boldsymbol{0}\end{pmatrix}, \tag{5-5}$$

这里 $\boldsymbol{P},\boldsymbol{Q}$ 各为 m 阶、n 阶可逆矩阵,则 $\boldsymbol{A}$ 的所有{1}-广义逆的集合为

$$\boldsymbol{A}\{1\}=\left\{\boldsymbol{Q}\begin{pmatrix}\boldsymbol{E}_r & \boldsymbol{A}_1\\ \boldsymbol{A}_2 & \boldsymbol{A}_3\end{pmatrix}\boldsymbol{P};\text{这里 }\boldsymbol{A}_1,\boldsymbol{A}_2,\boldsymbol{A}_3\text{ 分别是任意的}\right.$$

$$\left.r\times(m-r),(n-r)\times r,(n-r)\times(m-r)\text{ 矩阵}\right\}.$$

证明 设 $\boldsymbol{A}$ 的秩为 r,则必有 m,n 阶可逆矩阵 $\boldsymbol{P},\boldsymbol{Q}$,使得式(5-5)成立. 因而

$$\boldsymbol{AGA}=\boldsymbol{A}\Longleftrightarrow\boldsymbol{PAGAQ}=\boldsymbol{PAQ}\Longleftrightarrow\boldsymbol{PAQ}\cdot\boldsymbol{Q}^{-1}\boldsymbol{GP}^{-1}\cdot\boldsymbol{PAQ}=\boldsymbol{PAQ}\Longleftrightarrow$$

$$\begin{pmatrix}\boldsymbol{E}_r & \\ & \boldsymbol{0}\end{pmatrix}\cdot\begin{pmatrix}\boldsymbol{W} & \boldsymbol{A}_1\\ \boldsymbol{A}_2 & \boldsymbol{A}_3\end{pmatrix}\cdot\begin{pmatrix}\boldsymbol{E}_r & \\ & \boldsymbol{0}\end{pmatrix}=\begin{pmatrix}\boldsymbol{E}_r & \\ & \boldsymbol{0}\end{pmatrix}\Longleftrightarrow\begin{pmatrix}\boldsymbol{W} & \\ & \boldsymbol{0}\end{pmatrix}=\begin{pmatrix}\boldsymbol{E}_r & \\ & \boldsymbol{0}\end{pmatrix}\Longleftrightarrow\boldsymbol{W}=\boldsymbol{E}_r,$$

---

* 本节及下节所讨论的矩阵均指复数矩阵.

这里记

$$Q^{-1}GP^{-1}=\begin{pmatrix}W & A_1\\ A_2 & A_3\end{pmatrix},$$

W 是 $r\times r$ 子块.因此,A 的每个{1}-广义逆 G 均具有如下形式

$$G=Q\begin{pmatrix}E_r & A_1\\ A_2 & A_3\end{pmatrix}P.$$

A_1,A_2,A_3 如前所述.证毕.

例 5-4 已知 $A=\begin{pmatrix}1&2&1\\0&1&1\end{pmatrix}$,求 A 的所有{1}-广义逆.

解 因为 $$A\xrightarrow{r_1-2r_2}\begin{pmatrix}1&0&-1\\0&1&1\end{pmatrix}\xrightarrow[c_3-c_2]{c_3+c_1}\begin{pmatrix}1&0&0\\0&1&0\end{pmatrix}$$

即 $$E[1,2(-2)]AE[1,3(1)]\cdot E[2,3(-1)]=\begin{pmatrix}1&0&0\\0&1&0\end{pmatrix}$$

所以 A 的所有{1}-广义逆

$$\begin{aligned}G&=E[1,3(1)]E[2,3(-1)]\begin{pmatrix}1&0\\0&1\\c_1&c_2\end{pmatrix}E[1,2(-2)]\\&=\begin{pmatrix}1+c_1 & -2-2c_1+c_2\\ -c_1 & 1+2c_1-c_2\\ c_1 & -2c_1+c_2\end{pmatrix}.\end{aligned}$$

由定理 5-7 可得知,对任意 $m\times n$ 矩阵 A,它的{1}-广义逆总是存在,即集合 $A\{1\}$ 非空.又由 A_1,A_2,A_3 的任意性,可见一般情况下,A 的{1}-广义逆不是唯一的.集合 $A\{1\}$ 中任一确定的元素(即 A 的一个{1}-广义逆,上面曾用 G 表示)常记为 A^-.由定义,

$$AA^-A=A.$$

当 $m=n=r$,则 A 可逆,于是有

$$A^{-1}=A^{-1}AA^{-1}=A^{-1}(AA^-A)A^{-1}=(A^{-1}A)A^-(AA^{-1})=A^-.$$

这对任何 $A^-\in A\{1\}$ 都成立,所以这时 $A\{1\}$ 只有唯一的元素 A^{-1}.由此可见,当 A 可逆时,A 的{1}-广义逆 A^- 也就是 A 的通常的逆阵 A^{-1}.

定理 5-8 若 A^- 是 $m\times n$ 矩阵 A 的一个{1}-广义逆,则当方程组 $AX=B$ 有解时,其通解可表示为

$$X=A^-B+(E_n-A^-A)Z,$$

这里 Z 是任意的 n 维列向量.

证明 先看齐次线性方程组 $AX=0$,这时,由等式 $A-AA^-A=0$ 推得

$$A(E_n-A^-A)Z=0,$$

对任一 $Z\in\mathbb{C}^n$ 成立.即对任一 $Z\in\mathbb{C}^n$,$(E_n-A^-A)Z$ 一定是 $AX=0$ 的解.要证明 $AX=0$ 的解均可以表示成这种形式,只需证明 E_n-A^-A 的秩为 $n-r$,这里 r 是 A 的秩.由定理 5-7 可得

$$A^{-}=Q\begin{pmatrix}E_r & A_1\\ A_2 & A_3\end{pmatrix}P,$$

而

$$E_n-A^{-}A=E_n-Q\begin{pmatrix}E_r & A_1\\ A_2 & A_3\end{pmatrix}PA,$$

故

$$\begin{aligned}\operatorname{rank}(E_n-A^{-}A)&=\operatorname{rank}(Q^{-1}(E_n-A^{-}A)Q)\\&=\operatorname{rank}\left(E_n-\begin{bmatrix}E_r & A_1\\ A_2 & A_3\end{bmatrix}\begin{bmatrix}E_r & \\ & 0\end{bmatrix}\right)\\&=\operatorname{rank}\begin{pmatrix}0 & 0\\ -A_2 & E_{n-r}\end{pmatrix}=n-r.\end{aligned}$$

对非齐次线性方程组 $AX=B$,若它有解,则由{1}-广义逆的定义,$A^{-}B$ 必为解,从而通解是

$$X=A^{-}B+(E_n-A^{-}A)Z\quad(Z\in\mathbb{C}^n).$$

定理证毕.

利用上述通解表示式,可以研究相容线性方程组 $AX=B$ 的解的性质.

对给定的相容线性方程组

$$AX=B\quad(A\in\mathbb{C}^{m\times n},B\in\mathbb{C}^m),$$

它的解一般不唯一.而在一些实际问题中需要在它的一切解之中求出使得范数

$$\|X\|_2=\sqrt{X^{\mathrm{H}}X}$$

为最小的解.这样的解称为该方程组的**最小范数解**.下述两定理都是对酉空间 $\mathbb{C}^n$ 的向量来说的.

定理 5-9 设 A^{-} 是 $m\times n$ 矩阵 A 的一个{1}-广义逆,并且 $(A^{-}A)^{\mathrm{H}}=A^{-}A$,那么对任给的 m 维列向量 B,只要方程组 $AX=B$ 有解,则 $X^{*}=A^{-}B$ 就是它的最小范数解.

证明 设 $AX=B$ 有解,则其通解为

$$X=A^{-}B+(E_n-A^{-}A)Z\quad(Z\in\mathbb{C}^n).$$

现设 $(A^{-}A)^{\mathrm{H}}=A^{-}A$,要证 $X=A^{-}B$ 是最小范数解.由于

$$\begin{aligned}\|X\|_2^2&=\|A^{-}B+(E_n-A^{-}A)Z\|_2^2\\&=[A^{-}B+(E_n-A^{-}A)Z]^{\mathrm{H}}[A^{-}B+(E_n-A^{-}A)Z]\\&=(A^{-}B)^{\mathrm{H}}(A^{-}B)+[(E_n-A^{-}A)Z]^{\mathrm{H}}[(E_n-A^{-}A)Z]+\\&\quad(A^{-}B)^{\mathrm{H}}[(E_n-A^{-}A)Z]+[(E_n-A^{-}A)Z]^{\mathrm{H}}(A^{-}B),\end{aligned}$$

令 $B=AX_0$,则有

$$\begin{aligned}(A^{-}B)^{\mathrm{H}}[(E_n-A^{-}A)Z]&=(A^{-}AX_0)^{\mathrm{H}}(E_n-A^{-}A)Z\\&=X_0^{\mathrm{H}}(A^{-}A)^{\mathrm{H}}(E_n-A^{-}A)Z\\&=X_0^{\mathrm{H}}(A^{-}A)(E_n-A^{-}A)Z\\&=X_0^{\mathrm{H}}(A^{-}A-A^{-}AA^{-}A)Z\end{aligned}$$

$$=X_0^{\mathrm{H}}(A^- A - A^- A)Z = 0.$$

同理可证

$$[(E_n - A^- A)Z]^{\mathrm{H}}(A^- B) = 0.$$

因此有

$$\begin{aligned}\|X\|_2^2 &= (A^- B)^{\mathrm{H}}(A^- B) + [(E_n - A^- A)Z]^{\mathrm{H}}[(E_n - A^- A)Z] \\ &= \|A^- B\|_2^2 + \|(E_n - A^- A)Z\|_2^2 \\ &\geqslant \|A^- B\|_2^2.\end{aligned}$$

所以,$A^- B$ 是 $AX=B$ 的最小范数解.证毕.

上面讨论了相容线性方程组 $AX=B$ 的最小范数解,并由广义逆矩阵 A^- 来描述.然而在不少实际问题中(如数据处理问题,与正态分布有关的统计问题等),所得到的方程组 $AX=B$往往是不相容的,因而不存在求它的解(准确解)的问题,但求它的近似解却有意义.我们可以求 $X\in\mathbb{C}^n$,使$\|AX-B\|_2$ 为极小.这样的 X 就是$AX=B$ 的近似解,称为**最小二乘解**.与最小范数解的情形类似,可以证明下述定理.

定理 5-10 设 A^-是 $m\times n$ 矩阵A 的一个$\{1\}$-广义逆,并且$(AA^-)^{\mathrm{H}}=AA^-$,则对任给的 m 维列向量B,$X^*=A^-B$ 一定是$AX=B$ 的最小二乘解.

定理的证明从略.以上从相容线性方程组 $AX=B$ 的解来定义矩阵A 的$\{1\}$-广义逆 G 或A^-.下面给出广义逆的一般定义.

定义 5-2 设 A 是任一$m\times n$ 矩阵,如果 $n\times m$ 矩阵G 满足 Moore-Penrose 方程

$$(1)\ AGA=A;\quad (2)\ GAG=G;\quad (3)\ (GA)^{\mathrm{H}}=GA;\quad (4)\ (AG)^{\mathrm{H}}=AG$$

的一部分或全部,则称 G 为A 的**广义逆矩阵**.

按此定义,广义逆矩阵可以分为满足其中一个方程的广义逆矩阵,满足其中两个或三个、四个方程的广义逆矩阵.这样就共有

$$C_4^1+C_4^2+C_4^3+C_4^4=15$$

类广义逆矩阵.

满足条件(1)的广义逆矩阵就是上述的$\{1\}$-广义逆,这类广义逆(记为 $A\{1\}$)中任何确定的一个,就记作 A^-.

满足条件(1)及(3)的广义逆矩阵类记为 $A\{1,3\}$,其中任一确定的广义逆矩阵记作A_m^-.例如,定理 5-9 中的广义逆 A^-其实是某个 A_m^-.

满足条件(1)及(4)的广义逆矩阵类记为 $A\{1,4\}$,其中的任一成员记为 A_l^-;如定理 5-10中的 A^-就是某个 A_l^-.

满足全部四个条件的广义逆矩阵类记为 $A\{1,2,3,4\}$.这类广义逆对给定的 A 来说,只含有唯一的一个广义逆,常记为 A^+,并称为 M-P广义逆.

5.5 广义逆矩阵 A^+

本节主要讨论广义逆 A^+的存在性、唯一性及运算.由上节定义 5-2 得知,如果证明了A^+的存在性,则其它类型的广义逆的存在性就是显然的了,但是对于它们,唯一性则不成立.

定理5-11 设 $\boldsymbol{A}$ 是 $m\times n$ 矩阵,则其M-P广义逆矩阵 $\boldsymbol{A}^{+}$ 存在而且唯一,即是说,满足下列全部四个条件

(1) $\boldsymbol{AGA}=\boldsymbol{A}$; (2) $\boldsymbol{GAG}=\boldsymbol{G}$; (3) $(\boldsymbol{GA})^{\mathrm{H}}=\boldsymbol{GA}$; (4) $(\boldsymbol{AG})^{\mathrm{H}}=\boldsymbol{AG}$

的 $n\times m$ 矩阵 $\boldsymbol{G}$ 存在而且唯一,并记为 $\boldsymbol{A}^{+}$.

证明 **唯一性** 设 $\boldsymbol{G}_1,\boldsymbol{G}_2$ 是两个满足上述四个条件的 $n\times m$ 矩阵,现证 $\boldsymbol{G}_1=\boldsymbol{G}_2$. 由于

$$\begin{aligned}\boldsymbol{G}_1&=\boldsymbol{G}_1\boldsymbol{AG}_1=(\boldsymbol{G}_1\boldsymbol{A})\boldsymbol{G}_1=(\boldsymbol{G}_1\boldsymbol{A})^{\mathrm{H}}\boldsymbol{G}_1=\boldsymbol{A}^{\mathrm{H}}\boldsymbol{G}_1^{\mathrm{H}}\boldsymbol{G}_1=(\boldsymbol{AG}_2\boldsymbol{A})^{\mathrm{H}}\boldsymbol{G}_1^{\mathrm{H}}\boldsymbol{G}_1\\&=\boldsymbol{A}^{\mathrm{H}}\boldsymbol{G}_2^{\mathrm{H}}\boldsymbol{A}^{\mathrm{H}}\boldsymbol{G}_1^{\mathrm{H}}\boldsymbol{G}_1=(\boldsymbol{G}_2\boldsymbol{A})^{\mathrm{H}}\boldsymbol{A}^{\mathrm{H}}\boldsymbol{G}_1^{\mathrm{H}}\boldsymbol{G}_1=\boldsymbol{G}_2\boldsymbol{AA}^{\mathrm{H}}\boldsymbol{G}_1^{\mathrm{H}}\boldsymbol{G}_1\\&=\boldsymbol{G}_2\boldsymbol{A}(\boldsymbol{G}_1\boldsymbol{A})^{\mathrm{H}}\boldsymbol{G}_1=\boldsymbol{G}_2\boldsymbol{AG}_1\boldsymbol{AG}_1=\boldsymbol{G}_2\boldsymbol{AG}_1.\end{aligned}$$

同理可得 $\boldsymbol{G}_2=\boldsymbol{G}_2\boldsymbol{AG}_1$. 所以,$\boldsymbol{G}_1=\boldsymbol{G}_2$.

存在性 首先将 $\boldsymbol{A}$ 作奇异值分解(见3.9节)

$$\boldsymbol{A}=\boldsymbol{PD}^{*}\boldsymbol{Q}^{\mathrm{H}},\quad \boldsymbol{D}^{*}=\begin{pmatrix}\boldsymbol{D}&0\\0&0\end{pmatrix},$$

这里 $\boldsymbol{P},\boldsymbol{Q}$ 是酉矩阵,$\boldsymbol{D}=\mathrm{diag}\{d_1,d_2,\cdots,d_r\}$,且 $d_1\geqslant d_2\geqslant\cdots\geqslant d_r>0$.

现在证明

$$\boldsymbol{G}=\boldsymbol{Q}\begin{pmatrix}\boldsymbol{D}^{-1}&0\\0&0\end{pmatrix}\boldsymbol{P}^{\mathrm{H}}$$

满足定理5-11中的四个条件. 事实上,

$$\begin{aligned}\boldsymbol{AGA}&=\boldsymbol{AQ}\begin{pmatrix}\boldsymbol{D}^{-1}&0\\0&0\end{pmatrix}\boldsymbol{P}^{\mathrm{H}}\boldsymbol{A}=\boldsymbol{P}\begin{pmatrix}\boldsymbol{D}&0\\0&0\end{pmatrix}\begin{pmatrix}\boldsymbol{D}^{-1}&0\\0&0\end{pmatrix}\begin{pmatrix}\boldsymbol{D}&0\\0&0\end{pmatrix}\boldsymbol{Q}^{\mathrm{H}}\\&=\boldsymbol{P}\begin{pmatrix}\boldsymbol{D}&0\\0&0\end{pmatrix}\boldsymbol{Q}^{\mathrm{H}}=\boldsymbol{A},\\ \boldsymbol{GAG}&=\boldsymbol{Q}\begin{pmatrix}\boldsymbol{D}^{-1}&0\\0&0\end{pmatrix}\boldsymbol{P}^{\mathrm{H}}\boldsymbol{AQ}\begin{pmatrix}\boldsymbol{D}^{-1}&0\\0&0\end{pmatrix}\boldsymbol{P}^{\mathrm{H}}=\boldsymbol{Q}\begin{pmatrix}\boldsymbol{D}^{-1}&0\\0&0\end{pmatrix}\begin{pmatrix}\boldsymbol{D}&0\\0&0\end{pmatrix}\begin{pmatrix}\boldsymbol{D}^{-1}&0\\0&0\end{pmatrix}\boldsymbol{P}^{\mathrm{H}}\\&=\boldsymbol{Q}\begin{pmatrix}\boldsymbol{D}^{-1}&0\\0&0\end{pmatrix}\boldsymbol{P}^{\mathrm{H}}=\boldsymbol{G},\\ \boldsymbol{GA}&=\boldsymbol{Q}\begin{pmatrix}\boldsymbol{D}^{-1}&0\\0&0\end{pmatrix}\boldsymbol{P}^{\mathrm{H}}\boldsymbol{A}=\boldsymbol{Q}\begin{pmatrix}\boldsymbol{D}^{-1}&0\\0&0\end{pmatrix}\begin{pmatrix}\boldsymbol{D}&0\\0&0\end{pmatrix}\boldsymbol{Q}^{\mathrm{H}}\\&=\boldsymbol{Q}\begin{pmatrix}\boldsymbol{E}_r&0\\0&0\end{pmatrix}\boldsymbol{Q}^{\mathrm{H}}=\left[\boldsymbol{Q}\begin{pmatrix}\boldsymbol{E}_r&0\\0&0\end{pmatrix}\boldsymbol{Q}^{\mathrm{H}}\right]^{\mathrm{H}}=(\boldsymbol{GA})^{\mathrm{H}},\\ \boldsymbol{AG}&=\boldsymbol{AQ}\begin{pmatrix}\boldsymbol{D}^{-1}&0\\0&0\end{pmatrix}\boldsymbol{P}^{\mathrm{H}}=\boldsymbol{P}\begin{pmatrix}\boldsymbol{D}&0\\0&0\end{pmatrix}\begin{pmatrix}\boldsymbol{D}^{-1}&0\\0&0\end{pmatrix}\boldsymbol{P}^{\mathrm{H}}\\&=\boldsymbol{P}\begin{pmatrix}\boldsymbol{E}_r&0\\0&0\end{pmatrix}\boldsymbol{P}^{\mathrm{H}}=\left[\boldsymbol{P}\begin{pmatrix}\boldsymbol{E}_r&0\\0&0\end{pmatrix}\boldsymbol{P}^{\mathrm{H}}\right]^{\mathrm{H}}=(\boldsymbol{AG})^{\mathrm{H}}.\end{aligned}$$

这就证明了 $\boldsymbol{A}^{+}$ 的存在性. 定理证毕.

由定理5-11的证明得知,若 $\boldsymbol{A}\in\mathbb{C}^{m\times n}$ 有奇异值分解

$$A = P\begin{pmatrix} D & 0 \\ 0 & 0 \end{pmatrix} Q^{H},$$

则

$$A^{+} = Q\begin{pmatrix} D^{-1} & 0 \\ 0 & 0 \end{pmatrix} P^{H}.$$

而且不依赖于 P,Q 的选择，因 A^{+} 是唯一的.

若 A 是非奇异方阵(即 A 是可逆方阵)，则可直接验证 A^{-1} 满足定理 5－11 中的全部条件，故得知 $A^{+}=A^{-1}$. 所以，A^{+} 可以看作是 A^{-1} 的推广.

广义逆矩阵 A^{+} 与线性方程组 $AX=B$ 的最小二乘解也有联系. 由于最小二乘解一般是不唯一的，故通常把它们中 2－范数最小的一个，称为 $AX=B$ 的极小最小二乘解(最佳逼近解). 可以证明，$AX=B$ 必有唯一的极小最小二乘解，而且它就是 $X=A^{+}B$.

习 题 五

1. 应用定理 5－1 的两个推论，估计下面矩阵 A 的特征值的界限

$$A = \begin{pmatrix} 0.9 & 0.01 & 0.12 \\ 0.01 & 0.8 & 0.13 \\ 0.01 & 0.02 & 0.4 \end{pmatrix}.$$

2. 利用定理 5－2 估计下面矩阵 A 的特征值的分布范围

$$A = \begin{pmatrix} 1 & -0.5 & -0.5 & 0 \\ -0.5 & 1.5 & \mathrm{i} & 0 \\ 0 & -0.5\mathrm{i} & 5 & 0.5\mathrm{i} \\ -1 & 0 & 0 & 5\mathrm{i} \end{pmatrix}.$$

3. 证明下面的矩阵 A 的谱半径 $\rho(A)\leqslant 1$

$$A = \begin{pmatrix} \frac{1}{4} & \frac{1}{4} & \frac{1}{4} & \frac{1}{4} \\ \frac{1}{5} & \frac{2}{5} & \frac{1}{5} & \frac{1}{5} \\ \frac{1}{6} & \frac{1}{6} & \frac{3}{6} & \frac{1}{6} \\ \frac{1}{7} & \frac{1}{7} & \frac{1}{7} & \frac{3}{7} \end{pmatrix}.$$

4. 在圆盘定理中，如果一个连通部分是由两个外切圆构成的，证明每个圆上不可能都有两个特征值.

5. 设 Q 为酉矩阵，$A=\mathrm{diag}\{a_1,a_2,\cdots,a_n\}$，证明 QA 的特征值 μ 满足不等式

$$\min_{1\leqslant i\leqslant n}|a_i|\leqslant|\mu|\leqslant\max_{1\leqslant i\leqslant n}|a_i|.$$

6. 验证 M－P 广义逆矩阵 A^{+} 的下列性质：

$$(A^{+})^{+}=A;\quad (AA^{+})^{2}=AA^{+};\quad (A^{H})^{+}=(A^{+})^{H}.$$

7. 利用公式(设 $A\in\mathbb{C}^{m\times n}$)

$$A^{+}=\begin{cases} A^{H}(AA^{H})^{-1} & \text{当 } \mathrm{rank}(A)=m \\ (A^{H}A)^{-1}A^{H} & \text{当 } \mathrm{rank}(A)=n \end{cases},$$

计算下列矩阵的广义逆矩阵 A^{+}

(1) $\boldsymbol{A}=\begin{pmatrix}1 & 2 & 1\\ 0 & 1 & 1\end{pmatrix}$;　　(2) $\boldsymbol{A}=\begin{pmatrix}\mathrm{i} & 0\\ 1 & \mathrm{i}\\ 0 & 1\end{pmatrix}$.

8. 利用公式

$$\boldsymbol{A}^{+}=\lim_{t\to 0}\boldsymbol{A}^{\mathrm{H}}(\boldsymbol{A}\boldsymbol{A}^{\mathrm{H}}+\varepsilon^{2}\boldsymbol{E})^{-1}\quad(\boldsymbol{A}\in\mathbb{C}^{m\times n})$$

计算矩阵

$$\boldsymbol{A}=\begin{pmatrix}1 & 0 & 0\\ 0 & 1 & -1\\ 1 & 0 & 0\\ 2 & 1 & -1\end{pmatrix}$$

的广义逆 $\boldsymbol{A}^{+}$.

9. 证明:线性方程组 $\boldsymbol{AX}=\boldsymbol{B}$ 有解的充要条件是 $\boldsymbol{A}\boldsymbol{A}^{+}\boldsymbol{B}=\boldsymbol{B}$,这里 $\boldsymbol{A}\in\mathbb{C}^{m\times n}$,$\boldsymbol{B}\in\mathbb{C}^{m}$.

10. 已知

$$\boldsymbol{A}=\begin{pmatrix}1 & 2\\ 0 & 0\\ 2 & 4\end{pmatrix},\quad \boldsymbol{B}=\begin{pmatrix}1\\ 0\\ 2\end{pmatrix}.$$

求 $\boldsymbol{AX}=\boldsymbol{B}$ 的最小范数解及极小最小二乘解.

6 非负矩阵

元素都是非负实数的矩阵称为**非负矩阵**.这类矩阵在数理经济学、概率论、弹性系统的微振动理论等许多领域都有重要的应用.随着非负矩阵应用的日益扩展,它的基本特征已被认为是矩阵理论的经典性内容之一.为此,本章将介绍非负矩阵的一些基本性质,包括著名的配朗-弗罗比尼乌斯定理,以及与非负矩阵有密切联系而又有特别重要应用价值的闵可夫斯基矩阵(M矩阵)等有关主要结果.

6.1 正矩阵

定义 6-1 $m\times n$ 的实矩阵 $\boldsymbol{A}=(a_{ij})$ 称为非负的(记为 $\boldsymbol{A}\geqslant\boldsymbol{0}$)或正的(记为 $\boldsymbol{A}>\boldsymbol{0}$),如果 $\boldsymbol{A}$ 的所有元素都是非负的(所有 $a_{ij}\geqslant 0$),或正的(所有 $a_{ij}>0$).

若 $\boldsymbol{A},\boldsymbol{B}$ 是两个 $m\times n$ 的实矩阵,$\boldsymbol{X}$ 是 n 维实向量,则由定义 6-1 便不难理解 $\boldsymbol{A}\geqslant\boldsymbol{B}$ 及 $\boldsymbol{X}>\boldsymbol{0}$ 等式子的含义.

在经济学、概率论及组合学中,有许多矩阵都是非负矩阵或正矩阵.这是不难理解的.这类矩阵有一些为一般矩阵所没有的特殊性质,研究它们显然有重要意义.正矩阵中最重要的结果要算是本节介绍的配朗定理了.

一个方阵 $\boldsymbol{P}$,如果它的每一行和每一列都只有某个元素为 1,其余的元素都为零,则矩阵 $\boldsymbol{P}$ 称为一个**置换矩阵**.

显然交换矩阵的两行(或两列),可由左乘(或右乘)一个适当的置换矩阵来实现.置换矩阵是可逆的,且当 $\boldsymbol{P}$ 为置换矩阵时,$\boldsymbol{P}^{-1}=\boldsymbol{P}^{\mathrm{T}}$.

定义 6-2 矩阵 $\boldsymbol{A}=(a_{ij})_{n\times n}$ 称为**可约的**,如果存在 n 阶置换矩阵 $\boldsymbol{P}$,使得

$$\boldsymbol{PAP}^{\mathrm{T}}=\begin{pmatrix}\boldsymbol{A}_{11} & \boldsymbol{0}\\ \boldsymbol{A}_{21} & \boldsymbol{A}_{22}\end{pmatrix},$$

这里 $\boldsymbol{A}_{11}$ 是 k 阶方阵($1\leqslant k\leqslant n-1$),右上角是 $k\times(n-k)$ 的零矩阵.否则,就称 $\boldsymbol{A}$ 为**不可约的**.

按此定义,一阶方阵以及正矩阵都是不可约的.

配朗(Perron)在 1907 年建立了正矩阵的影谱(即矩阵的特征值与特征向量)的卓越性质,就是下面的定理.本节的任务主要是证明这一定理.正矩阵的其它较次要的性质,将在后面继续研究.

定理 6-1(Perron 定理) 任一正矩阵 $\boldsymbol{A}=(a_{ij})_{n\times n}$ 都有正的特征值 r,它是特征方程的单根,而且大于其它特征值的模.这个"极大"特征值对应于矩阵 $\boldsymbol{A}$ 的一个坐标都是正数的特征向量.

这个定理亦可以叙述成:

定理 6-1′ 设 $\boldsymbol{A}=(a_{ij})_{n\times n}>\boldsymbol{0}$，且 $\rho(\boldsymbol{A})$ 为其谱半径，则

(1) $\rho(\boldsymbol{A})$ 为 $\boldsymbol{A}$ 的正特征值，其对应的一个特征向量为正向量；

(2) $\boldsymbol{A}$ 的任何其它特征值 λ，都有 $|\lambda|<\rho(\boldsymbol{A})$；

(3) $\rho(\boldsymbol{A})$ 是 $\boldsymbol{A}$ 的单特征根.

证明 首先来证(1). 设 μ 是 $\boldsymbol{A}$ 的模中最大的一个特征值，又 $\boldsymbol{X}=(x_1,x_2,\cdots,x_n)^{\mathrm{T}}\neq\boldsymbol{0}$ 是相应的一个特征向量. 于是由定义得

$$\boldsymbol{AX}=\mu\boldsymbol{X},\text{且}\,|\mu|=\rho(\boldsymbol{A}).$$

现取向量 $\boldsymbol{Y}$ 如下

$$\boldsymbol{Y}=(|x_1|,|x_2|,\cdots,|x_n|)^{\mathrm{T}}.$$

下证 $\boldsymbol{Y}$ 是 $\boldsymbol{A}$ 的以 $\rho(\boldsymbol{A})$ 为特征值的正特征向量.

由于 $\boldsymbol{AX}=\mu\boldsymbol{X}$，所以对于 $1\leqslant i\leqslant n$ 的整数 i，有

$$\mu x_i=\sum_{j=1}^{n}a_{ij}x_j.$$

从而

$$\rho(\boldsymbol{A})|x_i|=|\mu x_i|\leqslant\sum_{j=1}^{n}a_{ij}|x_j|.$$

写成矩阵形式就是

$$\rho(\boldsymbol{A})\boldsymbol{Y}\leqslant\boldsymbol{AY},$$

亦即

$$(\boldsymbol{A}-\rho(\boldsymbol{A})\boldsymbol{E})\boldsymbol{Y}\geqslant\boldsymbol{0}.$$

下面证明这不等式的等号成立，用反证法. 设 $(\boldsymbol{A}-\rho(\boldsymbol{A})\boldsymbol{E})\boldsymbol{Y}=\boldsymbol{Z}\neq\boldsymbol{0}$，则由于 $\boldsymbol{A}$ 是正矩阵，且 $\boldsymbol{Z}$ 是非负的非零向量，所以 $\boldsymbol{AZ}>\boldsymbol{0}$. 又显然有 $\boldsymbol{AY}>\boldsymbol{0}$. 因此，存在 $\varepsilon>0$，使得 $\boldsymbol{AZ}\geqslant\varepsilon\boldsymbol{AY}$. 又由于

$$\boldsymbol{AZ}=\boldsymbol{A}(\boldsymbol{A}-\rho(\boldsymbol{A})\boldsymbol{E})\boldsymbol{Y},$$

所以

$$\boldsymbol{A}^2\boldsymbol{Y}=\boldsymbol{AZ}+\rho(\boldsymbol{A})\boldsymbol{AY}\geqslant[\varepsilon+\rho(\boldsymbol{A})]\boldsymbol{AY}.$$

令 $[\varepsilon+\rho(\boldsymbol{A})]^{-1}\boldsymbol{A}=\boldsymbol{B}$，则有

$$\boldsymbol{BAY}\geqslant\boldsymbol{AY}.$$

由于 $\boldsymbol{B}>\boldsymbol{0}$，故由上式可逐步推得

$$\boldsymbol{B}^n\boldsymbol{AY}\geqslant\boldsymbol{AY}\quad(n=1,2,\cdots).\tag{6-1}$$

但 $\boldsymbol{B}$ 的谱半径为

$$\rho(\boldsymbol{B})=\frac{\rho(\boldsymbol{A})}{\varepsilon+\rho(\boldsymbol{A})}<1,$$

所以当 $n\to\infty$ 时，$\boldsymbol{B}^n\to\boldsymbol{0}$，因而对不等式(6-1)两边取极限即得 $\boldsymbol{AY}\leqslant\boldsymbol{0}$. 这与 $\boldsymbol{AY}>\boldsymbol{0}$ 相矛盾，因此一定有 $\boldsymbol{Z}=\boldsymbol{0}$. 于是已证明了

$$\boldsymbol{AY}=\rho(\boldsymbol{A})\boldsymbol{Y}.$$

这表明 $\rho(\boldsymbol{A})=|\mu|$ 是 $\boldsymbol{A}$ 的特征值，而由 $\boldsymbol{Y}$ 的选择已知 $\boldsymbol{Y}>\boldsymbol{0}$，所以 $\boldsymbol{Y}$ 是 $\boldsymbol{A}$ 的正特征向量，从而由上式又可得知 $\rho(\boldsymbol{A})>0$.

现在来证明(2). 为此只需证明除 $\rho(\boldsymbol{A})$ 外，不可能有 $\boldsymbol{A}$ 的其它特征值 λ 满足

$$|\lambda| = \rho(\boldsymbol{A}).$$

若 λ 是 $\boldsymbol{A}$ 的满足 $|\lambda| = \rho(\boldsymbol{A})$ 的特征值,其相应的特征向量为 $\boldsymbol{X}_0 = (u_1, u_2, \cdots, u_n)^{\mathrm{T}}$,即 $\boldsymbol{AX}_0 = \lambda\boldsymbol{X}_0$. 又取

$$\boldsymbol{Y}_0 = (|u_1|, |u_2|, \cdots, |u_n|)^{\mathrm{T}},$$

类似(1)的证明过程可得

$$\boldsymbol{AY}_0 = \rho(\boldsymbol{A})\boldsymbol{Y}_0.$$

而由 $\boldsymbol{AX}_0 = \lambda\boldsymbol{X}_0$,可得

$$\lambda u_i = \sum_{j=1}^{n} a_{ij}u_j \quad (i = 1,2,\cdots,n).$$

两边取绝对值便得

$$\rho(\boldsymbol{A})|u_i| = \left|\sum_{j=1}^{n} a_{ij}u_j\right| \leqslant \sum_{j=1}^{n} a_{ij}|u_j| = (\boldsymbol{AY}_0)_i.$$

由列向量等式 $\boldsymbol{AY}_0 = \rho(\boldsymbol{A})\boldsymbol{Y}_0$ 的第 i 个分量相等,又可得

$$(\boldsymbol{AY}_0)_i = \rho(\boldsymbol{A})|u_i|.$$

于是得到等式

$$\left|\sum_{j=1}^{n} a_{ij}u_j\right| = \sum_{j=1}^{n} a_{ij}|u_j| \quad (i = 1,2,\cdots,n).$$

因 $a_{ij} > 0$,故上式表明各个 u_j 有相同的幅角 φ,即

$$u_j = |u_j|\mathrm{e}^{\mathrm{i}\varphi} \quad (\mathrm{i} = \sqrt{-1},\ j = 1,2,\cdots,n)$$

而 φ 是不依赖于 j 的常数,因而向量 $\boldsymbol{X}_0 = \mathrm{e}^{\mathrm{i}\varphi}\boldsymbol{Y}_0$. 这表明 $\boldsymbol{X}_0$, $\boldsymbol{Y}_0$ 只差一个非零常数因子,故 $\boldsymbol{X}_0$ 也是 $\boldsymbol{A}$ 的以 $\rho(\boldsymbol{A})$ 为特征值的特征向量(由已证得的等式 $\boldsymbol{AY}_0 = \rho(\boldsymbol{A})\boldsymbol{Y}$ 已得知, $\boldsymbol{Y}_0$ 是 $\boldsymbol{A}$ 的以 $\rho(\boldsymbol{A})$ 为特征值的特征向量),但开始时已假设 $\boldsymbol{X}_0$ 又是 $\boldsymbol{A}$ 的以 λ 为特征值的特征向量,而不同的特征值不能有相同的特征向量,故只能是 $\lambda = \rho(\boldsymbol{A})$. 即(2)得证.

最后来证明(3). 令 $\boldsymbol{B} = \rho^{-1}(\boldsymbol{A})\boldsymbol{A} = (b_{ij}) > \boldsymbol{0}$,则有 $\rho(\boldsymbol{B}) = 1$,故要证明(3),只需证明 1 是 $\boldsymbol{B}$ 的单特征根就行了. 这又只需证明在 $\boldsymbol{B}$ 的约当标准形中,相应于特征值 1 的约当块只有一块,并且是一阶子块.

根据结论(1),必有向量 $\boldsymbol{Y} = (y_1, \cdots, y_n)^{\mathrm{T}} > \boldsymbol{0}$,使得

$$\boldsymbol{BY} = \boldsymbol{Y}, \tag{6-2}$$

从而对任何 $k > 1$ 都有

$$\boldsymbol{B}^k\boldsymbol{Y} = \boldsymbol{Y}. \tag{6-3}$$

令

$$y_s = \max_i y_i > 0, \quad y_t = \min_i y_i > 0,$$

则由式(6-3)得

$$y_s \geqslant y_i = \sum_{l=1}^{n} b_{il}^{(k)} y_l \geqslant b_{ij}^{(k)} y_j \geqslant b_{ij}^{(k)} y_t,$$

这里 $b_{ij}^{(k)}$ 代表 $\boldsymbol{B}^k$ 的 (i,j) 元素. 从而有

$$b_{ij}^{(k)} \leqslant \frac{y_s}{y_t}.$$

这表明对所有 $k>1$，$b_{ij}^{(k)}$ 是有界的. 假若 $\boldsymbol{B}$ 的约当标准形中有一个对应于特征值 1 的约当块的阶数大于 1，不妨设其为 2，则存在可逆矩阵 $\boldsymbol{P}$，使得

$$\boldsymbol{B}^k=\boldsymbol{P}\begin{pmatrix}1 & & & & \\ k & 1 & & & \\ & & \boldsymbol{J}_1^k(\lambda_1) & & \\ & & & \ddots & \\ & & & & \boldsymbol{J}_m^k(\lambda_m)\end{pmatrix}\boldsymbol{P}^{-1},$$

它对任何 $k>1$ 成立. 这与 $b_{ij}^{(k)}$ 有界相矛盾，故 $\boldsymbol{B}$ 的约当标准形中对应于特征值 1 的约当块是一阶的. 下证这种子块只有一个.

设 $\boldsymbol{B}$ 的约当标准形为

$$\boldsymbol{J}=\begin{pmatrix}\boldsymbol{E}_r & & & \\ & \boldsymbol{J}_1(\lambda_1) & & \\ & & \ddots & \\ & & & \boldsymbol{J}_l(\lambda_l)\end{pmatrix},$$

其中，$\boldsymbol{E}_r$ 为 r 阶单位矩阵，且 $|\lambda_i|<1\ (i=1,\cdots,l)$.

如果 $r>1$，则令 $\boldsymbol{C}=\boldsymbol{J}-\boldsymbol{E}$. 对任一 n 维向量 $\boldsymbol{X}\in\mathbb{C}^n$（$n$ 维酉空间），则满足 $\boldsymbol{CX}=\boldsymbol{0}$ 的所有向量 $\boldsymbol{X}$ 的集合形成 $\mathbb{C}^n$ 的一个子空间，叫做 $\boldsymbol{C}$ 的零化子空间. 由齐次线性方程组的理论，易知这子空间的维数是 $n-r_c=r$（r_c 是矩阵 $\boldsymbol{C}$ 的秩）. 由于 $\boldsymbol{B}$ 与 $\boldsymbol{J}$ 相似，故 r 也是 $\boldsymbol{B}-\boldsymbol{E}$ 的零化子空间的维数. 考虑到 $r>1$，故除向量 $\boldsymbol{Y}$ 满足式(6-2)外，必然还有另一向量 $\boldsymbol{Z}$ 满足

$$\boldsymbol{BZ}=\boldsymbol{Z},\quad \boldsymbol{Z}=(z_1,z_2,\cdots,z_n)^{\mathrm{T}}, \tag{6-4}$$

并且 $\boldsymbol{Z}$ 与 $\boldsymbol{Y}$ 线性无关. 令

$$\tau=\max_i\left(\frac{z_i}{y_i}\right)=\frac{z_j}{y_j}, \tag{6-5}$$

则有 $\tau\boldsymbol{Y}\geqslant\boldsymbol{Z}$，且不可能取等号，故有

$$\boldsymbol{B}(\tau\boldsymbol{Y}-\boldsymbol{Z})>\boldsymbol{0}.$$

利用式(6-2)与式(6-4)，上式可写成

$$\tau\boldsymbol{Y}-\boldsymbol{Z}>\boldsymbol{0}.$$

写出上式的第 j 个分量，则有

$$\tau>\frac{z_j}{y_j}.$$

这与式(6-4)定义的 τ 值相矛盾，故 $r=1$. 证毕.

6.2 非负矩阵

上节证明了正矩阵的配朗定理，而正矩阵是不可约非负矩阵的一种特殊情形. 弗罗比尼乌斯(Frobenius)把上述定理推广到不可约非负矩阵上(1912 年). 本节除介绍这一重要结果外，还讨论非负矩阵的其它一些基本性质.

定理 6-2(Frobenius 定理) 设 $\boldsymbol{A}$ 是不可约非负矩阵,则 $\boldsymbol{A}$ 总有正的特征值 r,它是特征方程的单根;所有其它特征值的模都不超过 r;这个"极大"特征值 r 对应于矩阵 $\boldsymbol{A}$ 的一个坐标都是正数的特征向量;如果 $\boldsymbol{A}$ 有 h 个特征值

$$\lambda_0 = r, \lambda_1, \cdots, \lambda_{h-1}$$

的模都等于 r,则这些数都是互不相同的而且是方程 $\lambda^h - r^h = 0 \quad (h \geqslant 1)$ 的根;复数平面上的点集 $\{r, \lambda_1, \cdots, \lambda_{h-1}\}$ 在绕原点旋转 $\frac{2\pi}{h}$ 角的变换下不变. 当 $h > 1$ 时,矩阵 $\boldsymbol{A}$ 置换相似于矩阵 $\boldsymbol{D}$,即

$$\boldsymbol{PAP}^{\mathrm{T}} = \boldsymbol{D} = \begin{pmatrix} 0 & A_{12} & 0 & \cdots & 0 \\ 0 & 0 & A_{23} & \cdots & 0 \\ \vdots & \vdots & \vdots & & \vdots \\ 0 & 0 & 0 & \cdots & A_{h-1,h} \\ A_{h1} & 0 & 0 & \cdots & 0 \end{pmatrix}.$$

这里 $\boldsymbol{P}$ 是置换矩阵,又 $\boldsymbol{D}$ 的主对角线上都是非空零方阵. 矩阵 $\boldsymbol{D}$ 称为不可约非负矩阵 $\boldsymbol{A}$ 的标准形.

这个定理的证明亦非常复杂,这里就不介绍了.

首先要注意的是,定理 6-2 不能照搬到非负可约矩阵上. 但是,由于任一非负矩阵 $\boldsymbol{A} \geqslant \boldsymbol{0}$ 都可表示成不可约的正矩阵序列 $\{\boldsymbol{A}_m\}$ 的极限

$$\boldsymbol{A} = \lim_{m \to \infty} \boldsymbol{A}_m \quad (\text{每个 } \boldsymbol{A}_m > \boldsymbol{0}), \tag{6-6}$$

所以不可约非负矩阵的某些性质,在较弱的形式下,对于可约非负矩阵亦能成立.

对于任意的非负矩阵,有下述定理.

定理 6-3 设 $\boldsymbol{A} = (a_{ij})_{n \times n}$ 为非负矩阵,则 $\boldsymbol{A}$ 必有一非负特征值 r,而 $\boldsymbol{A}$ 的所有特征值的模都不超过 r;特征值 r 对应于非负特征向量 $\boldsymbol{Y}$

$$\boldsymbol{AY} = r\boldsymbol{Y} \quad (\boldsymbol{Y} \geqslant \boldsymbol{0}, \text{且 } \boldsymbol{Y} \neq \boldsymbol{0}).$$

证明 设 $\boldsymbol{A}$ 有表示式(6-6),以 $r^{(m)}$ 及 $\boldsymbol{Y}^{(m)}$ 各记正矩阵 $\boldsymbol{A}_m$ 的"极大"特征值与相应的单位正特征向量,于是

$$\boldsymbol{A}_m \boldsymbol{Y}^{(m)} = r^{(m)} \boldsymbol{Y}^{(m)} \quad (\text{每个 } \boldsymbol{Y}^{(m)} > \boldsymbol{0}). \tag{6-7}$$

此时由式(6-6)知存在极限

$$\lim r^{(m)} = r.$$

这里 r 为 $\boldsymbol{A}$ 的特征值. 因 $r^{(m)} > 0$,且 $r^{(m)} > |\lambda\delta^{(m)}|$,其中 $\lambda\delta^{(m)}$ 为 $\boldsymbol{A}_m$ 的任一特征值 $(m = 1, 2, \cdots)$,取极限得

$$r \geqslant 0, \quad r \geqslant |\lambda_0|.$$

这里 λ_0 为 $\boldsymbol{A}$ 的任一特征值.

又从单位特征向量序列 $\{\boldsymbol{Y}^{(m)}\}$ 中可以选出子序列 $\{\boldsymbol{Y}^{(m_p)}\}$,且它收敛于某一单位向量 $\boldsymbol{Y}$. 在等式(6-7)的两边对 m 的子序列 $\{m_p\}$ 取极限,即得

$$\boldsymbol{AY} = r\boldsymbol{Y} \quad (\boldsymbol{Y} \geqslant \boldsymbol{0}, \text{又 } \boldsymbol{Y} \neq \boldsymbol{0}).$$

定理证毕. 注意定理中的 $r = \rho(\boldsymbol{A})$.

注 一般的非负矩阵尚有一个比较重要的性质,因证明较复杂,现只把结果列出如下:

若 $\mathbf{0}\leqslant \boldsymbol{B}\leqslant \boldsymbol{A}$,则有 $\rho(\boldsymbol{B})\leqslant\rho(\boldsymbol{A})$.

由定义来判别矩阵是否可约是困难的.有多种判别条件可以使用,下面证明其中一种充要条件,即下述定理.

定理 6-4 n 阶非负矩阵 $\boldsymbol{A}$ 为不可约的充要条件是存在正整数 $s\leqslant n-1$,使得

$$(\boldsymbol{E}+\boldsymbol{A})^{s}>\mathbf{0}.$$

证明 必要性 这只需证明对任意向量 $\boldsymbol{Y}\geqslant\mathbf{0}$ $(\boldsymbol{Y}\neq\mathbf{0})$都有不等式

$$(\boldsymbol{E}+\boldsymbol{A})^{n-1}\boldsymbol{Y}>\mathbf{0}$$

成立即可.首先证明在条件 $\boldsymbol{Y}\geqslant\mathbf{0}$ 与 $\boldsymbol{Y}\neq\mathbf{0}$ 下,向量 $\boldsymbol{Z}=(\boldsymbol{E}+\boldsymbol{A})\boldsymbol{Y}$ 中零坐标的个数小于向量 $\boldsymbol{Y}$ 中零坐标的个数.假若相反,那么 $\boldsymbol{Y}$ 与 $\boldsymbol{Z}$ 有相同的零坐标个数(因为 $\boldsymbol{Z}$ 的零坐标个数是不会多于 $\boldsymbol{Y}$ 的零坐标个数的).所以,不失一般性,设

$$\boldsymbol{Y}=\begin{pmatrix}\boldsymbol{Y}_1\\ \mathbf{0}\end{pmatrix},\quad \boldsymbol{Z}=\begin{pmatrix}\boldsymbol{Z}_1\\ \mathbf{0}\end{pmatrix},\quad (\boldsymbol{Y}_1,\boldsymbol{Z}_1>\mathbf{0}).$$

这里列向量 $\boldsymbol{Y}_1,\boldsymbol{Z}_1$ 有相同的维数.又令

$$\boldsymbol{A}=\begin{pmatrix}\boldsymbol{A}_{11} & \boldsymbol{A}_{12}\\ \boldsymbol{A}_{21} & \boldsymbol{A}_{22}\end{pmatrix},$$

则有

$$\begin{pmatrix}\boldsymbol{Y}_1\\ \mathbf{0}\end{pmatrix}+\begin{pmatrix}\boldsymbol{A}_{11} & \boldsymbol{A}_{12}\\ \boldsymbol{A}_{21} & \boldsymbol{A}_{22}\end{pmatrix}\begin{pmatrix}\boldsymbol{Y}_1\\ \mathbf{0}\end{pmatrix}=\begin{pmatrix}\boldsymbol{Z}_1\\ \mathbf{0}\end{pmatrix},$$

因此得 $\boldsymbol{A}_{21}\boldsymbol{Y}_1=\mathbf{0}$.又因 $\boldsymbol{Y}_1>\mathbf{0}$,故有 $\boldsymbol{A}_{21}=\mathbf{0}$.这与 $\boldsymbol{A}$ 为不可约矩阵相矛盾.所以,$\boldsymbol{Z}$ 与 $\boldsymbol{Y}$ 有相同的零坐标个数是不可能的,从而证明了向量 $\boldsymbol{Z}$ 的零坐标个数小于向量 $\boldsymbol{Y}$ 的零坐标个数.

上述结果表明:向量 $\boldsymbol{Y}(\mathbf{0}\leqslant\boldsymbol{Y}\neq\mathbf{0})$每用 $\boldsymbol{E}+\boldsymbol{A}$ 左乘一次,其零坐标个数至少减少一个,因此得

$$(\boldsymbol{E}+\boldsymbol{A})^{n-1}\boldsymbol{Y}>\mathbf{0}.$$

充分性 设有$(\boldsymbol{E}+\boldsymbol{A})^{s}>\mathbf{0}$,如果 $\boldsymbol{A}$ 是可约的,则存在置换矩阵 $\boldsymbol{P}$,使得

$$\boldsymbol{P}(\boldsymbol{E}+\boldsymbol{A})\boldsymbol{P}^{\mathrm{T}}=\begin{pmatrix}\boldsymbol{A}_{11}+\boldsymbol{E}_1 & \mathbf{0}\\ \boldsymbol{A}_{21} & \boldsymbol{A}_{22}+\boldsymbol{E}_2\end{pmatrix}=\begin{pmatrix}\widetilde{\boldsymbol{A}}_{11} & \mathbf{0}\\ \boldsymbol{A}_{21} & \widetilde{\boldsymbol{A}}_{22}\end{pmatrix}.$$

对任意正整数 k,都有

$$\boldsymbol{P}(\boldsymbol{E}+\boldsymbol{A})^{k}\boldsymbol{P}^{\mathrm{T}}=\begin{pmatrix}\widetilde{\boldsymbol{A}}_{11} & \mathbf{0}\\ \boldsymbol{A}_{21} & \widetilde{\boldsymbol{A}}_{22}\end{pmatrix}^{k},$$

故对所有的上述 k 值,有

$$(\boldsymbol{E}+\boldsymbol{A})^{k}=\boldsymbol{P}^{\mathrm{T}}\begin{pmatrix}\widetilde{\boldsymbol{A}}_{11} & \mathbf{0}\\ \boldsymbol{A}_{21} & \widetilde{\boldsymbol{A}}_{22}\end{pmatrix}^{k}\boldsymbol{P}.$$

这等式表明无论正整数 k 为何值,$(\boldsymbol{E}+\boldsymbol{A})^{k}$ 中永远有零元素,因此$(\boldsymbol{E}+\boldsymbol{A})^{s}>\mathbf{0}$ 是不可能的.这就证明 $\boldsymbol{A}$ 不可能是可约的.证毕.

例如,非负矩阵

$$A=\begin{pmatrix}1&1&0\\1&1&1\\0&1&1\end{pmatrix}$$

是不可约的,因为当 $s=3-1=2$ 时,即有

$$(E+A)^2=\begin{pmatrix}2&1&0\\1&2&1\\0&1&2\end{pmatrix}^2=\begin{pmatrix}5&4&1\\4&5&4\\1&4&5\end{pmatrix}>\mathbf{0}.$$

我们已经知道正矩阵是不可约的,且是非负矩阵.对于它有下面的结果.

定理 6-5 设 A 为正矩阵,X 是 A 的对应于特征值 $\rho(A)$ 的特征向量,又 Y 是 A^{T} 的对应于特征值 $\rho(A)$ 的任一正特征向量,则有

$$\lim_{m\to\infty}(\rho(A)^{-1}A)^m=(Y^{\mathrm{T}}X)^{-1}XY^{\mathrm{T}}.$$

此定理在数理经济学中有直接的应用(证略).

现转到非负矩阵的分类问题上.若非负矩阵 A 有 h 个特征值的模均等于 $\rho(A)$,则当 $h=1$时,就称方阵 A 是**本原的**;当 $h>1$ 时,就称 A 是**非本原的**.h 统称为 A 的**非本原性指标**.本原矩阵与非本原矩阵的性质很不相同.正矩阵都是本原矩阵,但反之不真.

定理 6-6 非负矩阵 A 是本原矩阵的充要条件是存在某个正整数 m,使得 $A^m>\mathbf{0}$.(证略).

例如,非负矩阵

$$A=\begin{pmatrix}0&2\\1&1\end{pmatrix}$$

是本原的,因为

$$A^2=\begin{pmatrix}2&2\\1&3\end{pmatrix}>\mathbf{0}.$$

可以证明,对于本原(非负)矩阵 A,配朗定理的结论仍然成立.

推论 设 $A\geqslant\mathbf{0}$,$B\geqslant\mathbf{0}$,且 A 为本原矩阵,则

(1)A^{T} 也是本原矩阵;

(2)对任一正整数 p,A^p 也是本原矩阵;

(3)$A+B$ 也是本原矩阵.

证明 (1)与(2)容易证得.现证(3)如下:由定理 6-6,存在正整数 m,使得 $A^m>\mathbf{0}$.又因为

$$(A+B)^m=A^m+C,$$

其中 $C\geqslant\mathbf{0}$.故$(A+B)^m>\mathbf{0}$.从而(3)得证.

关于本原矩阵的其它性质及应用,这里就不介绍了.

6.3 随机矩阵

本节对非负矩阵中一类很重要的矩阵——随机矩阵作一简单介绍.

考虑 n 个随机事件组 $S_1,S_2,\cdots,S_n$ 及时间序列 $t_0,t_1,t_2,\cdots$.若在这些时刻的每一瞬间,这事件组有一个且只有一个能够出现.如果在时刻 t_{k-1} 出现的事件为 S_i,则事件 S_j 在

时刻 t_k 出现的概率记为 $p_{ij}(i,j=1,2,\cdots,n;k=1,2,\cdots)$. 又假设条件概率 $p_{ij}(i,j=1,2,\cdots,n)$与下标数 k 无关.

当给出了条件概率矩阵 $\boldsymbol{P}=(p_{ij})_{n\times n}$时,就说给出了有限事件的纯马尔可夫(Markov)链. 在这里显然有

$$p_{ij}\geqslant 0,\ \sum_{j=1}^{n}p_{ij}=1\quad(i,j=1,2,\cdots,n).$$

定义 6-3 非负矩阵 $\boldsymbol{A}=(a_{ij})_{n\times n}$称为一个**随机矩阵**,如果 $\boldsymbol{A}$ 的每一行上的元素之和都等于 1.

随机矩阵有重要的应用价值,它在有限马氏过程理论中起着基本的作用,它也经常出现在数理经济学及运筹学的各种模型问题中.

随机矩阵作为非负矩阵中的一类,当然前述非负矩阵的各种概念和结果,对它也是适用的. 这里只是着重考虑它的一些特殊的性质.

从定义得知,随机矩阵 $\boldsymbol{A}$ 有特征值 1,且与之对应的有正特征向量 $\boldsymbol{Z}=(1,1,\cdots,1)^{\mathrm{T}}$. 反之亦易看到,每个非负的 n 阶矩阵$\boldsymbol{A}$ 有特征值 1 且对应于 1 的特征向量为$(1,1,\cdots,1)^{\mathrm{T}}$ 时,则 $\boldsymbol{A}$ 都是随机矩阵. 这样就得到下述定理.

定理 6-7 非负矩阵 $\boldsymbol{A}=(a_{ij})_{n\times n}$是随机矩阵的充要条件是矩阵$\boldsymbol{A}$ 有特征值 1,且 n 维向量$\boldsymbol{Z}=(1,1,\cdots,1)^{\mathrm{T}}$ 是与 1 相应的一个正的特征向量.

可以证明,特征值 1 是随机矩阵的"极大"特征值(其它特征值的模都不超过 1).

具有正极大特征值与对应正特征向量的非负矩阵,与随机矩阵之间存在着密切的关系.

定理 6-8 若非负矩阵 $\boldsymbol{A}=(a_{ij})_{n\times n}$有正的极大特征值$r=\rho(\boldsymbol{A})>0$,且对应于特征值 r 有正的特征向量$\boldsymbol{Z}=(z_1,z_2,\cdots,z_n)^{\mathrm{T}}>\boldsymbol{0}$,则矩阵 $\boldsymbol{A}$ 能相似于数r 与某个随机矩阵$\boldsymbol{P}$ 的乘积

$$\boldsymbol{A}=\boldsymbol{B}(r\boldsymbol{P})\boldsymbol{B}^{-1},\quad \boldsymbol{B}=\mathrm{diag}\{z_1,z_2,\cdots,z_n\}.$$

即是说,$(\boldsymbol{B}^{-1}\boldsymbol{A}\boldsymbol{B})/r$ 是随机矩阵.

证明 因为

$$\sum_{j=1}^{n}a_{ij}z_j=rz_i\quad(i=1,2,\cdots,n),\tag{6-8}$$

引入对角矩阵

$$\boldsymbol{B}=\mathrm{diag}\{z_1,z_2,\cdots,z_n\}$$

及矩阵

$$\boldsymbol{P}=\frac{1}{r}\boldsymbol{B}^{-1}\boldsymbol{A}\boldsymbol{B},$$

则

$$p_{ij}=\frac{1}{r}z_i^{-1}a_{ij}z_j\geqslant 0\quad(i,j=1,2,\cdots,n).$$

而由式(6-8)可得

$$\sum_{j=1}^{n}p_{ij}=1\quad(i=1,2,\cdots,n).$$

即 $\boldsymbol{P}$ 是随机矩阵,且有 $\boldsymbol{A}=\boldsymbol{B}(r\boldsymbol{P})\boldsymbol{B}^{-1}$. 证毕.

在实际应用中常要考虑随机矩阵 $\boldsymbol{A}$ 的幂序列$\{\boldsymbol{A}^m\}$的收敛性. 由于 $\boldsymbol{A}$ 的极大特征值

$r=1$，且 $\boldsymbol{A}$ 的任一模等于 1 的特征值所对应的约当块都是一阶的(证略)，故有如下结果.

定理 6-9 设 $\boldsymbol{A}$ 为不可约随机矩阵，则极限

$$\lim_{m\to\infty}\boldsymbol{A}^m$$

存在的充要条件是 $\boldsymbol{A}$ 为本原矩阵.

例 某区人口流动问题的研究，导致随机矩阵

$$\boldsymbol{P}=\begin{pmatrix}0 & \frac{1}{2} & \frac{1}{2}\\ \frac{1}{2} & 0 & \frac{1}{2}\\ \frac{1}{2} & \frac{1}{2} & 0\end{pmatrix}$$

的幂 $\boldsymbol{P}^m$ 的极限问题.

由于 $\boldsymbol{E}+\boldsymbol{P}>0$，故 $\boldsymbol{P}$ 不可约. 又

$$\boldsymbol{P}^2=\begin{pmatrix}\frac{1}{2} & \frac{1}{4} & \frac{1}{4}\\ \frac{1}{4} & \frac{1}{2} & \frac{1}{4}\\ \frac{1}{4} & \frac{1}{4} & \frac{1}{2}\end{pmatrix}>0,$$

所以 $\boldsymbol{P}$ 是本原矩阵，故由定理 6-9 知 $\lim\boldsymbol{P}^m$ 存在. 又用归纳法可证明

$$\boldsymbol{P}^m=\begin{pmatrix}p_m & p_{m+1} & p_{m+1}\\ p_{m+1} & p_m & p_{m+1}\\ p_{m+1} & p_{m+1} & p_m\end{pmatrix},$$

其中

$$p_m=\frac{1}{3}\left(1+\frac{(-1)^m}{2^{m-1}}\right).$$

因此得

$$\lim_{m\to\infty}\boldsymbol{P}^m=\frac{1}{3}\begin{pmatrix}1 & 1 & 1\\ 1 & 1 & 1\\ 1 & 1 & 1\end{pmatrix}.$$

6.4 M 矩阵

在生物学、物理学及数理经济学等领域中，有许多问题可以归结为具有特殊构造的矩阵问题. 在这类矩阵中，具有非正的非对角线元素的实方阵扮演着重要角色. 设 $\boldsymbol{A}=(a_{ij})_{n\times n}$，其中当 $i\neq j$ 时都有 $a_{ij}\leqslant 0$，易知这种矩阵 $\boldsymbol{A}$ 都可以表示成 $\boldsymbol{A}=s\boldsymbol{E}-\boldsymbol{B}$，其中 $\boldsymbol{B}\geqslant\boldsymbol{0}$，$s>0$. 故这种矩阵与非负矩阵有一定的联系. 这里讨论其中重要的一类，称为闵可夫斯基(Minkowski)矩阵，简称 M 矩阵.

定义 6-4 设 $\boldsymbol{A}=s\boldsymbol{E}-\boldsymbol{B}$ 为 n 阶实矩阵，且 $\boldsymbol{B}\geqslant\boldsymbol{0}$，$s>0$. 那么，若 $s\geqslant\rho(\boldsymbol{B})$，则称 $\boldsymbol{A}$ 为 M 矩阵；若 $s>\rho(\boldsymbol{B})$，则称 $\boldsymbol{A}$ 为非奇异 M 矩阵.

全体 n 阶实方阵的集合用记号 $M_n(R)$ 表示.又记

$$\mathbb{Z}^{n\times n}=\{\boldsymbol{A}=(a_{ij})\in M_n(R):当\ i\neq j,\ a_{ij}\leqslant 0\ (i,j=1,2,\cdots,n)\}.$$

首先给出非奇异 M 矩阵的一些特性.

定理 6－10　设 $\boldsymbol{A}\in\mathbb{Z}^{n\times n}$ 为非奇异 M 矩阵,且 $\boldsymbol{D}\in\mathbb{Z}^{n\times n}$,又 $\boldsymbol{A}\leqslant\boldsymbol{D}$.则

(1) $\boldsymbol{A}^{-1}$与 $\boldsymbol{D}^{-1}$存在,且 $\boldsymbol{A}^{-1}\geqslant\boldsymbol{D}^{-1}\geqslant\boldsymbol{0}$;

(2) $\boldsymbol{D}$ 的每个实特征值为正数;

(3) $|\boldsymbol{D}|\geqslant|\boldsymbol{A}|>0$.

证明　由假设有

$$\boldsymbol{A}=s\boldsymbol{E}-\boldsymbol{B},\quad \boldsymbol{B}\geqslant\boldsymbol{0},\quad s>\rho(\boldsymbol{B}).$$

对任意给定的实数 $\omega\leqslant 0$,考虑矩阵

$$\boldsymbol{C}=\boldsymbol{A}-\omega\boldsymbol{E}=(s-\omega)\boldsymbol{E}-\boldsymbol{B}.$$

由于 $s-\omega>\rho(\boldsymbol{B})$,故 $\boldsymbol{C}$ 也是非奇异 M 矩阵.这表明非奇异 M 矩阵的每个实特征值必是正数.由于 $\boldsymbol{D}\in\mathbb{Z}^{n\times n}$,故存在足够小的正数 ε,使得

$$\boldsymbol{P}=\boldsymbol{E}-\varepsilon\boldsymbol{D}\geqslant\boldsymbol{0}.$$

此时,由条件 $\boldsymbol{A}\leqslant\boldsymbol{D}$,可得

$$\boldsymbol{Q}=\boldsymbol{E}-\varepsilon\boldsymbol{A}\geqslant\boldsymbol{E}-\varepsilon\boldsymbol{D}\geqslant\boldsymbol{0},$$

即

$$\boldsymbol{0}\leqslant\boldsymbol{P}\leqslant\boldsymbol{Q}.$$

因非负矩阵 $\boldsymbol{Q}$ 的谱半径 $\rho(\boldsymbol{Q})$ 为 $\boldsymbol{Q}$ 的非负特征值,所以

$$|(1-\rho(\boldsymbol{Q}))\boldsymbol{E}-\varepsilon\boldsymbol{A}|=|\boldsymbol{Q}-\rho(\boldsymbol{Q})\boldsymbol{E}|=0.$$

由此又得知

$$\frac{1}{\varepsilon}(1-\rho(\boldsymbol{Q}))$$

为 $\boldsymbol{A}$ 的实特征值.由上面所得到的结果(非奇异 M 矩阵的每个特征值必是正数)便知

$$1-\rho(\boldsymbol{Q})>0,$$

因此有

$$0\leqslant\rho(\boldsymbol{Q})<1.$$

又

$$(\varepsilon\boldsymbol{A})^{-1}=(\boldsymbol{E}-\boldsymbol{Q})^{-1}=\boldsymbol{E}+\boldsymbol{Q}+\boldsymbol{Q}^2+\cdots+\geqslant\boldsymbol{0}.$$

故有 $\boldsymbol{A}^{-1}\geqslant\boldsymbol{0}$.又因

$$\boldsymbol{0}\leqslant\boldsymbol{P}^k\leqslant\boldsymbol{Q}^k\quad(k=1,2,\cdots),$$

又

$$\rho(\boldsymbol{P})\leqslant\rho(\boldsymbol{Q})<1,$$

于是有

$$(\varepsilon\boldsymbol{D})^{-1}=(\boldsymbol{E}-\boldsymbol{P})^{-1}=\boldsymbol{E}+\boldsymbol{P}+\boldsymbol{P}^2+\cdots\leqslant(\varepsilon\boldsymbol{A})^{-1}.$$

从而得

$$\boldsymbol{A}^{-1}\geqslant\boldsymbol{D}^{-1}\geqslant\boldsymbol{0}.$$

即性质(1)已得证.

现证(2):取 $a\leqslant 0$,则 $\boldsymbol{D}-a\boldsymbol{E}\geqslant\boldsymbol{A}$,由(1)得 $\boldsymbol{D}-a\boldsymbol{E}$ 非奇异,因而 $\boldsymbol{D}$ 的所有实特征值为正数.即(2)得证.

最后来证明(3).由上面的分析,只需证明:若 $\boldsymbol{A}$ 的所有实特征为正数,且 $\boldsymbol{A}\leqslant\boldsymbol{D}$,则(3)便成立.这可以对矩阵的阶数 n 作归纳证明.设 $\boldsymbol{A}_1,\boldsymbol{D}_1$ 分别是 $\boldsymbol{A}$ 及 $\boldsymbol{D}$ 的前 $n-1$ 行、前 $n-1$ 列构成的矩阵,则 $\boldsymbol{A}_1,\boldsymbol{D}_1$ 都属于 $\mathbb{Z}^{(n-1)\times(n-1)}$,且 $\boldsymbol{A}_1\leqslant\boldsymbol{D}_1$.

由于矩阵

$$\widetilde{\boldsymbol{A}}=\begin{pmatrix}\boldsymbol{A}_1 & \boldsymbol{0}\\ \boldsymbol{0} & a_{nn}\end{pmatrix}\in\mathbb{Z}^{n\times n}$$

满足 $\boldsymbol{A}\leqslant\widetilde{\boldsymbol{A}}$,故由(2),$\widetilde{\boldsymbol{A}}$ 的所有实特征值为正数.因而 $\boldsymbol{A}_1$ 的所有实特征值亦为正数.按归纳法假设,即有 $|\boldsymbol{D}_1|\geqslant|\boldsymbol{A}_1|>0$,而由(1),$\boldsymbol{A}^{-1}\geqslant\boldsymbol{D}^{-1}\geqslant\boldsymbol{0}$.于是

$$(\boldsymbol{A}^{-1})_{nn}\geqslant(\boldsymbol{D}^{-1})_{nn}\geqslant 0.$$

(这里 $(\boldsymbol{A}^{-1})_{nn}$ 表示 $\boldsymbol{A}^{-1}$ 的 (n,n) 元素.)

亦即

$$\frac{|\boldsymbol{A}_1|}{|\boldsymbol{A}|}\geqslant\frac{|\boldsymbol{D}_1|}{|\boldsymbol{D}|}.$$

因此,$|\boldsymbol{A}|>0$,$|\boldsymbol{D}|>0$,且有

$$|\boldsymbol{D}|\geqslant|\boldsymbol{D}_1|\cdot|\boldsymbol{A}|/|\boldsymbol{A}_1|\geqslant|\boldsymbol{A}|>0.$$

定理证毕.

从定理的证明中看到,若 $\boldsymbol{A},\boldsymbol{D}\in\mathbb{Z}^{n\times n}$,且 $\boldsymbol{A}\leqslant\boldsymbol{D}$,则 $\boldsymbol{A}$ 为非奇异 M 矩阵蕴含着 $\boldsymbol{D}$ 也是非奇异 M 矩阵,且有 $|\boldsymbol{D}|\geqslant|\boldsymbol{A}|>0$.这个结果在许多实际问题中十分有用.此外,若定理 6-10 中的假设"非奇异 M 矩阵"改换成"$\boldsymbol{A}$ 的每个实特征值都是正数",则定理 6-10 的各个结论仍成立.

定义 6-5 设 $\boldsymbol{A}=(a_{ij})$ 是 n 阶复数矩阵,如果

$$|a_{ii}|\geqslant\sum_{j\neq i}|a_{ij}|\quad(i=1,2,\cdots,n),$$

则称 $\boldsymbol{A}$ 为**行对角占优的**,如果上述不等式是严格不等的,即

$$|a_{ii}|>\sum_{j\neq i}|a_{ij}|\quad(i=1,2,\cdots,n),$$

则称 $\boldsymbol{A}$ 为**行严格对角占优的**.类似可以定义列对角占优概念.以下把行对角占优简单地说成对角占优.

下面的定理是非奇异 M 矩阵的一个基本定理,它提供了非奇异 M 矩阵的多种等价条件.

定理 6-11 设 $\boldsymbol{A}\in\mathbb{Z}^{n\times n}$,则以下各命题彼此等价:

(1) 存在 $\boldsymbol{X}\geqslant\boldsymbol{0}$,使得 $\boldsymbol{AX}>\boldsymbol{0}$;

(2) 存在 $\boldsymbol{X}>\boldsymbol{0}$,使得 $\boldsymbol{AX}>\boldsymbol{0}$;

(3) 存在正对角矩阵 $\boldsymbol{D}$,使得 $\boldsymbol{AD}$ 为严格对角占优矩阵,且 $\boldsymbol{AD}$ 的所有对角线元素为正数;

(4) 若 $\boldsymbol{B}\in\mathbb{Z}^{n\times n}$ 且 $\boldsymbol{B}\geqslant\boldsymbol{A}$,则 $\boldsymbol{B}$ 非奇异;

(5) $\boldsymbol{A}$ 的任意主子阵的每个实特征值为正数;

(6) $\boldsymbol{A}$ 的所有主子式为正数;

(7) 对每个 $k(1\leqslant k\leqslant n)$,$\boldsymbol{A}$ 的所有 k 阶主子式之和为正数;

(8) $\boldsymbol{A}$ 的每个实特征值为正数;

(9) $\boldsymbol{A}$ 为非奇异 M 矩阵;

(10) 存在 $\boldsymbol{A}$ 的一种分裂 $\boldsymbol{A}=\boldsymbol{P}-\boldsymbol{Q}$,使得

$$\boldsymbol{P}^{-1}\geqslant\boldsymbol{0},\quad \boldsymbol{Q}\geqslant\boldsymbol{0}\ \text{且}\ \rho(\boldsymbol{P}^{-1}\boldsymbol{Q})<1;$$

(11) $\boldsymbol{A}$ 为非奇异且 $\boldsymbol{A}^{-1}\geqslant\boldsymbol{0}$.

证明 (1)⇒(2):

设 $\boldsymbol{X}\geqslant\boldsymbol{0}$ 满足 $\boldsymbol{AX}>\boldsymbol{0}$. 令 $\boldsymbol{X}_0=(1,1,\cdots,1)^{\mathrm{T}}\in\mathbb{R}^n$;由于 $\boldsymbol{AX}>\boldsymbol{0}$,故有 $\varepsilon>0$,使得

$$\boldsymbol{AX}+\varepsilon\boldsymbol{AX}_0>\boldsymbol{0}.$$

这时,$\boldsymbol{X}+\varepsilon\boldsymbol{X}_0>\boldsymbol{0}$ 满足 $\boldsymbol{A}(\boldsymbol{X}+\varepsilon\boldsymbol{X}_0)>\boldsymbol{0}$.

(2)⇒(3):

设 $\boldsymbol{X}>\boldsymbol{0}$ 满足 $\boldsymbol{AX}>\boldsymbol{0}$. 令 $\boldsymbol{D}=\mathrm{diag}\{x_1,x_2,\cdots,x_n\}$,则有

$$a_{ii}x_i>\sum_{j\neq i}|a_{ij}|x_j\quad(i=1,2,\cdots,n),$$

因此 $\boldsymbol{AD}$ 是严格对角占优矩阵,且所有对角线元素为正数.

(3)⇒(8):

设 $\boldsymbol{D}=\mathrm{diag}\{d_1,d_2,\cdots,d_n\}$ 为(3)中的矩阵,且 $\boldsymbol{AD}$ 严格对角占优,其所有对角线元素为正数,则 $\boldsymbol{A}$ 为广义严格对角占优矩阵,即

$$|a_{ii}|>\frac{1}{x_i}\sum_{j\neq i}|a_{ij}|x_j,\text{且}\ x_i>0\quad(i=1,2,\cdots,n).$$

又所有 $a_{ii}>0$,故由圆盘定理得知 $\boldsymbol{A}$ 的每个实特征值为正数.

(8)⇒(9):

设 $\boldsymbol{A}=s\boldsymbol{E}-\boldsymbol{B}$, $s>0$, $\boldsymbol{B}\geqslant 0$,则 $s-\rho(\boldsymbol{B})$ 为 $\boldsymbol{A}$ 的实特征值,由(8)知它是正数,即 $s>\rho(\boldsymbol{B})$,故 $\boldsymbol{A}$ 为非奇异 M 矩阵.

(9)⇒(4):由定理 6-10 即得.

(4)⇒(5):

设 $\boldsymbol{A}_k$ 为 $\boldsymbol{A}$ 的任一 k 阶主子式,λ 为 $\boldsymbol{A}_k$ 的实特征值. 以下用反证法证明 $\lambda>0$.

假若 $\lambda\leqslant 0$,则定义矩阵 $\boldsymbol{B}\in\mathbb{Z}^{n\times n}$ 如下:

$$b_{ij}=\begin{cases}a_{ii}-\lambda & \text{当}\ i=j\\ a_{ij} & \text{当}\ i\neq j\ \text{且}\ i,j\ \text{属于}\ \boldsymbol{A}_k\ \text{在}\ \boldsymbol{A}\ \text{中的行、列序数集},\\ 0 & \text{其它情形}\end{cases}$$

由于 $\lambda\leqslant 0$,故有 $\boldsymbol{B}\geqslant\boldsymbol{A}$. 由(4)知 $\boldsymbol{B}$ 非奇异,又因 $\boldsymbol{B}_k=\boldsymbol{A}_k-\lambda\boldsymbol{E}_k$,且 λ 为 $\boldsymbol{A}_k$ 的特征值,所以

$$|\boldsymbol{B}|=\prod_{i\notin s}b_{ii}|\boldsymbol{B}_k|=0.$$

这里 $\boldsymbol{B}_k$ 为 $\boldsymbol{B}$ 的 k 阶主子阵,它在 $\boldsymbol{B}$ 中的行、列数与 $\boldsymbol{A}_k$ 相同,而 S 表示这种行数(也是列数)的集合. 比如当 $S=\{1,3,7\}$ 时,则 $\boldsymbol{B}_3$ 为 $\boldsymbol{B}$ 的由第 1、3、7 行及第 1、3、7 列的元素构成的 3 阶主子阵. 由 $|\boldsymbol{B}|=0$ 知 $\boldsymbol{B}$ 是奇异的,这与(4)中 $\boldsymbol{B}$ 为非奇异的假设相矛盾,故有 $\lambda>0$.

(5)⇒(6):

若 $\boldsymbol{A}_k$ 为 $\boldsymbol{A}$ 的任一 k 阶主子阵,则

$$f(\lambda)=|\lambda\boldsymbol{E}_k-\boldsymbol{A}_k|=\lambda^k+a_1\lambda^{k-1}+\cdots+(-1)^k|\boldsymbol{A}_k|.$$

而$|\boldsymbol{A}_k|=\lambda_1\lambda_2\cdots\lambda_k$;由于$\boldsymbol{A}_k$是实矩阵,$f(\lambda)$是实系数多项式,故若有复根则必成双出现.因此,在$|\boldsymbol{A}_k|=\lambda_1\lambda_2\cdots\lambda_k$的乘积中,如有复数的特征值$\lambda_j$,则必有另一复数特征值$\bar{\lambda}_j$(共轭复数),而$\lambda_j\bar{\lambda}_j>0$.再由(5)便知$|\boldsymbol{A}_k|>0$.

(6)⇒(7):显然成立.

(7)⇒(8):

因为

$$|\boldsymbol{A}-\lambda\boldsymbol{E}|=(-\lambda)^n+c_1(-\lambda)^{n-1}+\cdots+c_k, \tag{6-9}$$

式中,c_k为$\boldsymbol{A}$的所有k阶主子式之和.由(7)知所有$c_k>0$,因此式(6-9)不能有非正的实根,亦即$\boldsymbol{A}$的所有实特征值都是正数.

(9)⇒(10):

取$\boldsymbol{P}=s\boldsymbol{E}$及$\boldsymbol{Q}=\boldsymbol{B}_0$,这里的$s,\boldsymbol{B}$满足

$$\boldsymbol{A}=s\boldsymbol{E}-\boldsymbol{B},\quad s>\rho(\boldsymbol{B}),\quad \boldsymbol{B}\geqslant\boldsymbol{0}.$$

这时,$\boldsymbol{P}^{-1}\geqslant\boldsymbol{0},\boldsymbol{Q}\geqslant\boldsymbol{0}$,又

$$\rho(\boldsymbol{P}^{-1}\boldsymbol{Q})=\rho\left(\frac{1}{s}\boldsymbol{B}\right)=\frac{1}{s}\rho(\boldsymbol{B})<1.$$

(10)⇒(11):

设(10)成立,则有$\boldsymbol{A}=\boldsymbol{P}(\boldsymbol{E}-\boldsymbol{C})$,其中$\boldsymbol{C}=\boldsymbol{P}^{-1}\boldsymbol{Q}$,又因$\rho(\boldsymbol{C})<1$,所以有

$$\boldsymbol{A}^{-1}=(\boldsymbol{E}-\boldsymbol{C})^{-1}\boldsymbol{P}^{-1}=(\boldsymbol{E}+\boldsymbol{C}+\boldsymbol{C}^2+\cdots)\boldsymbol{P}^{-1},$$

故从$\boldsymbol{C}=\boldsymbol{P}^{-1}\boldsymbol{Q}\geqslant\boldsymbol{0}$,得$\boldsymbol{A}^{-1}\geqslant\boldsymbol{0}$.

(11)⇒(1):

令$\boldsymbol{X}=\boldsymbol{A}^{-1}\boldsymbol{X}_0$,这里$\boldsymbol{X}_0=(1,1,\cdots,1)^{\mathrm{T}}$,由(11)有$\boldsymbol{A}^{-1}\geqslant\boldsymbol{0}$,所以$\boldsymbol{X}\geqslant\boldsymbol{0},\boldsymbol{A}\boldsymbol{X}=\boldsymbol{X}_0>\boldsymbol{0}$.定理证毕.

应用矩阵的不可约性质,常可得到一些加强的结果.对于$\boldsymbol{A}\in\mathbb{Z}^{n\times n}$为不可约矩阵的情形,则有以下定理:

定理 6-12 设$\boldsymbol{A}\in\mathbb{Z}^{n\times n}$且为不可约矩阵,则下列各命题彼此等价:

(1) 存在$\boldsymbol{X}>\boldsymbol{0}$,使得$\boldsymbol{A}\boldsymbol{X}>\boldsymbol{0}$;

(2) 存在$\boldsymbol{X}>\boldsymbol{0}$,使得$\boldsymbol{A}\boldsymbol{X}\geqslant\boldsymbol{0},\boldsymbol{A}\boldsymbol{X}\neq\boldsymbol{0}$;

(3) $\boldsymbol{A}$为非奇异M矩阵;

(4) $\boldsymbol{A}^{-1}>\boldsymbol{0}$.

定理证明从略.

以上讨论了**非奇异**M矩阵的一些基本性质,但一般的M矩阵与非奇异的M矩阵在应用中几乎同等重要.由于一般的M矩阵(尤其是奇异的M矩阵)研究的难度大,故其理论比起非奇异M矩阵来要弱一些.

下面给出一般M矩阵的一些特性.

定理 6-13 设$\boldsymbol{A}\in\mathbb{Z}^{n\times n}$,则以下各命题彼此等价:

(1) $\boldsymbol{A}$是M矩阵;

(2) 对每个$\varepsilon>0,\boldsymbol{A}+\varepsilon\boldsymbol{E}$是非奇异M矩阵;

(3) $\boldsymbol{A}$的任意主子阵的每个实特征值非负;

(4) $\boldsymbol{A}$ 的所有主子式非负;

(5) 对每个 $k=1,2,\cdots,n$, $\boldsymbol{A}$ 的所有 k 阶主子式之和为非负实数;

(6) $\boldsymbol{A}$ 的每个实特征值非负.

证明 (1)⇒(2):由 M 矩阵定义即得.

(2)⇒(3):

设 $\boldsymbol{A}_k$ 为 $\boldsymbol{A}$ 的任一 k 阶主子阵,λ 是 $\boldsymbol{A}_k$ 的特征值.若 λ 为负实数,则由(2),$\boldsymbol{B}=\boldsymbol{A}-\lambda\boldsymbol{E}$ 为非奇异 M 矩阵,因而 $\boldsymbol{B}_k$ 的所有实特征值为正数.但是,0 是 $\boldsymbol{B}_k=\boldsymbol{A}_k-\lambda\boldsymbol{E}_k$ 的特征值,故得出矛盾.即(3)成立.

(3)⇒(4):

因 $\boldsymbol{A}$ 的主子式等于对应主子阵所有特征值的乘积,而非实特征值之积为正数.

(4)⇒(5):显然成立.

(5)⇒(6):

类似于定理 6-11 证明中(7)⇒(8)的证法,并利用此证法中的式(6-9),这时(5)保证此公式中的 $c_k\geqslant 0\ (k=1,2,\cdots,n)$.

如果(6)不成立,则 $\boldsymbol{A}$ 有实的负特征值 λ_0.将 λ_0 代入式(6-9),则左边为零,右边为非负实数之和.且第一项 $(-\lambda_0)^n>0$,这是不可能的.

(6)⇒(1):用类似于定理 6-11 中证明(8)⇒(9)的方法即得.

定理证毕.

类似于定理 6-12 的情形,有以下定理:

定理 6-14 设 $\boldsymbol{A}$ 为不可约的奇异 M 矩阵,则

(1) $\mathrm{rank}\boldsymbol{A}=n-1$;

(2) 存在正向量 $\boldsymbol{X}>\boldsymbol{0}$,使得 $\boldsymbol{AX}=\boldsymbol{0}$;

(3) $\boldsymbol{A}$ 的所有真主子阵为非奇异的 M 矩阵,特别有 $a_{ii}>0\ (1\leqslant i\leqslant n)$;

(4) 对任意 $\boldsymbol{X}\in\mathbb{R}^n$,若 $\boldsymbol{AX}\geqslant\boldsymbol{0}$,则 $\boldsymbol{AX}=\boldsymbol{0}$.

证明 这里只给出(1)、(2)、(4)的证明.

(1) 设 $\boldsymbol{A}=s\boldsymbol{E}-\boldsymbol{B}$, $s>0$, $\boldsymbol{B}\geqslant\boldsymbol{0}$,则 $\boldsymbol{B}$ 为 n 阶不可约非负矩阵,故由 Frobenius 定理,$\rho(\boldsymbol{B})>\boldsymbol{0}$ 为 $\boldsymbol{B}$ 的单特征根,又因 $\boldsymbol{A}$ 是奇异的,故 $s-\rho(\boldsymbol{B})=0$ 为 $\boldsymbol{A}$ 的单特征根,于是有 $\mathrm{rank}\boldsymbol{A}=n-1$.

(2) 设 $\boldsymbol{X}>\boldsymbol{0}$ 且 $\boldsymbol{BX}=\rho(\boldsymbol{B})\boldsymbol{X}$,于是

$$\boldsymbol{AX}=s\boldsymbol{X}-\boldsymbol{BX}=\rho(\boldsymbol{B})\boldsymbol{X}-\boldsymbol{BX}=\boldsymbol{0}.$$

(4) 设对某个 $\boldsymbol{X}\in\mathbb{R}^n$, $\boldsymbol{AX}\geqslant\boldsymbol{0}$.由(2)有 $\boldsymbol{Y}>\boldsymbol{0}$ 满足 $\boldsymbol{A}^{\mathrm{T}}\boldsymbol{Y}=\boldsymbol{0}$ 或 $\boldsymbol{Y}^{\mathrm{T}}\boldsymbol{A}=\boldsymbol{0}$.若 $\boldsymbol{AX}\neq\boldsymbol{0}$,则有 $\boldsymbol{Y}^{\mathrm{T}}\boldsymbol{AX}\neq 0$,这与 $\boldsymbol{Y}^{\mathrm{T}}\boldsymbol{A}=\boldsymbol{0}$ 矛盾.

最后略提一下 M 矩阵在投入-产出分析中的应用.

以上述的 M 矩阵理论为基础,经过简单的分析推导可得到开式 Leontief 模型(一种基本的投入-产出生产模型)的基本定理:

若此模型的投入矩阵为非负矩阵 $\boldsymbol{T}$,且 $\boldsymbol{A}=\boldsymbol{E}-\boldsymbol{T}$,则下列各个命题互相等价:

(1) $\boldsymbol{A}$ 为非奇异 M 矩阵;

(2) 模型是可行的;

(3) 模型是可获利的.

对于闭式 Leontief 模型,要用到"具有性质 c"的 M 矩阵的概念. 一个 M 矩阵 $\boldsymbol{A}$ 称为"具有性质 c"的,如果 $\boldsymbol{A}$ 可以表示为 $\boldsymbol{A}=s\boldsymbol{E}-\boldsymbol{B}$, $s>0$, $\boldsymbol{B}\geqslant\boldsymbol{0}$,且矩阵 $\boldsymbol{T}=\frac{1}{s}\boldsymbol{B}$ 的幂序列收敛.

关于闭式 Leontief 模型的可行性有下述结果:

(1) 具有投入矩阵 $\boldsymbol{T}$ 的闭式 Leontief 模型为可行的,其必要条件是矩阵 $\boldsymbol{A}=\boldsymbol{E}-\boldsymbol{T}$ 为"具有性质 c"的 M 矩阵;

(2) 当矩阵 $\boldsymbol{T}$ 不可约且 $\boldsymbol{A}$ 奇异,则模型可行的充要条件是 $\boldsymbol{A}$ 为"具有性质 c"的 M 矩阵.

关于 M 矩阵的应用,这里就不作更深入的讨论.

附录1　习题答案

（研究生们：请动手做过之后才看答案！）

习　题　一

1.(1)与(3)均是线性空间；(2)不是线性空间(加法不封闭；或因无零向量.)

2.都是线性空间.

3.**证**　只需证明 $\boldsymbol{\alpha}_1,\boldsymbol{\alpha}_2,\cdots,\boldsymbol{\alpha}_n$ 线性无关.设 V 中有向量 $\boldsymbol{\alpha}_0=x_1\boldsymbol{\alpha}_1+x_2\boldsymbol{\alpha}_2+\cdots+x_n\boldsymbol{\alpha}_n$ 且表示法唯一.如有

$$c_1\boldsymbol{\alpha}_1+c_2\boldsymbol{\alpha}_2+\cdots+c_n\boldsymbol{\alpha}_n=\mathbf{0},$$

则有

$$\boldsymbol{\alpha}_0=(x_1+c_1)\boldsymbol{\alpha}_1+(x_2+c_2)\boldsymbol{\alpha}_2+\cdots+(x_n+c_n)\boldsymbol{\alpha}_n,$$

由于向量 $\boldsymbol{\alpha}_0$ 表示法唯一，故有

$$x_1=x_1+c_1,\quad x_2=x_2+c_2,\quad \cdots,\quad x_n=x_n+c_n,$$

从而有

$$c_1=0,\quad c_2=0,\quad \cdots,\quad c_n=0.$$

这证明了 $\boldsymbol{\alpha}_1,\boldsymbol{\alpha}_2+\cdots,\boldsymbol{\alpha}_n$ 线性无关.

4.(1) $\left(1,\frac{1}{2},-\frac{1}{2}\right)$；　(2) $(33,-82,154)$

5.① 过渡矩阵为

$$\mathbf{A}=\begin{pmatrix}2&0&5&6\\1&3&3&6\\-1&1&2&1\\1&0&1&3\end{pmatrix};$$

② 向量 $\boldsymbol{\alpha}=(x_1,x_2,x_3,x_4)$在基 $\boldsymbol{\beta}_1,\boldsymbol{\beta}_2,\boldsymbol{\beta}_3,\boldsymbol{\beta}_4$ 下的坐标为

$$\begin{cases}x'_1=\frac{4}{9}x_1+\frac{1}{3}x_2-x_3-\frac{11}{9}x_4\\ x'_2=\frac{1}{27}x_1+\frac{4}{9}x_2-\frac{1}{3}x_3-\frac{23}{27}x_4\\ x'_3=\frac{1}{3}x_1-\frac{2}{3}x_4\\ x'_4=-\frac{7}{27}x_1-\frac{1}{9}x_2+\frac{1}{3}x_3+\frac{26}{27}x_4\end{cases};$$

③ 非零向量为$(c,c,c,-c)$，(任 $c\neq0$).

6.(1) 是子空间；(2) 不是子空间.

7.提示　因为$(2,-1,3,3)=(-1)(1,1,0,0)+3(1,0,1,1)$，$(0,1,-1,-1)$
$=(1,1,0,0)+(-1)(1,0,1,1)$.

8.**证**　如 V_1 的维数是0，则 V_1 与 V_2 都是零空间，当然相等.如 V_1 的维数是 $m\neq0$，由于 $V_1\subseteq V_2$，故 V_1 的任一个基

$$\boldsymbol{\alpha}_1,\boldsymbol{\alpha}_2,\cdots,\boldsymbol{\alpha}_m$$

都是 V_2 中的线性无关组.又因 V_2 与 V_1 的维数相同，故这个线性无关组也是 V_2 的一个基.V_1 与 V_2 有

相同的基,因此相等.

9.设 $\boldsymbol{\alpha}=(a_1,a_2,a_3,a_4)\in V\cap W$,则有

$$a_1-a_2+a_3-a_4=0,\quad a_1+a_2+a_3+a_4=0.$$

由此两式相加或相减便可得

$$a_1+a_3=0,\quad a_2+a_4=0,$$

从而 $a_1=-a_3,a_2=-a_4$,故得

$$\boldsymbol{\alpha}=(a_1,a_2,-a_1,-a_2)=a_1(1,0,-1,0)+a_2(0,1,0,-1).$$

但$(1,0,-1,0),(0,1,0,-1)$线性无关,它就是所求的基.

10.因
$$V_1+V_2=L(\boldsymbol{\alpha}_1,\boldsymbol{\alpha}_2,\boldsymbol{\alpha}_3)+L(\boldsymbol{\beta}_1,\boldsymbol{\beta}_2)=L(\boldsymbol{\alpha}_1,\boldsymbol{\alpha}_2,\boldsymbol{\alpha}_3,\boldsymbol{\beta}_1,\boldsymbol{\beta}_2),$$
故 V_1+V_2 的维数就是向量组

$$\boldsymbol{\alpha}_1,\boldsymbol{\alpha}_2,\boldsymbol{\alpha}_3,\boldsymbol{\beta}_1,\boldsymbol{\beta}_2$$

的秩,它的任一最大线性无关组,都构成 V_1+V_2 的一个基,以 $\boldsymbol{\alpha}_1,\boldsymbol{\alpha}_2,\boldsymbol{\alpha}_3,\boldsymbol{\beta}_1,\boldsymbol{\beta}_2$ 为向量构成矩阵 $\boldsymbol{A}$,并施行初等行变换,便得到

$$\boldsymbol{A}=\begin{pmatrix}1&2&3&1&4\\0&0&0&1&1\\2&1&3&0&3\\1&-1&0&1&1\end{pmatrix}\to\begin{pmatrix}1&0&1&0&1\\0&1&1&0&1\\0&0&0&1&1\\0&0&0&0&0\end{pmatrix}.$$

由此可见矩阵 $\boldsymbol{A}$ 的秩等于3,且 $\boldsymbol{\alpha}_1,\boldsymbol{\alpha}_2,\boldsymbol{\beta}_1$ 线性无关,它就是 V_1+V_2 的一个基,且

$$\boldsymbol{\alpha}_3=\boldsymbol{\alpha}_1+\boldsymbol{\alpha}_2,\quad \boldsymbol{\beta}_2=\boldsymbol{\alpha}_1+\boldsymbol{\alpha}_2+\boldsymbol{\beta}_1.$$

11.(1)设 $\boldsymbol{\alpha},\boldsymbol{\beta}\in V_1$,且

$$\boldsymbol{\alpha}=\sum_1^n x_i\boldsymbol{\alpha}_i=\sum_1^n x_i\boldsymbol{\varepsilon}_i,\quad \boldsymbol{\beta}=\sum_1^n y_i\boldsymbol{\alpha}_i=\sum_1^n y_i\boldsymbol{\varepsilon}_i.$$

则有

$$\boldsymbol{\alpha}+\boldsymbol{\beta}=\sum_1^n(x_i+y_i)\boldsymbol{\alpha}_i=\sum_1^n(x_i+y_i)\boldsymbol{\varepsilon}_i,$$

$$k\boldsymbol{\alpha}=\sum_1^n kx_i\boldsymbol{\alpha}_i=\sum_1^n kx_i\boldsymbol{\varepsilon}_i\quad(k\text{ 为任意数}),$$

即 $\boldsymbol{\alpha}+\boldsymbol{\beta}$ 与 $k\boldsymbol{\alpha}$ 在两个基上的坐标也是相同的,所以 $\boldsymbol{\alpha}+\boldsymbol{\beta}\in V_1,k\boldsymbol{\alpha}\in V_1$,即 V_1 是子空间.

(2)因 V 中每个向量在两个基下的坐标相同,所以基向量 $\boldsymbol{\alpha}_i\,(i=1,2,\cdots,n)$在 $\boldsymbol{\alpha}_1,\boldsymbol{\alpha}_2,\cdots,\boldsymbol{\alpha}_n$ 下的坐标为$(0,\cdots,0,1,0,\cdots,0)$(第 i 个坐标为1),它也应为 $\boldsymbol{\alpha}_i$ 在基$\boldsymbol{\varepsilon}_1,\boldsymbol{\varepsilon}_2,\cdots,\boldsymbol{\varepsilon}_n$ 下的坐标,于是有

$$\boldsymbol{\alpha}_i=1\boldsymbol{\varepsilon}_i=\boldsymbol{\varepsilon}_i\quad(i=1,2,\cdots,n).$$

12.由齐次线性方程组的理论可推知 V_1 是 $n-1$ 维的,且有基 $\boldsymbol{\alpha}_1=(-1,1,0,\cdots,0)$, $\boldsymbol{\alpha}_2=(-1,0,1,0,\cdots,0),\cdots,\boldsymbol{\alpha}_{n-1}=(-1,0,\cdots,0,1)$.又 $x_1=x_2=\cdots=x_n$.即

$$\begin{cases}x_1-x_2=0\\x_2-x_3=0,\\x_{n-1}-x_n=0\end{cases}$$

这个方程组系数矩阵的秩为 $n-1$,故解空间 V_2 的维数为1,令 $x_n=1$,便得 V_2 的一个基,即 n 维向量 $\boldsymbol{\beta}=(1,1,\cdots,1)$,又以 $\boldsymbol{\alpha}_1,\boldsymbol{\alpha}_2,\cdots,\boldsymbol{\alpha}_{n-1},\boldsymbol{\beta}$ 为行的 n 阶行列式

$$\begin{vmatrix}-1&1&0&\cdots&0&0\\-1&0&1&\cdots&0&0\\\vdots&\vdots&\vdots&&\vdots&\\-1&0&0&\cdots&0&1\\1&1&1&\cdots&1&1\end{vmatrix}=(-1)^{n+1}\cdot n\neq0.$$

故 $\boldsymbol{\alpha}_1,\boldsymbol{\alpha}_2,\cdots,\boldsymbol{\alpha}_{n-1},\boldsymbol{\beta}$ 为 $\mathbb{P}^n$ 的一个基，且有 $\mathbb{P}^n=V_1\oplus V_2$.

13. 设 $\boldsymbol{\alpha}$ 是 $\boldsymbol{AX}=\boldsymbol{0}$ 的一个解(向量)，则有

$$\begin{pmatrix}\boldsymbol{A}_1\\ \boldsymbol{A}_2\\ \vdots\\ \boldsymbol{A}_s\end{pmatrix}\boldsymbol{\alpha}=\boldsymbol{0},\quad 即 \begin{pmatrix}\boldsymbol{A}_1\boldsymbol{\alpha}\\ \boldsymbol{A}_2\boldsymbol{\alpha}\\ \vdots\\ \boldsymbol{A}_s\boldsymbol{\alpha}\end{pmatrix}=\boldsymbol{0},$$

从而有 $\boldsymbol{A}_i\boldsymbol{\alpha}=\boldsymbol{0}$，即 $\boldsymbol{\alpha}\in V_i(i=1,2,\cdots,s)$，故有

$$\boldsymbol{\alpha}\in V_1\cap V_2\cap\cdots\cap V_s, \tag{$*$}$$

反过来，如有关系式($*$)，则将上述过程倒推，便可得出 $\boldsymbol{A\alpha}=\boldsymbol{0}$，故 $\boldsymbol{\alpha}\in V$.

综合以上结果便得所证.

14. 设 V 是 n 维线性空间，$\boldsymbol{\alpha}_1,\boldsymbol{\alpha}_2,\cdots,\boldsymbol{\alpha}_n$ 为其一个基，则 $L(\boldsymbol{\alpha}_i)$都是一维子空间($i=1,2,\cdots,n$)，且有 $L(\boldsymbol{\alpha}_1)+L(\boldsymbol{\alpha}_2)+\cdots+L(\boldsymbol{\alpha}_n)=L(\boldsymbol{\alpha}_1,\boldsymbol{\alpha}_2,\cdots,\boldsymbol{\alpha}_n)=V$. 又因 $\boldsymbol{\alpha}_1,\boldsymbol{\alpha}_2,\cdots,\boldsymbol{\alpha}_n$ 是基，零向量 $\boldsymbol{0}$ 表示式唯一，故这个和是直和，即 $L(\boldsymbol{\alpha}_1)\oplus L(\boldsymbol{\alpha}_2)\oplus\cdots\oplus L(\boldsymbol{\alpha}_n)=V$.

15. 从定义出发可证明 T_1,T_2 是线性变换，又

$$(T_1+T_2)(x_1,x_2)=T_1(x_1,x_2)+T_2(x_1,x_2)=(x_2,-x_1)+(x_1,-x_2)=(x_1+x_2,-x_1-x_2),$$

$$(T_1T_2)(x_1,x_2)=T_1(T_2(x_1,x_2))=T_1(x_1,-x_2)=(-x_2,-x_1),$$

$$(T_2T_1)(x_1,x_2)=T_2(T_1(x_1,x_2))=T_2(x_2,-x_1)=(x_2,x_1).$$

16. (1)因

$$T(\boldsymbol{A}+\boldsymbol{B})=\boldsymbol{C}(\boldsymbol{A}+\boldsymbol{B})-(\boldsymbol{A}+\boldsymbol{B})\boldsymbol{C}=(\boldsymbol{CA}-\boldsymbol{AC})+(\boldsymbol{CB}-\boldsymbol{BC})=T(\boldsymbol{A})+T(\boldsymbol{B}),$$
$$T(k\boldsymbol{A})=\boldsymbol{C}(k\boldsymbol{A})-(k\boldsymbol{A})\boldsymbol{C}=k(\boldsymbol{CA}-\boldsymbol{AC})=kT(\boldsymbol{A}),$$

故 T 是线性变换.

(2)

$$\begin{aligned}T(\boldsymbol{A})\cdot\boldsymbol{B}+\boldsymbol{A}\cdot T(\boldsymbol{B})&=(\boldsymbol{CA}-\boldsymbol{AC})\cdot\boldsymbol{B}+\boldsymbol{A}\cdot(\boldsymbol{CB}-\boldsymbol{BC})\\&=\boldsymbol{CAB}-\boldsymbol{ABC}=T(\boldsymbol{AB}).\end{aligned}$$

17. 因为

$$(T+S)(1,0,0)=T(1,0,0)+S(1,0,0)=(1,0,0)+(0,0,1)=(1,0,1),$$

同理得

$$(T+S)(0,1,0)=(2,0,0),(T+S)(0,0,1)=(1,1,0)$$

这表明线性变换 $T+S$ 把 $\mathbb{R}^3$的一个基向量

$$\boldsymbol{\alpha}_1=(1,0,0),\quad \boldsymbol{\alpha}_2=(0,1,0)\quad \boldsymbol{\alpha}_3=(0,0,1)$$

变换成 $\mathbb{R}^3$中的另一个基向量(易证它们线性无关)

$$\boldsymbol{\varepsilon}_1=(1,0,1),\quad \boldsymbol{\varepsilon}_2=(2,0,0)\quad \boldsymbol{\varepsilon}_3=(1,1,0).$$

又：象集$(T+S)(\mathbb{R}^3)$是 $\mathbb{R}^3$ 的子空间(见例 1-14)，而 $\boldsymbol{\varepsilon}_1,\boldsymbol{\varepsilon}_2,\boldsymbol{\varepsilon}_3$ 是子空间$(T+S)(\mathbb{R}^3)$的最大线性无关组，故这个子空间的维数是 3，由第 8 题的结果可知$(T+S)(\mathbb{R}^3)=\mathbb{R}^3$(在第 10 题中取 $V_2=V$).

18. 因 $T^2(x,y,z)=T(0,x,y)=(0,0,x)$，所以 T^2 的象集(子空间)是一维的，而 $\boldsymbol{\alpha}_3=(0,0,1)$是它的基。由 $T^2(x,y,z)=(0,0,x)=(0,0,0)=\boldsymbol{0}$，便知 T^2 的核是 $\mathbb{R}^3$ 中一切由形如$(0,y,z)$的向量组成的二维子空间，又 $\boldsymbol{\alpha}=(0,1,0),\boldsymbol{\beta}=(0,0,1)$是它的一个基.

19. (1) $\begin{pmatrix}2&-1&0\\0&1&1\\1&0&0\end{pmatrix}$；(2) $\begin{pmatrix}-1&1&-2\\2&2&0\\3&0&2\end{pmatrix}$.

20. (1)，(2)，(3)的矩阵均为

$$\frac{1}{2}\begin{pmatrix}-4&-3&3\\2&3&3\\2&1&-5\end{pmatrix}.$$

21. 因为 $\boldsymbol{BA}=\boldsymbol{A}^{-1}(\boldsymbol{AB})\boldsymbol{A}$，故 $\boldsymbol{AB}\sim\boldsymbol{BA}$.

22. 设 $\boldsymbol{B}=\boldsymbol{T}_1^{-1}\boldsymbol{A}\boldsymbol{T}_1$，$\boldsymbol{D}=\boldsymbol{T}_2^{-1}\boldsymbol{C}\boldsymbol{T}_2$，则有

$$\begin{pmatrix}\boldsymbol{B} & \\ & \boldsymbol{D}\end{pmatrix}=\begin{pmatrix}\boldsymbol{T}_1 & \\ & \boldsymbol{T}_2\end{pmatrix}^{-1}\cdot\begin{pmatrix}\boldsymbol{A} & \\ & \boldsymbol{C}\end{pmatrix}\cdot\begin{pmatrix}\boldsymbol{T}_1 & \\ & \boldsymbol{T}_2\end{pmatrix}.$$

23. (1) 由线性变换定义，易证 T 是线性变换，又因

$$T^2(x_1,x_2,\cdots,x_n)=T(0,x_1,x_2,\cdots,x_{n-1})=(0,0,x_1,x_2,\cdots,x_{n-2}),$$
$$\vdots$$
$$T^n(x_1,x_2,\cdots,x_n)=(0,0,\cdots,0).$$

即 $T^n=0$(零变换).

(2) 若 $T(x_1,x_2,\cdots,x_n)=(0,x_1,\cdots,x_{n-1})=(0,0,\cdots,0)$，则 $x_1=x_2=\cdots=x_{n-1}=0$. 即 $T^{-1}(\boldsymbol{0})$ 为由一切形如 $(0,\cdots,0,x_n)$ 的向量构成的子空间，它是一维子空间，$(0,\cdots,0,1)$ 是它的基.

又由定理 1－9，便得 $T(V)$ 的维数等于 $n-1$.

习　题　二

1. (1)与(2)均不构成欧氏空间；(3)是.

2. 可验证内积定义的四个条件均满足.

3. $\pm\dfrac{1}{\sqrt{26}}(4,0,1,-3)$. 提示　向量 $\boldsymbol{\alpha}=(x_1,x_2,x_3,x_4)\neq\boldsymbol{0}$ 与所给三个向量正交的充要条件是 x_1，x_2，x_3，x_4 为方程组

$$\begin{cases}x_1+x_2-x_3+x_4=0\\ x_1-x_2-x_3+x_4=0\\ 2x_1+x_2+x_3+3x_4=0\end{cases}$$

的非零解. 可求得一个非零解为 $\boldsymbol{\alpha}=(4,0,1,-3)$.

4. 令 $\sum\limits_{i=1}^{n}k_i\boldsymbol{\alpha}_i=\boldsymbol{0}$，则对每个 $\boldsymbol{\alpha}_j\ (j=1,2,\cdots,n)$ 取内积便得

$$0=(\boldsymbol{0},\boldsymbol{\alpha}_j)=(\sum_1^n k_i\boldsymbol{\alpha}_i,\boldsymbol{\alpha}_j)=\sum_1^n k_i(\boldsymbol{\alpha}_i,\boldsymbol{\alpha}_j)\quad(j=1,2,\cdots,n).$$

这是关于 $k_1,k_2,\cdots,k_n$ 的齐次线性方程组，它只有零解的充要条件是系数行列式 $\neq0$.

5. 由不等式 $|(\boldsymbol{\alpha},\boldsymbol{\beta})|\leqslant|\boldsymbol{\alpha}|\cdot|\boldsymbol{\beta}|$，取

$$\boldsymbol{\alpha}=(|a_1|,|a_2|,\cdots,|a_n|)\quad\boldsymbol{\beta}=(1,1,\cdots,1),$$

在 $\mathbb{R}^n$ 中展开便得.

6. 可验证 $(\boldsymbol{\alpha}_i,\boldsymbol{\alpha}_j)=\begin{cases}0 & i\neq j\\ 1 & i=j\end{cases}$.

7. 先求得基础解系(即解空间的一个基)：

$$\boldsymbol{\alpha}_1=(0,1,1,0,0),\quad\boldsymbol{\alpha}_2=(-1,1,0,1,0),\quad\boldsymbol{\alpha}_3=(4,-5,0,0,1).$$

再将其正交化、单位化，即得所求的标准正交基

$$\eta_1=\frac{1}{\sqrt2}(0,1,1,0,0),\quad\eta_2=\frac{1}{\sqrt{10}}(-2,1,-1,2,0),\quad\eta_3=\frac{1}{\sqrt{315}}(7,-6,6,13,5).$$

8. (1) 由于 $(\boldsymbol{0},\boldsymbol{\alpha})=0$，故 $\boldsymbol{0}\in V_1$，即 V_1 非空，又若 $\boldsymbol{\alpha}_1,\boldsymbol{\alpha}_2\in V_1$，$k$ 是实数，则有

$$(\boldsymbol{\alpha}_1+\boldsymbol{\alpha}_2,\boldsymbol{\alpha})=(\boldsymbol{\alpha}_1,\boldsymbol{\alpha})+(\boldsymbol{\alpha}_2,\boldsymbol{\alpha})=0+0=0,$$
$$(k\boldsymbol{\alpha}_1,\boldsymbol{\alpha})=k(\boldsymbol{\alpha}_1,\boldsymbol{\alpha})=0.$$

故 $\boldsymbol{\alpha}_1+\boldsymbol{\alpha}_2$ 及 $k\boldsymbol{\alpha}_1$ 均为 V_1 的向量.

(2) 因 $\boldsymbol{\alpha}\neq\mathbf{0}$,故可将其扩充成 V 的正交基

$$\boldsymbol{\alpha}_1,\boldsymbol{\beta}_1,\boldsymbol{\beta}_2,\cdots,\boldsymbol{\beta}_{n-1},$$

故 $\boldsymbol{\beta}_1,\boldsymbol{\beta}_2,\cdots,\boldsymbol{\beta}_{n-1}\in V_1$,所以 V_1 至少是 $n-1$ 维的,又因为 $\boldsymbol{\alpha}\neq\mathbf{0}$,故$(\boldsymbol{\alpha},\boldsymbol{\alpha})>0$,即 $\boldsymbol{\alpha}$ 不属于 V_1;故 $V_1\neq V$.所以 V_1 是 $n-1$ 维的子空间.

9.设 $T(\boldsymbol{\alpha}_3)=x_1\boldsymbol{\alpha}_1+x_2\boldsymbol{\alpha}_2+x_3\boldsymbol{\alpha}_3$,则正交变换 T 在标准正交基 $\boldsymbol{\alpha}_1,\boldsymbol{\alpha}_2,\boldsymbol{\alpha}_3$ 下的矩阵是正交矩阵,即在

$$\begin{cases}T(\boldsymbol{\alpha}_1)=\dfrac{2}{3}\boldsymbol{\alpha}_1+\dfrac{2}{3}\boldsymbol{\alpha}_2-\dfrac{1}{3}\boldsymbol{\alpha}_3\\ T(\boldsymbol{\alpha}_2)=\dfrac{2}{3}\boldsymbol{\alpha}_1-\dfrac{1}{3}\boldsymbol{\alpha}_2+\dfrac{2}{3}\boldsymbol{\alpha}_3\\ T(\boldsymbol{\alpha}_3)=x_1\boldsymbol{\alpha}_1+x_2\boldsymbol{\alpha}_2+x_3\boldsymbol{\alpha}_3\end{cases}$$

中,矩阵

$$\boldsymbol{A}=\begin{pmatrix}\dfrac{2}{3}&\dfrac{2}{3}&x_1\\ \dfrac{2}{3}&-\dfrac{1}{3}&x_2\\ -\dfrac{1}{3}&\dfrac{2}{3}&x_3\end{pmatrix}$$

是正交阵,即有 $\boldsymbol{A}\cdot\boldsymbol{A}^{\mathrm{T}}=\boldsymbol{E}$,于是可解得

$$x_1=\frac{1}{3},\quad x_2=x_3=-\frac{2}{3}.$$

从而就确定了正交变换 T.

10.设 T_1,T_2 是两个正交变换,对任何 $\boldsymbol{\alpha}\in V$,则有

$$|T_1T_2(\boldsymbol{\alpha})|=|T_1(T_2(\boldsymbol{\alpha}))|=|T_2(\boldsymbol{\alpha})|=|\boldsymbol{\alpha}|,$$
$$|\boldsymbol{\alpha}|=|T_1T_1^{-1}(\boldsymbol{\alpha})|=|T_1^{-1}(\boldsymbol{\alpha})|.$$

故 T_1T_2 及 T_1^{-1} 均为正交变换.

11.上三角可逆方阵的逆阵也是上三角方阵,于是可设

$$\boldsymbol{A}^{-1}=\begin{pmatrix}b_{11}&b_{12}&\cdots&b_{1n}\\0&b_{22}&\cdots&b_{2n}\\ \vdots&\vdots&&\vdots\\0&0&\cdots&b_{nn}\end{pmatrix},$$

由 $\boldsymbol{A}^{\mathrm{T}}=\boldsymbol{A}^{-1}$,得 $a_{ij}=0(i<j)$故

$$\boldsymbol{A}=\begin{pmatrix}a_{11}&&&\\&a_{22}&&\\&&\ddots&\\&&&a_{nn}\end{pmatrix}.$$

又由 $\boldsymbol{A}^{\mathrm{T}}\boldsymbol{A}=\boldsymbol{E}$,得

$$a_{ii}^2=1\quad(i=1,2,\cdots,n),$$

从而 $a_{ii}=\pm1$ (a_{ii}是实数).

12.若 $\boldsymbol{A}$ 为酉矩阵,则

$$(\boldsymbol{XA})(\boldsymbol{XA})^{\mathrm{H}}=\boldsymbol{X}(\boldsymbol{AA}^{\mathrm{H}})\boldsymbol{X}^{\mathrm{H}}=\boldsymbol{XX}^{\mathrm{H}},$$

即 $|\boldsymbol{XA}|^2=|\boldsymbol{X}|^2$,故 $|\boldsymbol{XA}|=|\boldsymbol{X}|$.

反过来,由 $|\boldsymbol{XA}|=|\boldsymbol{X}|$ 可得

$$(XA)(XA)^{H} = XX^{H},$$

于是 $X(AA^{H}-E)X^{H}=0$. 令 $B=AA^{H}-E$,于是有

$$f = XBX^{H} = \sum_{i,j=1}^{n} b_{ij}x_i\bar{x}_j = 0.$$

取 X 满足条件

$$x_i = 1,\quad x_j = 1,$$

其他的 $x_k=0$,则得 $b_{ij}=0$. 由于 i,j 的任意性,故知 $B=(b_{ij})$是零矩阵,所以有 $AA^{H}=E$,即 A 为酉矩阵.

13. 由于

$$A\cdot A^{H} = \begin{pmatrix} P\cdot P^{H}+B\cdot B^{H} & B\cdot Q^{H} \\ Q\cdot B^{H} & Q\cdot Q^{H} \end{pmatrix} = E,$$

可得

$$\begin{cases} Q\cdot Q^{H} = E_n \quad (n\text{ 阶单位阵}) & (1) \\ Q\cdot B^{H} = \mathbf{0} & (2) \end{cases}$$

由(1)式知 Q 为酉矩阵;再应用(2)式可推出 $B=\mathbf{0}$. 最后再由 $P\cdot P^{H}=E_m$,知 P 也是酉矩阵.

14. 因 $A^{H}=A,B^{H}=B$,又

$$(AB)^{H} = AB \Leftrightarrow B^{H}A^{H} = AB,$$

即

$$BA = AB.$$

15. 设 A 为任一复数方阵,令

$$A = B + C, \qquad (1)$$

其中 B 为厄米特矩阵,Y 为反厄米特矩阵. 于是可得

$$A^{H} = B^{H} + C^{H} = B - C. \qquad (2)$$

由(1)与(2)两式得到

$$B = \frac{A+A^{H}}{2},\quad C = \frac{A-A^{H}}{2}.$$

16. (1) A 的特征值为 $\lambda_1=1,\lambda_2=-1,\lambda_3=-2$. 相应的三个特征向量为

$$\alpha_1 = (\mathrm{i},2,\mathrm{i})^{T},\quad \alpha_2 = (1,0,-1)^{T},\quad \alpha_3 = (\mathrm{i},-1,\mathrm{i})^{T},$$

将它们单位化得 $\varepsilon_1,\varepsilon_2,\varepsilon_3$,则 $P=(\varepsilon_1,\varepsilon_2,\varepsilon_3)$.

(2) 可求得 A 的特征值为　$\lambda_1=0$,　$\lambda_2=-\sqrt{2}$,　$\lambda_3=\sqrt{2}$;相应的特征向量为

$$\alpha_1=(0,\mathrm{i},1)^{T},\quad \alpha_2=(2,\mathrm{i},-1)^{T},\quad \alpha_3=(2,-\mathrm{i},1)^{T}.$$

将它们单位化得 $\varepsilon_1,\varepsilon_2,\varepsilon_3$,则 $P=(\varepsilon_1,\varepsilon_2,\varepsilon_3)$.

17. 设 A,B 是两个 n 阶正规矩阵,如果 A 与 B 是酉等价(酉相似)的,亦即存在酉矩阵 Q,使得

$$B=Q^{H}AQ=Q^{-1}AQ.$$

因而有

$$|\lambda E - B| = |\lambda E - Q^{-1}AQ| = |Q^{-1}(\lambda E - A)Q| = |\lambda E - A|.$$

即 A,B 有相同的特征多项式.

反之,若 A,B 有相同的特征多项式,因而有相同的特征值集合$\{\lambda_1,\lambda_2,\cdots,\lambda_n\}$. 由定理2-8,存在酉矩阵 Q_1 及 Q_2,使得

$$Q_1^{-1}AQ_1 = \begin{pmatrix} \lambda_1 & & & \\ & \lambda_2 & & \\ & & \ddots & \\ & & & \lambda_n \end{pmatrix} = Q_2^{-1}BQ_2,$$

因此有

$$A = Q_1Q_2^{-1}BQ_2Q_1^{-1} = (Q_2Q_2^{-1})^{-1}B(Q_2Q_1^{-1}) = P^{-1}BP.$$

易知 $P=Q_2Q_1^{-1}$ 是酉矩阵,即 A,B 是酉相似的.

18.分下列四个步骤来证:

(1) 由 $AB=BA$,推知 A,B 至少有一个公共的特征向量.

事实上,设 R_λ 是A 的属于特征值λ 的特征子空间.若 $X\in R_\lambda$,即 $AX=\lambda X$,则 $BAX=\lambda BX$.由 $BA=AB$,于是有 $A(BX)=\lambda(BX)$.即 $BX\in R_\lambda$,从而 R_λ 是B 的不变子空间,故在 R_λ 中存在B 的特征向量 Y.显然它也是 A 的特征向量.

(2) 由 $AB=BA$,推知 A,B 可同时酉相似于上三角阵.即有酉阵 Q,使 Q^HAQ 及Q^HBQ 均为上三角阵.

事实上,对矩阵 A 与B 的阶n 进行归纳法.当 $n=1$ 时结论显然成立.今设单位向量 $X^{(1)}$是 A,B 的一个公共特征向量.再适当补充 $n-1$ 个单位向量 $X^{(2)},\cdots,X^{(n)}$,使$\{X^{(1)},X^{(2)},\cdots,X^{(n)}\}$为 $\mathbb{C}^n$ 的标准正交基,从而$P=(X^{(1)},X^{(2)},\cdots,X^{(n)})$为一酉矩阵.且有

$$BX^{(1)} = \lambda X^{(1)}, \quad BP = (BX^{(1)},BX^{(2)},\cdots,BX^{(n)}).$$

从而有

$$P^HBP=\begin{pmatrix}\lambda & \beta\\ 0 & B_1\end{pmatrix}=B^*.$$

这里 β 是 $1\times(n-1)$矩阵,B_1 是 $n-1$ 阶方阵.

$$P^HAP = \begin{pmatrix}\mu & \alpha\\ 0 & A_1\end{pmatrix} = A^*,$$

这里 α 是 $1\times(n-1)$矩阵,A_1 是 $n-1$ 阶方阵.

由 $BA=AB$ 即有

$$(PB\cdot P^H)\cdot(PA\cdot P^H)=(PA\cdot P^H)\cdot(PB\cdot P^H).$$

于是得 $B^*A^*=A^*B^*$.由此可推得 $B_1A_1=A_1B_1$.故由归纳法假设,存在 $n-1$ 阶酉矩阵 P_1,使得 $P_1^HB_1P_1=\Delta$ 为上三角矩阵,令 $T=\begin{pmatrix}1 & 0\\ 0 & P_1\end{pmatrix}$, $Q=PT$,则有

$$Q^HBQ = H^H(P^HBP)T = \begin{pmatrix}1 & 0\\ 0 & P_1^H\end{pmatrix}\begin{pmatrix}\lambda & \beta\\ 0 & B_1\end{pmatrix}\begin{pmatrix}1 & 0\\ 0 & P_1\end{pmatrix} = \begin{pmatrix}\lambda & \beta P_1\\ 0 & \Delta\end{pmatrix}.$$

这是个上三角矩阵.易证 Q 是酉矩阵,故 B 酉相似于上三角矩阵.同理,Q^HAQ 也是上三角矩阵.

(3) 由 $AB=BA$ 且A,B 均为正规矩阵,则 A,B 可同时酉相似于对角形矩阵.

事实上,设 $Q^HAQ=T$(T 为上三角阵),则 $Q^HA^HQ=T^H$ 而且

$$AA^H = QTQ^H\cdot QT^HQ^H = Q(TT^H)Q^H, \quad A^HA = QT^HQ^H\cdot QTQ^H = Q(T^HT)Q^H.$$

由 $AA^H=A^HA$(因 A 正规),可得出 $TT^H=T^HT$,从而又可推出 T 为对角形矩阵.

对 Q^HBQ 也可作同样的证明.

(4) 由 A,B 可换且正规,故由(3)可设

$$Q^HAQ = \begin{pmatrix}\lambda_1 & & & \\ & \lambda_2 & & \\ & & \ddots & \\ & & & \lambda_n\end{pmatrix}, \quad Q^HBQ = \begin{pmatrix}\mu_1 & & & \\ & \mu_2 & & \\ & & \ddots & \\ & & & \mu_n\end{pmatrix}.$$

于是有

$$Q^HABQ=\begin{pmatrix}\lambda_1\mu_1 & & & \\ & \lambda_2\mu_2 & & \\ & & \ddots & \\ & & & \lambda_n\mu_n\end{pmatrix}.$$

应用定理2-8,便知 $\boldsymbol{AB}$ 为正规矩阵.

习 题 三

1. $\boldsymbol{AX}=\lambda\boldsymbol{X},\boldsymbol{A}^2\boldsymbol{X}=\lambda\boldsymbol{AX}=\lambda^2\boldsymbol{X}$,即 $\boldsymbol{EX}=\lambda^2\boldsymbol{X}$,故 $(\lambda^2-1)\boldsymbol{X}=\boldsymbol{0},\lambda^2=1,\lambda=\pm1\ (\boldsymbol{X}\neq\boldsymbol{0})$.

2. $\boldsymbol{AX}=\lambda\boldsymbol{X},\boldsymbol{A}^2\boldsymbol{X}=\lambda^2\boldsymbol{X}$,一般 $\boldsymbol{A}^m\boldsymbol{X}=\lambda^m\boldsymbol{X},(\boldsymbol{X}\neq\boldsymbol{0})$,所以 λ^m 是 $\boldsymbol{A}^m$ 的特征值,而 $\boldsymbol{A}^m$ 的属于特征值 λ^m 的特征向量是 $\boldsymbol{X}$.

3. 由于 $\boldsymbol{A}=(a_{ij})_{n\times n}$ 的任一行的元素之和均等于 a,故下式显然成立

$$\begin{pmatrix}a_{11}&a_{12}&\cdots&a_{1n}\\a_{21}&a_{22}&\cdots&a_{2n}\\\vdots&\vdots&&\vdots\\a_{n1}&a_{n2}&\cdots&a_{nn}\end{pmatrix}\begin{pmatrix}1\\1\\\vdots\\1\end{pmatrix}=a\begin{pmatrix}1\\1\\\vdots\\1\end{pmatrix}.$$

4. (1) 特征值为7,−2.相应的特征向量为 $\begin{pmatrix}1\\1\end{pmatrix}$, $\begin{pmatrix}-4\\5\end{pmatrix}$.取 $\boldsymbol{P}=\begin{pmatrix}1&-4\\1&5\end{pmatrix}$,则 $\boldsymbol{P}^{-1}\boldsymbol{AP}=\begin{pmatrix}7&0\\0&-2\end{pmatrix}$.

(2) 相似于对角形 $\begin{pmatrix}1&0&0\\0&2&0\\0&0&3\end{pmatrix}$. (3) 相似于约当标准形 $\begin{pmatrix}2&0&0\\0&2&0\\0&1&2\end{pmatrix}$.

5. 如 $\boldsymbol{A}$ 可逆,则 $\boldsymbol{BA}=\boldsymbol{A}^{-1}(\boldsymbol{AB})\boldsymbol{A}$,又

$$|\lambda\boldsymbol{E}-\boldsymbol{BA}|=|\boldsymbol{A}^{-1}(\lambda\boldsymbol{E}-\boldsymbol{AB})\boldsymbol{A}|=|\lambda\boldsymbol{E}-\boldsymbol{AB}|.$$

6. (1) $\begin{pmatrix}2&0&0\\0&0&0\\0&0&0\end{pmatrix}$; (2) $\begin{pmatrix}1&0&0\\0&\mathrm{i}&0\\0&0&-\mathrm{i}\end{pmatrix}$; (3) $\begin{pmatrix}-1&0&0\\0&-1&0\\0&1&-1\end{pmatrix}$; (4) $\begin{pmatrix}1&0&0\\1&1&0\\0&1&1\end{pmatrix}$.

7. 设 $\boldsymbol{P}^{-1}\boldsymbol{A}^{\mathrm{T}}\boldsymbol{P}=\boldsymbol{J}$(约当形),则 $\boldsymbol{P}^{\mathrm{T}}\boldsymbol{A}(\boldsymbol{P}^{-1})^{\mathrm{T}}=\boldsymbol{J}^{\mathrm{T}}$,即 $\boldsymbol{Q}^{-1}\boldsymbol{AQ}=\boldsymbol{J}^{\mathrm{T}}$(上三角阵),这里 $\boldsymbol{Q}=(\boldsymbol{P}^{-1})^{\mathrm{T}}=(\boldsymbol{P}^{\mathrm{T}})^{-1}$.

8. (1) 如 λ 为 $\boldsymbol{A}$ 的任一特征值,则 λ^m 为 $\boldsymbol{A}^m$ 的特征值.若 $\boldsymbol{A}^m=\boldsymbol{0}$,则 $|\lambda\boldsymbol{E}-\boldsymbol{A}^m|=|\lambda\boldsymbol{E}|=\lambda^n$,即 $\boldsymbol{A}^m$ 为零矩阵时 $\boldsymbol{A}$ 的特征值为零.反之,若 $\boldsymbol{A}$ 的所有特征值均为零,则 $\boldsymbol{A}$ 的特征多项式为 $f(\lambda)=\lambda^n$($\boldsymbol{A}$ 是 n 阶方阵,上述 n 与此同).故由哈密顿—开莱定理,有 $f(\boldsymbol{A})=\boldsymbol{0}$,即 $\boldsymbol{A}^n=\boldsymbol{0}$.

(2) 设 $\boldsymbol{A}$ 的约当标准形为

$$\boldsymbol{J}=\begin{pmatrix}\boldsymbol{J}_1&&&\\&\boldsymbol{J}_2&&\\&&\ddots&\\&&&\boldsymbol{J}_k\end{pmatrix}$$

则由 $\boldsymbol{A}^m=\boldsymbol{0}$ 得知 $\boldsymbol{A}$ 的所有特征值皆为零,故 $\boldsymbol{J}_1,\boldsymbol{J}_2,\cdots,\boldsymbol{J}_k$ 的主对角线上元素均为零,从而 $\boldsymbol{J}$ 的主对角线上元素全为零,因此 $\boldsymbol{J}+\boldsymbol{E}$ 为主对角线上元素全为1的下三角矩阵.于是有

$$|\boldsymbol{A}+\boldsymbol{E}|=|\boldsymbol{C}^{-1}\boldsymbol{JC}+\boldsymbol{E}|=|\boldsymbol{C}^{-1}(\boldsymbol{J}+\boldsymbol{E})\boldsymbol{C}|=|\boldsymbol{J}+\boldsymbol{E}|=1.$$

9. (1) $\begin{pmatrix}\lambda&0\\0&\lambda^3-10\lambda^2-3\lambda\end{pmatrix}$; (2) $\begin{pmatrix}1&0&0\\0&\lambda&0\\0&0&\lambda^2+\lambda\end{pmatrix}$; (3) $\begin{pmatrix}1&0&0\\0&\lambda(\lambda+1)&0\\0&0&\lambda(\lambda+1)^2\end{pmatrix}$.

10. $f(\lambda)=|\lambda\boldsymbol{E}-\boldsymbol{A}|=\lambda^n+a_1\lambda^{n-1}+a_2\lambda^{n-2}+\cdots+(-1)^n|\boldsymbol{A}|$,

由 $f(\boldsymbol{A})=\boldsymbol{0}$,得

$$\boldsymbol{A}^n+a_1\boldsymbol{A}^{n-1}+\cdots+(-1)^n|\boldsymbol{A}|\boldsymbol{E}=\boldsymbol{0},$$

即

$$\boldsymbol{A}(\boldsymbol{A}^{n-1}+a_1\boldsymbol{A}^{n-2}+a_2\boldsymbol{A}^{n-3}+\cdots)=(-1)^{n+1}|\boldsymbol{A}|\boldsymbol{E},$$

故有

$$A^{-1}=\frac{1}{(-1)^{n+1}|A|}(A^{n-1}+a_1A^{n-2}+a_2A^{n-3}+\cdots).$$

11. $f(\lambda)=|\lambda E-A|=\lambda^2-6\lambda+7$,又作多项式

$$\varphi(\lambda)=2\lambda^4-12\lambda^3+19\lambda^2-29\lambda+37.$$

则 $\varphi(\lambda)=f(\lambda)(2\lambda^2+5)+\lambda+2$.由 $f(A)=0$,得 $\varphi(A)=A+2E$,即

$$2A^4-12A^3+19A^2-29A+37E=\varphi(A)=A+2E=\begin{pmatrix}3 & -1\\ 2 & 7\end{pmatrix},$$

由此看出 $\varphi(A)$可逆,又

$$|\lambda E-(A+2E)|=\lambda^2-10\lambda+23,$$
$$(A+2E)^2-10(A+2E)+23E=0,$$
$$(A+2E)(A-8E)=-23E,$$

故所求逆阵为

$$(A+2E)^{-1}=-\frac{1}{23}(A-8E).$$

12.
$$\begin{aligned}(E+B(E-BA)^{-1}A)\cdot(E-BA)&=E-BA+B(E-AB)^{-1}A(E-BA)\\&=E-BA+B(E-AB)^{-1}(A-ABA)\\&=E-BA+B(E-AB)^{-1}(E-AB)A\\&=E-BA+B\cdot E\cdot A\\&=E.\end{aligned}$$

故 $E-BA$ 可逆,且逆阵为 $E+B(E-AB)^{-1}A$.

13. $f(\lambda)=|\lambda E-A|=\lambda^3-\lambda^2-\lambda+1$,由 $f(A)=0$ 得 $A^3=A+A^2-E$,即在 $n=3$时等式 $A^n=A^{n-2}+A^2-E$成立.对 $n+1$ 则有

$$A^{n+1}=A\cdot A^n=A(A^{n-2}+A^2-E)=A^{n-1}+A^3-A=A^{n-1}+(A+A^2-E)-A=A^{n-1}+A^2-E,$$

又

$$\begin{aligned}A^{100}&=A^{98}+A^2-E=A^{96}+2(A^2-E)=\cdots(\text{重复应用公式 49 次})\\&=A^2+49(A^2-E)=50A^2-49E=\begin{pmatrix}1 & 0 & 0\\ 50 & 1 & 0\\ 50 & 0 & 1\end{pmatrix}.\end{aligned}$$

14. 因$(A+2E)(A-E)=0$,故 $\varphi(\lambda)=(\lambda+2)(\lambda-1)$是 A 的化零多项式,但最小多项式 $m(\lambda)$可整除 $\varphi(\lambda)$,故 $m(\lambda)$无重根,从而 A 可与对角形相似.

15. 设 $A=P^{-1}JP$,J 为约当矩阵,且

$$J=\begin{pmatrix}J_1 & & & \\ & J_2 & & \\ & & \ddots & \\ & & & J_k\end{pmatrix}\quad(J_i\text{ 为第 }i\text{ 个约当块}),$$

又取

$$H=\begin{pmatrix}H_1 & & & \\ & H_2 & & \\ & & \ddots & \\ & & & H_k\end{pmatrix},$$

而

$$H_i=\begin{pmatrix} & & & 1\\ & & 1 & \\ & \iddots & & \\ 1 & & & \end{pmatrix}$$

与 J_i 同阶,则 $H_i^2=E$,即 $H_i^{-1}=H_i$,且由计算得 $J=H^{-1}J^{\mathrm{T}}H$,故

$A=P^{-1}JP=P^{-1}H^{-1}J^{\mathrm{T}}HP=(HP)^{-1}[(P^{-1})^{\mathrm{T}}A^{\mathrm{T}}P^{\mathrm{T}}](HP)=(P^{\mathrm{T}}HP)^{-1}A^{\mathrm{T}}\cdot(P^{\mathrm{T}}HP)=C^{-1}A^{\mathrm{T}}C$,
其中 $C=P^{\mathrm{T}}HP$,又 C 是可逆的,对称的.

设 $D=AC^{-1}$,则有 $A=DC$,而

$$D^{\mathrm{T}}=(C^{-1})^{\mathrm{T}}A^{\mathrm{T}}=(C^{\mathrm{T}})^{-1}C^{\mathrm{T}}A(C^{-1})^{\mathrm{T}}=AC^{-1}=D,$$

即 D 也是对称的.

16. (1) 由定理3-15,因多项式矩阵 $\begin{pmatrix}D(\lambda)\\N(\lambda)\end{pmatrix}$ 的史密斯标准形为 $\begin{pmatrix}1&0\\0&1\\0&0\end{pmatrix}$,故 $D(\lambda)$,$N(\lambda)$是右互质的.

(2) 因多项式矩阵 $\begin{pmatrix}D(\lambda)\\N(\lambda)\end{pmatrix}$ 的史密斯标准形为 $\begin{pmatrix}1&0\\0&1\\0&0\\0&0\end{pmatrix}$,故 $D(\lambda)$,$N(\lambda)$是右互质的.

17. $\deg|M(\lambda)|=6=k_{c1}+k_{c2}+k_{c3}=3+1+2$,故由定义知 $M(\lambda)$是列既约的.但

$$k_{r1}+k_{r2}+k_{r3}=3+3+2\neq\deg|M(\lambda)|=6,$$

故 $M(\lambda)$不是行既约的.

18. 史密斯—麦克米伦标准形为

$$M(\lambda)=\begin{pmatrix}\dfrac{\lambda}{(\lambda+1)^2(\lambda+2)^2} & 0\\ 0 & \dfrac{\lambda^2}{\lambda+2}\end{pmatrix},$$

又 $G(\lambda)$的一个右分解为

$$\begin{pmatrix}\lambda & \lambda\\ -\lambda(\lambda+1)^2 & -\lambda\end{pmatrix}\begin{pmatrix}(\lambda+1)^2(\lambda+2)^2 & 0\\ 0 & (\lambda+2)^2\end{pmatrix}^{-1},$$

或

$$\begin{pmatrix}\lambda & 0\\ -\lambda & \lambda^2\end{pmatrix}\begin{pmatrix}0 & -(\lambda+1)^2(\lambda+2)^2\\ (\lambda+2)^2 & \lambda+2\end{pmatrix}^{-1}.$$

习 题 四

1. (1) $\|\mathbf{0}\|=\|0\cdot\boldsymbol{\alpha}\|=0\cdot\|\boldsymbol{\alpha}\|=0$;

(2) $\left\|\dfrac{\boldsymbol{\alpha}}{\|\boldsymbol{\alpha}\|}\right\|=\dfrac{1}{\|\boldsymbol{\alpha}\|}\|\boldsymbol{\alpha}\|=1$;

(3) $\|-\boldsymbol{\alpha}\|=|(-1)|\cdot\|\boldsymbol{\alpha}\|=\|\boldsymbol{\alpha}\|$;

(4) 因 $\|\boldsymbol{\alpha}\|=\|\boldsymbol{\alpha}-\boldsymbol{\beta}+\boldsymbol{\beta}\|\leqslant\|\boldsymbol{\alpha}-\boldsymbol{\beta}\|+\|\boldsymbol{\beta}\|$,从而有 $\|\boldsymbol{\alpha}\|-\|\boldsymbol{\beta}\|\leqslant\|\boldsymbol{\alpha}-\boldsymbol{\beta}\|$.另一方面又有

$$\|\boldsymbol{\alpha}-\boldsymbol{\beta}\|=\|\boldsymbol{\beta}-\boldsymbol{\alpha}\|\geqslant\|\boldsymbol{\beta}\|-\|\boldsymbol{\alpha}\|=-(\|\boldsymbol{\alpha}\|-\|\boldsymbol{\beta}\|),$$

所以

$$\|\boldsymbol{\alpha}\|-\|\boldsymbol{\beta}\|\geqslant-\|\boldsymbol{\alpha}-\boldsymbol{\beta}\|.$$

由实数绝对值不等式性质(u,a 是实数)

$$-a\leqslant u\leqslant a\Longleftrightarrow |u|\leqslant a,$$

便有不等式

$$|\,\|\boldsymbol{\alpha}\|-\|\boldsymbol{\beta}\|\,|\leqslant\|\boldsymbol{\alpha}-\boldsymbol{\beta}\|.$$

2.(1) 因为

$$\begin{aligned}\|\boldsymbol{\alpha}\|_1^2&=(|x_1|+\cdots+|x_n|)^2\\&=|x_1|^2+|x_2|^2+\cdots+|x_n|^2+2|x_1|\cdot|x_2|+\cdots+2|x_{n-1}|\cdot|x_n|\\&\geqslant|x_1|^2+|x_2|^2+\cdots+|x_n|^2=\|\boldsymbol{\alpha}\|_2^2\end{aligned}$$

所以 $\|\boldsymbol{\alpha}\|_2\leqslant\|\boldsymbol{\alpha}\|_1$. 又因

$$\begin{aligned}n\|\boldsymbol{\alpha}\|_2^2-\|\boldsymbol{\alpha}\|_1^2&=n(|x_1|^2+\cdots+|x_n|^2)-(|x_1|+\cdots+|x_n|)^2\\&=\sum_{1\leqslant i<j\leqslant n}(|x_i|-|x_j|)^2\geqslant0\end{aligned}$$

因此又得

$$\|\boldsymbol{\alpha}\|_1\leqslant\sqrt{n}\,\|\boldsymbol{\alpha}\|_2.$$

(2) 设 $\max\limits_{1\leqslant i\leqslant n}|x_i|=|x_k|$,则 $\|\boldsymbol{\alpha}\|_\infty=|x_k|$. 另一方面又有

$$\|\boldsymbol{\alpha}\|_1=|x_1|+\cdots+|x_n|\geqslant|x_k|=\|\boldsymbol{\alpha}\|_\infty,$$

$$\|\boldsymbol{\alpha}\|_1=|x_1|+\cdots+|x_n|\leqslant n|x_k|=n\|\boldsymbol{\alpha}\|_\infty$$

(3) 由下面不等式便可得证($|x_k|$ 见(2)):

$$\|\boldsymbol{\alpha}\|_\infty^2=|x_k|^2\leqslant\sum|x_i|^2=\|\boldsymbol{\alpha}\|_2^2=\sum|x_i|^2\leqslant n|x_k|^2=n\|\boldsymbol{\alpha}\|_\infty^2.$$

3. 柯西不等式 $|\boldsymbol{\alpha}^{\mathrm{T}}\boldsymbol{\beta}|=|(\boldsymbol{\alpha},\boldsymbol{\beta})|\leqslant\|\boldsymbol{\alpha}\|_2\cdot\|\boldsymbol{\beta}\|_2$ 当且只当 $\boldsymbol{\alpha},\boldsymbol{\beta}$ 线性相关时等号成立,即

$$|(\boldsymbol{\alpha},\boldsymbol{\beta})|=\|\boldsymbol{\alpha}\|_2\cdot\|\boldsymbol{\beta}\|_2.$$

又 $\boldsymbol{\alpha}^{\mathrm{T}}\boldsymbol{\beta}\geqslant0$ 时,

$$|\boldsymbol{\alpha}^{\mathrm{T}}\cdot\boldsymbol{\beta}|=|(\boldsymbol{\alpha},\boldsymbol{\beta})|=(\boldsymbol{\alpha},\boldsymbol{\beta}).$$

4.(1) $\boldsymbol{T}$ 为正交矩阵,$\boldsymbol{T}^{\mathrm{T}}\boldsymbol{T}=\boldsymbol{E}$,这里 $\boldsymbol{T}^{\mathrm{T}}$ 表示 $\boldsymbol{T}$ 的转置矩阵. 而 $\boldsymbol{E}$ 的特征值为 1. 故由定义,有(注意 $\lambda_{T^{\mathrm{T}}T}$ 表示 $\boldsymbol{T}^{\mathrm{T}}\boldsymbol{T}=\boldsymbol{E}$ 的最大特征值)

$$\|\boldsymbol{T}\|_2=\sqrt{\lambda_{T^{\mathrm{T}}T}}=\sqrt{\lambda_E}=1;$$

(2) $\|\boldsymbol{TA}\|_2=\sqrt{\lambda_{(TA)^{\mathrm{T}}(TA)}}=\sqrt{\lambda_{A^{\mathrm{T}}A}}=\|\boldsymbol{A}\|_2$.

5. $\|\boldsymbol{A}\|_2=\sqrt{\lambda_{A^{\mathrm{H}}A}}$,矩阵 $\boldsymbol{A}^{\mathrm{H}}\boldsymbol{A}$ 是个特殊的厄米特矩阵,其特征值是非负实数(见 93 页的注),不妨设这些特征值为

$$\lambda_1\geqslant\lambda_2\geqslant\cdots\geqslant\lambda_n\geqslant0,$$

于是得 $\|\boldsymbol{A}\|_2=\sqrt{\lambda_1}$,且

$$\|\boldsymbol{A}\|_{\mathrm{F}}=\sqrt{\mathrm{tr}(\boldsymbol{A}^{\mathrm{H}}\boldsymbol{A})}=\sqrt{\sum_1^n\lambda_i}\geqslant\sqrt{\lambda_1}=\|\boldsymbol{A}\|_2,$$

$$\|\boldsymbol{A}\|_{\mathrm{F}}=\sqrt{\sum_1^n\lambda_i}\leqslant\sqrt{n\lambda_1}=\sqrt{n}\,\|\boldsymbol{A}\|_2.$$

注 n 阶矩阵 $\boldsymbol{C}=(c_{ij})_{n\times n}$ 的迹 $\mathrm{tr}\boldsymbol{C}$ 定义为

$$\mathrm{tr}\boldsymbol{C}=c_{11}+c_{22}+\cdots+c_{nn}\quad(\text{见 48 页}).$$

而特征多项式

$$|\lambda\boldsymbol{E}-\boldsymbol{C}|=\lambda^n+a_1\lambda^{n-1}+\cdots+a_n=\varphi(\lambda)$$

中系数 $a_1=-\mathrm{tr}\boldsymbol{C}$. 又根据多项式理论,有

$$\lambda_1+\lambda_2+\cdots+\lambda_n=-a_1,$$

这里 $\lambda_1,\lambda_2,\cdots,\lambda_n$ 为 $\varphi(\lambda)$ 的 n 个根,从而 $\sum\limits_1^n\lambda_i=\mathrm{tr}\boldsymbol{C}$. 关于特征多项式的系数的计算公式,以及多项式

的根与系数的关系式,其推导都是困难的,读者不必去证.

6. $e^{A}=\frac{1}{2}\begin{pmatrix} e^{-1}+e^{3} & -e^{-1}+e^{3} \\ -e^{-1}+e^{3} & e^{-1}+e^{3} \end{pmatrix}$.

7. (1) $e^{At}=\begin{pmatrix} 2e^{-t}-e^{-2t} & e^{-t}-e^{-2t} \\ -2e^{-t}+2e^{-2t} & -e^{-t}+2e^{-2t} \end{pmatrix}$;

(2) $-\frac{e^{t}}{6}\begin{pmatrix} -3 & 5 & -2 \\ 3 & -5 & 2 \\ 3 & -5 & 2 \end{pmatrix}+\frac{e^{-2t}}{15}\begin{pmatrix} 0 & 11 & -11 \\ 0 & 1 & -1 \\ 0 & -14 & 14 \end{pmatrix}+\frac{e^{3t}}{10}\begin{pmatrix} 5 & 1 & 4 \\ 5 & 1 & 4 \\ 5 & 1 & 4 \end{pmatrix}$;

(3) $\begin{pmatrix} 2t^2+2t+1 & 2(t+1) & \frac{1}{2}t^2 \\ -4t^2 & -4t^2+2t+1 & -t^2-t \\ 8t(t-5) & 4t(2t-3) & 2t^2-12t+1 \end{pmatrix}e^{-2t}$;

(4) $\begin{pmatrix} 1 & -5 & 0 \\ 0 & 0 & 0 \\ 0 & 2 & 1 \end{pmatrix}e^{-2t}+\begin{pmatrix} 0 & 6 & 3 \\ 0 & 0 & 0 \\ 0 & 0 & 0 \end{pmatrix}te^{-2t}+\begin{pmatrix} 0 & 5 & 0 \\ 0 & 1 & 0 \\ 0 & -2 & 0 \end{pmatrix}e^{-3t}$.

8. $e^{A}=\begin{pmatrix} 1 & \frac{1}{2}(1-e^{-2}) \\ 0 & e^{-2} \end{pmatrix}$; $\sin A=\begin{pmatrix} 0 & \frac{1}{2}\sin 2 \\ 0 & -\sin 2 \end{pmatrix}$; $\cos At=\begin{pmatrix} 1 & \frac{1}{2}(1-\cos 2t) \\ 0 & \cos 2t \end{pmatrix}$.

9. $\frac{d}{dt}A(t)=\begin{pmatrix} -\sin t & \cos t \\ -\cos t & -\sin t \end{pmatrix}$; $\frac{d}{dt}A^{-1}(t)=\begin{pmatrix} -\sin t & -\cos t \\ \cos t & -\sin t \end{pmatrix}$; $\frac{d}{dt}|A(t)|=0$, $\left|\frac{d}{dt}A(t)\right|=1$.

10. $\int A(t)dt=\begin{pmatrix} \frac{1}{2}e^{2t}+c_{11} & (t-1)e^{t}+c_{12} & t+c_{13} \\ -e^{-t}+c_{21} & e^{2t}+c_{22} & c_{23} \\ \frac{3}{2}t^2+c_{31} & c_{32} & c_{33} \end{pmatrix}$; $\int_0^1 A(t)dt=\begin{pmatrix} \frac{1}{2}(e^2-1) & 1 & 1 \\ 1-e^{-1} & e^2-1 & 0 \\ \frac{3}{2} & 0 & 0 \end{pmatrix}$.

11. (1) 首先易证矩阵序列与级数的下述性质:

① 若矩阵序列$\{A_m\}\to A$,则$\{A_m^{T}\}\to A^{T}$,$\{\bar{A}_m\}\to\bar{A}$;

② 若矩阵级数 $\sum_{0}^{\infty}c_mA^m$ 收敛,则$\left\{\sum_{0}^{\infty}c_mA^m\right\}^{T}=\sum_{0}^{\infty}C_m(A^{T})^m$.由此即得

$$(e^{A})^{T}=\left\{\sum_{0}^{\infty}\frac{A_m}{m!}\right\}^{T}=\sum_{0}^{\infty}\frac{(A^{T})^m}{m!}=e^{A^{T}}.$$

当 A 是实反对称矩阵,则

$$(e^{A})\cdot(e^{A})^{T}=e^{A}\cdot e^{A^{T}}=e^{A}\cdot e^{-A}=e^{0}=E,$$

即 e^{A} 为正交阵.

(2) 若 A 为厄米特矩阵,即 $A^{H}=A$,则

$$(e^{iA})^{H}\cdot e^{iA}=(e^{iA})^{H}\cdot e^{iA}=e^{-iA^{H}}\cdot e^{iA}=e^{-iA+iA}=e^{0}=E,$$

故 e^{iA} 为酉矩阵.

12. $X(t)=\begin{pmatrix} \frac{2}{\sqrt{3}}\sin\sqrt{3}t \\ \cos\sqrt{3}t+\frac{1}{\sqrt{3}}\sin\sqrt{3}t \end{pmatrix}$.

提示:$A=\begin{pmatrix} -1 & 2 \\ -2 & 1 \end{pmatrix}$ 的特征值为 $\lambda=\pm\sqrt{3}i$,相应的两个特征向量为

$$\boldsymbol{\alpha}=\begin{pmatrix}1\\ \frac{1+\sqrt{3}\mathrm{i}}{2}\end{pmatrix},\ \boldsymbol{\beta}=\begin{pmatrix}1\\ \frac{1-\sqrt{3}\mathrm{i}}{2}\end{pmatrix},$$

作矩阵

$$\boldsymbol{P}=\begin{pmatrix}1 & 1\\ \frac{1+\sqrt{3}\mathrm{i}}{2} & \frac{1-\sqrt{3}\mathrm{i}}{2}\end{pmatrix},$$

则(利用尤拉公式 $\mathrm{e}^{\mathrm{i}x}=\cos x+\mathrm{i}\sin x$;当 x 为实数)

$$e^{\boldsymbol{A}t}=\boldsymbol{P}\begin{pmatrix}\mathrm{e}^{\sqrt{3}\mathrm{i}t} & 0\\ 0 & \mathrm{e}^{-\sqrt{3}\mathrm{i}t}\end{pmatrix}\boldsymbol{P}^{-1}=\begin{pmatrix}\cos\sqrt{3}t-\frac{1}{\sqrt{3}}\sin\sqrt{3}t & \frac{2}{\sqrt{3}}\sin\sqrt{3}t\\ -\frac{2}{\sqrt{3}}\sin\sqrt{3}t & \cos\sqrt{3}t+\frac{1}{\sqrt{3}}\sin\sqrt{3}t\end{pmatrix},$$

$$\boldsymbol{X}(t)=\mathrm{e}^{\boldsymbol{A}t}\begin{pmatrix}0\\1\end{pmatrix}.$$

13. $\boldsymbol{X}(t)=\begin{pmatrix}\sin 5t\\ \cos 5t\end{pmatrix}\mathrm{e}^{3t}+\begin{pmatrix}a(t)\\ b(t)\end{pmatrix}\mathrm{e}^{3t}$,其中

$$a(t)=\left[\frac{\mathrm{e}^{-4t}}{41}(-4\cos 5t+5\sin 5t)+\frac{4}{41}\right]\cos 5t+\left[\frac{\mathrm{e}^{-4t}}{41}(-4\sin 5t-5\cos 5t)+\frac{5}{41}\right]\sin 5t,$$

$$b(t)=-\left[\frac{\mathrm{e}^{-4t}}{41}(-4\cos 5t+5\sin 5t)+\frac{4}{41}\right]\sin 5t+\left[\frac{\mathrm{e}^{-4t}}{41}(-4\sin 5t-5\cos 5t)+\frac{5}{41}\right]\cos 5t.$$

提示 设 $\boldsymbol{A}=\begin{pmatrix}3 & 5\\ -5 & 3\end{pmatrix}$,则 $\boldsymbol{A}$ 的特征值为 $\lambda=3\pm 5\mathrm{i}$.对应的两个线性无关特征向量为

$$\boldsymbol{\alpha}=(1,\mathrm{i})^{\mathrm{T}},\quad \boldsymbol{\beta}=(\mathrm{i},1)^{\mathrm{T}}.$$

以它们为列向量,构成可逆矩阵

$$\boldsymbol{P}=\begin{pmatrix}1 & \mathrm{i}\\ \mathrm{i} & 1\end{pmatrix}.$$

从而有 $$\mathrm{e}^{\boldsymbol{A}t}=\begin{pmatrix}1 & \mathrm{i}\\ \mathrm{i} & 1\end{pmatrix}\begin{pmatrix}\mathrm{e}^{(3+5\mathrm{i})t} & 0\\ 0 & \mathrm{e}^{(3-5\mathrm{i})t}\end{pmatrix}\cdot\frac{1}{2}\begin{pmatrix}1 & -\mathrm{i}\\ -\mathrm{i} & 1\end{pmatrix}=\begin{pmatrix}\cos 5t & \sin 5t\\ -\sin 5t & \cos 5t\end{pmatrix}\mathrm{e}^{3t}.$$

$$\begin{aligned}\boldsymbol{X}(t)&=\mathrm{e}^{\boldsymbol{A}t}\begin{pmatrix}0\\1\end{pmatrix}+\int_0^t \mathrm{e}^{\boldsymbol{A}(t-\tau)}\begin{pmatrix}\mathrm{e}^{-\tau}\\0\end{pmatrix}\mathrm{d}\tau\\ &=\mathrm{e}^{3t}\begin{pmatrix}\sin 5t\\ \cos 5t\end{pmatrix}+\mathrm{e}^{3t}\int_0^t\begin{pmatrix}\cos 5t\cos 5\tau+\sin 5t\sin 5\tau\\ -\sin 5t\cos 5\tau+\cos 5t\sin 5\tau\end{pmatrix}\mathrm{e}^{-4\tau}\mathrm{d}\tau\end{aligned}$$

习 题 五

1. 由定理 5-1 推论 1 得

$$|\lambda_i|\leqslant 2.7,\quad |\mathrm{Re}(\lambda_i)|\leqslant 2.7,\ |\mathrm{Im}(\lambda_i)|\leqslant 0.165$$

由推论 2 得 $|\mathrm{Im}(\lambda_i)|\leqslant 0.09526\ (i=1,2,3)$.

2. $\boldsymbol{A}$ 的四个特征值都落在下列的四个盖尔圆的并集内:

(1) $|z-1|\leqslant 1$; (2) $|z-1.5|\leqslant 1.5$; (3) $|z-5|\leqslant 1$; (4) $|z-5\mathrm{i}|\leqslant 1$.

3. $\rho(\boldsymbol{A})\leqslant\|\boldsymbol{A}\|_\infty=\max\limits_{1\leqslant i\leqslant 4}\sum\limits_{j=1}^{4}|a_{ij}|=\max\left\{1,1,1,\frac{6}{7}\right\}=1.$

4. 由圆盘定理 5-2,在由两个外切圆构成的连通部分里,矩阵 $\boldsymbol{A}$ 有且只有两个特征值.如果在每个圆上有两个特征值,则在连通部分里,$\boldsymbol{A}$ 就至少有 3 个特征值,这与前述结论矛盾.

5. 设 $\boldsymbol{QAX}=\mu\boldsymbol{X}\quad(\boldsymbol{X}\neq\boldsymbol{0})$.则有

$$\boldsymbol{X}^{\mathrm{H}}\boldsymbol{A}^{\mathrm{H}}\boldsymbol{Q}^{\mathrm{H}}=\bar{\mu}\boldsymbol{X}^{\mathrm{H}},\boldsymbol{X}^{\mathrm{H}}\boldsymbol{A}^{\mathrm{H}}\boldsymbol{Q}^{\mathrm{H}}\cdot\boldsymbol{QAX}=\bar{\mu}\mu\boldsymbol{X}^{\mathrm{H}}\boldsymbol{X},$$

$$(\boldsymbol{AX})^{\mathrm{H}}(\boldsymbol{AX}) = \boldsymbol{X}^{\mathrm{H}}\boldsymbol{A}^{\mathrm{H}}\boldsymbol{AX} = |\mu|^2|\boldsymbol{X}|^2 \quad (因\ \boldsymbol{Q}^{\mathrm{H}}\boldsymbol{Q} = \boldsymbol{E}).$$

但是

$$\boldsymbol{AX} = \begin{pmatrix} a_1 & & & \\ & a_2 & & \\ & & \ddots & \\ & & & a_n \end{pmatrix}\begin{pmatrix} x_1 \\ x_2 \\ \vdots \\ x_n \end{pmatrix} = \begin{pmatrix} a_1x_1 \\ a_2x_2 \\ \vdots \\ a_nx_n \end{pmatrix},$$

于是得

$$(\boldsymbol{AX})^{\mathrm{H}}(\boldsymbol{AX}) = (\bar{a}_1\bar{x}_1, \bar{a}_2\bar{x}_2, \cdots, \bar{a}_n\bar{x}_n)\begin{pmatrix} a_1x_1 \\ a_2x_2 \\ \vdots \\ a_nx_n \end{pmatrix} = \sum_{i=1}^{n}|a_i|^2|x_i|^2.$$

因此

$$\sum_{i=1}^{n}|a_i|^2\cdot|x_i|^2 = |\mu|^2\cdot\sum_{i=1}^{n}|x_i|^2.$$

令 $\min\limits_{1\leqslant i\leqslant n}|a_i| = L, \max\limits_{1\leqslant i\leqslant n}|a_i| = M$,则有

$$L = \sqrt{\frac{L^2\sum|x_i|^2}{\sum|x_i|^2}} \leqslant |\mu| = \sqrt{\frac{\sum|a_i|^2|x_i|^2}{\sum|x_i|^2}} \leqslant \sqrt{\frac{M^2\sum|x_i|^2}{\sum|x_i|^2}} = M.$$

6.(1) 在定理5-1的四个条件中,可以看到 $\boldsymbol{A}$ 与 $\boldsymbol{G}$(即 $\boldsymbol{A}^+$)处于对等的地位,即 $\boldsymbol{G}$ 是 $\boldsymbol{A}$ 的广义逆 $\boldsymbol{A}^+$(且唯一),则 $\boldsymbol{A}$ 也是 $\boldsymbol{G}(=\boldsymbol{A}^+)$ 的广义逆,即 $\boldsymbol{G}^+ = \boldsymbol{A}$,亦即 $(\boldsymbol{A}^+)^+ = \boldsymbol{A}$.

(2) $(\boldsymbol{AA}^+)^2 = \boldsymbol{AA}^+\cdot\boldsymbol{AA}^+ = (\boldsymbol{AGA})\boldsymbol{A}^+ = \boldsymbol{AA}^+$.

(3) 设 $\boldsymbol{A}$ 有奇异值分解为 $\boldsymbol{A} = \boldsymbol{P}\begin{pmatrix} \boldsymbol{D} & 0 \\ 0 & 0 \end{pmatrix}\boldsymbol{Q}^{\mathrm{H}}$,则

$$\boldsymbol{A}^{\mathrm{H}} = \boldsymbol{Q}\begin{pmatrix} \boldsymbol{D}^{\mathrm{H}} & 0 \\ 0 & 0 \end{pmatrix}\boldsymbol{P}^{\mathrm{H}}, \quad (\boldsymbol{A}^{\mathrm{H}})^+ = \boldsymbol{P}\begin{pmatrix} (\boldsymbol{D}^{\mathrm{H}})^{-1} & 0 \\ 0 & 0 \end{pmatrix}\boldsymbol{Q}^{\mathrm{H}}, \quad (见136页)$$

$$(\boldsymbol{A}^+)^{\mathrm{H}} = \boldsymbol{P}\begin{pmatrix} (\boldsymbol{Q}^{-1})^{\mathrm{H}} & 0 \\ 0 & 0 \end{pmatrix}\boldsymbol{Q}^{\mathrm{H}}$$

由于 $(\boldsymbol{D}^{\mathrm{H}})^{-1} = (\boldsymbol{Q}^{-1})^{\mathrm{H}}$,故 $(\boldsymbol{A}^{\mathrm{H}})^+ = (\boldsymbol{A}^+)^{\mathrm{H}}$.

7.(1) $\boldsymbol{A}^+ = \dfrac{1}{3}\begin{pmatrix} 2 & -3 \\ 1 & 0 \\ -1 & 3 \end{pmatrix}$; (2) $\boldsymbol{A}^+ = \dfrac{1}{3}\begin{pmatrix} -2\mathrm{i} & 1 & -\mathrm{i} \\ 1 & -\mathrm{i} & 2 \end{pmatrix}$.

8. $\boldsymbol{A}^+ = \dfrac{1}{8}\begin{pmatrix} 2 & -2 & 2 & 2 \\ -1 & 3 & -1 & 1 \\ 1 & -3 & 1 & -1 \end{pmatrix}$.

9.若 $\boldsymbol{AX} = \boldsymbol{B}$ 有解 $\boldsymbol{X}_0$,则由M-P广义逆的条件(1),即 $\boldsymbol{AA}^+\boldsymbol{A} = \boldsymbol{A}$,得 $\boldsymbol{AA}^+\boldsymbol{AX}_0 = \boldsymbol{B}$,即 $\boldsymbol{AA}^+\boldsymbol{B} = \boldsymbol{B}$;反之,若 $\boldsymbol{AA}^+\boldsymbol{B} = \boldsymbol{B}$,则 $\boldsymbol{X}_0 = \boldsymbol{A}^+\boldsymbol{B}$ 便是 $\boldsymbol{AX} = \boldsymbol{B}$ 的一个解.

10.由定理5-7可见,矩阵 $\boldsymbol{A}$ 的广义逆矩阵 $\boldsymbol{G}$ 具有如下形式:

$$\boldsymbol{G} = \boldsymbol{Q}\begin{pmatrix} \boldsymbol{E}_r & \boldsymbol{X} \\ \boldsymbol{Y} & \boldsymbol{Z} \end{pmatrix}\boldsymbol{P}.$$

这里,$r=1$ 是 $\boldsymbol{A}$ 的秩,$\boldsymbol{E}_1$ 是一阶单位矩阵,又 $\boldsymbol{X}, \boldsymbol{Y}, \boldsymbol{Z}$ 分别是 $1\times2, 1\times1, 1\times2$ 矩阵,设为

$$\boldsymbol{X} = (x_1, x_2), \quad \boldsymbol{Y} = (y), \quad \boldsymbol{Z} = (z_1, z_2).$$

又3阶可逆矩阵 $\boldsymbol{P}$ 与2阶可逆矩阵 $\boldsymbol{Q}$,按上述定理2满足条件

$$PAQ=\begin{pmatrix}E_1 & \\ & 0\end{pmatrix},\qquad (*)$$

因而只需用初等行变换与列变换化矩阵 $\boldsymbol{A}$ 为(*)式右边的形状,就可求得 $\boldsymbol{P}$ 与 $\boldsymbol{Q}$,它们是一些初等矩阵的积. 显然有

$$\begin{pmatrix}1&0&0\\0&1&0\\-2&0&1\end{pmatrix}\begin{pmatrix}1&2\\0&0\\2&4\end{pmatrix}\begin{pmatrix}1&-2\\0&1\end{pmatrix}=\begin{pmatrix}1&0\\0&0\\0&0\end{pmatrix},$$

从而

$$G=Q\begin{pmatrix}E_1&X\\Y&Z\end{pmatrix}P=\begin{pmatrix}1&-2\\0&1\end{pmatrix}\begin{pmatrix}1&x_1&x_2\\y&z_1&z_2\end{pmatrix}\begin{pmatrix}1&0&0\\0&1&0\\-2&0&1\end{pmatrix}$$

$$=\begin{pmatrix}1-y-2(x_2-z_2)&x_1-z_1&x_2-z_2\\y-2z_2&z_1&z_2\end{pmatrix}.$$

取 $x_1=z_1=1,x_2=z_2=y=0$ 可得一个广义逆为

$$A^-=\begin{pmatrix}1&0&0\\0&1&0\end{pmatrix},$$

从而得方程 $\boldsymbol{AX}=\boldsymbol{B}$ 的最小范数解

$$A^-B=\begin{pmatrix}1&0&0\\0&1&0\end{pmatrix}\begin{pmatrix}1\\0\\2\end{pmatrix}=\begin{pmatrix}1\\0\end{pmatrix}.$$

又由第 8 题的公式可求出广义逆 $\boldsymbol{A}^+$

$$A^+=\lim_{\varepsilon\to0}\begin{pmatrix}1&0&2\\2&0&4\end{pmatrix}\begin{pmatrix}5+\varepsilon^2&0&10\\0&\varepsilon^2&0\\10&0&20+\varepsilon^2\end{pmatrix}^{-1}=\frac{1}{25}\begin{pmatrix}1&0&2\\2&0&4\end{pmatrix},$$

而极小最小二乘解为

$$X=A^+B=\begin{pmatrix}\frac{1}{5}\\[4pt]\frac{2}{5}\end{pmatrix}.$$

附录2　典型例题解析

一、下列数集能构成数域的是:

1. $\mathbb{Q}(\sqrt{2})=\{a+b\sqrt{2}\mid a,b\in\mathbb{Q}\}$;

2. $\mathbb{Q}(\sqrt{2},\sqrt{3})=\{a+b\sqrt{2}+c\sqrt{3}\mid a,b,c\in\mathbb{Q}\}$;

3. $\mathbb{Q}(\sqrt{2},\sqrt{3},\sqrt{6})$;

4. $\mathbb{Z}(i)=\{a+b\mathrm{i}\mid a,b\in\mathbb{Z}.\ i=\sqrt{-1}\}$;

5. $\mathbb{Q}(i)=\{a+b\mathrm{i}\mid a,b\in\mathbb{Q}\}$;

6. $\mathbb{S}=\{(a_0+a_1\pi+\cdots+a_n\pi^n)/(b_0+\cdots+b_m\pi^m)\mid a_i,b_j\in\mathbb{Z},m,n$ 非负整数$\}$.

解　1. 数集1是数域. 设 $x_1=a_1+b_1\sqrt{2}$, $x_2=a_2+b_2\sqrt{2}$, 则

$$x_1\pm x_2=(a_1\pm a_2)+(b_1\pm b_2)\sqrt{2}\in\mathbb{Q}(\sqrt{2}),$$

$$x_1\cdot x_2=(a_1a_2+2b_1b_2)+(a_2b_1+a_1b_2)\sqrt{2}\in\mathbb{Q}(\sqrt{2}).$$

又

$$x_2\neq 0,\quad \frac{1}{x_2}=\frac{1}{a_2+b_2\sqrt{2}}=\frac{a_2-b_2\sqrt{2}}{a_2^2-2b_2^2}\in\mathbb{Q}(\sqrt{2}),$$

所以

$$\frac{x_1}{x_2}\in\mathbb{Q}(\sqrt{2}).$$

2. 数集2不是数域. 因为取 $\sqrt{2},\sqrt{3}\in\mathbb{Q}(\sqrt{2},\sqrt{3})$,

$$\sqrt{2}\cdot\sqrt{3}=\sqrt{6}\notin\mathbb{Q}(\sqrt{2},\sqrt{3}).$$

3. 数集3是数域. 加、减、乘法的封闭性验证同1, 又 $x_2\neq 0$,

$$\begin{aligned}\frac{1}{x_2}&=\frac{1}{a_2+b_2\sqrt{2}+\sqrt{3}(c_2+d_2\sqrt{2})}\\&=\frac{a_2+b_2\sqrt{2}-\sqrt{3}(c_2+d_2\sqrt{2})}{a_2^2+2b_2^2-3(c_2^2+2d_2^2)+(2a_2b_2-6c_2d_2)\sqrt{2}}\in\mathbb{Q}(\sqrt{2},\sqrt{3},\sqrt{6}),\end{aligned}$$

所以

$$\frac{x_1}{x_2}\in\mathbb{Q}(\sqrt{2},\sqrt{3},\sqrt{6}).$$

4. 数集4不是数域. 因为取 $i,2\in\mathbb{Z}(\mathrm{i})$,

$$\frac{\mathrm{i}}{2}\notin\mathbb{Z}(\mathrm{i}).$$

数集5、数集6读者自己判定.

二、下列集合对于所给的线性运算能否构成实数域上的线性空间? 是线性空间的话, 判定它的维数.

1. 次数等于 $n(n\geqslant 1)$ 的实系数多项式的全体, 对于多项式的加法和数量乘法;

2. 全体实数的二元数对集, 对于下面定义的运算

$$(a_1,b_1)\oplus(a_2,b_2)=(a_1+a_2,b_1+b_2+a_1a_2),\quad k\circ(a_1,b_1)=\left(ka_1,kb_1,\frac{k(k-1)}{2}a_1^2\right);$$

3. 全体正实数 $\mathbb{R}^+$,加法及数乘定义如下:

$$a \oplus b = ab, \qquad k \circ a = a^k;$$

4. 全体复数集 $\mathbb{C}$,加法与数乘为普通数的加法与乘法.

解 1. 不能构成线性空间,因为 0 多项式不在集合内.

2. 能构成线性空间. 验证如下:

记 $\boldsymbol{\alpha}=(a_1,b_1),\boldsymbol{\beta}=(a_2,b_2),\boldsymbol{\gamma}=(a_3,b_3),k,l\in\mathbb{R}$

(1)
$$\begin{aligned}\boldsymbol{\alpha}+\boldsymbol{\beta}&=(a_1,b_1)\oplus(a_2,b_2)=(a_1+a_2,b_1+b_2+a_1a_2)\\&=(a_2,b_2)\oplus(a_1,b_1)=\boldsymbol{\beta}+\boldsymbol{\alpha}.\end{aligned}$$

(2)
$$\begin{aligned}(\boldsymbol{\alpha}+\boldsymbol{\beta})+\boldsymbol{\gamma}&=(a_1+a_2,b_1+b_2+a_1a_2)\oplus(a_3,b_3)\\&=(a_1+a_2+a_3,b_1+b_2+b_3+a_1a_2+a_1a_3+a_2a_3),\\\boldsymbol{\alpha}+(\boldsymbol{\beta}+\boldsymbol{\gamma})&=(a_1,b_1)\oplus(a_2+a_3,b_2+b_3+a_2a_3)\\&=(a_1+a_2+a_3,b_1+b_2+b_3+a_2a_3+a_1a_2+a_1a_3),\end{aligned}$$

所以
$$(\boldsymbol{\alpha}+\boldsymbol{\beta})+\boldsymbol{\gamma}=\boldsymbol{\alpha}+(\boldsymbol{\beta}+\boldsymbol{\gamma}).$$

(3)对 $\boldsymbol{\alpha}=(a_1,b_1)$,∃向量(0,0)使得[记 $\mathbf{0}=(0,0)$]

$$\boldsymbol{\alpha}\oplus\mathbf{0}=\mathbf{0}+\boldsymbol{\alpha}=\boldsymbol{\alpha}.$$

(4)对 $\boldsymbol{\alpha}=(a_1,b_1)$,∃向量$(-a_1,a_1^2-b_1)$(记为$-\boldsymbol{\alpha}$),使得

$$\boldsymbol{\alpha}\oplus(-\boldsymbol{\alpha})=\mathbf{0}.$$

(5)$1\circ\boldsymbol{\alpha}=\left(a_1,b_1+\dfrac{1(1-1)}{2}a_1^2\right)=(a_1,b_1)=\boldsymbol{\alpha}.$

(6)
$$\begin{aligned}k\circ(l\circ\boldsymbol{\alpha})&=k\circ\left(la_1,lb_1+\frac{l(l-1)}{2}a_1^2\right)\\&=\left(kla_1,k\left[lb_1+\frac{l(l-1)}{2}a_1^2\right]+\frac{k(k-1)}{2}(la_1)^2\right)\\&=\left(kla_1,klb_1+\frac{kl(kl-1)}{2}a_1^2\right)=(kl)\circ\boldsymbol{\alpha}.\end{aligned}$$

(7)
$$\begin{aligned}(k+l)\circ\boldsymbol{\alpha}&=\left(ka_1+la_1,kb_1+lb_1+\frac{(k+l)(k+l-1)}{2}a_1^2\right),\\k\circ\boldsymbol{\alpha}\oplus l\circ\boldsymbol{\alpha}&=\left(k_1a_1,kb_1+\frac{k(k-1)}{2}a_1^2\right)\oplus\left(la_1,lb_1+\frac{l(l-1)}{2}a_1^2\right)\\&=\left(ka_1+la_1,kb_1+\frac{k(k-1)}{2}a_1^2+lb_1+\frac{l(l-1)}{2}a_1^2+kla_1^2\right)\\&=\left(ka_1+la_1,kb_1+lb_1+\frac{(k+l)(k+l-1)}{2}a_1^2\right),\end{aligned}$$

所以
$$(k+l)\circ\boldsymbol{\alpha}=k\circ\boldsymbol{\alpha}\oplus l\circ\boldsymbol{\alpha}.$$

(8)
$$\begin{aligned}k\circ(\boldsymbol{\alpha}\oplus\boldsymbol{\beta})&=k\circ(a_1+a_2,b_1+b_2+a_1a_2)\\&=\left[k(a_1+a_2),k(b_1+b_2+a_1a_2)+\frac{k(k-1)}{2}(a_1+a_2)^2\right],\\k\circ\boldsymbol{\alpha}\oplus k\circ\boldsymbol{\beta}&=\left(ka_1,kb_1+\frac{k(k-1)}{2}a_1^2\right)\oplus\left(ka_2,kb_2+\frac{k(k-1)}{2}a_2^2\right)\\&=k(a_1+a_2),k(b_1+b_2+a_1a_2)+\frac{k(k-1)}{2}(a_1+a_2)^2,\end{aligned}$$

所以

$$k\circ(\boldsymbol{\alpha}\oplus\boldsymbol{\beta})=k\circ\boldsymbol{\alpha}\oplus k\circ\boldsymbol{\beta}.$$

注 实二元数对集,对于普通的向量加法与数乘易证构成 $\mathbb{R}$ 上的线性空间. 此例说明同一集合上可以定义不同的加法与数乘均可构成线性空间.

取定 $\boldsymbol{\alpha}_1=(1,0),\boldsymbol{\alpha}_2=(0,1)$,若有

$$k_1 \circ \boldsymbol{\alpha}_1 \oplus k_2 \circ \boldsymbol{\alpha}_2 = 0,$$

即

$$\left(k_1, \frac{k_1(k_1-1)}{2}\right) \oplus (0, k_2) = \left(k_1, \frac{k_1(k_1-1)}{2} + k_2\right) = 0$$

$$\Rightarrow \begin{cases} k_1 = 0 \\ \dfrac{k_1(k_1-1)}{2} + k_2 = 0 \end{cases} \Rightarrow \begin{cases} k_1 = 0 \\ k_2 = 0 \end{cases},$$

所以 $\boldsymbol{\alpha}_1, \boldsymbol{\alpha}_2$ 线性无关.

又 $\forall\, \boldsymbol{\alpha} = (a, b)$ 有 $k_1 = a, k_2 = b - \dfrac{a(a-1)}{2}$,使得

$$\boldsymbol{\alpha} = k_1 \circ \boldsymbol{\alpha}_1 \oplus k_2 \circ \boldsymbol{\alpha}_2,$$

从而 $\boldsymbol{\alpha}_1, \boldsymbol{\alpha}_2$ 是线性空间的一个基.故该线性空间的维数为2.

集合3与集合4留给读者练习.

三、求下列线性空间的维数与一个基:

1. $\mathbb{P}^{n\times n}$ 中全体对称(反对称,上三角)矩阵构成的域 $\mathbb{P}$上的空间;

2. 实数域上由矩阵 $\boldsymbol{A}$ 的全体实系数多项式组成的空间,其中,

$$\boldsymbol{A} = \begin{pmatrix} 1 & 0 & 0 \\ 0 & \omega & 0 \\ 0 & 0 & \omega^2 \end{pmatrix}, \quad \omega = \frac{-1+\sqrt{3}\mathrm{i}}{2}.$$

解 1. 记 $\boldsymbol{E}_{ij}$ 为第 i 行第 j 列位置上元素为1其余元素为0的 n 阶方阵,则 $\boldsymbol{E}_{ij}\,(i \geqslant j, i, j = 1, 2, \cdots, n)$ 均为上三角矩阵,易验证它们线性无关,对任一上三角矩阵

$$\boldsymbol{A} = \begin{pmatrix} a_{11} & a_{12} & \cdots & a_{1n} \\ 0 & a_{22} & \cdots & a_{2n} \\ \vdots & \vdots & & \vdots \\ 0 & 0 & \cdots & a_{nn} \end{pmatrix} = \sum_{i \geqslant j} a_{ij} \boldsymbol{E}_{ij},$$

所以 $\boldsymbol{E}_{ij}\,(i \geqslant j, i, j = 1, 2, \cdots, n)$ 构成全体上三角阵空间上的一个基,故该空间维数为 $\dfrac{n(n+1)}{2}$.

对称或反对称矩阵所作成的线性空间可类似讨论.

2. 因为 $\boldsymbol{A}^2 = \begin{pmatrix} 1 & & \\ & \omega^2 & \\ & & \omega \end{pmatrix}, \quad \boldsymbol{A}^3 = \begin{pmatrix} 1 & & \\ & 1 & \\ & & 1 \end{pmatrix}$,所以 $\boldsymbol{A}$ 的任一多项式 $f(\boldsymbol{A})$ 可表示成形式

$$a_0 \boldsymbol{E} + a_1 \boldsymbol{A} + a_2 \boldsymbol{A}^2,$$

又因为 $\boldsymbol{E}, \boldsymbol{A}, \boldsymbol{A}^2$ 线性无关,「事实上,设 $k_1 \boldsymbol{E} + k_2 \boldsymbol{A} + k_3 \boldsymbol{A}^2 = 0$,即

$$\begin{pmatrix} k_1 + k_2 + k_3 & 0 & 0 \\ 0 & k_1 + k_2\omega + k_3\omega^2 & 0 \\ 0 & 0 & k_1 + k_2\omega^2 + k_3\omega \end{pmatrix} = 0,$$

所以

$$\begin{cases} k_1 + k_2 + k_3 = 0 \\ k_1 + k_2\omega + k_3\omega^2 = 0. \\ k_1 + k_2\omega^2 + k_3\omega = 0 \end{cases}$$

因为 $\begin{vmatrix} 1 & 1 & 1 \\ 1 & \omega & \omega^2 \\ 1 & \omega^2 & \omega \end{vmatrix} \neq 0$,所以 $k_1 = k_2 = k_3 = 0$.」故该线性空间的一个基为 $\boldsymbol{E}, \boldsymbol{A}, \boldsymbol{A}^2$;从而维数为3.

四、求 $\mathbb{P}^4$ 中，由基 $\boldsymbol{\varepsilon}_1,\boldsymbol{\varepsilon}_2,\boldsymbol{\varepsilon}_3,\boldsymbol{\varepsilon}_4$ 到基 $\boldsymbol{\eta}_1,\boldsymbol{\eta}_2,\boldsymbol{\eta}_3,\boldsymbol{\eta}_4$ 的过渡矩阵.

$$\begin{cases}\boldsymbol{\varepsilon}_1=(1,1,1,1)\\ \boldsymbol{\varepsilon}_2=(1,1,-1,-1)\\ \boldsymbol{\varepsilon}_3=(1,-1,1,-1)\\ \boldsymbol{\varepsilon}_4=(1,-1,-1,1)\end{cases},\quad \begin{cases}\boldsymbol{\eta}_1=(1,1,0,1)\\ \boldsymbol{\eta}_2=(2,1,3,1)\\ \boldsymbol{\eta}_3=(1,1,0,0)\\ \boldsymbol{\eta}_4=(0,1,-1,-1)\end{cases},$$

解 数组向量 $\boldsymbol{\beta}$ 可由 $\boldsymbol{\alpha}_1,\boldsymbol{\alpha}_2,\cdots,\boldsymbol{\alpha}_n$ 表示的充要条件为线性方程组$(\boldsymbol{\alpha}_1,\cdots,\boldsymbol{\alpha}_n\mid\boldsymbol{\beta})$有解，且解为表示的系数，由过渡矩阵的定义可知要求过渡矩阵，只要解扩充方程组$(\boldsymbol{\varepsilon}_1\boldsymbol{\varepsilon}_2\boldsymbol{\varepsilon}_3\boldsymbol{\varepsilon}_4\mid\boldsymbol{\eta}_1\boldsymbol{\eta}_2\boldsymbol{\eta}_3\boldsymbol{\eta}_4)$的解即可. 这些解按列的顺序构成的矩阵即为所求的过渡矩阵，因为

$$(\boldsymbol{\varepsilon}_1\boldsymbol{\varepsilon}_2\boldsymbol{\varepsilon}_3\boldsymbol{\varepsilon}_4\mid\boldsymbol{\eta}_1\boldsymbol{\eta}_2\boldsymbol{\eta}_3\boldsymbol{\eta}_4)=\left(\begin{array}{cccc|cccc}1&1&1&1&1&2&1&0\\1&1&-1&-1&1&1&1&1\\1&-1&1&-1&0&3&0&-1\\1&-1&-1&1&1&1&0&-1\end{array}\right)$$

$$\xrightarrow[\text{变换}]{\text{行初等}}\left(\begin{array}{cccc|cccc}1&0&0&0&\frac{3}{4}&\frac{7}{4}&\frac{1}{2}&-\frac{1}{4}\\0&1&0&0&\frac{1}{4}&\frac{-1}{4}&\frac{1}{2}&\frac{3}{4}\\0&0&1&0&-\frac{1}{4}&\frac{3}{4}&0&\frac{-1}{4}\\0&0&0&1&\frac{1}{4}&-\frac{1}{4}&0&-\frac{1}{4}\end{array}\right),$$

所以所求过渡矩阵为

$$\frac{1}{4}\begin{pmatrix}3&7&2&-1\\1&-1&2&3\\-1&3&0&-1\\1&-1&0&-1\end{pmatrix}.$$

五、证明实数域作为它自身上的线性空间与第二题第3小题中的线性空间同构.

证明 作映射 $\sigma:\mathbb{R}\longrightarrow\mathbb{R}^+,r\longrightarrow \mathrm{e}^r$，易知 σ 为一一对应，$\forall\, r_1,r_2\in\mathbb{R},k,l\in\mathbb{R}$，则有

$$\sigma(kr_1+lr_2)=\mathrm{e}^{kr_1+lr_2},$$

$$k\circ\sigma(r_1)\oplus l\circ\sigma(r_2)=\!=k\circ\mathrm{e}^{r_1}\oplus l\circ\mathrm{e}^{r_2}=\!=\left(\mathrm{e}^{r_1}\right)^k\oplus\left(\mathrm{e}^{r_2}\right)^l=\!=\mathrm{e}^{kr_1}\oplus\mathrm{e}^{lr_2}=\!=\mathrm{e}^{kr_1+lr_2}$$

所以 $\sigma(kr_1+lr_2)=k\circ\sigma(r_1)\oplus l\circ\sigma(r_2)$，从而 $\mathbb{R}\cong\mathbb{R}^+$.

六、求由向量 $\boldsymbol{\alpha}_i$ 生成的子空间与由向量 $\boldsymbol{\beta}_i$ 生成的子空间的交与和的基. 其中

$$\begin{cases}\boldsymbol{\alpha}_1=(1,2,-1,-2)\\ \boldsymbol{\alpha}_2=(3,1,1,1)\\ \boldsymbol{\alpha}_3=(-1,0,1,-1)\end{cases},\quad\begin{cases}\boldsymbol{\beta}_1=(2,5,-6,-5)\\ \boldsymbol{\beta}_2=(-1,2,-7,3)\end{cases}.$$

解 记 $V_1=L(\boldsymbol{\alpha}_1,\boldsymbol{\alpha}_2,\boldsymbol{\alpha}_3)$, $V_2=L(\boldsymbol{\beta}_1,\boldsymbol{\beta}_2)$，则

$$V_1+V_2=L(\boldsymbol{\alpha}_1,\boldsymbol{\alpha}_2,\boldsymbol{\alpha}_3;\boldsymbol{\beta}_1,\boldsymbol{\beta}_2),$$

故求 V_1+V_2 的基只要求 $\boldsymbol{\alpha}_1,\boldsymbol{\alpha}_2,\boldsymbol{\alpha}_3,\boldsymbol{\beta}_1,\boldsymbol{\beta}_2$ 的一个极大线性无关组即可.

对于 $V_1\cap V_2$，设 $\boldsymbol{\alpha}\in V_1\cap V_2$ 则

$$\boldsymbol{\alpha}=k_1\boldsymbol{\alpha}_1+k_2\boldsymbol{\alpha}_2+k_3\boldsymbol{\alpha}_3=l_1\boldsymbol{\beta}_1+l_2\boldsymbol{\beta}_2,\tag{1}$$

即

$$k_1\boldsymbol{\alpha}_1+k_2\boldsymbol{\alpha}_2+k_3\boldsymbol{\alpha}_3+(-l_1)\boldsymbol{\beta}_1+(-l_2)\boldsymbol{\beta}_2=0,$$

亦即$(k_1,k_2,k_3,-l_1,-l_2)$是齐次线性方程组$(\boldsymbol{\alpha}_1,\boldsymbol{\alpha}_2,\boldsymbol{\alpha}_3,\boldsymbol{\beta}_1,\boldsymbol{\beta}_2)$的解.

因为

$$(\boldsymbol{\alpha}_1,\boldsymbol{\alpha}_2,\boldsymbol{\alpha}_3,\boldsymbol{\beta}_1,\boldsymbol{\beta}_2)=\begin{pmatrix}1&3&-1&2&-1\\2&1&0&5&2\\-1&1&1&-6&-7\\-2&1&-1&-5&3\end{pmatrix}\xrightarrow[\text{变换}]{\text{行初等}}\begin{pmatrix}1&0&0&3&0\\0&1&0&-1&0\\0&0&1&-2&0\\0&0&0&0&1\end{pmatrix},$$

由前面分析可知，$\boldsymbol{\alpha}_1,\boldsymbol{\alpha}_2,\boldsymbol{\alpha}_3,\boldsymbol{\beta}_2$ 是 V_1+V_2 的一个基.齐次方程组$(\boldsymbol{\alpha}_1,\boldsymbol{\alpha}_2,\boldsymbol{\alpha}_3,\boldsymbol{\beta}_1,\boldsymbol{\beta}_2)$的通解为

$$\begin{cases}k_1=3l_1\\k_2=-l_1\\k_3=-2l_1\\-l_2=0\end{cases},$$

代入式(1)有 $\boldsymbol{\alpha}=l_1\boldsymbol{\beta}_1$，

故 $V_1\cap V_2$ 的一个基为 $\boldsymbol{\beta}_1$，即 $V_1\cap V_2=L(\boldsymbol{\beta}_1)$.

七、在给定了空间直角坐标系的三维空间中，所有自原点引出的向量添上零向量构成一个三维线性空间 $\mathbb{R}^3$.

1. 问所有终点都在一个平面上的向量是否为子空间；

2. 设有过原点的三条直线，直线上的向量组成的子空间记为 L_1,L_2,L_3，问 L_1+L_2，$L_1+L_2+L_3$ 能构成哪些类型的子空间；

3. 试用几何空间的例子来说明：若 U,V,X,Y 为子空间，满足 $U+V=X$，$X\supset Y$，是否一定有

$$Y=Y\cap U+Y\cap V.$$

解 1. 若该平面经过原点，则能构成子空间；若该平面不经过原点，则不能构成子空间.

2. L_1+L_2：(1)若 L_1 与 L_2 重合，L_1+L_2 为一维子空间；

(2)若 L_1 与 L_2 不重合，则 L_1+L_2 为 L_1 与 L_2 所在的平面，它是一个二维子空间.

$L_1+L_2+L_3$：(1)若 $L_1=L_2=L_3$，则 $L_1+L_2+L_3$ 为一维子空间；

(2)若 L_1,L_2,L_3 在同一平面内，则 $L_1+L_2+L_3$ 为所在平面，是二维子空间；

(3)若 L_1,L_2,L_3 不共面，则 $L_1+L_2+L_3$ 即为三维线性空间 $\mathbb{R}^3$.

3. 未必有.例如 $U=L_1$，$V=L_2$，$L_1\neq L_2$，Y 为 L_1,L_2 所在平面 L_1+L_2 内任一直线 $L(L\neq L_1,L\neq L_2)$，则有

$$Y\cap U=\{0\},\ Y\cap V=\{0\},\ Y\neq Y\cap U+Y\cap V.$$

八、判别下列所定义的变换，哪些是线性的，哪些不是.

1. 在线性空间 V 中，$\boldsymbol{A}\boldsymbol{\xi}=\boldsymbol{\xi}+\boldsymbol{\alpha}$，其中 $\boldsymbol{\alpha}\in V$ 是一固定向量；

2. 在 $\mathbb{P}^3$ 中，$\boldsymbol{A}(x_1,x_2,x_3)=(x_1^2,x_2+x_3,x_3^2)$；

3. 在 $\mathbb{P}[x]$中，$\boldsymbol{A}[f(x)]=f(x+1)$；

4. 把复数域看作是复数域上的线性空间，$\boldsymbol{A}\boldsymbol{\xi}=\overline{\boldsymbol{\xi}}$.

解 1. $\forall\boldsymbol{\xi}_1,\boldsymbol{\xi}_2\in V,k,l\in\mathbb{P}$.因为 $\boldsymbol{A}(k\boldsymbol{\xi}_1+l\boldsymbol{\xi}_2)=k\boldsymbol{\xi}_1+l\boldsymbol{\xi}_2+\boldsymbol{\alpha}$，

$$k\boldsymbol{A}\boldsymbol{\xi}_1+l\boldsymbol{A}\boldsymbol{\xi}_2=k(\boldsymbol{\xi}_1+\boldsymbol{\alpha})+l(\boldsymbol{\xi}_2+\boldsymbol{\alpha})=k\boldsymbol{\xi}_1+l\boldsymbol{\xi}_2+(k+l)\boldsymbol{\alpha},$$

若对 $\forall k,l$ 有

$$\boldsymbol{A}(k\boldsymbol{\xi}_1+l\boldsymbol{\xi}_2)=k\boldsymbol{A}\boldsymbol{\xi}_1+l\boldsymbol{A}\boldsymbol{\xi}_2,$$

则必须 $\boldsymbol{\alpha}=\boldsymbol{0}$，故当 $\boldsymbol{\alpha}=\boldsymbol{0}$，$A$ 是线性变换；$\boldsymbol{\alpha}\neq\boldsymbol{0}$，$A$ 不是线性变换.

2. A 不是线性变换.反例：取 $\boldsymbol{\alpha}=(1,0,0)$，$k=2$，则

$$2A\boldsymbol{\alpha}=(2,0,0),\ A(2\boldsymbol{\alpha})=A(2,0,0)=(4,0,0),\quad 2A\boldsymbol{\alpha}\neq A(2\boldsymbol{\alpha}).$$

3. A 是线性变换. $\forall f(x),g(x)\in\mathbb{P}[x],k,l\in\mathbb{P}$，有

$$A[kf(x)+lg(x)]=kf(x+1)+lg(x+1)=k\cdot Af(x)+lAg(x).$$

4. A 不是线性变换. 反例:取 $\boldsymbol{\alpha}=1, k=\mathrm{i}$,则有

$$A(k\boldsymbol{\alpha}) = A(\mathrm{i}) = -\mathrm{i},$$
$$k\cdot A\boldsymbol{\alpha} = \mathrm{i}A(1) = \mathrm{i}, \quad A(k\boldsymbol{\alpha}) \neq kA\boldsymbol{\alpha}.$$

九、求下列线性变换在所指定基下的矩阵:

1. 在线性空间 $\mathbb{P}[x]_n$ 中,设线性变换 $A: f(x)\longrightarrow[f(x+1)-f(x)]$,基 $\varepsilon_0=1$,

$$\varepsilon_i=\frac{x(x-1)\cdots(x-i+1)}{i!} \quad (i=1,2,\cdots,n-1).$$

2. 六个函数 $\varepsilon_1=\mathrm{e}^{ax}\cos bx,\quad \varepsilon_2=\mathrm{e}^{ax}\sin bx,\quad \varepsilon_3=x\mathrm{e}^{ax}\cos bx,$

$$\varepsilon_4=x\mathrm{e}^{ax}\sin bx,\quad \varepsilon_5=\frac{1}{2}x^2\mathrm{e}^{ax}\cos bx,\quad \varepsilon_6=\frac{1}{2}x^2\mathrm{e}^{ax}\sin bx$$

的所有实系数线性组合构成实数域上的一个六维线性空间,求微分变换 D 在基 $\varepsilon_i \ (i=1,\cdots,6)$ 下的矩阵.

3. $\mathbb{P}^3$ 中,A 在基 $\boldsymbol{\eta}_1=(-1,1,1),\boldsymbol{\eta}_2=(1,0,-1),\boldsymbol{\eta}_3=(0,1,1)$ 下的矩阵是 $\begin{pmatrix}1&0&1\\1&1&0\\-1&2&1\end{pmatrix}$,求 A 在基 $\boldsymbol{\varepsilon}_1=(1,0,0),\boldsymbol{\varepsilon}_2=(0,1,0),\boldsymbol{\varepsilon}_3=(0,0,1)$ 下的矩阵.

4. $\mathbb{P}^3$ 中 $\begin{cases}\boldsymbol{\eta}_1=(-1,0,2)\\ \boldsymbol{\eta}_2=(0,1,1)\\ \boldsymbol{\eta}_3=(3,-1,0)\end{cases}, \quad \begin{cases}A\boldsymbol{\eta}_1=(-5,0,3)\\ A\boldsymbol{\eta}_2=(0,-1,6)\\ A\boldsymbol{\eta}_3=(-5,-1,9)\end{cases},$

求 A 在基 $\boldsymbol{\varepsilon}_1=(1,0,0),\boldsymbol{\varepsilon}_2=(0,1,0),\boldsymbol{\varepsilon}_3=(0,0,1)$ 下的矩阵.

解 1. $A\varepsilon_0=0, A\varepsilon_1=\varepsilon_0, A\varepsilon_i=\varepsilon_{i-1}(i=1,2,\cdots,n-1)$,则 A 在 $\varepsilon_0,\varepsilon_1,\varepsilon_2,\cdots,\varepsilon_{n-1}$ 下的矩阵为

$$\begin{pmatrix}0&1&0&\cdots&0\\0&0&1&\cdots&0\\\vdots&\vdots&\vdots&&\vdots\\0&0&0&\cdots&1\\0&0&0&\cdots&0\end{pmatrix}.$$

2. $D\varepsilon_1=a\mathrm{e}^{ax}\cos bx-b\mathrm{e}^{ax}\sin bx=a\varepsilon_1-b\varepsilon_2,$

$D\varepsilon_2=a\mathrm{e}^{ax}\sin bx+b\mathrm{e}^{ax}\cos bx=b\varepsilon_1+a\varepsilon_2,$

$D\varepsilon_3=\mathrm{e}^{ax}\cos bx+ax\mathrm{e}^{ax}\cos bx-bx\mathrm{e}^{ax}\sin bx=\varepsilon_1+a\varepsilon_3-b\varepsilon_4,$

$D\varepsilon_4=\mathrm{e}^{ax}\sin bx+ax\mathrm{e}^{ax}\sin bx+bx\mathrm{e}^{ax}\cos bx=\varepsilon_2+b\varepsilon_3+a\varepsilon_4,$

$D\varepsilon_5=x\mathrm{e}^{ax}\cos bx+\frac{1}{2}ax^2\mathrm{e}^{ax}\cos bx-\frac{b}{2}x^2\mathrm{e}^{ax}\sin bx=\varepsilon_3+a\cdot\varepsilon_5-b\varepsilon_6;$

$D\varepsilon_6=x\mathrm{e}^{ax}\sin bx+\frac{a}{2}x^2\mathrm{e}^{ax}\sin bx+\frac{b}{2}x^2\mathrm{e}^{ax}\cos bx=\varepsilon_4+b\varepsilon_5+a\varepsilon_6,$

所以 D 在 $\varepsilon_1,\varepsilon_2,\cdots,\varepsilon_6$ 下的矩阵为

$$\begin{pmatrix}a&b&1&0&0&0\\-b&a&0&1&0&0\\0&0&a&b&1&0\\0&0&-b&a&0&1\\0&0&0&0&a&b\\0&0&0&0&-b&a\end{pmatrix}.$$

3. 已知 $$(A\boldsymbol{\eta}_1,A\boldsymbol{\eta}_2,A\boldsymbol{\eta}_3)=(\boldsymbol{\eta}_1,\boldsymbol{\eta}_2,\boldsymbol{\eta}_3)\begin{pmatrix}1&0&1\\1&1&0\\-1&2&1\end{pmatrix},$$

设
$$(A\boldsymbol{\varepsilon}_1, A\boldsymbol{\varepsilon}_2, A\boldsymbol{\varepsilon}_3) = (\boldsymbol{\varepsilon}_1, \boldsymbol{\varepsilon}_2, \boldsymbol{\varepsilon}_3)A,$$

因为
$$(\boldsymbol{\eta}_1, \boldsymbol{\eta}_2, \boldsymbol{\eta}_3) = (\boldsymbol{\varepsilon}_1, \boldsymbol{\varepsilon}_2, \boldsymbol{\varepsilon}_3)\begin{pmatrix} -1 & 1 & 0 \\ 1 & 0 & 1 \\ 1 & -1 & 1 \end{pmatrix},$$

所以
$$\boldsymbol{A} = \begin{pmatrix} -1 & 1 & 0 \\ 1 & 0 & 1 \\ 1 & -1 & 0 \end{pmatrix} \cdot \begin{pmatrix} 1 & 0 & 1 \\ 1 & 1 & 0 \\ -1 & 2 & 1 \end{pmatrix} \begin{pmatrix} -1 & 1 & 0 \\ 1 & 0 & 1 \\ 1 & -1 & 1 \end{pmatrix}^{-1} = \begin{pmatrix} -1 & 1 & -2 \\ 2 & 2 & 0 \\ 1 & -1 & 2 \end{pmatrix}.$$

4. 因为
$$(\boldsymbol{\eta}_1, \boldsymbol{\eta}_2, \boldsymbol{\eta}_3) = (\boldsymbol{\varepsilon}_1, \boldsymbol{\varepsilon}_2, \boldsymbol{\varepsilon}_3)\begin{pmatrix} -1 & 0 & 3 \\ 0 & 1 & -1 \\ 2 & 1 & 0 \end{pmatrix},$$

$$A(\boldsymbol{\eta}_1, \boldsymbol{\eta}_2, \boldsymbol{\eta}_3) = A(\boldsymbol{\varepsilon}_1, \boldsymbol{\varepsilon}_2, \boldsymbol{\varepsilon}_3)\begin{pmatrix} -1 & 0 & 3 \\ 0 & 1 & -1 \\ 2 & 1 & 0 \end{pmatrix},$$

又
$$A(\boldsymbol{\eta}_1, \boldsymbol{\eta}_2, \boldsymbol{\eta}_3) = (\boldsymbol{\varepsilon}_1, \boldsymbol{\varepsilon}_2, \boldsymbol{\varepsilon}_3)\begin{pmatrix} -5 & 0 & -5 \\ 0 & -1 & -1 \\ 3 & 6 & 9 \end{pmatrix},$$

所以
$$A(\boldsymbol{\varepsilon}_1, \boldsymbol{\varepsilon}_2, \boldsymbol{\varepsilon}_3) = (\boldsymbol{\varepsilon}_1, \boldsymbol{\varepsilon}_2, \boldsymbol{\varepsilon}_3)\begin{pmatrix} -5 & 0 & -5 \\ 0 & -1 & -1 \\ 3 & 6 & 9 \end{pmatrix}\begin{pmatrix} -1 & 0 & 3 \\ 0 & 1 & -1 \\ 2 & 1 & 0 \end{pmatrix}^{-1},$$

故 A 在 $\boldsymbol{\varepsilon}_1, \boldsymbol{\varepsilon}_2, \boldsymbol{\varepsilon}_3$ 下的矩阵为
$$\begin{pmatrix} -5 & 0 & -5 \\ 0 & -1 & -1 \\ 3 & 6 & 9 \end{pmatrix}\begin{pmatrix} -1 & 0 & 3 \\ 0 & 1 & -1 \\ 2 & 1 & 0 \end{pmatrix}^{-1} = \frac{1}{7}\begin{pmatrix} -5 & 20 & -20 \\ -4 & -5 & -2 \\ 27 & 18 & 24 \end{pmatrix}.$$

十、设三维线性空间 V 上的线性变换 A 在基 $\boldsymbol{\varepsilon}_1, \boldsymbol{\varepsilon}_2, \boldsymbol{\varepsilon}_3$ 下的矩阵为 $\boldsymbol{A} = \begin{pmatrix} a_{11} & a_{12} & a_{13} \\ a_{21} & a_{22} & a_{23} \\ a_{31} & a_{32} & a_{33} \end{pmatrix}$,

1. 求 $\boldsymbol{A}$ 在基 $\boldsymbol{\varepsilon}_1, \boldsymbol{\varepsilon}_2, \boldsymbol{\varepsilon}_3$ 下的矩阵;

2. 求 $\boldsymbol{A}$ 在 $\boldsymbol{\varepsilon}_1, k\boldsymbol{\varepsilon}_2, \boldsymbol{\varepsilon}_3$ 下的矩阵;

3. 求 $\boldsymbol{A}$ 在基 $\boldsymbol{\varepsilon}_1 + \boldsymbol{\varepsilon}_2, \boldsymbol{\varepsilon}_2, \boldsymbol{\varepsilon}_3$ 下的矩阵.

解: 1. 因为
$$\boldsymbol{A}\boldsymbol{\varepsilon}_1 = a_{11}\boldsymbol{\varepsilon}_1 + a_{21}\boldsymbol{\varepsilon}_2 + a_{31}\boldsymbol{\varepsilon}_3 = a_{31}\boldsymbol{\varepsilon}_3 + a_{21}\boldsymbol{\varepsilon}_2 + a_{11}\boldsymbol{\varepsilon}_1,$$
$$\boldsymbol{A}\boldsymbol{\varepsilon}_2 = a_{12}\boldsymbol{\varepsilon}_1 + a_{22}\boldsymbol{\varepsilon}_2 + a_{32}\boldsymbol{\varepsilon}_3 = a_{32}\boldsymbol{\varepsilon}_3 + a_{22}\boldsymbol{\varepsilon}_2 + a_{12}\boldsymbol{\varepsilon}_1,$$
$$\boldsymbol{A}\boldsymbol{\varepsilon}_3 = a_{13}\boldsymbol{\varepsilon}_1 + a_{23}\boldsymbol{\varepsilon}_2 + a_{33}\boldsymbol{\varepsilon}_3 = a_{33}\boldsymbol{\varepsilon}_3 + a_{23}\boldsymbol{\varepsilon}_2 + a_{13}\boldsymbol{\varepsilon}_1,$$

所以 $\boldsymbol{A}$ 在 $\boldsymbol{\varepsilon}_3, \boldsymbol{\varepsilon}_2, \boldsymbol{\varepsilon}_1$ 下的矩阵为
$$\begin{pmatrix} a_{33} & a_{32} & a_{31} \\ a_{23} & a_{22} & a_{21} \\ a_{13} & a_{12} & a_{11} \end{pmatrix}.$$

2. 因为
$$\boldsymbol{A}\boldsymbol{\varepsilon}_1 = a_{11}\boldsymbol{\varepsilon}_1 + \frac{a_{21}}{k}(k\boldsymbol{\varepsilon}_2) + a_{31}\boldsymbol{\varepsilon}_3,$$
$$\boldsymbol{A}(k\boldsymbol{\varepsilon}_2) = ka_{12}\boldsymbol{\varepsilon}_1 + a_{22}(k\boldsymbol{\varepsilon}_2) + ka_{32}\boldsymbol{\varepsilon}_3,$$
$$\boldsymbol{A}\boldsymbol{\varepsilon}_3 = a_{13}\boldsymbol{\varepsilon}_1 + \frac{a_{23}}{k}(k\boldsymbol{\varepsilon}_2) + a_{33}\boldsymbol{\varepsilon}_3,$$

所以 $\boldsymbol{A}$ 在基 $\boldsymbol{\varepsilon}_1, k\boldsymbol{\varepsilon}_2, \boldsymbol{\varepsilon}_3$ 下的矩阵为

$$\begin{pmatrix} a_{11} & ka_{12} & a_{13} \\ \dfrac{a_{21}}{k} & a_{22} & \dfrac{a_{23}}{k} \\ a_{31} & ka_{32} & a_{33} \end{pmatrix}.$$

3. 因为 $\boldsymbol{A}(\boldsymbol{\varepsilon}_1+\boldsymbol{\varepsilon}_2)=(a_{11}+a_{12})(\boldsymbol{\varepsilon}_1+\boldsymbol{\varepsilon}_2)+(a_{21}+a_{22}-a_{11}-a_{12})\boldsymbol{\varepsilon}_2+(a_{31}+a_{32})\boldsymbol{\varepsilon}_3$,

$$\boldsymbol{A}\boldsymbol{\varepsilon}_2=a_{12}(\boldsymbol{\varepsilon}_1+\boldsymbol{\varepsilon}_2)+(a_{22}-a_{12})\boldsymbol{\varepsilon}_2+a_{32}\boldsymbol{\varepsilon}_3,$$

$$\boldsymbol{A}\boldsymbol{\varepsilon}_3=a_{13}(\boldsymbol{\varepsilon}_1+\boldsymbol{\varepsilon}_2)+(a_{23}-a_{13})\boldsymbol{\varepsilon}_2+a_{33}\boldsymbol{\varepsilon}_3,$$

所以 $\boldsymbol{A}$ 在基 $\boldsymbol{\varepsilon}_1+\boldsymbol{\varepsilon}_2, \boldsymbol{\varepsilon}_2, \boldsymbol{\varepsilon}_3$ 下的矩阵为

$$\begin{pmatrix} a_{11}+a_{12} & a_{12} & a_{13} \\ a_{21}+a_{22}-a_{11}-a_{12} & a_{22}-a_{12} & a_{23}-a_{13} \\ a_{31}+a_{32} & a_{32} & a_{33} \end{pmatrix}.$$

十一、设 A 是线性空间 V 上的线性变换,如果 $A^{k-1}\boldsymbol{\xi}\neq 0$,但 $A^k\boldsymbol{\xi}=0$,求证 $\boldsymbol{\xi}, A\boldsymbol{\xi}, \cdots, A^{k+1}\boldsymbol{\xi}(k>0)$线性无关.

证明 设有 $l_1, l_2, \cdots, l_k$ 使得

$$l_1\boldsymbol{\xi}+l_2A\boldsymbol{\xi}+\cdots+l_kA^{k-1}\boldsymbol{\xi}=0, \tag{1}$$

式(1)两边作变换 A,有

$$l_1A\boldsymbol{\xi}+l_2A^2\boldsymbol{\xi}+l_{k-1}A^{k-1}\boldsymbol{\xi}=0.$$

依次进行下去,则有

$$l_1A^2\boldsymbol{\xi}+\cdots+l_{k-2}A^{k-1}\boldsymbol{\xi}=0,$$

$$\vdots$$

$$l_1A^{k-1}\boldsymbol{\xi}=0,$$

由 $A^{k-1}\boldsymbol{\xi}\neq 0 \Rightarrow l_1=0$ 回代到各表示式中,依次得到 $l_2=\cdots=l_k=0$,所以 $\boldsymbol{\xi}, A\boldsymbol{\xi}, \cdots, A^{k-1}\boldsymbol{\xi}$ 线性无关.

十二、设 $\boldsymbol{\varepsilon}_1, \boldsymbol{\varepsilon}_2, \boldsymbol{\varepsilon}_3, \boldsymbol{\varepsilon}_4$ 是四维线性空间 V 的一个基,线性变换 A 在该基下矩阵为

$$\begin{pmatrix} 1 & 0 & 2 & 1 \\ -1 & 2 & 1 & 3 \\ 1 & 2 & 5 & 5 \\ 2 & -2 & 1 & -2 \end{pmatrix}.$$

1. 求 A 在基 $\boldsymbol{\eta}_1=\boldsymbol{\varepsilon}_1-2\boldsymbol{\varepsilon}_2+\boldsymbol{\varepsilon}_4, \boldsymbol{\eta}_2=3\boldsymbol{\varepsilon}_2-\boldsymbol{\varepsilon}_3-\boldsymbol{\varepsilon}_4, \boldsymbol{\eta}_3=\boldsymbol{\varepsilon}_3+\boldsymbol{\varepsilon}_4, \boldsymbol{\eta}_4=2\boldsymbol{\varepsilon}_4$ 下的矩阵;

2. 求 AV 与 $A^{-1}(0)$;

3. 在 $A^{-1}(0)$中选一个基,把它扩充成 V 的基,并求 A 在该基下的矩阵;

4. 在 AV 中选一个基,把它扩充成 V 的基,并求 A 在该基下的矩阵.

解 1. 因为 $(A\boldsymbol{\varepsilon}_1, A\boldsymbol{\varepsilon}_2, A\boldsymbol{\varepsilon}_3, A\boldsymbol{\varepsilon}_4)=(\boldsymbol{\varepsilon}_1, \boldsymbol{\varepsilon}_2, \boldsymbol{\varepsilon}_3, \boldsymbol{\varepsilon}_4)\begin{pmatrix} 1 & 0 & 2 & 1 \\ -1 & 2 & 1 & 3 \\ 1 & 2 & 5 & 5 \\ 2 & -2 & 1 & -2 \end{pmatrix}$,

$$(\boldsymbol{\eta}_1, \boldsymbol{\eta}_2, \boldsymbol{\eta}_3, \boldsymbol{\eta}_4)=(\boldsymbol{\varepsilon}_1, \boldsymbol{\varepsilon}_2, \boldsymbol{\varepsilon}_3, \boldsymbol{\varepsilon}_4)\begin{pmatrix} 1 & 0 & 0 & 0 \\ -2 & 3 & 0 & 0 \\ 0 & -1 & 1 & 0 \\ 1 & -1 & 1 & 2 \end{pmatrix},$$

所以 A 在 $\boldsymbol{\eta}_1, \boldsymbol{\eta}_2, \boldsymbol{\eta}_3, \boldsymbol{\eta}_4$ 下的矩阵为

$$\begin{pmatrix}1&0&0&0\\-2&3&0&0\\0&-1&1&0\\1&-1&1&2\end{pmatrix}^{-1}\begin{pmatrix}1&0&2&1\\-1&2&1&3\\1&2&5&5\\2&-2&1&-2\end{pmatrix}\begin{pmatrix}1&0&0&0\\-2&3&0&0\\0&-1&1&0\\1&-1&1&2\end{pmatrix}=\begin{pmatrix}2&-3&3&2\\\frac{2}{3}&-\frac{4}{3}&\frac{10}{3}&\frac{10}{3}\\\frac{8}{3}&-\frac{16}{3}&\frac{40}{3}&\frac{40}{3}\\0&1&-7&-8\end{pmatrix}.$$

2. $AV=L(A\boldsymbol{\varepsilon}_1,A\boldsymbol{\varepsilon}_2,A\boldsymbol{\varepsilon}_3,A\boldsymbol{\varepsilon}_4)$，设 $\boldsymbol{\alpha}=k_1\boldsymbol{\varepsilon}_1+k_2\boldsymbol{\varepsilon}_2+k_3\boldsymbol{\varepsilon}_3+k_4\boldsymbol{\varepsilon}_4\in A^{-1}(0)$，则有

$$A\boldsymbol{\alpha}=k_1A\boldsymbol{\varepsilon}_1+k_2A\boldsymbol{\varepsilon}_2+k_3A\boldsymbol{\varepsilon}_3+k_4A\boldsymbol{\varepsilon}_4=0,$$

即(k_1,k_2,k_3,k_4)是齐次线性方程组$(A\boldsymbol{\varepsilon}_1,A\boldsymbol{\varepsilon}_2,A\boldsymbol{\varepsilon}_3,A\boldsymbol{\varepsilon}_4)$的解.

因为 $$(A\boldsymbol{\varepsilon}_1,A\boldsymbol{\varepsilon}_2,A\boldsymbol{\varepsilon}_3,A\boldsymbol{\varepsilon}_4)=\begin{pmatrix}1&0&2&1\\-1&2&1&3\\1&2&5&5\\2&-2&1&-2\end{pmatrix}\xrightarrow[\text{变换}]{\text{行初等}}\begin{pmatrix}1&0&2&1\\0&1&\frac{3}{2}&2\\0&0&0&0\\0&0&0&0\end{pmatrix},$$

所以 $$AV=L(A\boldsymbol{\varepsilon}_1,A\boldsymbol{\varepsilon}_2),$$

$$A^{-1}(0)=L(\boldsymbol{\alpha}_1,\boldsymbol{\alpha}_2).\quad \boldsymbol{\alpha}_1=-2\boldsymbol{\varepsilon}_1-\frac{3}{2}\boldsymbol{\varepsilon}_2+\boldsymbol{\varepsilon}_3,\quad \boldsymbol{\alpha}_2=-\boldsymbol{\varepsilon}_1-2\boldsymbol{\varepsilon}_2+\boldsymbol{\varepsilon}_4.$$

注：这里的 $A\boldsymbol{\varepsilon}_i$ 用它在$(\boldsymbol{\varepsilon}_1,\boldsymbol{\varepsilon}_2,\cdots,\boldsymbol{\varepsilon}_n)$下的坐标，利用同构的思想在 $\mathbb{P}^4$ 中处理，然后再对应到 V 中的向量.

3. 扩充 $A^{-1}(0)$的基 $\boldsymbol{\alpha}_1,\boldsymbol{\alpha}_2$ 成为 $\boldsymbol{\alpha}_1,\boldsymbol{\alpha}_2,\boldsymbol{\varepsilon}_1,\boldsymbol{\varepsilon}_2$，由 2 的计算知，$\boldsymbol{\alpha}_1,\boldsymbol{\alpha}_2,\boldsymbol{\varepsilon}_1,\boldsymbol{\varepsilon}_2$ 线性无关，是 V 的一个基，又

$$A\boldsymbol{\alpha}_1=A\boldsymbol{\alpha}_2=0,\quad \boldsymbol{\varepsilon}_3=\boldsymbol{\alpha}_1+2\boldsymbol{\varepsilon}_1+\frac{3}{2}\boldsymbol{\varepsilon}_2,\quad \boldsymbol{\varepsilon}_4=\boldsymbol{\alpha}_2+\boldsymbol{\varepsilon}_1+2\boldsymbol{\varepsilon}_2,$$

所以

$$A\boldsymbol{\varepsilon}_1=\boldsymbol{\varepsilon}_1-\boldsymbol{\varepsilon}_2+\boldsymbol{\varepsilon}_3+2\boldsymbol{\varepsilon}_4=\boldsymbol{\alpha}_1+2\boldsymbol{\alpha}_1+5\boldsymbol{\varepsilon}_1+\frac{9}{2}\boldsymbol{\varepsilon}_2,\quad A\boldsymbol{\varepsilon}_2=2\boldsymbol{\varepsilon}_2+2\boldsymbol{\varepsilon}_3-2\boldsymbol{\varepsilon}_4=2\boldsymbol{\alpha}_1-2\boldsymbol{\alpha}_2+2\boldsymbol{\varepsilon}_1+\boldsymbol{\varepsilon}_2.$$

则 A 在$\boldsymbol{\alpha}_1,\boldsymbol{\alpha}_2,\boldsymbol{\varepsilon}_1,\boldsymbol{\varepsilon}_2$ 下的矩阵为

$$\begin{pmatrix}0&0&1&2\\0&0&2&-2\\0&0&5&2\\0&0&\frac{9}{2}&1\end{pmatrix}.$$

第 4 小题请读者仿第 3 小题进行练习.

十三、设 V 是复数域上的 n 维性线空间，$A,B\in L(V)$，且 $AB=BA$. 证明：

1. 如果 λ_0 是 A 的一个特征值，则 V_{λ_0} 是 B 的不变子空间；

2. A,B 至少有一公共的特征向量.

证明　1. $\forall\,\boldsymbol{\alpha}\in V_{\lambda_0}$，有 $A\boldsymbol{\alpha}=\lambda_0\boldsymbol{\alpha}$，$A(B\boldsymbol{\alpha})=BA\boldsymbol{\alpha}=\lambda_0(B\boldsymbol{\alpha})\Rightarrow B\boldsymbol{\alpha}\in V_{\lambda_0}$，所以 V_{λ_0} 是 B 的不变子空间.

2. 因为 V_{λ_0} 是 B 的不变子空间，则$B|V_{\lambda_0}\overset{\text{记为}}{=\!=}B_0$ 是 V_{λ_0} 的线性变换. 在复数域内，B_0 必存在特征根 μ 和特征向量$\boldsymbol{\alpha}\in V_{\lambda_0}$，$\boldsymbol{\alpha}\neq 0$，使得 $B_0\boldsymbol{\alpha}=\mu\boldsymbol{\alpha}$，又 $\boldsymbol{\alpha}\in V_{\lambda_0}$，所以 $A\boldsymbol{\alpha}=\lambda_0\boldsymbol{\alpha}$，从而 $\boldsymbol{\alpha}$ 即为A,B 公共的特征向量.

十四、设 V 是复数域上的 n 维线性空间，线性变换 A 在基$\boldsymbol{\varepsilon}_1,\boldsymbol{\varepsilon}_2,\cdots,\boldsymbol{\varepsilon}_n$ 下的矩阵是一约当块，证明：

1. V 中包含$\boldsymbol{\varepsilon}_1$ 的 A 不变子空间只有 V 自身；

2. V 中任一非零的 A 不变子空间一定包含 $\boldsymbol{\varepsilon}_n$；

3. V 不能分解成两个非平凡的 A 不变子空间的直和.

证明 1. 由题意：$(A\boldsymbol{\varepsilon}_1, A\boldsymbol{\varepsilon}_2, \cdots, A\boldsymbol{\varepsilon}_n) = (\boldsymbol{\varepsilon}_1, \boldsymbol{\varepsilon}_2, \cdots, \boldsymbol{\varepsilon}_n)\begin{pmatrix} \lambda & 0 & \cdots & 0 & 0 \\ 1 & \lambda & \cdots & 0 & 0 \\ \vdots & \vdots & \vdots & & \vdots \\ 0 & 0 & \cdots & 1 & \lambda \end{pmatrix}$,

则
$$\begin{aligned} A\boldsymbol{\varepsilon}_1 &= \lambda\boldsymbol{\varepsilon}_1 + \boldsymbol{\varepsilon}_2, \\ A\boldsymbol{\varepsilon}_2 &= \lambda\boldsymbol{\varepsilon}_2 + \boldsymbol{\varepsilon}_3, \\ &\vdots \\ A\boldsymbol{\varepsilon}_i &= \lambda\boldsymbol{\varepsilon}_i + \boldsymbol{\varepsilon}_{i+1} \quad (i = 2, \cdots, n-1), \\ A\boldsymbol{\varepsilon}_n &= \lambda\boldsymbol{\varepsilon}_n. \end{aligned}$$

设 $V_1(\ni \boldsymbol{\varepsilon}_1)$ 是 V 的 A 不变子空间，则
$$A\boldsymbol{\varepsilon}_1 = \lambda\boldsymbol{\varepsilon}_1 + \boldsymbol{\varepsilon}_2 \in V_1 \Rightarrow \boldsymbol{\varepsilon}_2 \in V_1.$$

若 $\boldsymbol{\varepsilon}_i \in V_1$，则
$$A\boldsymbol{\varepsilon}_i = \lambda\boldsymbol{\varepsilon}_i + \boldsymbol{\varepsilon}_{i+1} \in V_1 \quad (i=1,2,\cdots,n-1) \Rightarrow A\boldsymbol{\varepsilon}_i - \lambda\boldsymbol{\varepsilon}_i = (\lambda\boldsymbol{\varepsilon}_i + \boldsymbol{\varepsilon}_{i+1}) - \lambda\boldsymbol{\varepsilon}_i = \boldsymbol{\varepsilon}_{i+1} \in V_1,$$
所以
$$\boldsymbol{\varepsilon}_1, \cdots, \boldsymbol{\varepsilon}_n \in V_1 \Rightarrow V_1 = V.$$

2. 设 W 是 V 的一非零的 A 不变子空间，因为 $W \neq \{0\}$，故存在非零向量 $\boldsymbol{\alpha} \in W$，记
$$\boldsymbol{\alpha} = k_1\boldsymbol{\varepsilon}_1 + k_2\boldsymbol{\varepsilon}_2 + \cdots + k_n\boldsymbol{\varepsilon}_n,$$
设 $k_1, k_2, \cdots, k_n$ 中不为 0 的下标最小的为 k_l，则
$$\boldsymbol{\alpha} = k_l\boldsymbol{\varepsilon}_l + \cdots + k_n\boldsymbol{\varepsilon}_n,$$
$$A\boldsymbol{\alpha} = k_lA\boldsymbol{\varepsilon}_l + \cdots + k_nA\boldsymbol{\varepsilon}_n = \lambda(k_l\boldsymbol{\varepsilon}_l + \cdots + k_n\boldsymbol{\varepsilon}_n) + k_l\boldsymbol{\varepsilon}_{l+1} + \cdots + k_{n-1}\boldsymbol{\varepsilon}_n \in W,$$
所以
$$\boldsymbol{\beta} = k_l\boldsymbol{\varepsilon}_{l+1} + \cdots + k_{n-1}\boldsymbol{\varepsilon}_n \in W.$$

同理，$A\boldsymbol{\beta} = \lambda(k_l\boldsymbol{\varepsilon}_{l+1} + \cdots + k_{n-1}\boldsymbol{\varepsilon}_n) + k_l\boldsymbol{\varepsilon}_{l+2} + \cdots + k_{n-2}\boldsymbol{\varepsilon}_n \in W \Rightarrow k_l\boldsymbol{\varepsilon}_{l+2} + \cdots + k_{n-2}\boldsymbol{\varepsilon}_n \in W$.

依此类推，可得 $k_l\boldsymbol{\varepsilon}_n \in W$，因为 $k_l \neq 0$，所以 $\boldsymbol{\varepsilon}_n \in W$，即任一非零的 A 不变子空间一定包含 $\boldsymbol{\varepsilon}_n$.

3. 反证：设 $V = V_1 \oplus V_2$，V_1, V_2 均为 V 的非平凡 A 不变子空间，由第 2 小题，有 $\boldsymbol{\varepsilon}_n \in V_1$，
$$\boldsymbol{\varepsilon}_n \in V_2 \Rightarrow \boldsymbol{\varepsilon}_n \in V_1 \cap V_2,$$
与 $V_1 \oplus V_2$ 矛盾.

十五、设 $\boldsymbol{\alpha}_1, \boldsymbol{\alpha}_2, \cdots, \boldsymbol{\alpha}_n$ 是欧氏空间 V 的一个基. 证明：

1. 如果 $\boldsymbol{\gamma} \in V$，使得 $(\boldsymbol{\gamma}, \boldsymbol{\alpha}_i) = 0 \ (i=1,2,\cdots,n)$ 那么 $\boldsymbol{\gamma} = \mathbf{0}$；

2. 如果 $\boldsymbol{\gamma}_1, \boldsymbol{\gamma}_2 \in V$，使对任一 $\boldsymbol{\alpha} \in V$，有 $(\boldsymbol{\gamma}_1, \boldsymbol{\alpha}) = (\boldsymbol{\gamma}_2, \boldsymbol{\alpha})$，那么 $\boldsymbol{\gamma}_1 = \boldsymbol{\gamma}_2$.

证明 1. 设 $\boldsymbol{\gamma} = \sum\limits_{i=1}^{n} k_i\boldsymbol{\alpha}_i$，则 $(\boldsymbol{\gamma}, \boldsymbol{\gamma}) = \sum\limits_{i=1}^{n} k_i(\boldsymbol{\gamma}, \boldsymbol{\alpha}_i) = 0$，所以 $\boldsymbol{\gamma} = \mathbf{0}$.

2. 取 $\boldsymbol{\alpha} = \boldsymbol{\alpha}_i \ (i=1,2,\cdots,n)$，则 $(\boldsymbol{\gamma}_1, \boldsymbol{\alpha}_i) = (\boldsymbol{\gamma}_2, \boldsymbol{\alpha}_i)$，即 $(\boldsymbol{\gamma}_1 - \boldsymbol{\gamma}_2, \boldsymbol{\alpha}_i) = 0 \ (i=1,2,\cdots,n)$. 由第 1 小题 $\boldsymbol{\gamma}_1 - \boldsymbol{\gamma}_2 = \mathbf{0}$，即 $\boldsymbol{\gamma}_1 = \boldsymbol{\gamma}_2$.

十六、设 $\boldsymbol{\varepsilon}_1, \boldsymbol{\varepsilon}_2, \boldsymbol{\varepsilon}_3, \boldsymbol{\varepsilon}_4, \boldsymbol{\varepsilon}_5$ 是五维欧氏空间 V 的一个标准正交基，$V_1 = L(\boldsymbol{\alpha}_1, \boldsymbol{\alpha}_2, \boldsymbol{\alpha}_3)$，其中
$$\boldsymbol{\alpha}_1 = \boldsymbol{\varepsilon}_1 + \boldsymbol{\varepsilon}_5, \boldsymbol{\alpha}_2 = \boldsymbol{\varepsilon}_1 - \boldsymbol{\varepsilon}_2 + \boldsymbol{\varepsilon}_4, \boldsymbol{\alpha}_3 = 2\boldsymbol{\varepsilon}_1 + \boldsymbol{\varepsilon}_2 + \boldsymbol{\varepsilon}_3,$$
求 V_1 的一个标准正交基.

解 取 $\boldsymbol{\beta}_1 = \boldsymbol{\alpha}_1$，
$$\boldsymbol{\beta}_2 = \boldsymbol{\alpha}_2 - \frac{(\boldsymbol{\alpha}_2, \boldsymbol{\beta}_1)}{(\boldsymbol{\beta}_1, \boldsymbol{\beta}_1)}\boldsymbol{\alpha}_1 = \frac{1}{2}(\boldsymbol{\varepsilon}_1 - 2\boldsymbol{\varepsilon}_2 + 2\boldsymbol{\varepsilon}_4 - \boldsymbol{\varepsilon}_5),$$
$$\boldsymbol{\beta}_3 = \boldsymbol{\alpha}_3 - \frac{(\boldsymbol{\alpha}_3, \boldsymbol{\beta}_1)}{(\boldsymbol{\beta}_1, \boldsymbol{\beta}_1)}\boldsymbol{\beta}_1 - \frac{(\boldsymbol{\alpha}_3, 2\boldsymbol{\beta}_2)}{(2\boldsymbol{\beta}_2, 2\boldsymbol{\beta}_2)}2\boldsymbol{\beta}_2 = \boldsymbol{\varepsilon}_1 + \boldsymbol{\varepsilon}_2 + \boldsymbol{\varepsilon}_3 - \boldsymbol{\varepsilon}_5,$$

单位化 $\boldsymbol{\beta}_1,\boldsymbol{\beta}_2,\boldsymbol{\beta}_3$ 即得 V_1 的一个标准正交基

$$\boldsymbol{\eta}_1=\frac{\boldsymbol{\beta}_1}{|\boldsymbol{\beta}_1|}=\frac{\sqrt{2}}{2}(\boldsymbol{\varepsilon}_1+\boldsymbol{\varepsilon}_5),$$

$$\boldsymbol{\eta}_2=\frac{\boldsymbol{\beta}_2}{|\boldsymbol{\beta}_2|}=\frac{\sqrt{10}}{10}(\boldsymbol{\varepsilon}_1-2\boldsymbol{\varepsilon}_2+2\boldsymbol{\varepsilon}_4-\boldsymbol{\varepsilon}_5),$$

$$\boldsymbol{\eta}_3=\frac{\boldsymbol{\beta}_3}{|\boldsymbol{\beta}_3|}=\frac{1}{2}(\boldsymbol{\varepsilon}_1+\boldsymbol{\varepsilon}_2+\boldsymbol{\varepsilon}_3-\boldsymbol{\varepsilon}_5).$$

注 计算时，$\boldsymbol{\beta}_i$ 可用$k\boldsymbol{\beta}_i$ 替代，很多时候便于计算.

十七、在 $\mathbb{R}[x]_4$ 中定义内积为$(f,g)=\int_{-1}^{1}f(x)g(x)\mathrm{d}x$，求 $\mathbb{R}[x]_4$ 的一个标准正交基.

解 已知 $\mathbb{R}[x]_4$ 的一个常用基为 $1,x,x^2,x^3$，作施密特正交化

$$\boldsymbol{\beta}_1=1,$$

$$\boldsymbol{\beta}_2=x-\frac{(x,1)}{(1,1)}\cdot 1=x,$$

$$\boldsymbol{\beta}_3=x^2-\frac{(x^2,1)}{(1,1)}\cdot 1-\frac{(x^2,x)}{(x,x)}\cdot x=x^2-\frac{1}{3},$$

$$\boldsymbol{\beta}_4=x^3-\frac{(x^3,1)}{(1,1)}\cdot 1-\frac{(x^3,x)}{(x,x)}x-\frac{(x^3,3x^2-1)}{(3x^2-1,3x^2-1)}\cdot(3x^2-1)=x^3-\frac{3}{5}x,$$

对 $\boldsymbol{\beta}_i$ 进行单位化，即得 $\mathbb{R}[x]_4$ 的一个标准正交基.具体运算留给读者自己练习.

十八、1.设 $\boldsymbol{A}$ 为一个 n 阶实矩阵，且 $|\boldsymbol{A}|\neq 0$，证明 $\boldsymbol{A}$ 可以分解成 $\boldsymbol{A}=\boldsymbol{QT}$，其中 $\boldsymbol{Q}$ 是正交矩阵，$\boldsymbol{T}$ 是一个上三角形矩阵；

2.设 $\boldsymbol{A}$ 是 n 阶正定矩阵，证明存在一上三角形矩阵 $\boldsymbol{R}$，使 $\boldsymbol{A}=\boldsymbol{R}^{\mathrm{T}}\boldsymbol{R}$.

证明 1.记矩阵 $\boldsymbol{A}$ 的列向量依次为 $\boldsymbol{\alpha}_1,\boldsymbol{\alpha}_2,\cdots,\boldsymbol{\alpha}_n$.因为 $|\boldsymbol{A}|\neq 0$，所以 $\boldsymbol{\alpha}_1,\boldsymbol{\alpha}_2,\cdots,\boldsymbol{\alpha}_n$ 线性无关.对于 $V=L(\boldsymbol{\alpha}_1,\boldsymbol{\alpha}_2,\cdots,\boldsymbol{\alpha}_n)=\mathbb{R}^n$.由基 $\boldsymbol{\alpha}_1,\boldsymbol{\alpha}_2,\cdots,\boldsymbol{\alpha}_n$ 进行施密特正交化，得一标准正交基 $\boldsymbol{\eta}_1,\boldsymbol{\eta}_2,\cdots,\boldsymbol{\eta}_n$，则有

$$\begin{cases}\boldsymbol{\eta}_1=k_{11}\boldsymbol{\alpha}_1\\ \boldsymbol{\eta}_2=k_{21}\boldsymbol{\eta}_1+k_{22}\boldsymbol{\alpha}_2\\ \vdots\\ \boldsymbol{\eta}_n=k_{n1}\boldsymbol{\eta}_1+\cdots+k_{n,n-1}\boldsymbol{\eta}_{n-1}+k_{nn}\boldsymbol{\alpha}_n\end{cases}\Rightarrow\begin{cases}\boldsymbol{\alpha}_1=t_{11}\boldsymbol{\eta}_1\\ \boldsymbol{\alpha}_2=t_{12}\boldsymbol{\eta}_1+t_{22}\boldsymbol{\eta}_2\\ \vdots\\ \boldsymbol{\alpha}_n=t_{1n}\boldsymbol{\eta}_1+\cdots+t_{nn}\boldsymbol{\eta}_n\end{cases}$$

从而

$$(\boldsymbol{\alpha}_1,\boldsymbol{\alpha}_2,\cdots,\boldsymbol{\alpha}_n)=(\boldsymbol{\eta}_1,\boldsymbol{\eta}_2,\cdots,\boldsymbol{\eta}_n)\begin{pmatrix}t_{11}&t_{12}&\cdots&t_{1n}\\0&t_{22}&\cdots&t_{2n}\\ \vdots&\vdots&&\vdots\\0&0&\cdots&t_{nn}\end{pmatrix}$$

记 $\boldsymbol{Q}=(\boldsymbol{\eta}_1,\cdots,\boldsymbol{\eta}_n)$，则 $\boldsymbol{Q}$ 正交，

$$\boldsymbol{T}=\begin{pmatrix}t_{11}&t_{12}&\cdots&t_{1n}\\0&t_{22}&\cdots&t_{2n}\\ \vdots&\vdots&&\vdots\\0&0&\cdots&t_{nn}\end{pmatrix}$$

为上三角形，所以 $\boldsymbol{A}=\boldsymbol{QT}$，由施密特正交化知$k_{ii}>0$，从而 $t_{ii}>0\ (i=1,2,\cdots,n)$.

事实上，若限定 $t_{ii}>0$，则上述分解式 $\boldsymbol{A}=\boldsymbol{Q}\cdot\boldsymbol{T}$ 可以证明是唯一的，请读者自行练习.

2.因为 $\boldsymbol{A}$ 正定，故存在可逆实矩阵 $\boldsymbol{B}$，使得 $\boldsymbol{A}=\boldsymbol{B}^{\mathrm{T}}\boldsymbol{B}$.对于可逆实矩阵 $\boldsymbol{B}$，由第 1 小题 $\boldsymbol{B}=\boldsymbol{QR}$，$\boldsymbol{Q}$ 正交，$\boldsymbol{R}$ 上三角，从而

$$\boldsymbol{A}=\boldsymbol{B}^{\mathrm{T}}\boldsymbol{B}=\boldsymbol{R}^{\mathrm{T}}\boldsymbol{Q}^{\mathrm{T}}\boldsymbol{QR}=\boldsymbol{R}^{\mathrm{T}}\boldsymbol{R}.$$

十九、如果 $\mathscr{A}$ 是正交变换，W 是$\mathscr{A}$ 的不变子空间，证明 $W^{\perp}$也是 $\mathscr{A}$ 的不变子空间.

证明 $\forall \boldsymbol{\alpha}\in W^{\perp}$,下证 $A\boldsymbol{\alpha}\in W^{\perp}$.若要证 $A\boldsymbol{\alpha}\in W^{\perp}$ 即要证对 $\forall \boldsymbol{\beta}\in W$,$(A\boldsymbol{\alpha},\boldsymbol{\beta})=0$.

因为正交变换 A 可逆(读者自行练习),又 $AW\subset W$,所以 $AW=W$.于是对上述 $\boldsymbol{\beta}\in W$,$\exists\,\boldsymbol{\beta}'\in W$ 使得 $\boldsymbol{\beta}=A\boldsymbol{\beta}'$,从而

$$(A\boldsymbol{\alpha},\boldsymbol{\beta})=(A\boldsymbol{\alpha},A\boldsymbol{\beta}')\xlongequal{A\text{ 正交}}(\boldsymbol{\alpha},\boldsymbol{\beta}')=0$$

即 $W^{\perp}$ 也是 A 不变子空间.

二十、欧氏空间 V 中的线性变换 A 称为对称的(反对称的),如果对任意 $\boldsymbol{\alpha},\boldsymbol{\beta}\in V$,

$$(A\boldsymbol{\alpha},\boldsymbol{\beta})=\pm(\boldsymbol{\alpha},A\boldsymbol{\beta}).$$

证明:1. A 为对称(反对称)的充分必要条件是:A 在一个标准正交基下的矩阵是对称(反对称)的;

2. 如果 V_1 是对称(反对称)线性变换的不变子空间,则 $V_1^{\perp}$ 也是.

证明 这里只证明对称变换的情形.

1."⇒"A 为对称变换,$\boldsymbol{\varepsilon}_1,\boldsymbol{\varepsilon}_2,\cdots,\boldsymbol{\varepsilon}_n$ 是 V 的一个标准正交基,设

$$(A\boldsymbol{\varepsilon}_1,A\boldsymbol{\varepsilon}_2,\cdots,A\boldsymbol{\varepsilon}_n)=(\boldsymbol{\varepsilon}_1,\boldsymbol{\varepsilon}_2,\cdots,\boldsymbol{\varepsilon}_n)\begin{pmatrix}a_{11}&a_{12}&\cdots&a_{1n}\\a_{21}&a_{22}&\cdots&a_{2n}\\\vdots&\vdots&&\vdots\\a_{n1}&a_{n2}&\cdots&a_{nn}\end{pmatrix},$$

则 $$(A\boldsymbol{\varepsilon}_i,\boldsymbol{\varepsilon}_j)=(a_{1i}\boldsymbol{\varepsilon}_1+a_{2i}\boldsymbol{\varepsilon}_2+\cdots+a_{ni}\boldsymbol{\varepsilon}_n,\boldsymbol{\varepsilon}_j)=a_{ji}\,(j,i=1,2,\cdots,n).$$

同理$(\boldsymbol{\varepsilon}_j,A\boldsymbol{\varepsilon}_i)=a_{ij}$,因为 A 对称,所以 $a_{ij}=a_{ji}$,故 A 在 $\boldsymbol{\varepsilon}_1,\cdots,\boldsymbol{\varepsilon}_n$ 下的矩阵为对称矩阵.

"⇐"若 A 在标准正交基 $\boldsymbol{\varepsilon}_1,\boldsymbol{\varepsilon}_2,\cdots,\boldsymbol{\varepsilon}_n$ 下矩阵为对称矩阵 A,

$$\forall\boldsymbol{\alpha}=k_1\boldsymbol{\varepsilon}_1+k_2\boldsymbol{\varepsilon}_2+\cdots+k_n\boldsymbol{\varepsilon}_n,\quad \boldsymbol{\beta}=l_1\boldsymbol{\varepsilon}_1+l_2\boldsymbol{\varepsilon}_2+\cdots+l_n\boldsymbol{\varepsilon}_n,$$

$$(A\boldsymbol{\alpha},\boldsymbol{\beta})=(l_1,\cdots,l_n)A\begin{pmatrix}k_1\\\vdots\\k_n\end{pmatrix},\quad(\boldsymbol{\alpha},A\boldsymbol{\beta})=(k_1,\cdots,k_n)A'\begin{pmatrix}l_1\\\vdots\\l_n\end{pmatrix},$$

由于 A 对称,所以$(A\boldsymbol{\alpha},\boldsymbol{\beta})=(\boldsymbol{\alpha},A\boldsymbol{\beta})$,故 A 是对称变换.

2. $\forall\boldsymbol{\alpha}\in V^{\perp}$,对 $\forall\boldsymbol{\beta}\in V$,有

$$(A\boldsymbol{\alpha},\boldsymbol{\beta})\xlongequal{A\text{ 对称}}(\boldsymbol{\alpha},A\boldsymbol{\beta})=0,$$

所以 $V^{\perp}$ 也是 A 不变子空间.

参 考 文 献

[1] Ф.Р.甘特马赫尔.矩阵论[M].北京:高等教育出版社,1955.

[2] И.М.盖尔冯德.线性代数学[M].北京:高等教育出版社.1957.

[3] 北京大学数学系.高等代数[M].北京:人民教育出版社,1978.

[4] 蒋尔雄.线性代数[M].北京:人民教育出版社,1979.

[5] 黄 琳.系统与控制理论中的线性代数[M].北京:科学出版社,1984.

[6] 陈公宁.矩阵理论与应用[M].北京:高等教育出版社,1990.

[7] 丁学仁.工程中的矩阵理论[M].天津:天津大学出版社,1985.

[8] R.A.合恩.矩阵分析[M].天津:天津大学出版社,1989.

[9] 李 乔.矩阵论八讲[M].上海:上海科学技术出版社,1988.

[10] 蒋正新.矩阵理论及其应用[M].北京:北京航空学院出版社,1988.

[11] 郑大钟.线性系统理论[M].北京:清华大学出版社,1990.

[12] 何 铖.现代控制理论基础[M].北京:机械工业出版社,1987.

[13] 蔡大用.数值代数[M].北京:清华大学出版社,1987.

[14] И.С.索明斯基.高等代数习题集[M].北京:高等教育出版社.1956.

[15] И.В.普罗斯库烈柯夫.线性代数习题集[M].北京:人民教育出版社,1981.

[16] 杨子胥.高等代数习题集[M].济南:山东科学技术出版社,1982.